“十四五”普通高等院校机械类专业新形态系列教材
重庆市精品课程推荐教材

机械制图与CAD基础

（第二版）

乔慧丽　王　昶◎主　编
魏书华　刘立飞◎副主编

中国铁道出版社有限公司
CHINA RAILWAY PUBLISHING HOUSE CO., LTD.

内容简介

本书是重庆市精品课程“机械制图”推荐的主教材，是根据教育部高等学校工程图学教学指导委员会制定的《普通高等院校工程图学课程教学基本要求》，总结编者多年的教学经验编写而成的。本书内容包括制图的基本知识与技能、点线面的投影、立体的投影、轴测投影、组合体的三视图、机件的表达方法、标准件及常用件、零件图、装配图、计算机二维绘图基础、计算机三维造型等。本书配有数字教学资源，可通过扫描书中二维码进行浏览。同时，本书还配有《机械制图与 CAD 基础习题集》(第二版)。

本书适合作为普通高等学校机械类、近机类各专业教材，也可供相关工程技术人员参考。

图书在版编目(CIP)数据

机械制图与 CAD 基础 / 乔慧丽，王昶主编. -- 2 版. 北京 ：中国铁道出版社有限公司，2025. 8. --（“十四五”普通高等院校机械类专业新形态系列教材）（重庆市精品课程推荐教材）. -- ISBN 978-7-113-32262-5

Ⅰ. TH126

中国国家版本馆 CIP 数据核字第 2025RL6132 号

书　　名：机械制图与 CAD 基础
作　　者：乔慧丽　王　昶

策　　划：曾露平　　**编辑部电话：**(010)63551926
责任编辑：曾露平
封面设计：刘　颖
责任校对：安海燕
责任印制：赵星辰

出版发行：中国铁道出版社有限公司(100054，北京市西城区右安门西街 8 号)
网　　址：https://www.tdpress.com/51eds
印　　刷：河北京平诚乾印刷有限公司
版　　次：2019 年 8 月第 1 版　2025 年 8 月第 2 版　2025 年 8 月第 1 次印刷
开　　本：787 mm×1 092 mm 1/16　**印张：**18　**字数：**508 千
书　　号：ISBN 978-7-113-32262-5
定　　价：59.80 元

第二版前言

本书是根据教育部高等学校工程图学教学指导委员会制定的《普通高等院校工程图学课程教学基本要求》，总结编者多年的教学经验编写而成的，既结合了工程专业认证要求又兼顾了新工科教学改革的要求。

本书全部采用我国截至2024年颁布的《技术制图》与《机械制图》国家标准，并按课程内容需要分别编排在正文或附录中，以培养学生贯彻国家标准的意识和查阅国家标准的能力。

本次修订中，增配了数字教学资源，包括三维模型、解题指导等。学生可随时随地使用移动终端设备扫描二维码，进行模型观察以及视频观看，从而给学生创建一个适宜自主学习的环境。

本书由重庆理工大学乔慧丽、王昶任主编，魏书华、刘立飞任副主编。修订分工如下：胡荣丽（第1、2章）、魏书华（第3章、第5章）、徐慧娟（第6章）、李琳（第8章）、王昶（第4、9章）、乔慧丽（第7、10章、附录）、刘立飞（第11章）。

由于编者水平有限，书中难免还存在缺点和不足，恳请读者批评指正。

编　者

2025年3月

第一版前言

本书是根据教育部高等学校工程图学教学指导委员会制定的《普通高等院校工程图学课程教学基本要求》，总结编者多年的教学经验编写而成的，既结合了工程专业认证要求又兼顾了新工科教学改革的要求。

本书全部采用我国截至2018年颁布的《技术制图》与《机械制图》国家标准，并按课程内容需要分别编排在正文或附录中，以培养学生贯彻国家标准的意识和查阅国家标准的能力。全书注重理论联系实际，内容由浅入深，图文并茂。

与本书配套使用的还有《机械制图与CAD基础习题集》，并提供本书电子档课件和《机械制图与CAD习题集》电子档的参考答案。本套教材适合作为普通高等学校机械类、近机类专业使用，也可作为其他专业的教材或参考书。

本书由重庆理工大学编写，王昶、路世青主编，魏书华、乔慧丽副主编。本教材编写分工如下：胡荣丽（第1章）、魏书华（第2章、第3章）、徐慧娟（第4章、第9章部分）、李琳（第5章）、王昶（第6章）、陶红艳（第7章）、王萍（第8章）、文琍（第9章部分）、乔慧丽（第10章）、路世青（第11章）、陶红艳（附录）。

由于编者水平有限，书中难免还存在缺点和不足，恳请读者批评指正。

编　者

2019年5月

目　录

绪　论

一、课程的性质、任务和学习目的

本课程是一门研究图示、图解空间几何问题和绘制与阅读机械图样的技术基础课。它为学生后续课程的学习以及今后从事科学研究、工程设计和制造、解决工程实际问题提供必备的技术基础。

根据投影原理、国家标准或有关规定，将表达工程对象并有必要的技术说明的图称为图样。随着生产和科学技术的发展，图样在工程技术上的作用显得尤为重要。设计人员通过它表达自己的设计思想，制造人员根据它加工制造，使用人员利用它进行合理使用。因此，图样被认为是“工程界的语言”。它是设计、制造、使用部门的一项重要技术资料，是发展和交流科学技术的有力工具。

本课程的主要任务是：

(1)学习并掌握国家标准《技术制图》和《机械制图》的基本规定。

(2)学习并掌握投影法的基本原理和应用。

(3)学习并掌握绘制和阅读工程图样的方法。

(4)学习并掌握常用 CAD 绘图软件的使用方法。

学习本课程的主要目的是培养学生图示空间几何元素和图解空间几何问题的初步能力；培养学生绘制和阅读工程图样的能力；培养和发展学生的空间想象力、空间思维和构思创造的能力；培养学生基本的计算机绘图能力；培养学生严格遵守国家标准、认真负责的工作作风和耐心细致的工作态度。

二、本课程的学习方法

(1)本课程是实践性很强的技术基础课，在学习中除了掌握理论知识外，还必须密切联系实际，更多地注意在具体作图时如何运用这些理论。只有通过一定数量的画图、读图练习，反复实践，才能掌握本课程的基本原理和基本方法。

(2)在学习中，必须经常注意空间几何关系的分析以及空间几何元素与其投影之间的相互关系。只有“从空间到平面，再从平面到空间”进行反复研究和思考，才是学好本课程的有效方法。

(3)认真听课，及时复习，独立完成作业；同时，注意正确使用绘图工具，不断提高绘图技能和绘图速度。

(4)画图时要确立对生产负责的观点，严格遵守《技术制图》和《机械制图》国家标准中的有关规定，认真细致，一丝不苟。

第1章 制图的基本知识与技能

本章重点介绍国家标准《机械制图》和《技术制图》中的基本规定：如图纸幅面及格式、比例、字体、图线、尺寸注法等，它是绘制图样的重要依据。同时，还介绍了绘图工具及仪器的使用、几何图形及平面曲线的作图、平面图形的绘图步骤和徒手绘图方法等。

1.1 国家标准《技术制图》和《机械制图》的一般规定

图样是现代生产中的重要技术文件之一，用来指导生产和进行技术交流，起到了工程语言的作用，必须要有统一的规定。中华人民共和国标准计量局于1959年发布了国家标准《机械制图》，对图样作了统一的技术规定。为适应国内生产技术的不断发展和国际上技术交流的日益扩展，自1993年以来，我国参照国际标准，又陆续修订了国家标准《机械制图》，基本上等同或等效于国际标准（ISO）。每一个工程技术人员，都必须树立标准化的概念，严格遵守，认真执行国家标准。

国家标准简称“国标”，其代号为GB。例如GB/T 14692—2008，其中“T”为行业推荐性标准，14692是标准顺序号，2008是标准颁布的年代号。本节仅摘录了国家标准《机械制图》中的部分内容，其余将在以后各章中叙述。

1.1.1 图纸幅面及格式（GB/T 14689—2008）

视频

图纸幅面

1. 图纸幅面

图纸幅面简称图幅，是指由图纸的宽度和长度组成的图面，即图纸的有效范围，通常用细实线绘出，称为图纸边界或裁纸线。

绘制图样时，优先采用表1-1中的基本幅面，必要时也允许加长幅面，加长幅面的尺寸是由基本幅面的短边成整数倍增加后得出，如图1-1所示。

表1-1 图纸基本幅面及图框尺寸

单位：mm

幅面代号	A0	A1	A2	A3	A4
尺寸 $B \times L$	841×1189	594×841	420×594	297×420	210×297
e	20		10		
c	10			5	
a	25				

注：a、c、e为周边宽度。

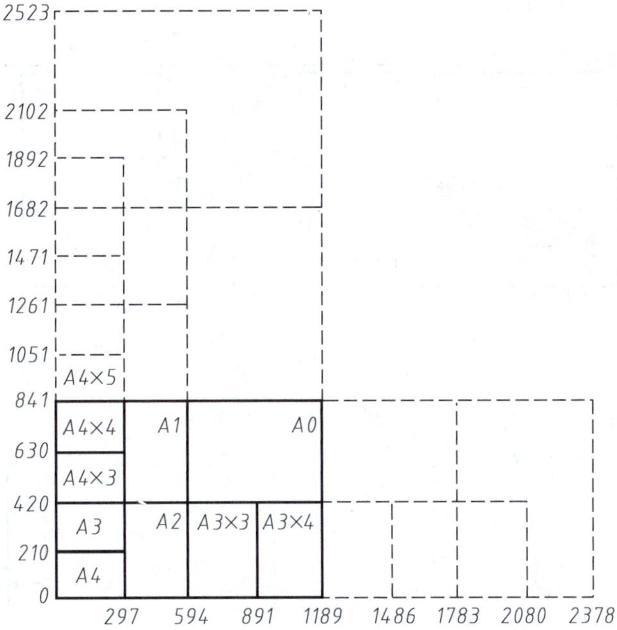

图 1-1　图纸的基本幅面和加长幅面

2. 图框格式

图框是指图纸上限定绘图区域的线框，即绘图的有效范围。

无论图样是否装订，均应在图幅内画出图框，图框线用粗实线绘制。图纸可横放（X 型）或竖放（Y 型），一般采用 A4 幅面竖放，其余幅面横放。格式分为不留装订边和留有装订边两种，但同一产品的图样只能采用同一种格式，如图 1-2 和图 1-3 所示，其尺寸均按表 1-1 中的规定。加长幅面的图框尺寸，应按所选用的基本幅面大一号的图框尺寸确定，如 A3 × 4 的图框尺寸，按 A2 的图框尺寸确定。

为了复制图样和缩微摄影的方便，应在图纸各边的中点处画出对中符号。对中符号是从图纸边界线开始画入图框内约 5 mm 的一段粗实线，线宽不小于 0.5 mm，如图 1-4 所示。对中符号的位置误差应不大于 0.5 mm，当对中符号处在标题栏范围内时，则伸入标题栏部分省略不画。

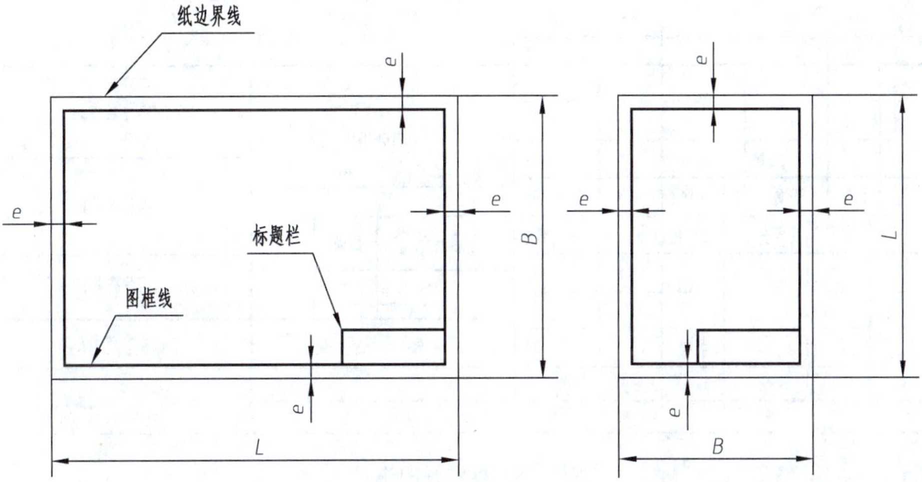

图 1-2　不留装订边的图纸

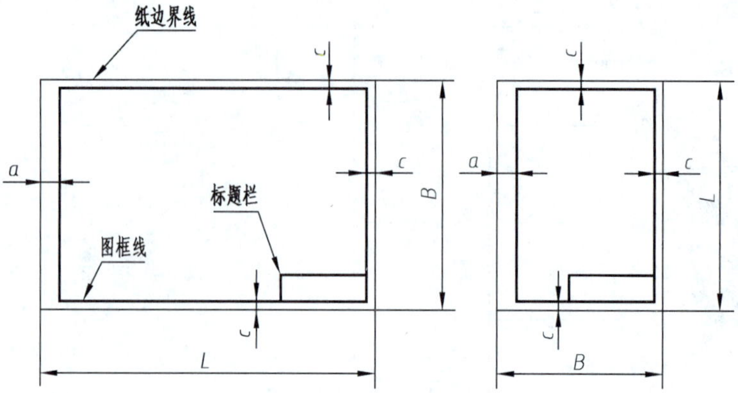

图 1-3　留装订边的图纸

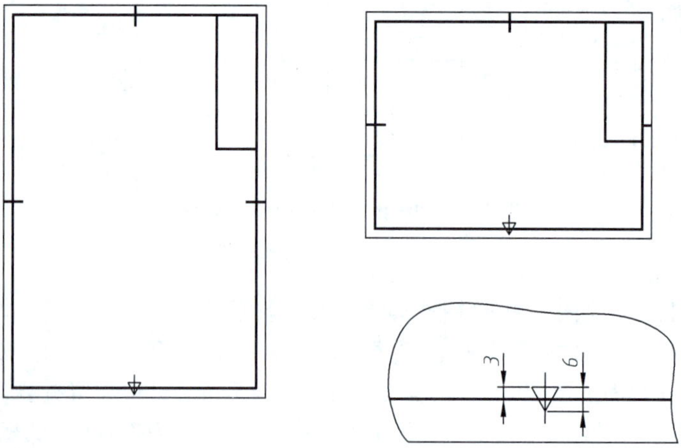

图 1-4　图纸对中及方向符号

3. 标题栏的方位及格式

每张图样上都必须有标题栏，用来填写图样上的综合信息。标题栏的格式和尺寸按 GB/T 10609.1—2008 的规定，如图 1-5 所示。位置应位于图纸的右下角，如图 1-2 和图 1-3 所示，此时，标题栏中的文字方向应为看图的方向。

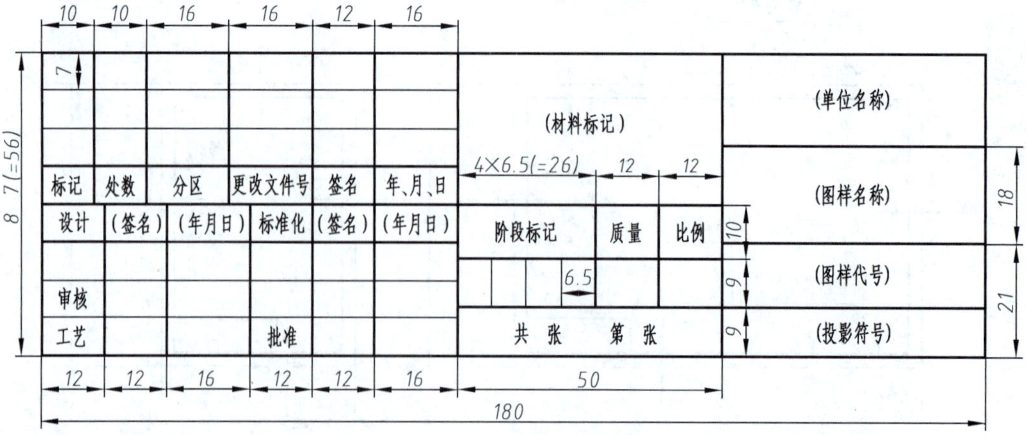

图 1-5　标题栏的格式

为了利用预先印制的图纸，允许将图 1-2 和图 1-3 所示图纸旋转 90°使用，但必须画上方向符号，看图方向应以方向符号为准，而标题栏中内容及书写方向不变，如图 1-4 所示。

在学校的制图作业中，标题栏可以简化，建议采用图 1-6 的格式。

标题栏的外框是粗实线，其右边和底边与图框线重合。在标题栏内，名称用 10 号字书写，其余均用 5 号字书写。

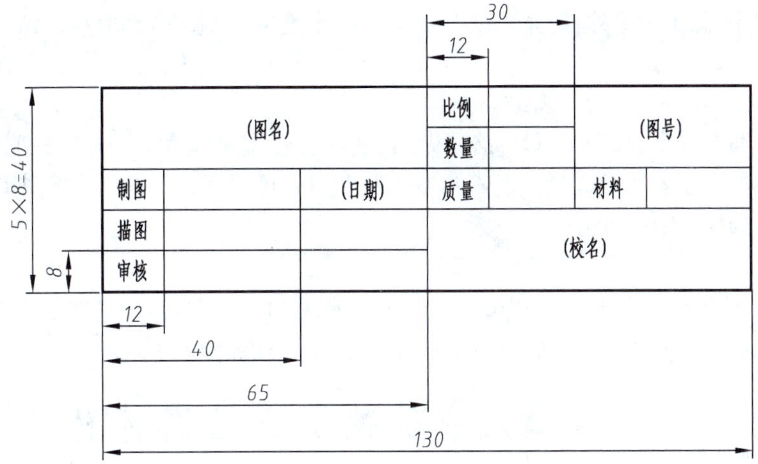

图 1-6　学生用标题栏格式

1.1.2　比例（GB/T 14690—1993）

视频
比例

图中图形与其实物相应要素的线性尺寸之比称为比例。不管绘制机件时所采用的比例是多少，在标注尺寸时，仍应按机件的实际尺寸标注，与绘图的比例无关。

比值为 1 的比例为原值比例；比值小于 1 的比例为缩小比例；比值大于 1 的比例为放大比例。国标规定绘制图样时一般应优先采用表 1-2 中规定的比例，必要时也可考虑表 1-3 中的第二系列比例。

表 1-2　规定的比例

种　类	比　例		
原值比例	1:1		
缩小的比例	1:2 $1:2\times10^n$	1:5 $1:5\times10^n$	1:10 $1:1\times10^n$
放大的比例	5:1 $5\times10^n:1$	2:1 $2\times10^n:1$	 $1\times10^n:1$

注：n 为正整数。

表 1-3　允许选取的比例

种　类	比　例				
原值比例	1:1				
缩小的比例	1:1.5 $1:1.5\times10^n$	1:2.5 $1:2.5\times10^n$	1:3 $1:3\times10^n$	1:4 $1:4\times10^n$	1:6 $1:6\times10^n$
放大的比例	4:1 $4\times10^n:1$		2.5:1 $2.5\times10^n:1$		

绘制同一机件的各个图形原则上应采用相同的比例，并在标题栏中注明，如“1:1”或“1:2”等。当某个视图必须采用不同比例时，可在该视图的上方另行标注，如 $\frac{I}{2:1}$、$\frac{A\text{向}}{1:100}$、$\frac{B—B}{5:1}$ 等。

绘制图样时，应尽可能按原值比例（1∶1）画出，以便直接从图样上看到机件的实际大小。由于机件的大小及结构复杂程度不同，对大而简单的机件可采用缩小的比例，对小而复杂的机件则可采用放大的比例。

1.1.3 字体（GB/T 14691—1993）

在技术图样中，除了图形外，还要根据需要书写尺寸数字、技术要求、填写标题栏等。工程图中的文字，必须遵循国标规定。

国家标准 GB/T 14691—1993 规定：

①图样中书写的汉字、数字、字母都必须做到：字体工整、笔画清楚、排列整齐、间隔均匀。

②各种字体的大小要选择适当。字体大小分为 20、14、10、7、5、3.5、2.5、1.8 共 8 种号数。字体的号数即字体的高度（单位：mm）。

1. 汉字

汉字应写成长仿宋体字，并应采用中华人民共和国国务院正式公布推行的简化字。汉字的高度 h 不应小于 3.5 mm，其字宽一般为 $h/\sqrt{2}$（约 $0.7h$）。汉字示例如图 1-7 所示。

重庆理工大学机械制图比例材料

横平竖直　注意起落　结构匀称　填满方格

图 1-7　长仿宋汉字示例

长仿宋字的基本笔划为：点、横、竖、撇、捺、挑、钩、折等，每一笔画要一笔写成，不宜勾画。书写长仿宋字体的要领是：横平竖直，注意起落，结构匀称，填满方格。

2. 字母及数字

字母和数字分为 A 型和 B 型。A 型字体的笔画宽度 d 为字高 h 的 1/14，B 型字体的笔画宽度 d 为字高 h 的 1/10。在同一图样上，只允许选用一种型式的字体。

字母和数字有直体和斜体之分，但全图要统一。斜体字字头向右倾斜，与水平基准线约成 75°。

用作指数、分数、极限偏差、注脚等的数字及字母，一般采用小一号的字体。

3. 综合示例

如图 1-8 所示，即为汉字、阿拉伯数字、罗马数字和拉丁字母等常用字体的示例。

大中手分专左业向固图圆圈长系

1234567890　　I II III IV V

ABCDEFGHIJKLM　　$45.7^{+0.02}_{-0.02}$

10^3　　S^{-1}　　O_1　　T_d

图 1-8　汉字、数字及字体示例

1.1.4 图线（GB/T 4457.4—2002）

1. 基本线型

国家标准 GB/T 4457.4—2002 规定了在机械图样中使用的九种图线，分别是细实线、粗实线、细虚线、粗虚线、细点画线、粗点画线、细双点画线、波浪线和双折线。各种图线的名称、型式及应用见表1-4。

表1-4　图线

图线名称	图线型式	图线宽度	图线应用举例
粗实线		d	可见轮廓线；螺纹牙顶线；螺纹长度终止线；剖切符号用线
细实线		$d/2$	尺寸线和尺寸界线；指引线和基准线；剖面线；重合断面的轮廓线；短中心线；尺寸线的起止线；表示平面的对角线；零件成形前的弯折线；范围线及分界线；重复要素表示线；辅助线；不连续同一表面连线；成规律分布的相同要素连线；投影线；网格线
波浪线		$d/2$	断裂处的边界线；视图与剖视图的分界线
双折线		$d/2$	断裂处的边界线；视图与剖视图的分界线
细虚线		$d/2$	不可见轮廓线
粗虚线		d	允许表面处理的表示线
细点画线		$d/2$	轴线；对称中收线；分度圆（线）；孔系分布的中心线；剖切线
粗点画线		d	限定范围表示线
细双点画线		$d/2$	相邻辅助零件的轮廓线；可动零件的极限位置的轮廓线；重心线；成形前轮廓线；剖切面前的结构轮廓线；轨迹线；毛坯图中制成品的轮廓线；工艺用结构的轮廓线；中断线

2. 图线的宽度

在机械图样上，图线分为粗线和细线两种。粗线的宽度 d 应按图的大小和复杂程度，在0.25～2 mm之间选择，优先选用0.5 mm或0.7 mm；细线的宽度约为 $d/2$。图线宽度的推荐系列为：0.13 mm、0.18 mm、0.25 mm、0.35 mm、0.5 mm、0.7 mm、1 mm、1.4 mm、2 mm，但0.13 mm、0.18 mm尽量避免采用。

视频

图线

3. 图线的应用

如图1-9所示为上述几种图线的应用示例。在图示零件的视图上，粗实线表达该零件的可见轮廓线；虚线表达不可见轮廓线；细实线表达尺寸线、尺寸界线、剖面线及螺纹牙底线；波浪线表达断裂处的边界线及视图和剖视图的分界线；细点画线表达对称中心线及轴线；双点画线表达相邻辅助零件的轮廓线及极限位置的轮廓线。

4. 图线的画法注意事项（见图1-10、图1-11）

①同一图样中，同类图线的宽度应基本一致；虚线、点画线及双点画线的线段长短和间隔应各自大致相等；

②两条平行线（包括剖面线）之间的距离应不小于粗实线的两倍，其最小距离不得小于0.7 mm；

③绘制圆的对称中心线时，点画线的两端应超出圆的轮廓线2～5 mm；首末两端应是长线段而不是短线段，圆心应是长线段的交点。在较小的图形上绘制细点画线或双点画线有困难时，可用细实线代替；

④两条线相交应以长线段相交，而不应该相交在短线段或间隔处；

⑤当有两种或更多的图线重合时，通常按图线所表达对象的重要程度优先选择绘制顺序：粗实线—虚线—尺寸线—各种用途的细实线—轴线和对称中心线—假想线。

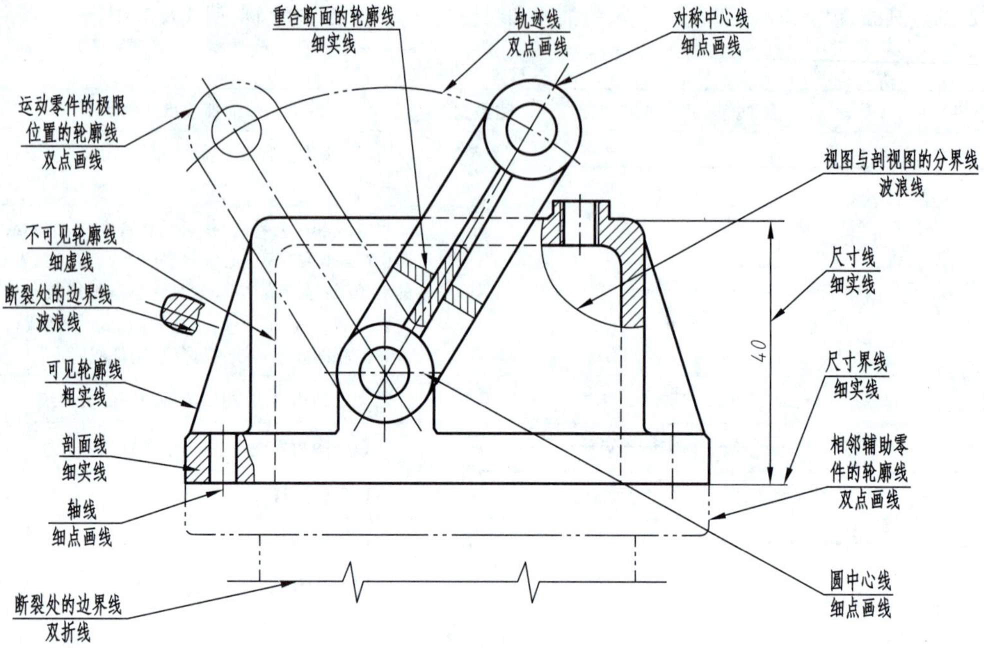

图 1-9　图线应用示例

如图 1-10、图 1-11 所示，画图线时需注意以下几个问题：

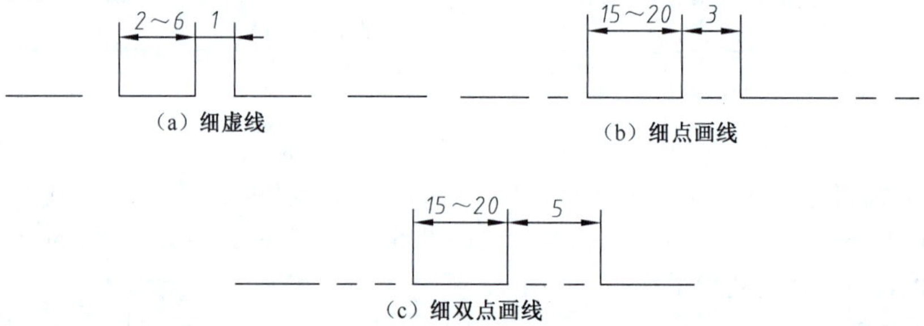

图 1-10　点画线与虚线的画法

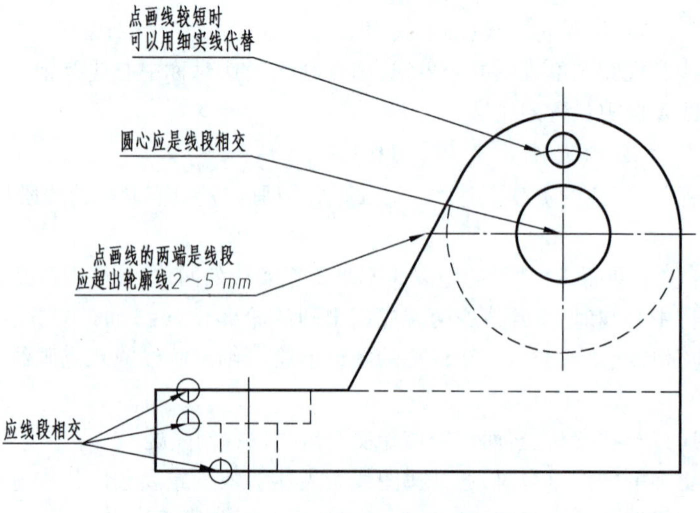

图 1-11　图线的画法注意事项

1.1.5　尺寸注法(GB/T 4458.4—2003)

1. 标注尺寸的要求

(1)机件的真实大小应以图样上所注的尺寸数值为依据,与图形的大小及绘图的准确度无关;

(2)图样中(包括技术要求和其他说明)的尺寸以毫米(mm)为单位时,不需标注其计量单位的代号或名称;如果采用其他单位时,则必须注明,如:30°(度)、4 cm(厘米)、5 m(米)等;

(3)图样中所标注的尺寸,是该机件的最后完工尺寸,否则应另加说明;

(4)机件的每一结构尺寸,一般只标注一次,并应标注在反映该结构最清晰的图形上;

(5)绘图时都是按理想关系绘制的,如相互平行平面和相互垂直平面的关系均按图形所示几何关系处理,一般不需标注尺寸,如垂直不需标注90°。

2. 尺寸标注的组成

一个完整的尺寸一般应由尺寸线、尺寸界线、尺寸线终端(箭头或斜线)和尺寸数字组成。

(1)尺寸线

①尺寸线表示尺寸度量的方向,必须单独用细实线绘制;

②一般情况下,尺寸线不能用其他图线代替,也不得与其他图线重合或画在其他图线的延长线上;

③标注线性尺寸时,尺寸线必须与所标注的线段平行;

④同一图样中,尺寸线与轮廓线以及尺寸线与尺寸线之间的距离应大致相当,一般以不小于5 mm为宜,如图1-12所示。

视频
尺寸标注

(2)尺寸界线

①尺寸界线表示尺寸标注的范围,用细实线绘制;

②尺寸界线应由图形的轮廓线、轴线或对称中心线引出;

③也可利用轮廓线、轴线或对称中心线作为尺寸界线;

④尺寸界线一般应与尺寸线垂直,必要时允许倾斜,如图1-13所示。

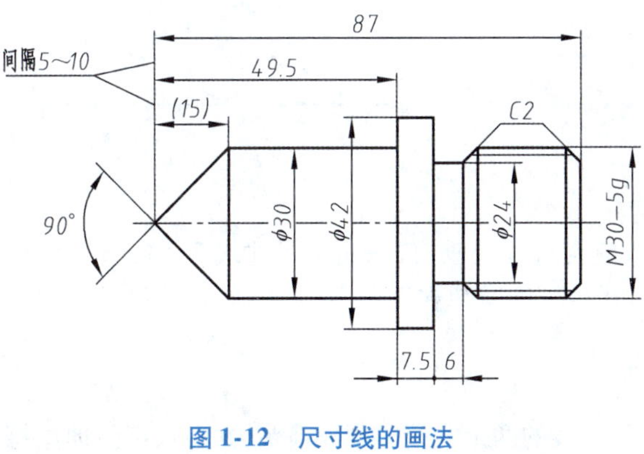

图1-12　尺寸线的画法

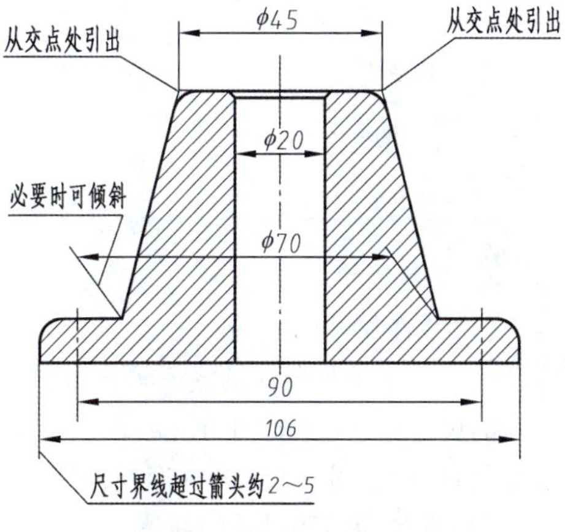

图1-13　尺寸界线的画法

(3)尺寸线的终端

尺寸线的终端可以有两种形式。如图1-14(a)所示的箭头时,箭头尖端应与尺寸界线接触;如图1-14(b)所示的45°斜线时,尺寸线与尺寸界线应相互垂直。

机械图样一般采用箭头作为尺寸线的终端。同一张图样中,只能采用一种终端的形式。

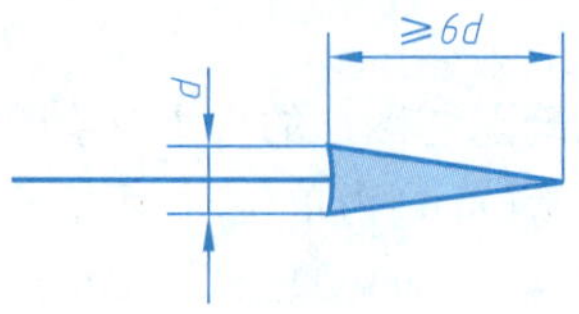

（a）箭头(d——粗实线的宽度)

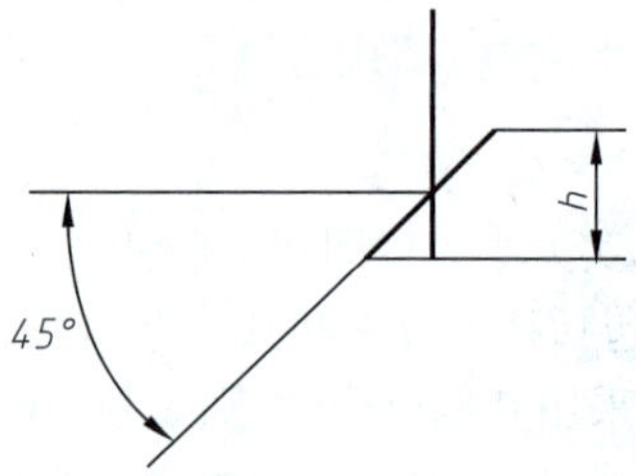

（b）斜线(h——尺寸数字高)

图1-14 尺寸线的终端

(4)尺寸数字

①尺寸数字表示所注的机件尺寸的实际大小；

②尺寸数字按标准字体书写，且同一张图上的字高要一致；

③尺寸数字在图中遇到图线时，须将图线断开，如图线断开影响图形表达时，须调整尺寸标注的位置；

④角度尺寸数字必须水平书写；

⑤线性尺寸数字的注写方向：水平方向的尺寸数字字头向上，垂直方向的尺寸数字字头向左，倾斜方向的尺寸数字字头偏向斜上方；避免在30°范围内标注尺寸。

国家标准还规定了一些注写在尺寸数字周围的标注尺寸的符号，可参阅表1-5。

表1-5 标注尺寸的符号及缩写词

名　称	符号或缩写词	名　称	符号或缩写词
直径	∅	45°倒角	C
半径	R	深度	↧
球直径	$S∅$	沉孔或锪平	⌴
球半径	SR	埋头孔	⌵
厚度	t	均布	EQS
正方形	□		

3. 各类尺寸的注法

(1)线性尺寸的注法

尺寸线必须与所注的线段平行，尺寸界线一般应与尺寸线垂直，并超出尺寸线2～3 mm。线性尺寸的尺寸数字应按图1-15(a)所示的方向注写，并尽可能避免在图示30°范围内标注尺寸。当无法避免时，可按图1-15(b)的形式标注。

(2)直径和半径尺寸的注法

标注圆和圆弧的直径时，尺寸线应通过圆心，尺寸线的两个终端应画成箭头，并在数字前加注符号∅，如图1-16(a)所示。当图形中的圆弧大于一半时，尺寸线应略超过圆心，此时仅在尺寸线一端画出箭头，如图1-16(b)所示。

标注圆弧的半径时，尺寸线一端一般应画到圆心，另一端画成箭头，并在尺寸数字前加注R，如图1-16(a)所示。当圆弧的半径过大，或在图纸范围内无法标出其圆心位置时，可将尺寸线折断，如图1-16(b)所示。

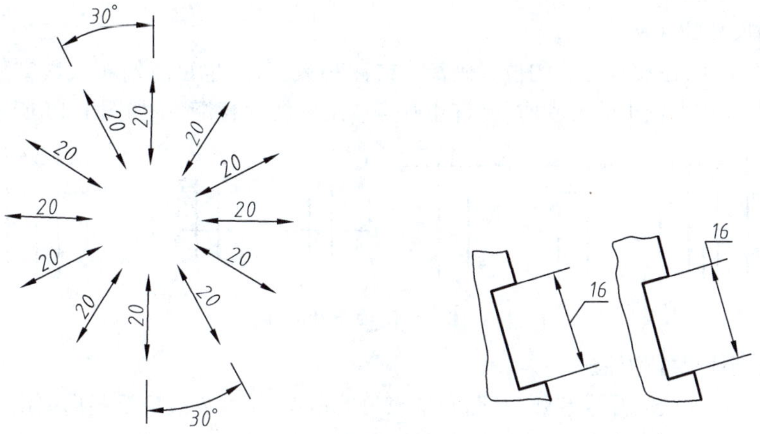

（a） （b）

图 1-15 尺寸数字的方向

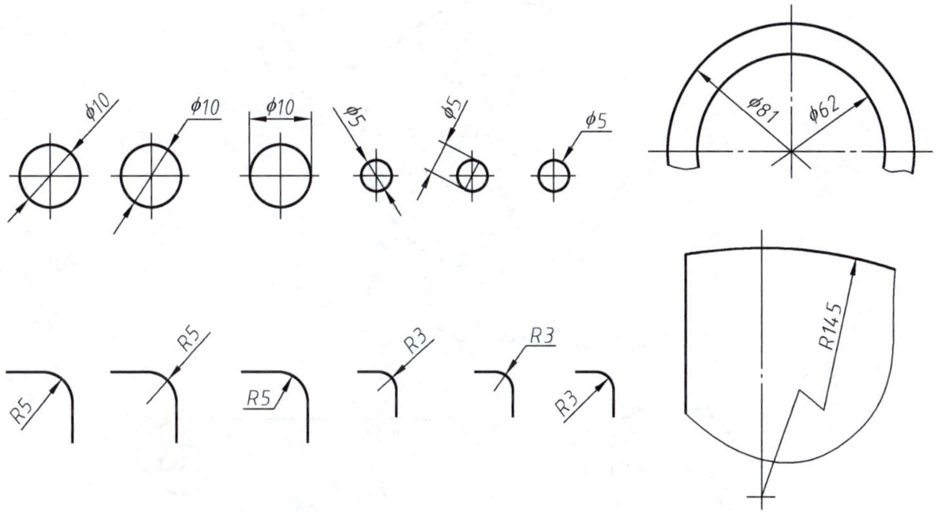

（a） （b）

图 1-16 圆及圆弧尺寸的注法

标注球面的直径和半径时，应在符号∅和 *R* 前加辅助符号 *S*，如图 1-17(a)所示。但对于有些轴及手柄的端部等，在不致引起误解情况下，可省略符号 *S*，如图 1-17(b)所示。

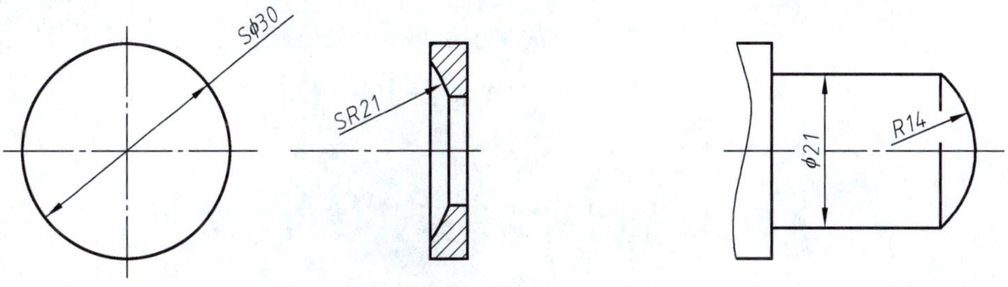

（a） （b）

图 1-17 球面直径和半径的注法

(3)小结构尺寸的注法

对于较小的尺寸，在没有足够的位置画箭头或注写数字时，也可将箭头或数字放在尺寸界线的外面。当遇到连续几个较小的尺寸时，允许用圆点或细斜线代替箭头，如图 1-18 所示。

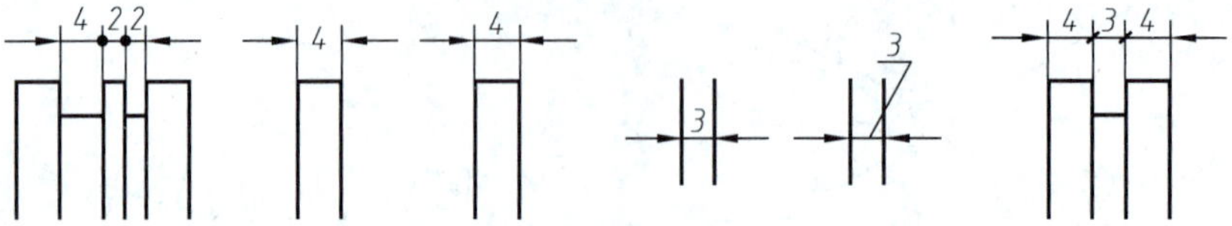

图 1-18　小结构尺寸的注法

(4)角度及其他尺寸的注法

标注角度时，尺寸线应画成圆弧，其圆心是该角的顶点，尺寸界线应沿径向引出。角度的数字应一律写成水平方向，一般注写在尺寸线的中断处，必要时也可以注写在尺寸线上方或外方，也可引出标注，如图 1-19 所示。

其他尺寸，如对称尺寸、板状机件的注法，如图 1-20 所示。

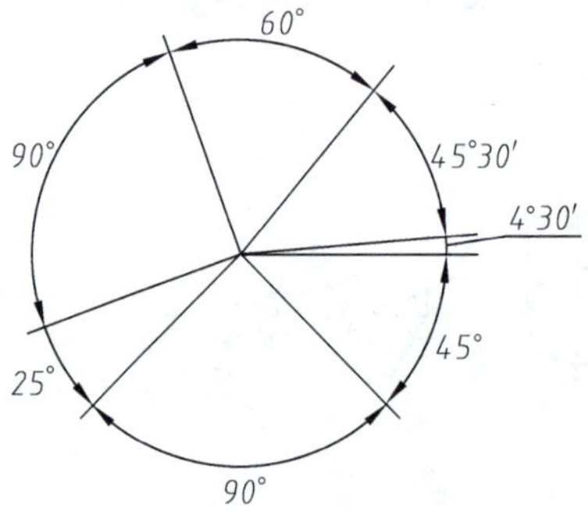

图 1-19　角度的注法

视频

尺寸标注示例

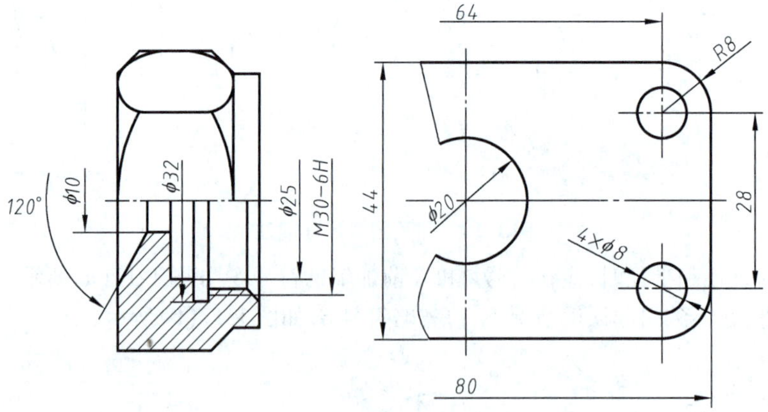

图 1-20　尺寸注法示例

1.2　仪器制图工具及其使用方法

正确使用和维护绘图工具仪器，既能保证图样的质量，又能提高绘图速度，而且还能延长它们的使用寿命，所以熟练掌握制图工具的使用方法是一个工程技术人员必备的基本素质。常用的绘图工具:图板、丁字尺、三角板、曲线板、圆规、分规、比例尺、绘图铅笔和胶带纸、削笔刀等。

1.2.1　图板、丁字尺和三角板

图板根据大小有多种型号,图板的短边为工作边。丁字尺由尺头和尺身两部分组成,尺身有刻度的那条边为工作边。使用时必须将尺头紧靠图板左侧的工作边,利用尺身工作边由左向右画水平线。画线时,笔杆应稍向外倾斜,尽量使笔尖贴靠尺边。上、下移动丁字尺,可画出一组水平线。

图纸应用透明胶带固定在图板的左下方适当位置,固定时应将图纸的水平图框线对准丁字尺的工作边,以保证图上的所有水平线与图框线平行,如图 1-21 所示。

三角板可直接用来画直线,也可配合丁字尺画铅垂线,还可以画出与水平线成 15°整倍数的倾斜线;或用两块三角板配合画任意角度的平行线或垂直线,如图 1-22 所示。

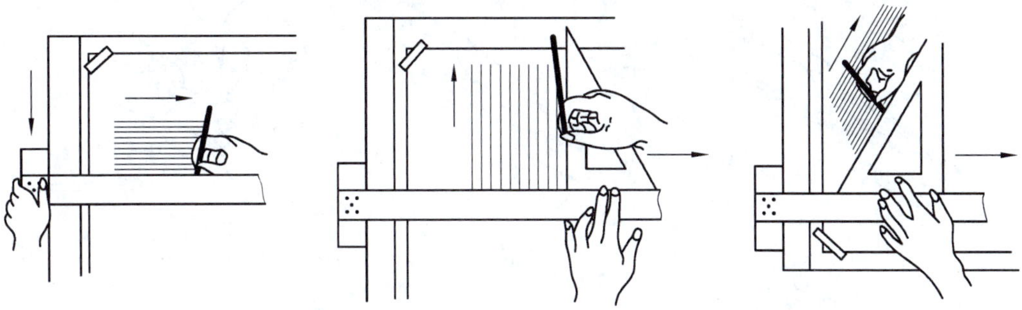

图 1-21　图板和丁字尺的使用

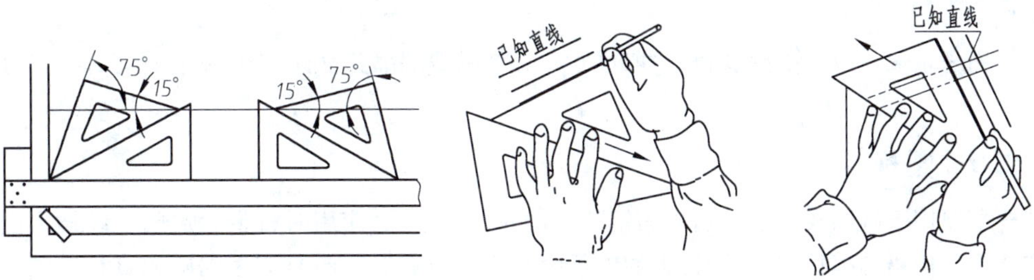

图 1-22　画 15°倍数的线和已知线的平行线和垂直线

1.2.2　比例尺

比例尺是一种刻有不同比例的直尺,形式很多,常见的是三棱尺。它的尺面上有六种不同比例的刻度。绘图时,应根据所绘图形的比例,选用相应的刻度,直接进行度量,无须换算。

1.2.3　曲线板

曲线板是光滑连接非圆曲线上诸点时使用的工具,先徒手将这些点轻轻地连成曲线,接着,从一端开始,找出曲线板上与所画曲线吻合的一段,沿曲线板描出这段曲线。用同样的方法逐段描绘曲线,直到最后一段。值得注意的是前后描绘的两段曲线应有一小段(至少三个点)是重合的,这样描绘的曲线才显得光滑。

1.2.4　铅笔和铅芯

绘制机械图样时,应选用专门用于绘图的“绘图铅笔”。在绘图铅笔的一端印有 H、B 或 HB 等字母,表示铅芯的软硬。H 前的数字越大,表示铅芯越硬;B 前的数字越大,表示铅芯越软;HB 表示铅芯硬度适中。绘图时,应根据不同的用途参考表 1-6 和图 1-23 选用适当的铅芯和铅笔,并削成一

定的形状。

画图时，铅笔在前后方向应与纸面垂直，而且向画线方向倾斜约 30°。当画粗实线时，因用力较大，倾斜角度可小一些。画线时用力要均匀，匀速前进。

表 1-6　铅芯的选用

	用　途	软硬代号	磨削形状		用　途	软硬代号	磨削形状
铅笔用铅芯	画细线	2H 或 H	圆锥	圆规用铅芯	画细线	H 或 HB	楔形
	写字	HB 或 B	钝圆锥		画粗线	2B 或 B	方形
	画粗线	2B 或 B	矩形				

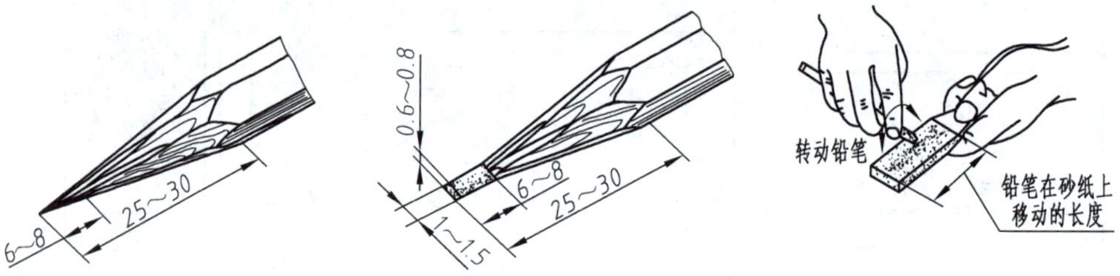

（a）　（b）　（c）

图 1-23　铅笔的削法

1.2.5　分规

分规用来量取线段、等分线段和截取尺寸。分规两腿端部有钢针，当两腿合拢时，两针尖应交汇于一点。

1.2.6　圆规

圆规主要用于画圆及圆弧。圆规的钢针两端的针尖不同，使用时将带台肩的一端插入图板中，钢针应调整到比铅芯稍长一些，让针尖的支承面与铅芯对齐。画圆时应根据圆的直径不同，尽量使钢针和铅芯插腿垂直纸面，一般按顺时针方向旋转，匀速前进，并注意用力均匀。圆规所在的平面应稍向前方倾斜。若需画特大的圆或圆弧，可接加长杆。若用钢针接腿替换铅芯接腿时，圆规可作分规用，圆规上铅芯的削法和形状如图 1-24 所示。

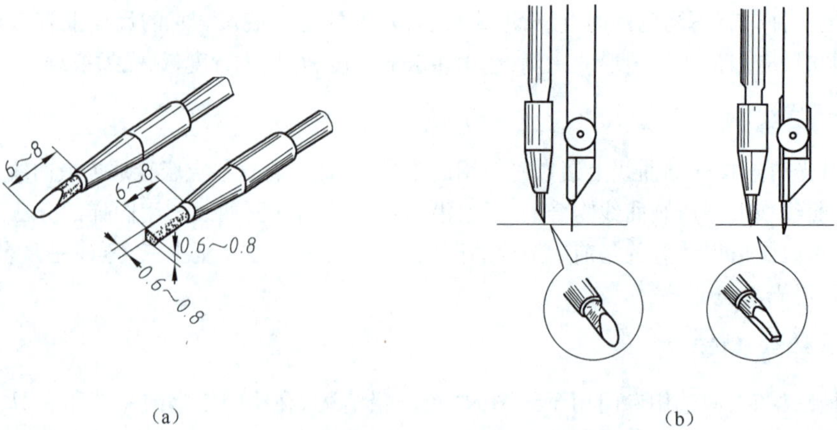

（a）　（b）

图 1-24　圆规上铅芯的削法和形状

1.2.7　其他绘图工具

绘图模板是一种快速绘图工具，上面有多种镂空的常用图形、符号或字体等，能方便绘制针对不同专业的图案。使用时笔尖应紧靠模板，使画出的图形整齐、光滑。

简易的擦图片是用来防止擦去多余线条时把有用的线条也插去的一种工具。

另外，在绘图时，还需要准备削铅笔刀、橡皮、固定图纸用的塑料透明胶带以及清除图面上橡皮屑的小刷等。

1.3　基本几何作图

机件的轮廓形状是由不同的几何图形组成的，在制图过程中会遇到等分线段、等分圆周、作正多边形、画斜度和锥度、圆弧连接及绘制非圆曲线等的几何作图问题。熟练掌握几何图形的正确画法，有利于提高作图的准确性和绘图速度。

1.3.1　等分已知线段

以五等分已知线段 *AB* 为例，如图 1-25 所示。

①过点 *A* 任作一直线 *AC*，如图 1-25(a)所示；

②用分规以任意长度在 *AC* 截取五等分，得 *1*、*2*、*3*、*4*、*5* 点，如图 1-25(a)所示；

③连接 *5B* 两点得一直线，并过 *1*、*2*、*3*、*4* 点作 5B 的平行线交 *AB* 于 *1′*、*2′*、*3′*、*4′* 即得线段 *AB* 上五等分点，如图 1-25(b)所示。

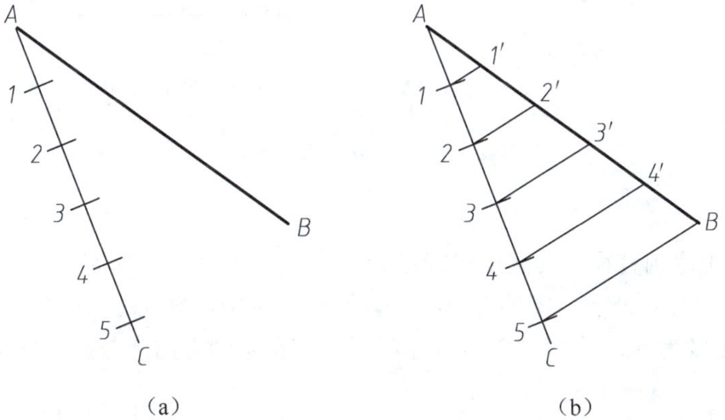

图 1-25　等分已知线段

1.3.2　正六边形的画法

方法一：已知外接圆直径，使用圆规在圆上以外接圆半径为圆弧半径对圆进行六等分，依次连接圆上六个分点 *1*、*2*、*3*、*4*、*5*、*6* 即为正六边形，如图 1-26(a)所示。

方法二：已知外接圆直径，过 *A*、*B* 两点用丁字尺与 30°、60°三角板配合直接画出六边形的四条边，再用丁字尺连接 *1*、*2* 和 *3*、*4*，即得正六边形，如图 1-26(b)所示。

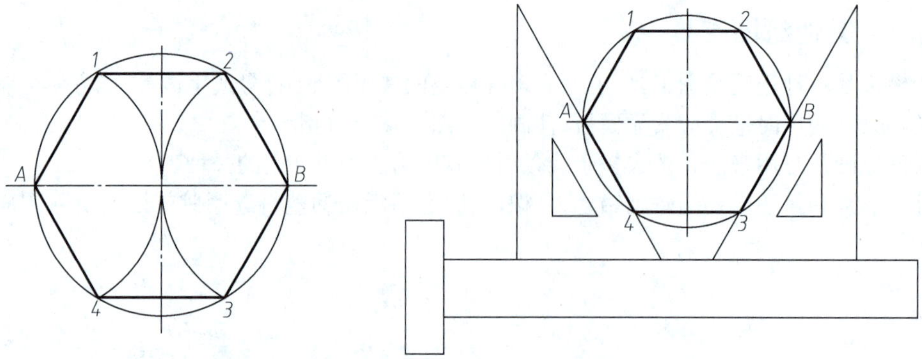

（a）　　（b）

图 1-26　正六边形的画法

1.3.3　斜度与锥度的画法及标注

1. 斜度

斜度是指一直线或平面对另一直线或平面的倾斜程度，其大小用两直线或平面间夹角的正切来度量。在图样中以 1∶n 的形式标注，如图 1-27（a）所示。图 1-27（c）为斜度是 1∶5的画法及标注。标注时斜度符号的倾斜方向应与斜度方向一致。

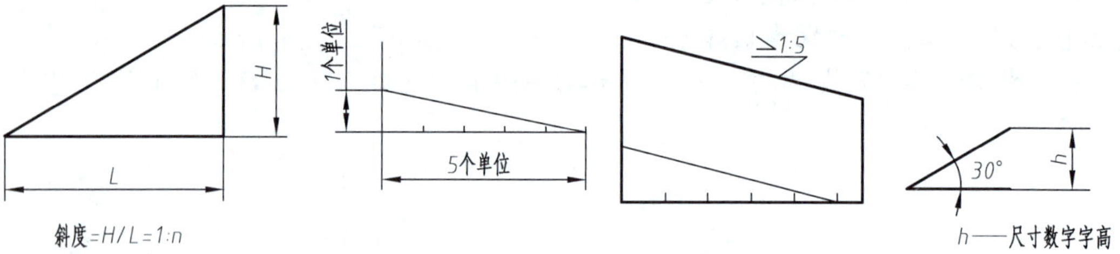

（a）斜度　（b）斜度画法　（c）斜度的标注方法　（d）斜度的符号

图 1-27　斜度画法及标注

2. 锥度

锥度是指正圆锥底圆直径与其高度或圆锥台两底圆直径之差与其高度之比。在图样中以 1∶n 的形式标注，如图 1-28（a）所示。图 1-28（b）为锥度为 1∶5的画法及标注。在画锥度时，一般先将锥度转化为斜度，如锥度为 1∶5，则斜度为 1∶10。标时锥度符号的方向应与锥度方向一致。

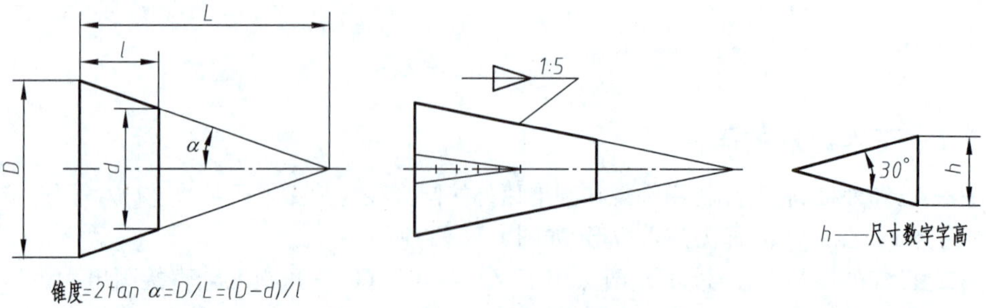

（a）锥度的定义　（b）锥度的画法及标注　（c）锥度符号

图 1-28　锥度画法及标注

1.3.4　圆弧连接

在制图中，用一条线（直线段或圆弧）把两条已知线（直线段或圆弧）平滑连接起来称为圆弧连接。平滑连接中，直线与圆弧、圆弧与圆弧之间是相切的，因此必须准确地求出切点及连接圆弧的圆心，才能得到平滑连接的图形。

1. 圆弧连接的基本原理

（1）当一圆弧（半径为 R）与一已知直线相切时，其圆心轨迹是一条与已知直线平行且相距 R 的直线，如图 1-29（a）所示。从连接弧的圆心向已知直线作垂线，其垂足即切点。

（2）当一圆弧（半径为 R）与一已知圆弧相切时，其圆心轨迹是已知圆弧的同心圆。该圆的半径 R_0，要根据相切的情形而定：当两圆弧外切时 $R_0=R_1+R$，如图 1-29（b）所示；当两圆弧内切时 $R_0=|R_1-R|$，其切点必在两圆弧连心线或其延长线上，如图 1-29（c）所示。

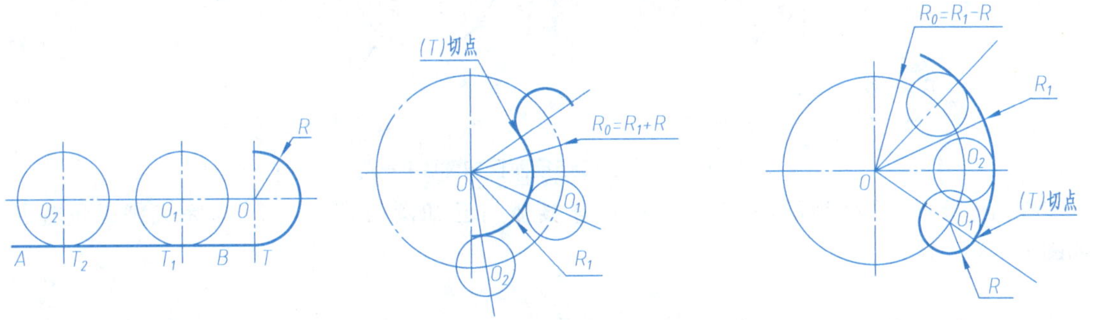

（a）圆弧与直线连接　（b）圆弧与圆弧外切　（c）圆弧与圆弧内切

图 1-29　圆弧连接的作图原理

2. 圆弧连接的作图方法

（1）用半径为 R 的圆弧连接两已知直线

作图步骤如下：

①求圆心：分别作两直线的平行线，得交点 O 即为圆心，如图 1-30（a）所示。

②求切点：过 O 点向两已知直线作垂线，得垂足 1、2 两点，即为切点，如图 1-30（b）所示。

③画连接弧：以 O 为圆心，R 为半径作圆弧，与两已知直线切于 1、2 两点，即完成圆弧的连接，如图 1-30（c）所示。

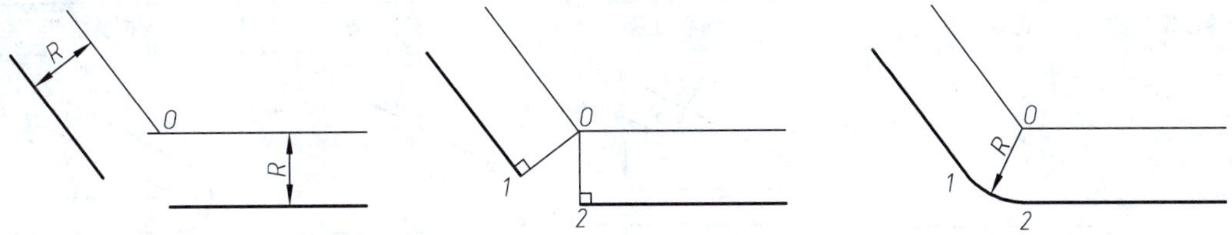

（a）　（b）　（c）

图 1-30　用圆弧连接两已知直线

（2）用半径为 R 的圆弧连接两已知圆弧

外切圆作图步骤如下：

①求圆心和切点：分别以已知圆的圆心 O_1、O_2 为圆心，以 R_1+R、R_2+R 为半径画圆弧得交点 O 即为圆心，作连心线 O_1O、O_2O 与已知圆弧交点 1、2 即为切点，如图 1-31（a）所示。

②画连接弧：以 O 为圆心，R 为半径作连接弧与已知圆弧切于 1、2，即完成圆弧的连接，如图 1-31(b)所示。

内切圆作图步骤如下：

①求圆心和切点：分别以已知圆的圆心 O_1、O_2 为圆心，以 $R-R_1$、$R-R_2$ 为半径画圆弧得交点 O 即为圆心，作连心线 OO_1、OO_2 并延长与已知圆弧交点 1、2 即为切点，如图 1-32(a)所示。

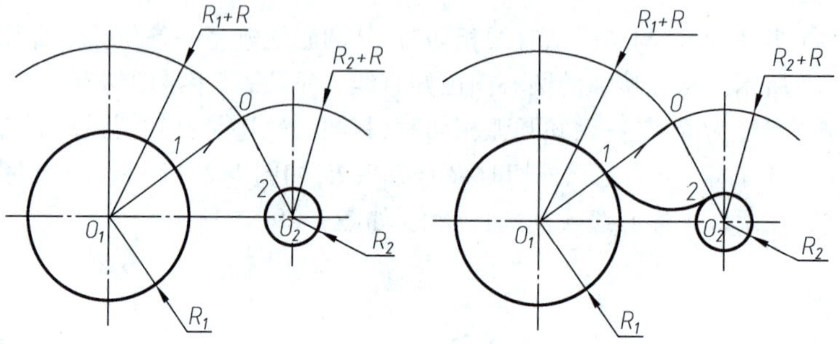

(a)　　(b)

图 1-31　用圆弧连接两已知圆弧(外切)

②画连接弧：以 O 为圆心，R 为半径作连接弧与已知圆弧切于 1、2，即完成圆弧的连接，如图 1-32(b)所示。

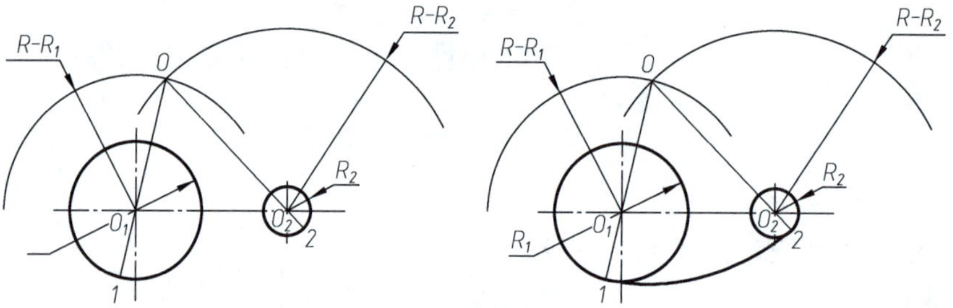

(a)　　(b)

图 1-32　用圆弧连接两已知圆弧(内切)

圆弧的几种连接作图见表 1-7。

表 1-7　圆弧连接作图

几种连接	已知条件	求圆心位置	求 切 点	连接并描粗
直线与直线之间的圆弧连接	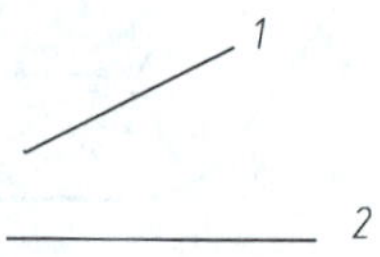	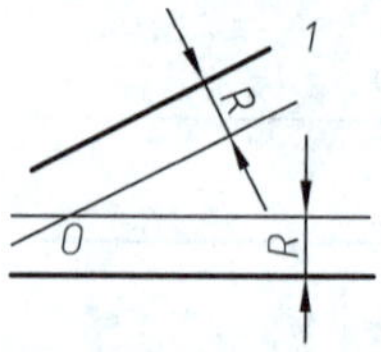	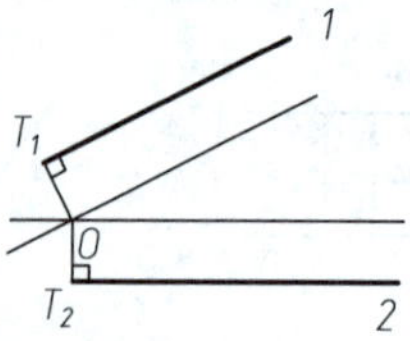	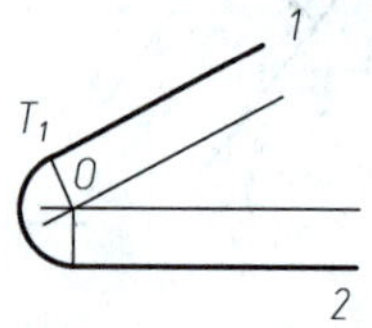
直线与圆弧间的圆弧连接	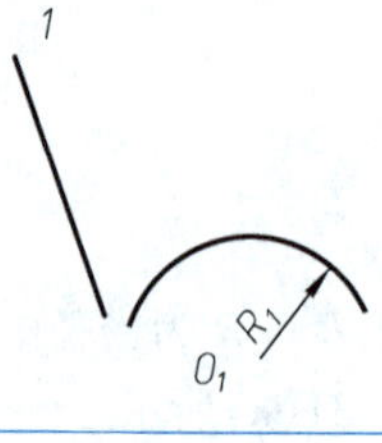	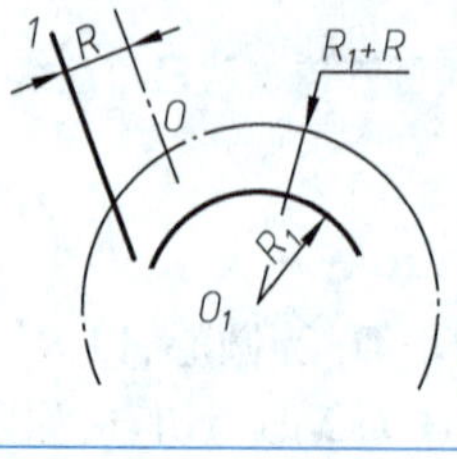	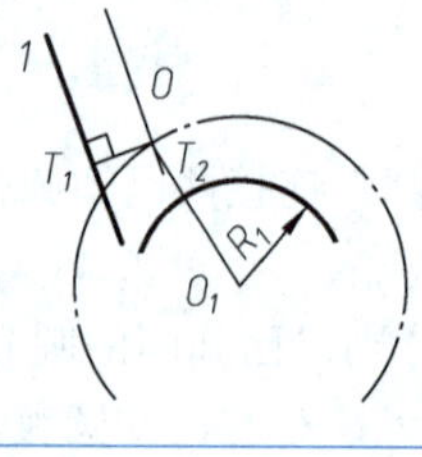	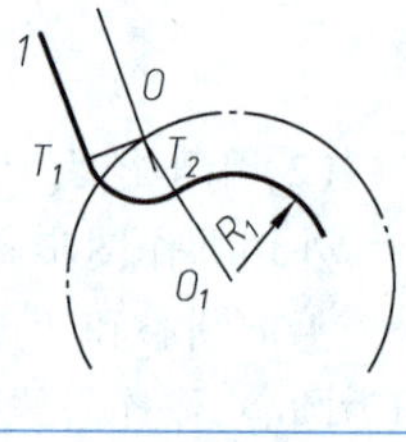

续上表

几种连接	已知条件	求圆心位置	求 切 点	连接并描粗
两圆弧间的外切圆弧连接	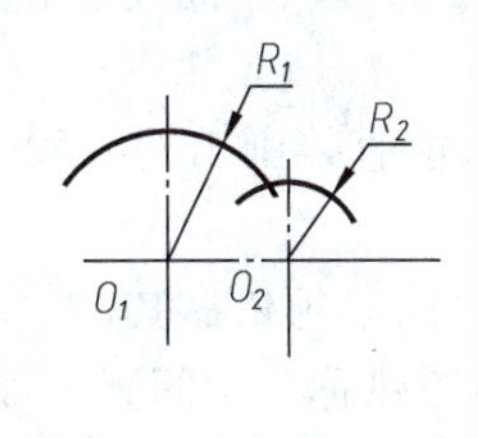	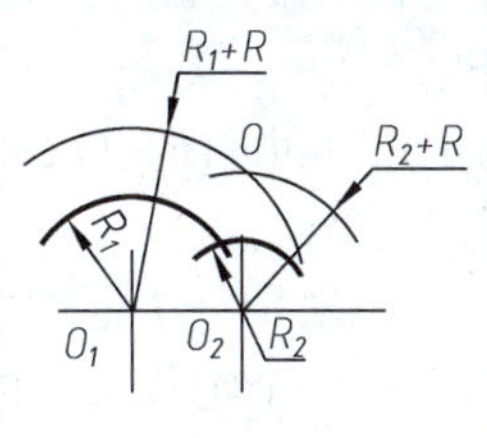	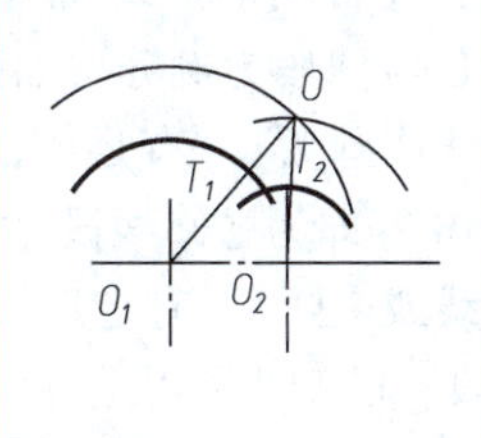	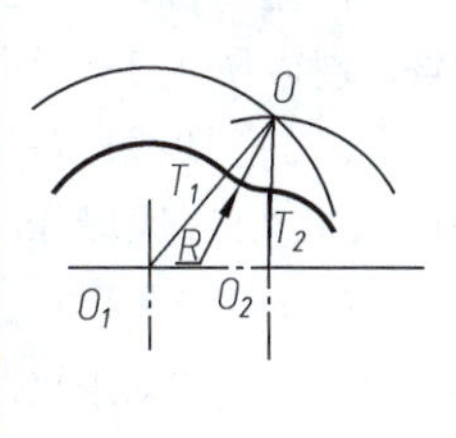
两圆弧间的内切圆弧连接	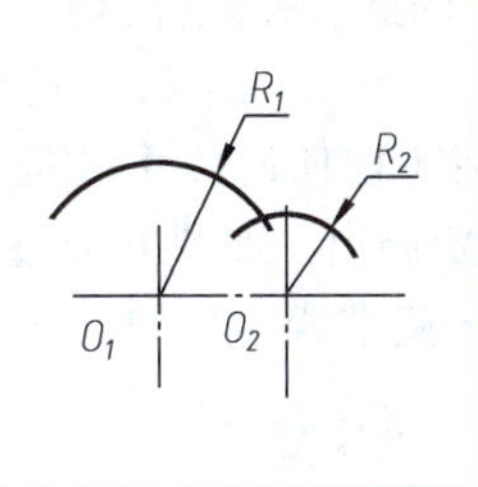	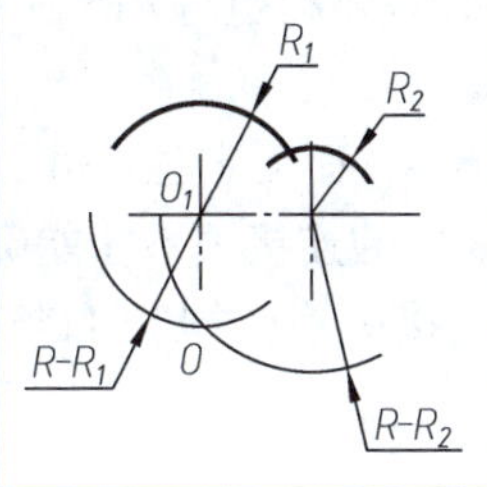	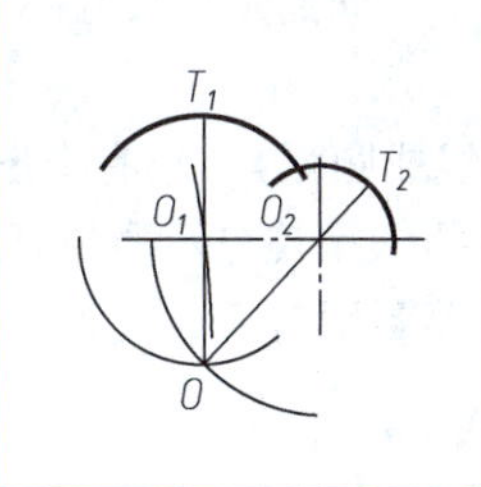	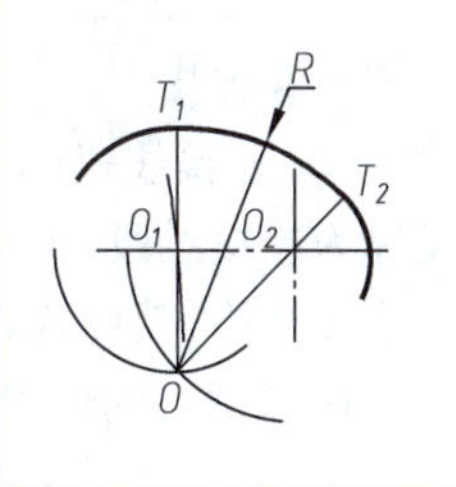
两圆弧间的内外切圆弧连接	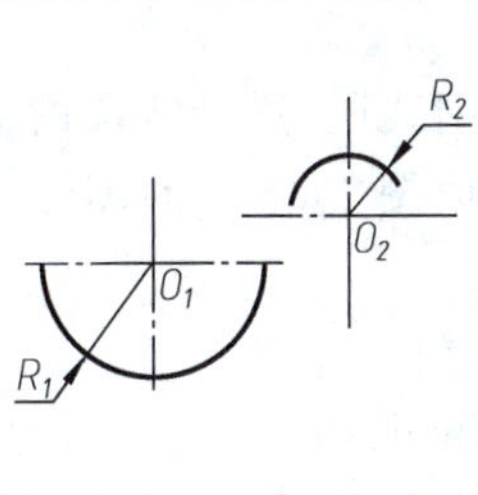	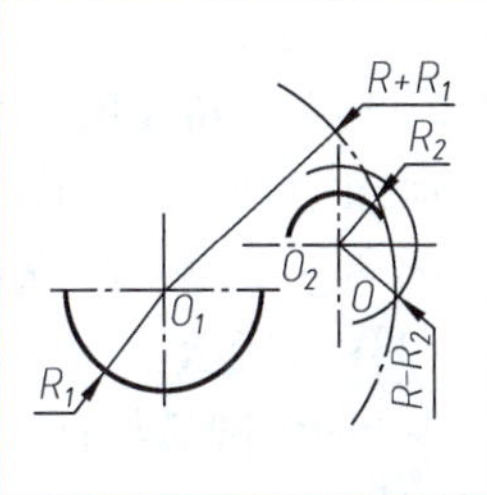	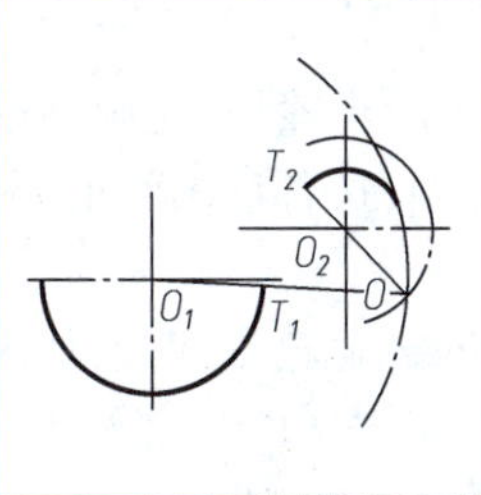	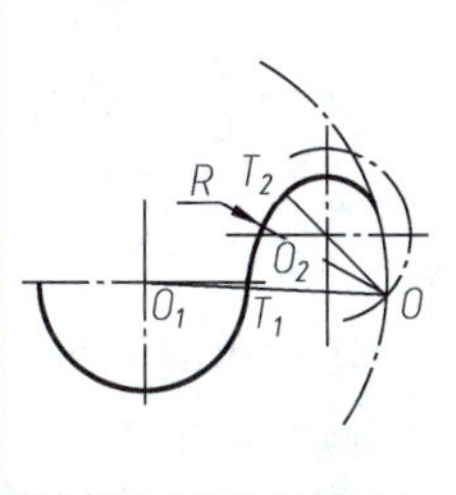

1.4　平面图形

平面图形由许多线段（直线、圆弧）组成，画平面图形时应从哪里着手往往并不明确，因此需要分析图形的组成及其线段的性质，从而确定作图的步骤。

1.4.1　平面图形的尺寸分析

平面图形的尺寸按其在平面图形中所起的作用，可分为定形尺寸和定位尺寸两类。

（1）定形尺寸　确定平面图形中几何要素大小的尺寸称为定形尺寸，例如直线的长短、圆的直径（或半径）等，如图 1-33 中 $R13$，$\varnothing 12$，48 等。

（2）定位尺寸　确定几何元素位置的尺寸称为定位尺寸，如圆心和直线相对于坐标系的位置等，如图 1-33 中的 4，18，40。

（3）尺寸基准　标注定位尺寸的起点称为尺寸基准。对平面图形而言，有左右和上下两个方向的尺寸基准，相当于 X、Y 轴，通常以图形中的对称线、较大圆的中心线、较长的直线作为尺寸基准，如图 1-33 中$\varnothing 12$ 的中心线。

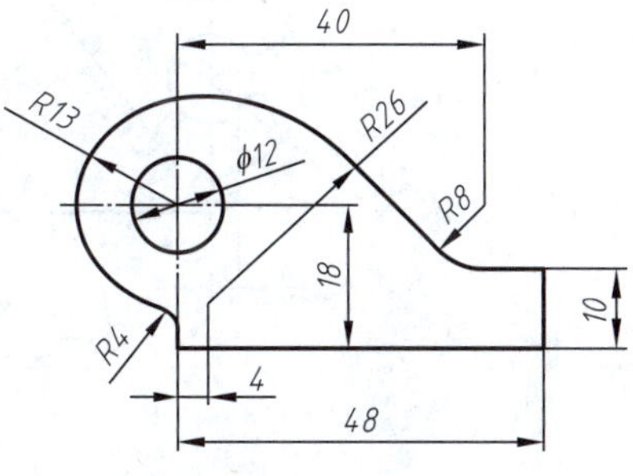

图 1-33　平面图形

1.4.2 平面图形的线段分析

根据所标注的尺寸，平面图形中线段（直线和圆弧）可以分为已知线段、中间线段和连接线段三类。现以图 1-33 所示的各线段为例分析如下。

（1）已知线段（直线或圆弧） 有足够的定形尺寸和定位尺寸，能直接画出的线段。如图 1-33 中 *R*13，∅12，线段 48，10 等即为已知线段，可直接画出。

（2）中间线段（直线或圆弧） 有定形尺寸，但缺少一个定位尺寸，必须依靠其与一端相邻的连接关系才能画出的线段。已知半径尺寸和圆心的一个定位尺寸的圆弧称为中间弧。如图 1-33 中 *R*26 的圆弧，其圆心的 *Y* 方向的定位尺寸不知，需要利用与 *R*13 圆弧的连接关系（内切），才能求出它的圆心和连接点。

（3）连接线段（直线或圆弧） 只有定形尺寸，而无定位尺寸（或不标任何尺寸，如公切线）的线段称为连接线段，也必须依靠其与两端相邻线段的连接关系才能确定画出。如图 1-33 中 *R*4 线段即为连接线段，其位置需要利用与 *R*13 圆弧的连接关系（外切）和与 *Y* 基准线相切的连接关系方能确定 *R* 圆弧圆心的位置。

1.4.3 平面图形的作图步骤

绘制平面图形的作图步骤是：先画基准线；再按已知线段、中间线段、连接线段的顺序依次画出各线段；最后检查全图，按各种图线的要求加深，并标注尺寸。以图 1-33 平面图形为例作图步骤如下：

①定出图形的基准线，画已知线段，如图 1-34（a）所示。

②画出中间线段 *R*26 与 *R*13 圆弧相内切，画出 *R*8 圆弧与直线相切，如图 1-34（b）所示。

③画连接线段 *R*26 与 *R*8 的公切线，画连接线段 *R*4 与 *R*13 圆弧外切，与 *Y* 基准线相切，如图 1-34（c）所示。

④擦去多余的作图线，按线型要求加深线，完成全图，如图 1-34（d）所示

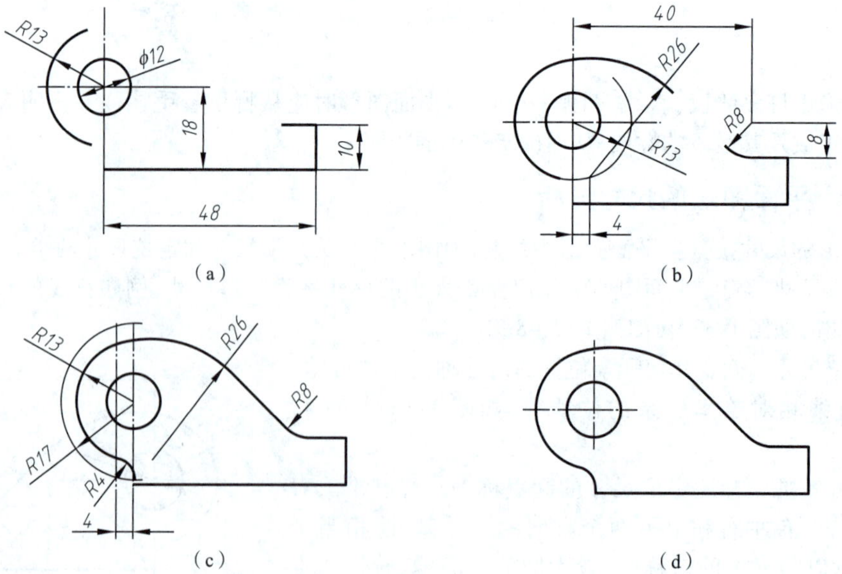

（a） （b） （c） （d）

图 1-34 作图的步骤

1.5　徒手绘图

徒手绘图（草图）是指以目测估计比例，按要求徒手（或部分使用绘图仪器）方便快捷地绘制图形。

在设计的开始阶段，为了表明自己的初步设想，常常采用徒手绘图的方式绘出设计方案，经过分析、研究，认为设计合理时，才进一步用仪器或计算机绘出；或在仿制机器和修理机器时，常常需要测绘，由于现场条件限制，一般也是先画草图，再画正规图；以及在进行参观和讨论时，为了迅速地把看到的和想到的东西记录下来和表达出来，也需要徒手绘制草图。

因此，对于工程技术人员来说，除了要学会仪器绘图和计算机绘图以外，还必须具备徒手绘制草图的能力。

徒手绘图的基本要求：

①画线要稳，图线要清晰；

②目测尺寸要准（尽量符合实际），各部分比例匀称；

③绘图速度要快；

④标注尺寸无误，字体工整。

画徒手图一般选用 HB 或 B、2B 的铅笔，铅芯磨成圆锥形，画中心线和尺寸线时磨得较尖，画可见轮廓线时磨得较钝。所使用的图纸无特别要求，为方便也常在方格纸上画图。

1.5.1　徒手绘图的方法

一个物体的图形无论怎样复杂，总是由直线、圆、圆弧和曲线所组成。因此要画好草图，必须掌握徒手画各种线条的手法。

1. 握笔的方法

手握笔的位置要比尺规作图的位置高些，以利于运笔和观察目标。笔杆与纸面成 45°～60°，执笔要稳而有力。

2. 直线的画法

徒手绘图时，手指应握在铅笔上离笔尖约 35 mm 处，手腕和小手指对纸面的压力不要太大。在画直线时，手腕不要转动，使铅笔与所画的线始终保持约 90°，眼睛看着画线的终点，轻轻移动手腕和手臂，使笔尖向着要画的方向作直线运动，如图 1-35 所示。

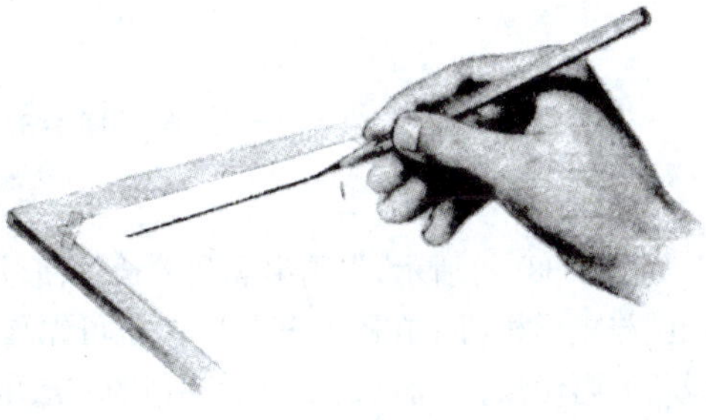

图 1-35　直线的画法

短线常用手腕运笔，画长线则以手臂动作，且肘部不宜接触纸面，否则不易画直，当直线较长时，也可用目测在直线中间定出几个点，然后分几段画出。画长斜线时，为了运笔方便，可以将图纸旋转一适当角度，使它转成水平线来画。

3. 圆及圆角的画法

用徒手画小圆时，应先定圆心及画中心线，再根据半径大小用目测在中心线上定出四点，然后过这四点画圆，如图 1-36（a）所示。当圆的直径较大时，可过圆心增画两条 45°的斜线，在线上再定出四个点，然后过这八点画圆，如图 1-36（b）所示。

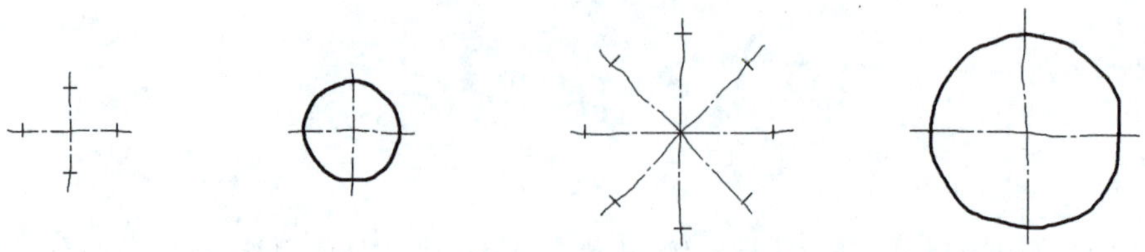

（a）（b）

图 1-36　圆的画法

当圆的直径很大时，可取一纸片标出半径长度，利用它从圆心出发定出许多圆周上的点，然后通过这些点画圆。或者用手作圆规，以小手指的指尖或关节作圆心，使铅笔与它的距离等于所需的半径，用另一只手小心地慢慢转动图纸，即可得到所需的圆。

图 1-37 所示是画圆角的方法。先用目测在角平分线上选取圆心位置，使它与角的两边的距离等于圆角的半径。过圆心向两边引垂线定出圆弧的起点和终点，并在角平分线上也定出一圆周点，然后用徒手作圆弧把这三点连起来。

视频

平面图形作图的步骤

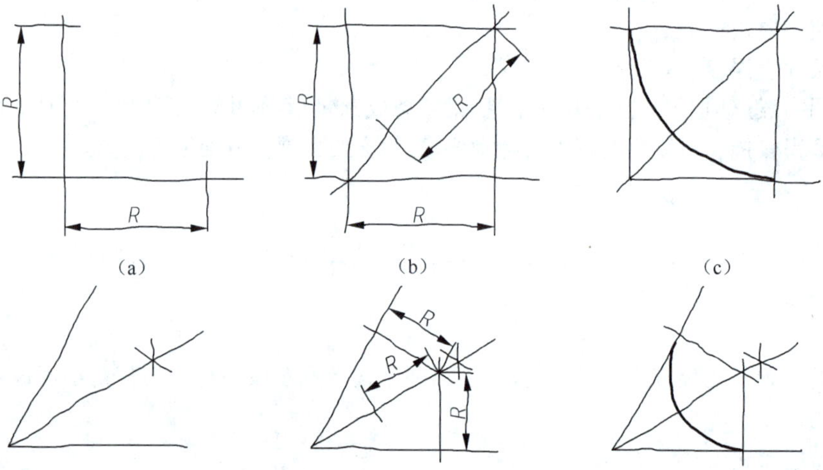

（a）（b）（c）

（d）（e）（f）

图 1-37　画圆角的方法

4. 椭圆的画法

如图 1-38（a）所示，先画出椭圆的长短轴，并用目测定出其端点位置，过这四点画一矩形，然后徒手作椭圆与矩形相切。在图 1-38（a）中，也可先画出椭圆的外接四边形，然后分别用徒手方法作两钝角及两锐角的内切弧，即得所需椭圆。相似的方法可以用来画图像上的曲线，如图 1-38（b）所示。

1.5.2　绘画立体图

如果从正面观察一个物体，往往只能看到它的一个平面，画平面图时只能够知道它的长度和高度。但如果从倾斜的角度观察同一个物体，便会较容易看到它的立体形状，这种图像称为立体图。

徒手绘制平面立体时，应先用细线根据比例画出立方体的外框，然后再加上细节，最后用粗实线绘出立体图，如图 1-39 所示。

徒手绘制曲面立体时，应先用正方形法绘制斜侧的圆形，然后连接两圆形便成为圆柱体了，如图 1-40 所示。

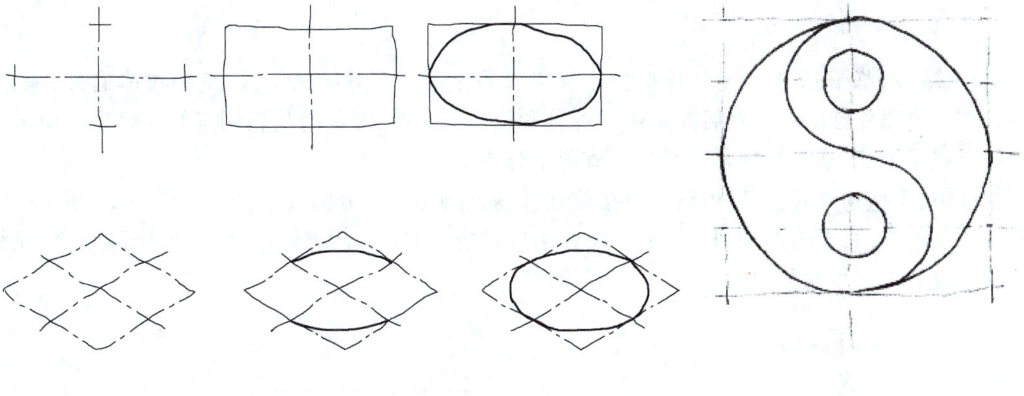

（a）　　　　　　　　　　（b）

图 1-38　椭圆和曲线的画法

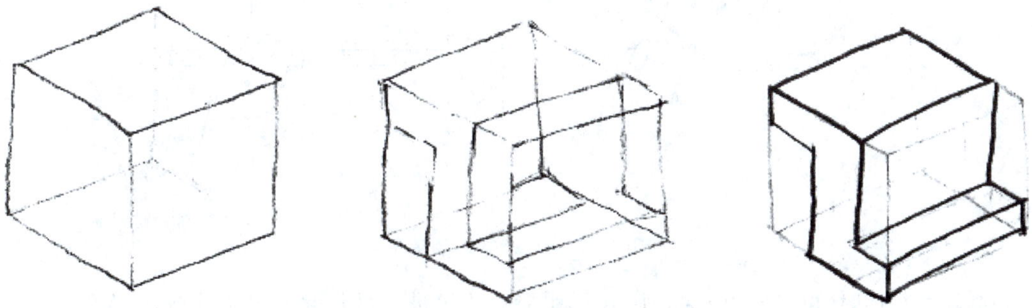

图 1-39　平面立体的绘制

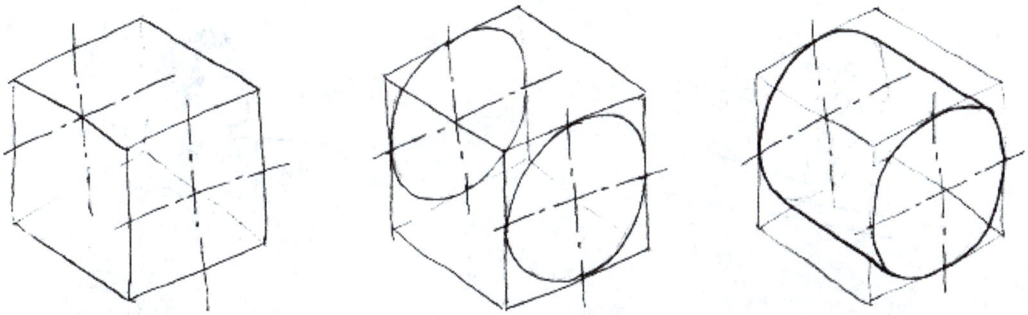

图 1-40　圆柱体的绘制

一些较复杂的物体，亦可先分割各部分，然后再用上述的方法绘画立体图，如图 1-41 所示。

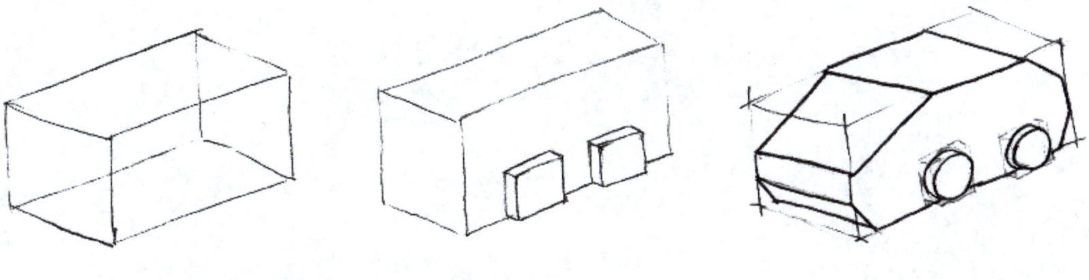

图 1-41　复杂立体的绘制

1.5.3 目测的方法

对于徒手画草图,重要的是要保持物体各部分的比例。在开始画图时,整个物体的长、宽、高的相对比例一定要仔细拟定。然后在画中间部分和细节部分时,要随时将新测定的线段与已拟定的线段进行比较。因此,掌握目测方法对画好草图十分重要。

在画中、小型物体时,可以用铅笔直接放在实物上测定各部分的大小,如图 1-42(a) 所示。然后按照大小画出草图,如图 1-42(b)所示。或者用这种方法估计出各部分的相对比例,然后按此相对比例画出放大或缩小的草图。

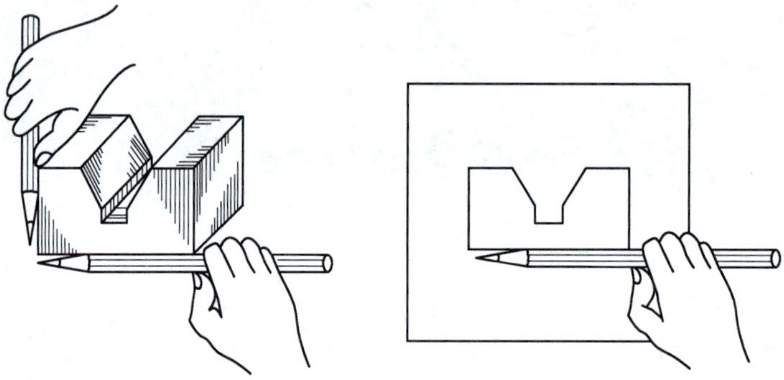

（a） （b）

图 1-42 中、小物体的测量

在画较大物体时,可以如图 1-43 所示,用手握一铅笔进行目测度量。在目测时,人的位置应保持不动,握铅笔的手臂要伸直。人和物体的距离大小,应根据所需图形大小来确定。在绘制及确定各部分相对比例时,建议先画大体轮廓。尤其是比较复杂的物体,更应如此。

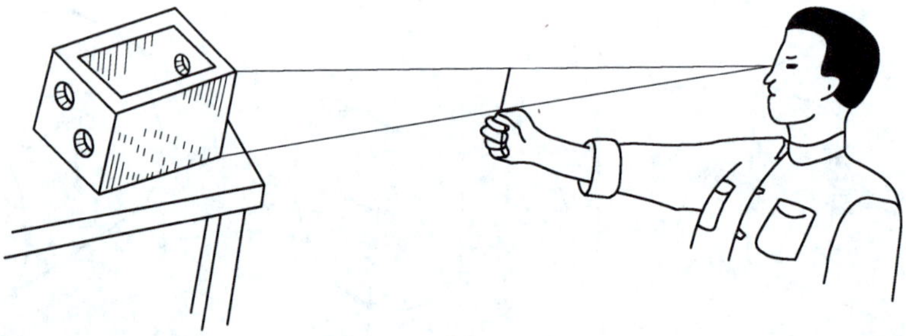

图 1-43 较大物体的测量

第2章 点、线、面的投影

在工程技术领域中，广泛采用投影的方法绘制工程图样，它是在平面上表示空间物体的基本方法。为了正确地绘制空间物体的投影图，应首先掌握投影法，并研究空间几何元素的投影规律和投影特性。

2.1 投影的基本知识

2.1.1 投影法概述

在人们的生活中，一切形体都是以三维的空间形态存在的。如何才能在平面上准确无误地把空间物体表达出来呢？通过人们的观察发现，物体在光线照射下，在地面或墙面上就会出现该物体的影子，影子和物体之间存在着相互对应的关系。投影法就是从这一自然现象抽象出来，并随着科学技术的发展而发展起来的。

如图 2-1 所示，空间有一平面 P 以及不在该平面上的点光源 S 和平面 ABC，过点 S 和点 A 连一直线 SA，将直线 SA 延长与平面 P 相交于点 a，a 称为空间点 A 在平面 P 上的投影。点光源 S 称为投射中心，平面 P 称为投影面，直线 SAa 称为投射线。这种利用投射线在投影面上产生投影的方法称为投影法。

2.1.2 投影法的分类

由于投射线、物体和投影面之间的相互关系不同，因而产生了不同的投影法。工程上常用的投影法有中心投影法和平行投影法两种（见图 2-1、图 2-2）。

1. 中心投影法

如图 2-1 所示，所有投射线都通过投射中心的投影法，称为中心投影法。据此投影法得到的图形称为中心投影。空间物体的中心投影的大小与该物体距投射中心、投影面间的距离有关，不能反映其真实大小。

2. 平行投影法

如果把中心投影法中的投射中心移到无穷远处，则各投射线就可视为相互平行，这种投影法称为平行投影法，如图 2-2 所示。空间物体投影的大小，只与物体相对于投影面的位置有关，而与投影面间的距离无关。

●视频

投影法及中心投影法

●视频

平行投影法

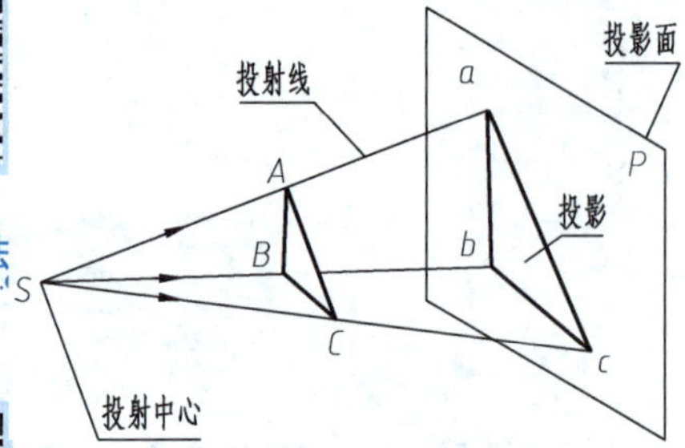

图 2-1　中心投影法

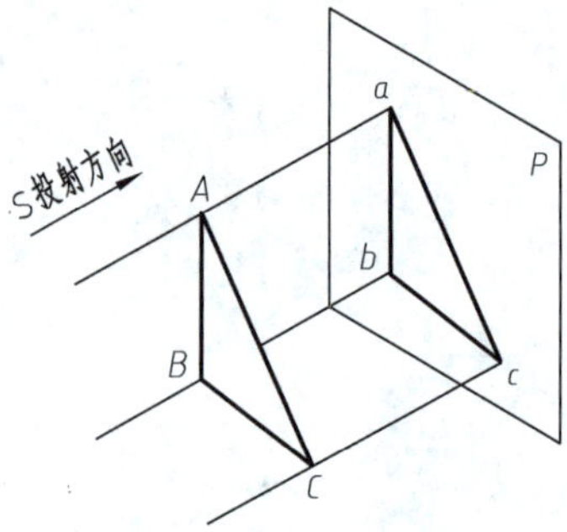

图 2-2　平行投影法

平行投影法按投射线与投影面相对位置，可分为斜投影法和正投影法两种。

(1)斜投影法

投射线与投影面相互倾斜的平行投影法称为斜投影法，如图 2-3 所示，由此法所得的投影称为斜投影。

(2)正投影法

投射线与投影面垂直的平行投影法称为正投影法，如图 2-4 所示，由此法所得的投影称为正投影。

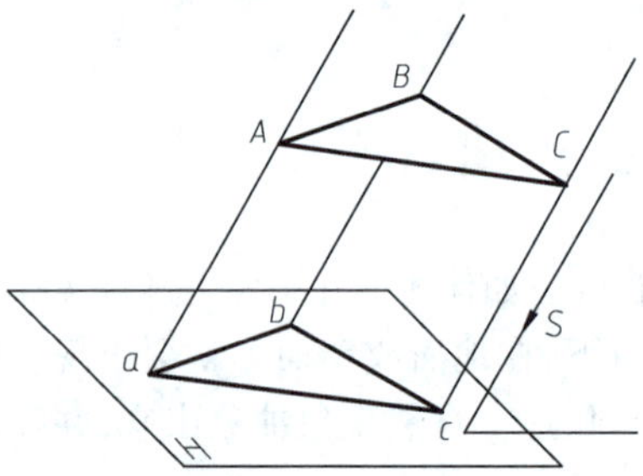

图 2-3　斜投影法

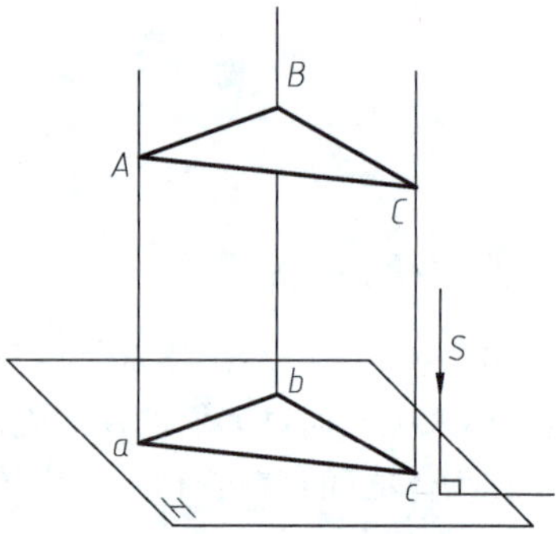

图 2-4　正投影法

2.1.3　工程上常用的几种投影图

各种投影法有各自的特点，适用于不同的工程图样，工程中常用的投影图有以下几种。

1. 透视图

透视图是用中心投影法绘制的。这种投影图与人的视觉相符，具有立体感且形象逼真。其缺点是度量性差，适用于房屋、桥梁等外观效果图的设计及计算机仿真技术，如图 2-5 所示。

2. 轴测图

轴测图是用平行投影法绘制的。这种图有一定的立体感，但度量性不理想，如图 2-6 所示，适用于作为产品说明书的机器外观图等，这种图也常常用于计算机辅助造型的设计中。

3. 多面正投影图

将物体的一个方向用正投影法向一个投影面进行投射所得的图形，称为单面正投影图，如图 2-7 所示。将物体的几个不同方向用正投影法向相互垂直的多个投影面进行投射所得的图形，称为多面正投影图，如图 2-8 所示。这种图虽然立体感差，但能完整地表达物体的各个方位的形状、度量性好，便于指导加工，因此多面正投影图被广泛应用于工程的设计、制造中。

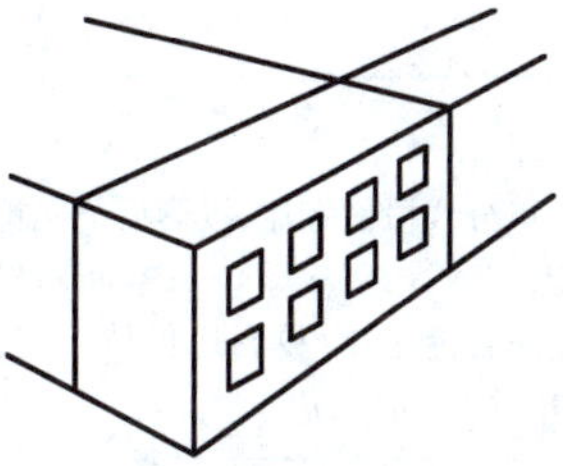

图 2-5　透视图

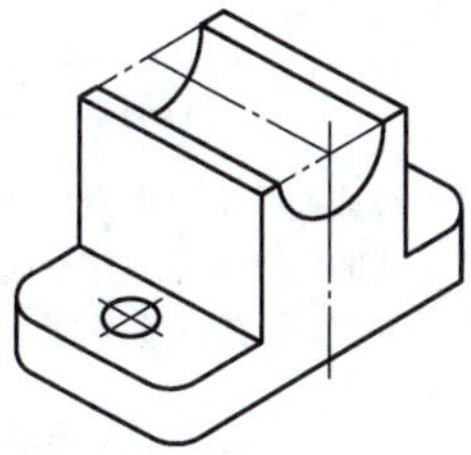

图 2-6　轴测图

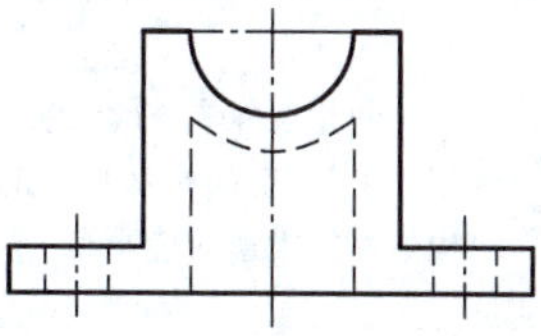

图 2-7　单面正投影图

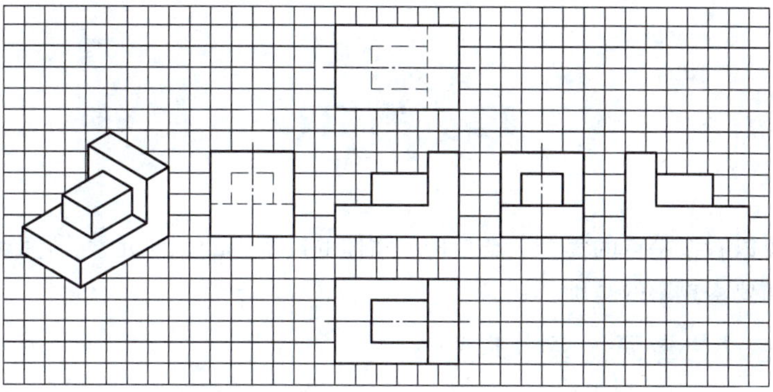

图 2-8　平面立体的多面正投影图

2.1.4　正投影法的基本性质

正投影的基本性质见表 2-1。这些性质可用几何学知识证明，它们是正投影法作图的重要依据。

表 2-1　正投影法基本性质

性质	实形性	积聚性	类似性
图例	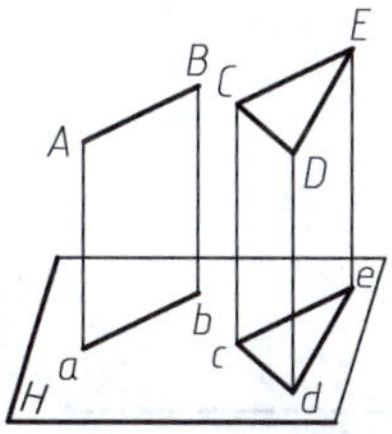	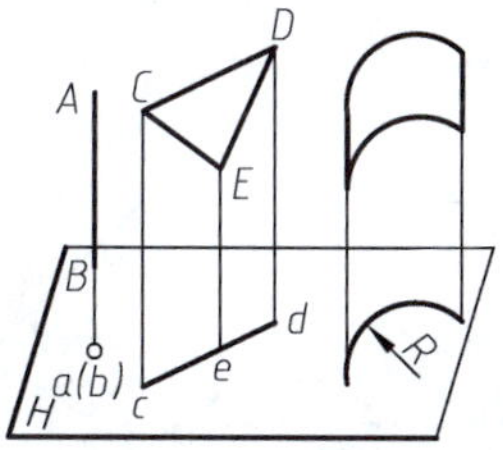	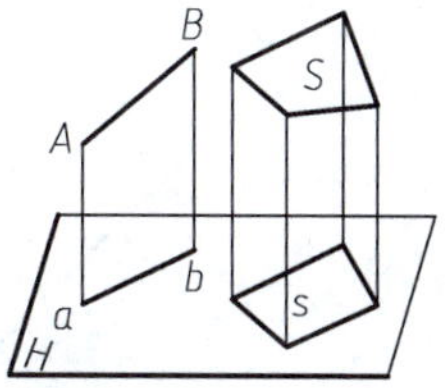
投影特性	直线、平面平行于投影面，则在平行的投影面上的投影反映直线的实长或平面的实形	直线、平面、柱面垂直于投影面，则在该投影面上的投影分别积聚为点、直线、曲线	当直线、平面倾斜于投影面时，直线的投影仍为直线，平面的投影为平面的类似形
性质	**平行性**	**从属性**	**定比性**
图例	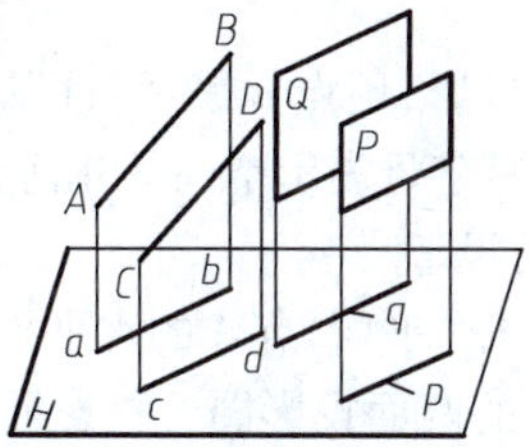	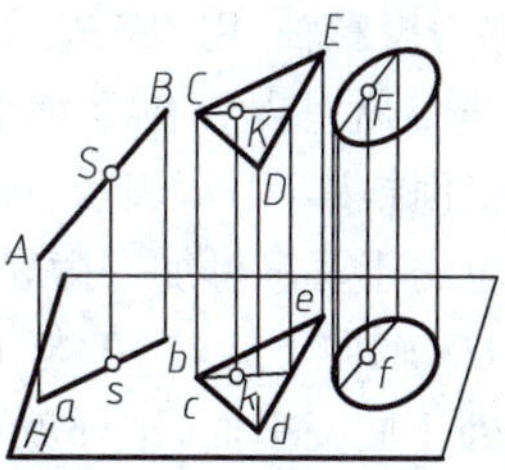	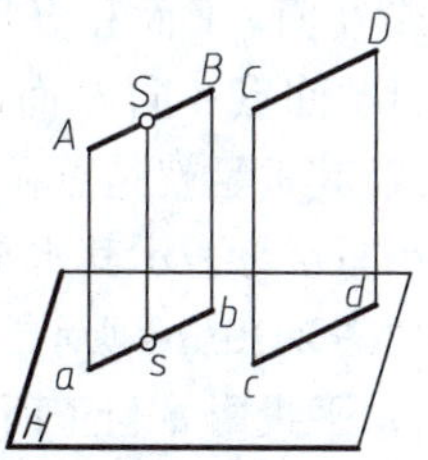

续上表

性质	平行性	从属性	定比性
投影特性	空间相互平行的直线，其投影一定相互平行；空间相互平行的平面，其有积聚性的投影对应平行	直线或曲线上对应点的投影必在该直线或曲线的投影上；平面或曲面上点、线的投影必在该平面或曲面的投影上	点分线段的定比，投影后仍保持不变，即 $AS:AB=as:ab$；空间两平行线段长度之比，投影后保持不变，即 $AB:CD=ab:cd$
说明	类似形：指平面图形投影后所得的投影，与原平面图形保持基本特征不变，即边数不变，凸、凹状态相同，平行关系保持不变		

2.2 点的投影

任何立体都可以看作是点的集合。点是构成物体的最基本的几何元素，研究点的投影性质和规律是掌握其他几何要素投影的基础。

2.2.1 点在两投影面体系中的投影

如图 2-9(a)所示，过空间点 A 向投影面 H 作投射线，与投影面 H 的交点 a 即是点 A 在投影面上的投影。所以，空间点在确定的投影面 H 上的投影是唯一的。反之，如图 2-9(b)所示，若已知点 A 的一个投影 a，过 a 作垂直于投影面 H 的投射线上的点 A_1、A_2、A_3…，各点都可能是投影 a 对应的空间点。因此，空间点的一个投影不能唯一确定该点的空间位置。所以，确定一个空间点至少需要两个投影。

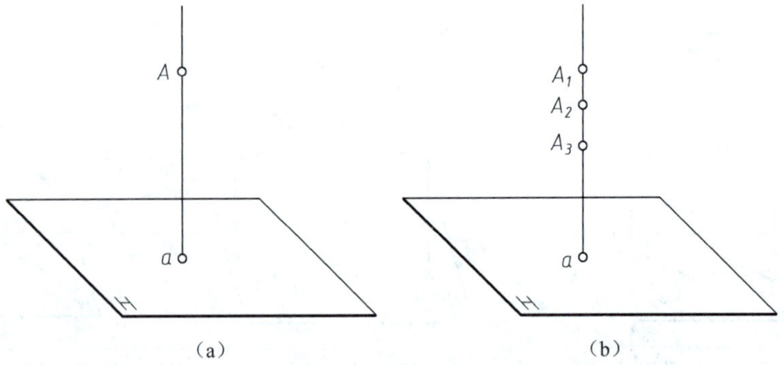

图 2-9　点的投影特性

如图 2-10(a)所示为两个相互垂直的投影面，处于正面直立位置的投影面，称为正立投影面，用大写字母 V 表示，简称正面或 V 面；处于水平位置的投影面称为水平面，用大写字母 H 表示，简称水平面或 H 面。V 面和 H 面的交线称为投影轴，用 OX 表示。

过空间点 A 向 H 面作垂线，其垂足就是点 A 在 H 面上的水平投影，用点 a 表示，过点 A 向 V 面作垂线，其垂足就是点在 V 面上的正面投影，用 a' 表示。通常用大写字母表示空间的几何元素，用相应的小写字母表示其水平投影，相应的小写字母加一撇表示其正面投影。

如图 2-10(b)所示，将 H 面绕 OX 轴向下旋转 90°与 V 面处于同一平面，点 A 的水平投影也随其旋转，水平投影 a 与正面投影 a' 也处于同一平面，这样就得到了点的两面投影图。投影面可根据需要扩大，通常不必画出投影面的边界，如图 2-10(c)所示即为点的两面投影图。

如图 2-10 所示,可概括出点在两面投影体系中的投影规律:

(1)点的投影连线垂直于投影轴,即 $aa' \perp OX$;

(2)点的投影到投影轴的距离,反映该点到相邻投影面的距离,即 $aa_x = Aa'$, $a'a_x = Aa$。

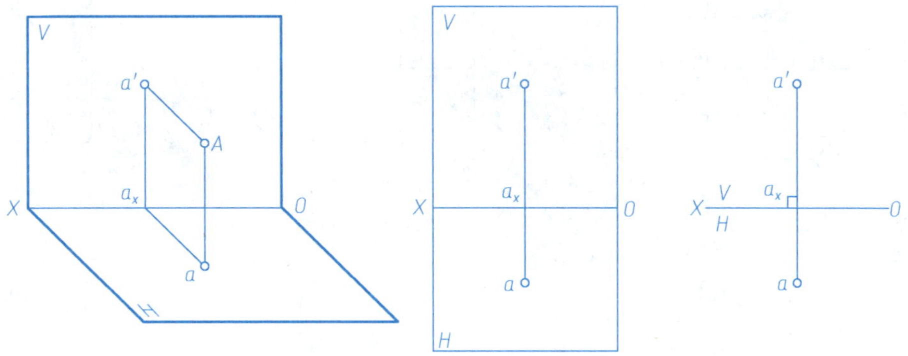

(a)　(b)　(c)

图 2-10　点在两投影面体系中的投影

2.2.2　点的三面投影

由前述可知,点的两面投影即可确定该点的空间位置,但对于复杂的物体,可能需要三面投影才能表达清楚,因此需要研究点在三面投影体系中的投影规律。

1. 三面投影体系的建立

在图 2-10 所示的两投影面基础上,再增加一个与 H、V 面均垂直的投影面,如图 2-11(a)所示,该投影面称为侧立投影面,简称侧面或 W 面。这三个相互垂直的面就构成三面投影体系。V 面与 H 面的交线为投影轴 OX 轴,H 面与 W 面的交线为投影轴 OY 轴,V 面与 W 面的交线为投影轴 OZ 轴,它们的交点 O 称为原点。同时,三根投影轴 OX、OY、OZ 必定相互垂直。

2. 点的三面投影

由空间点 A 向 W 面投影,用相应的小写字母加两撇表示其侧面投影,在 W 面上的投影为 a''。点 A 的三个投影分别为正面投影 a'、水平投影 a,侧面投影 a''。

为了使三个投影面位于同一平面,投影面的展开如图 2-11(b)所示:V 面位置不变,H 面绕 OX 轴向下旋转 90°,W 面绕 OZ 轴向右旋转 90°,使三个投影面处于同一面上,即得到点的三面投影图。其中 OY 轴随 H 面旋转后用 OY_H 表示,随 W 面旋转后用 OY_W 表示,它们表示的都是空间 OY 轴。

通常在投影图上不画出投影面的边界,如图 2-11(c)所示,称为点的三面投影图;投影图上各投影点之间的细实线称为投影连线。

在三投影面体系中,关于空间点及其投影的标记规定为:空间点用大写字母 A、B、C…表示;H 面投影用相应的小写字母表示,如 a、b、c…;V 面投影用相应的小写字母加一撇上标表示,如 a'、b'、c'…;W 面投影用相应的小写字母加两撇上标表示,如 a''、b''、c''…。

3. 点在三面投影图中的投影规律

(1)点的正面投影和水平投影的连线垂直于 OX 轴,即 $a'a \perp OX$,并且 $a'a$ 到原点 O 的距离反映 X 坐标。

(2)点的正面投影和侧面投影的连线垂直于 OZ 轴,即 $a'a'' \perp OZ$,并且 $a'a''$到原点 O 的距离反映 Z 坐标。

(3)点的水平投影到 OX 轴的距离等于其侧面投影到 OZ 轴的距离,即 $aa_x = a''a_z$。

视频 点的三面投影

视频 三面投影体系的建立

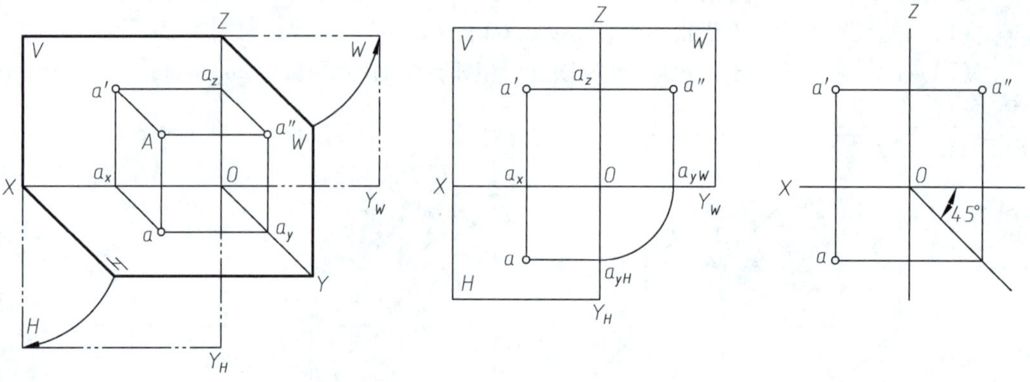

(a) (b) (c)

图 2-11 点在三面投影体系中的投影

视频 点在三面投影图中的投影规律

点的每个投影均能反映两个坐标：正面投影反映 x、z 坐标；水平投影反映 x、y 坐标；侧面投影反映 y、z 坐标。

例 2-1 已知点 A 两个投影 a'、a''，如图 2-12(a)所示，求水平投影 a。

作图 方法一：如图 2-12(b)所示，由点的投影规律可知，$a'a \perp OX$，$aa_X = a''a_Z$，故过 a' 作垂直于 OX 的投影连线 $a'a$，交 OX 于 a_X，在 $a'a$ 上量取 $aa_X = a''a_Z$，即可得到点 A 的水平投影 a。

方法二：如图 2-13 所示，①由点 O 作与水平线成 45°的辅助线，如图 2-13(a)所示。②由 a' 作 OX 轴的垂线，交 OX 轴并延长，如图 2-13(b)所示。

③由 a'' 作 OY_W 轴的垂线，并延长与 45° 辅助线相交，由此交点再作 OY_H 轴的垂线与过 a' 的垂线交于一点，即为空间 A 点的水平投影 a，如图 2-13(b)所示。

视频 例2-1

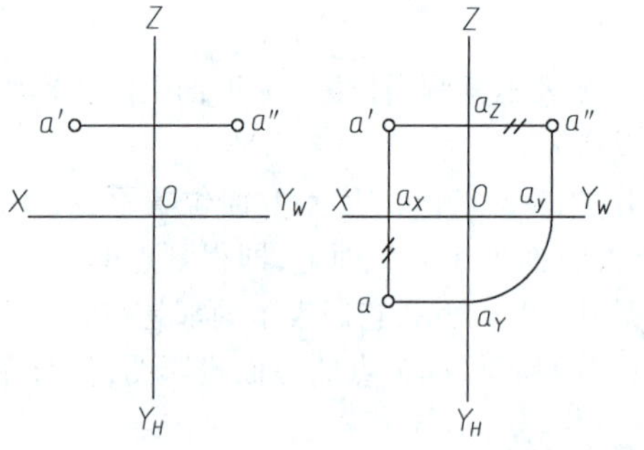

(a) (b)

图 2-12 方法一

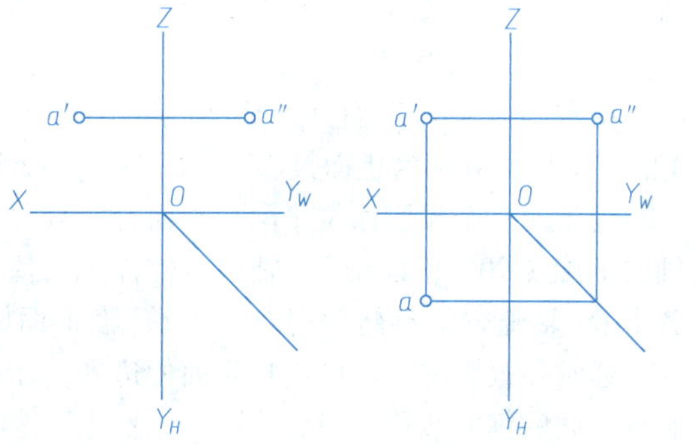

(a) (b)

图 2-13 方法二

4. 点的投影与坐标之间的关系

在三面投影体系中，由于 OX、OY、OZ 轴相互垂直，可在其上建立笛卡儿坐标系，O 为原点。空间点的位置就可由三个坐标 X、Y、Z 表示，它们分别代表点到 W、V、H 面的距离，如图 2-14(a)所示。

在点的三面投影图中，点的每个投影都可以由两个坐标确定，如图 2-14(b)所示，a' 由 x_A、z_A 确定，a 由 x_A、y_A 确定。由此可知，点的任意两个投影都包含三个坐标，即两个投影可确定点的空间位置。利用投影和坐标的关系，就可由点的两个投影量出三个坐标，也可由点的三个坐标画出点的三个投影。

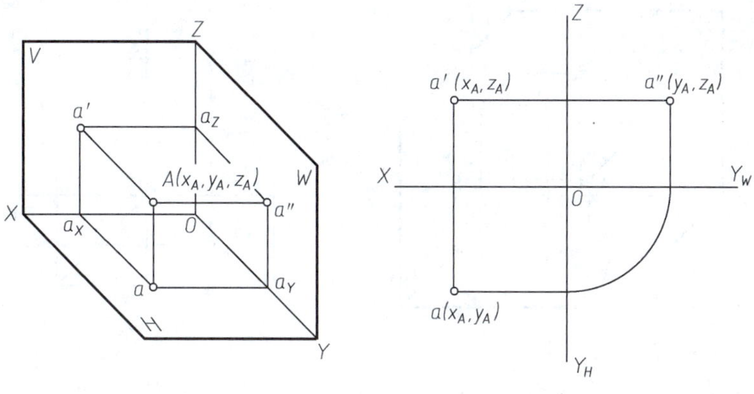

(a)　　　　(b)

图 2-14　点的投影与坐标的关系

例2-2　已知点 $A(12,10,15)$，如图 2-15 所示，求作它的三面投影。

作图　方法一：如图 2-15 所示，①画坐标轴（OX，OY_H，OY_W，OZ）；

②在 OX 轴上量取 $oa_x = 12$；

③过 a_x 作 OX 轴的垂线，在垂线上量取 $aa_x = 10$，$a'a_x = 15$，得 a 和 a'；

④过 a' 作 OZ 轴的垂线，并使 $a''a_z = aa_x$，得 a''，即得点 A 的三面投影。

方法二：由 a' 作出 OZ 轴垂线交 OZ 于 a_z 并延长，由 a_z 向右量出 $y=10$，得 a''。

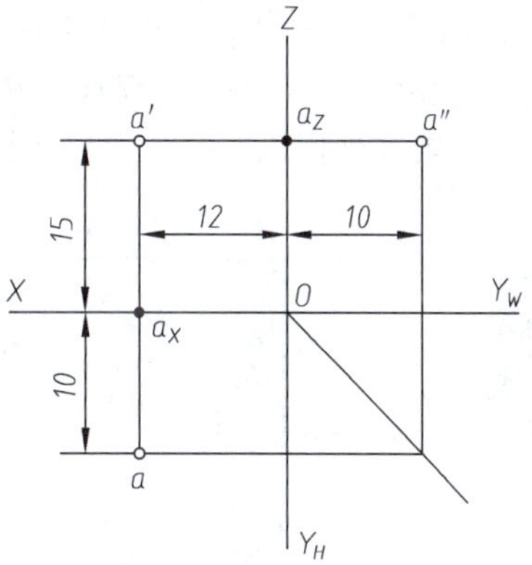

图 2-15　已知点的坐标求三面投影

2.2.3　两点的相对位置及重影点

1. 两点的相对位置

空间两点的相对位置是指空间两点的左右、前后和上下位置关系，其可以用坐标的大小来判断。规定 X 坐标大者为左，反之为右；Y 坐标大者为前，反之为后；Z 坐标大者为上，反之为下。

已知空间两点 A、B 及其投影，在投影图中判断其相对位置，如图 2-16 所示。

（1）b' 在 a' 的上方（或 b'' 在 a'' 的上方），即 $z_B > z_A$，表示点 B 在点 A 的上方，两点的上下距离由 z 的坐标差 $|z_B - z_A|$ 确定；

（2）b 在 a 的后（或 b'' 在 a'' 的后方），即 $y_B < y_A$，表示点 B 在点 A 的后方，两点的前后距离由 y 的坐标差 $|y_B - y_A|$ 确定；

（3）b' 在 a' 的右方（或 b 在 a 的右方），即 $x_B < x_A$，表示点 B 在点 A 的右方，两点的左右距离由 x 的坐标差 $|x_B - x_A|$ 确定。

在判别相对位置的过程中应该注意：对水平投影而言，OY_H 轴向下就代表向前；对侧面投影而言，OY_w 轴向右也代表向前。

视频
两点的相对位置

2. 重影点及其可见性

当两点的某两个坐标相同时，该两点将处于同一投射线上，它们在该投射线垂直的投影面上的投影重合，此两点称为对该投影面的重影点。

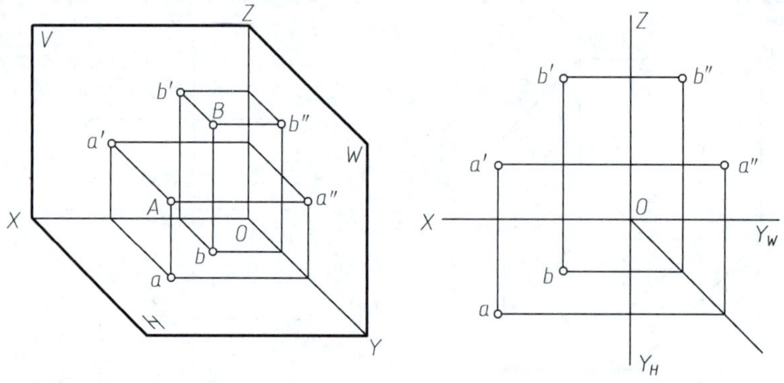

（a）　　（b）

图 2-16　两点的相对位置

如图 2-17 所示，点 *A* 与点 *B* 同在一垂直于 *V* 面的投射线上，所以它们的正面投影 *a*′、*b*′重合，由于 $y_A > y_B$，表示点 *A* 位于点 *B* 的前方，故点 *B* 被点 *A* 遮挡，因此 *b*′不可见，投影不可见点的字母加括号（*b*′）表示，以示区别。同理若在 *H* 面上重影，则 *Z* 坐标值大的点其 *H* 面投影为可见点；而在 *W* 面上重影，则 *X* 坐标值大的点其 *W* 面投影为可见点。

视频
重影点及其可见性

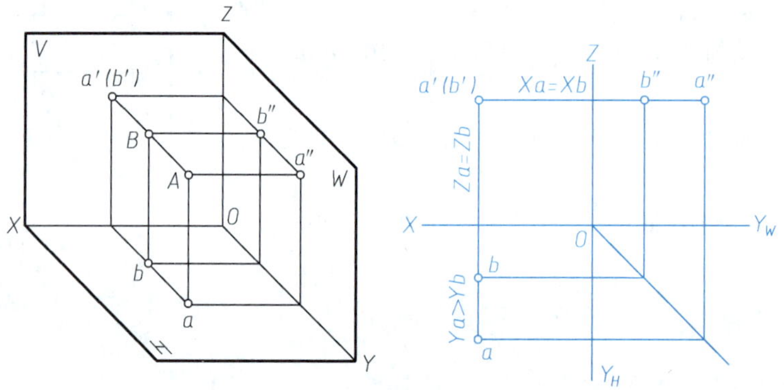

（a）　　（b）

图 2-17　重影点及可见性的判别

判断点的可见性的方法总结为：前遮后、上遮下、左遮右，被遮的点要在同面投影加圆括号，以区别其可见性。

2.3　直线的投影

直线的空间位置由线上任意两点决定，绘制直线的投影图时，只要作出直线上的任两点的投影，并将它们的同面投影相连即可。如图 2-18 所示，求作直线的三面投影时，可分别作出两端点的投影（*a*、*a*′、*a*″）、（*b*、*b*′、*b*″），然后将其同面投影连接起来（用粗实线绘制）即得直线 *AB* 的三面投影（*ab*、*a*′*b*′、*a*″*b*″）。

视频
直线的投影

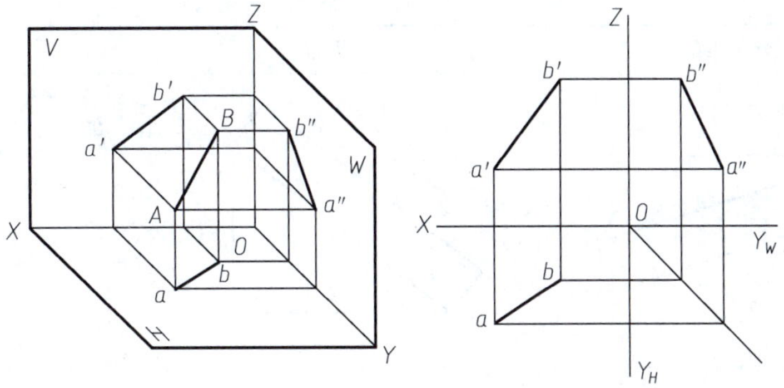

（a）　　　（b）

图 2-18　直线的投影

2.3.1　各种位置直线的投影特性

直线与投影面的相对位置关系有三种情况：投影面的平行线、投影面的垂直线、一般位置直线。前两种又称为特殊位置直线。

1. 一般位置直线

对三个投影面都倾斜的直线称为一般位置直线。直线与某投影面的夹角称为直线对该投影面的倾角。空间直线与投影面 H、V、W 之间的倾角分别用 α、β、γ 表示。如图 2-19 所示的 AB，它的三个投影均与投影轴倾斜，它的投影均小于其真实长度，其中，$ab = AB\cos\alpha$，$a'b' = AB\cos\beta$，$a''b'' = AB\cos\gamma$。

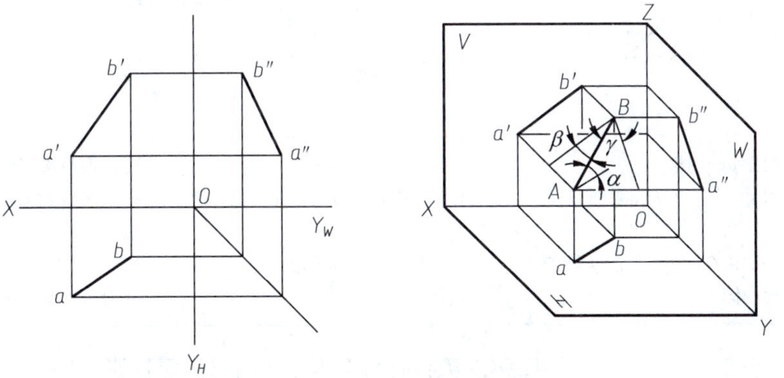

（a）　　　（b）

图 2-19　一般位置直线

一般位置直线的投影特性如下：

（1）三个投影都倾斜于投影轴，且小于实长。

（2）三个投影与相应投影轴的夹角均不反映对各投影面的倾角。

2. 投影面平行线

平行于一个投影面而与另外两个投影面倾斜的直线称为投影面平行线。平行于 H 面且倾斜于 V、W 面的直线称为水平线；平行于 V 面且倾斜于 H、W 面的直线称为正平线；平行于 W 面且倾斜于 H、V 面的直线称为侧平线。

它们的投影特性见表 2-2。

表2-2　投影面平行线的投影特性

名称	水平线	正平线	侧平线
实例图	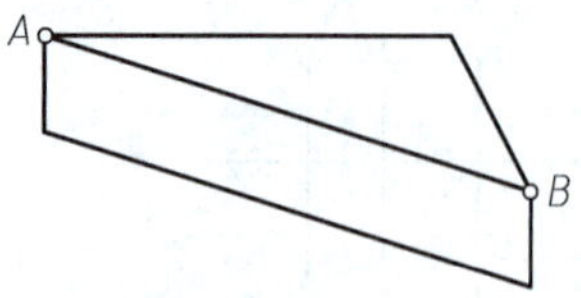	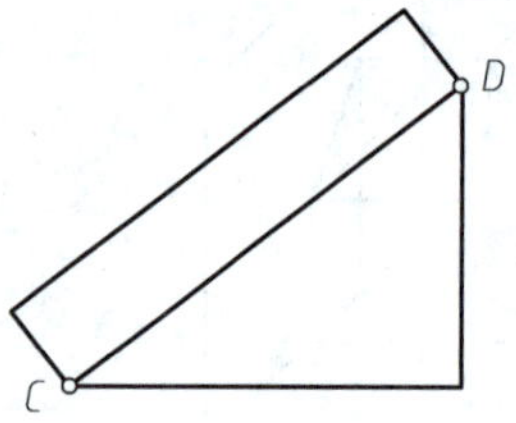	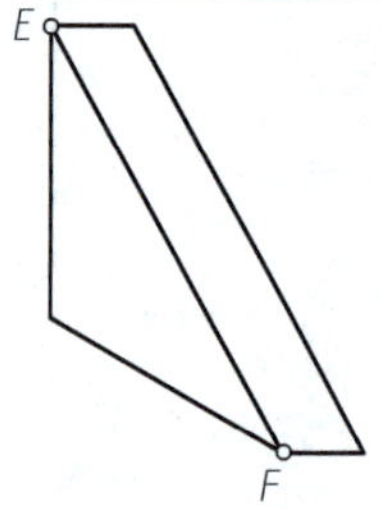
立体图	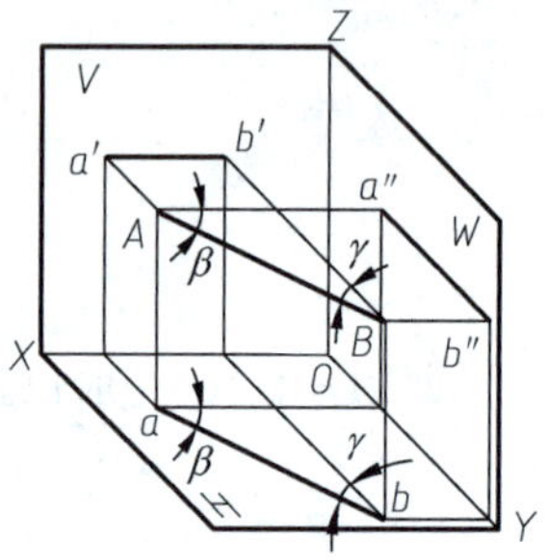	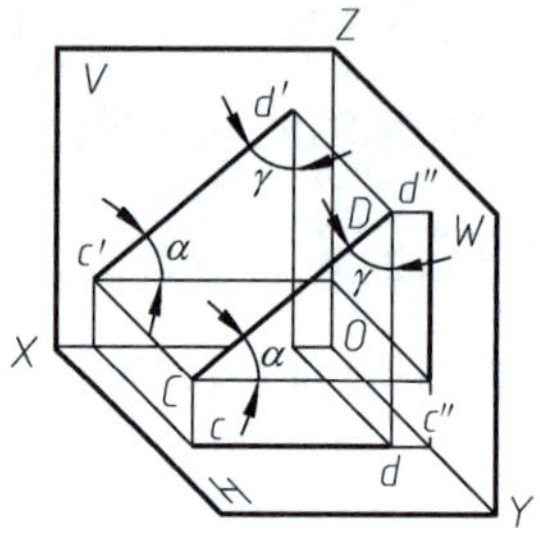	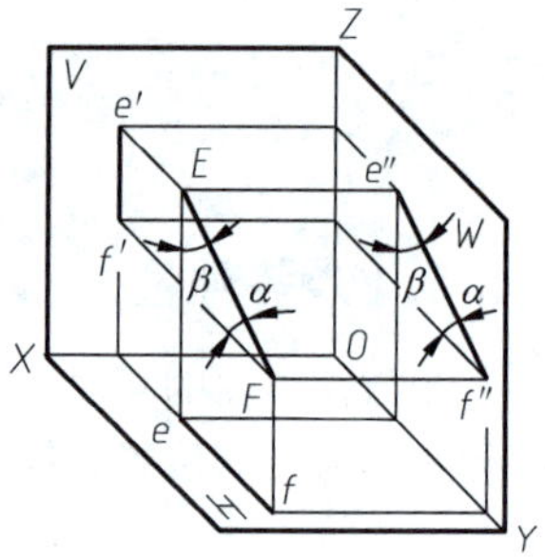
投影图	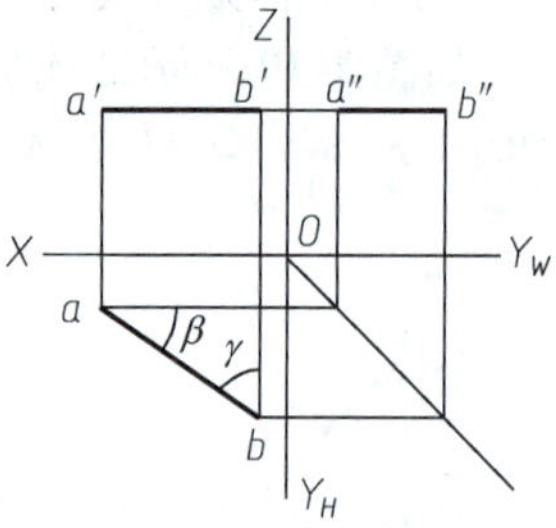	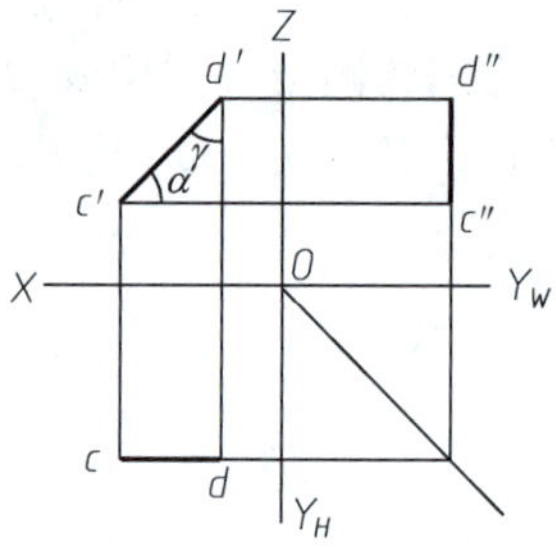	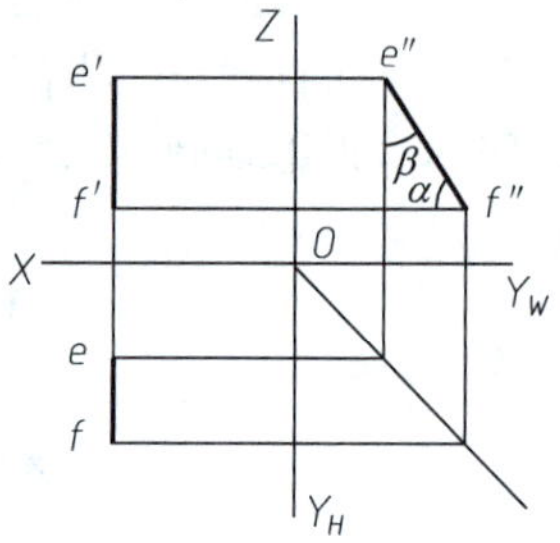
投影特性	(1)水平投影 $ab=AB$。 (2)正面投影 $a'b'$ // OX，侧面投影 $a''b''$ // OY_W。 (3)ab 与 OX 和 OY 的夹角 β、γ 等于 AB 对 V、W 面的倾角	(1)正面投影 $c'd'=CD$。 (2)水平投影 cd // OX，侧面投影 $c''d''$ // OZ。 (3)$c'd'$ 与 OX 和 OZ 的夹角 α、γ 等于 CD 对 H、W 面的倾角	(1)侧面投影 $e''f''=EF$。 (2)水平投影 ef // OY_H，正面投影 $e'f'$ // OZ。 (3)$e''f''$ 与 OY 和 OZ 的夹角 α、β 等于 EF 对 H、V 面的倾角

以表2-2中水平线为例，AB // H 面而与 V、W 面倾斜，H 面投影反映直线 AB 的实长，即 $ab=AB$，ab 与 OX 轴的夹角反映直线 AB 与 V 面的倾角 β，ab 与 OY_H 轴的夹角反映直线 AB 与 W 面的倾角 γ。其他两个投影 $a'b'$ // OX，$a''b''$ // OY_W，且小于实长。

视频　投影面平行线的投影特性

由表2-2可知，投影面平行线的投影特性如下：

(1)在所平行的投影面上的投影是斜线且反映实长；投影与两投影轴的夹角，分别反映直线对另两个投影面的真实倾角。

(2)在另外两个投影面上的投影分别平行于相应的投影轴，且长度小于实长。

3. 投影面垂直线

垂直于投影面的直线，称为投影面垂直线。垂直于一个投影面必平行于另外两个投影面。其中，垂直于 H 面的直线称为铅垂线，垂直于 V 面的直线称为正垂线，垂直于 W 面的直线称为侧垂线。投影特性见表2-3。

表 2-3　投影面垂直线的投影特性

<table>
<tr><th>名称</th><th>铅垂线</th><th>正垂线</th><th>侧垂线</th></tr>
<tr><td>实例图</td><td>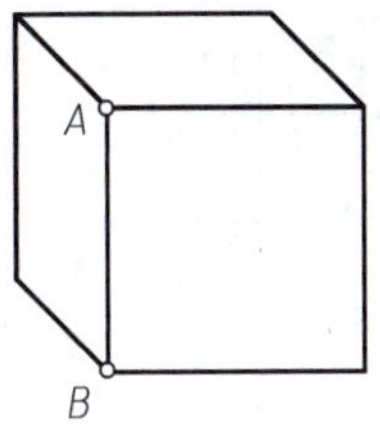
</td><td>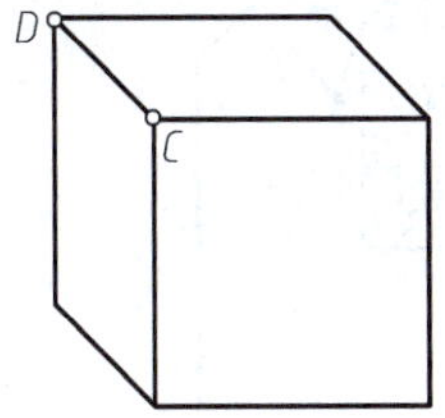
</td><td>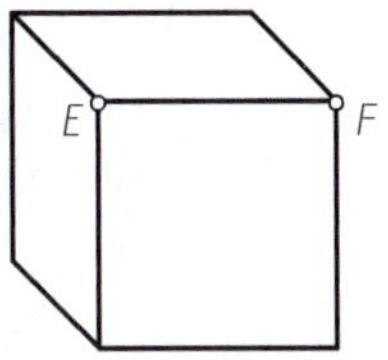
</td></tr>
<tr><td>立体图</td><td>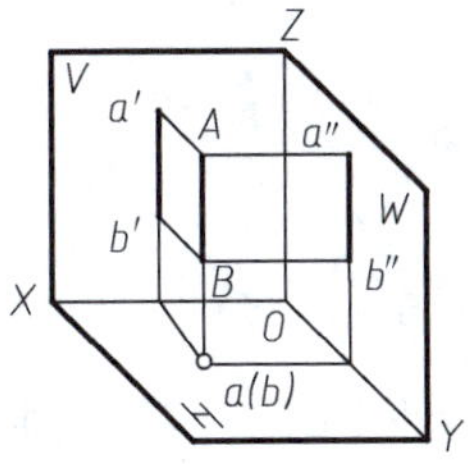
</td><td>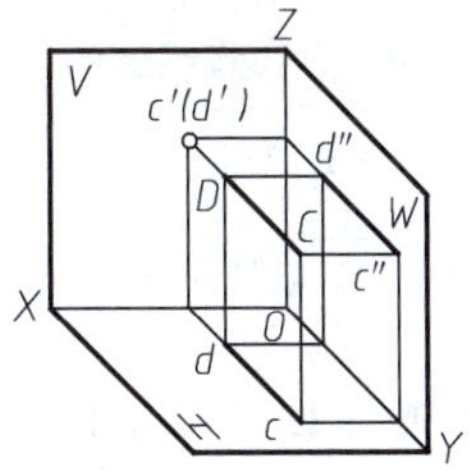
</td><td>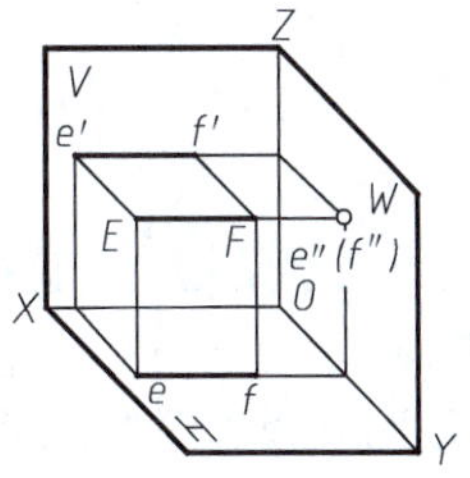
</td></tr>
<tr><td>投影图</td><td>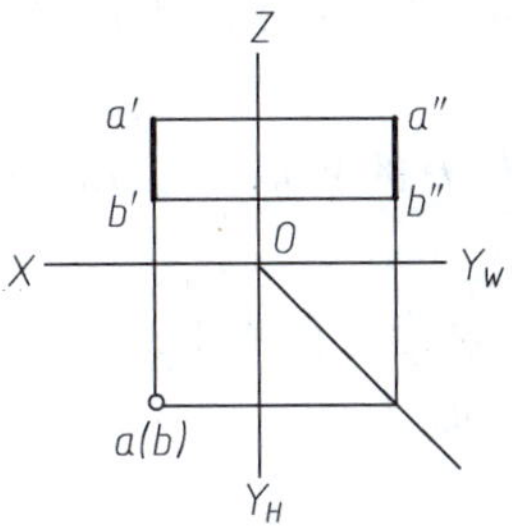
</td><td>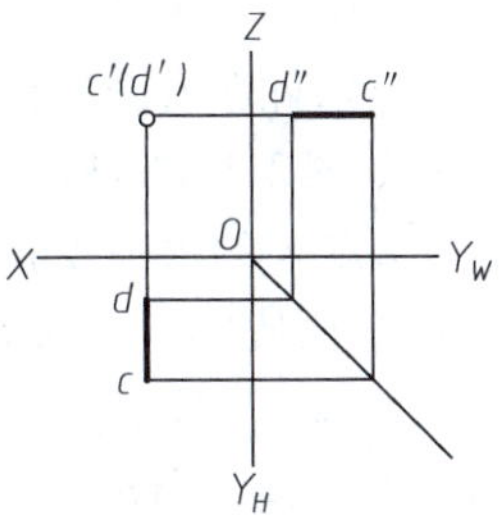
</td><td>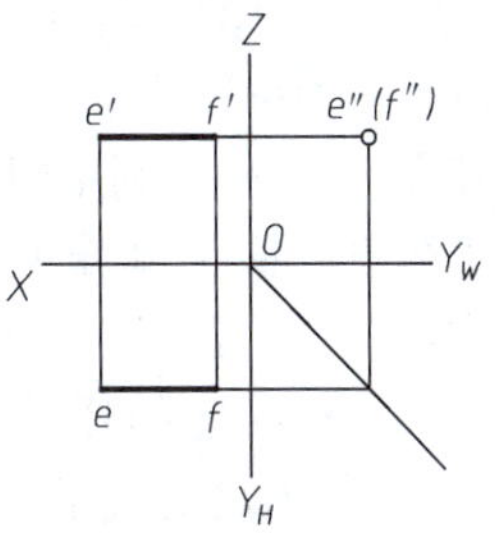
</td></tr>
<tr><td>投影特性</td><td>(1)水平投影 ab 积聚为一点。
(2) $a'b' \perp OX$, $a''b'' \perp OY_W$；$a'b'$、$a''b''$均反映实长</td><td>(1)正面投影 $c'd'$积聚为一点。
(2) $cd \perp OX$, $c''d'' \perp OZ$；
cd、$c''d''$均反映实长</td><td>(1)侧面投影 $e''f''$积聚为一点。
(2) $e'f' \perp OZ$, $ef \perp OY_H$；
ef、$e'f'$均反映实长</td></tr>
</table>

以表 2-3 中铅垂线为例，垂直于 H 面，且与另外两个投影面平行。因此，水平投影积聚于一点，其他两个投影反映实长，并平行于 OZ 轴。

视频

投影面垂直线的投影特性

由表 2-3 可知，投影面垂直线的投影特性为：

(1)在所垂直的投影面上的投影积聚为一点。

(2)另外两个投影面上的投影分别垂直于相应的投影轴，并反映线段实长。

2.3.2　直线上的点

直线与点的相对位置分为点在直线上和点不在直线上两种情况。若点在直线上，则点的投影有两个特性：

1. 直线上点的各个投影必在直线的同面投影上。

如图 2-20 所示，空间点 C 在直线 AB 上，其投影一定在直线的同面投影上，即 c 在 ab 上、c'在 $a'b'$、c''在 $a''b''$上。

视频

点在直线上的投影特性

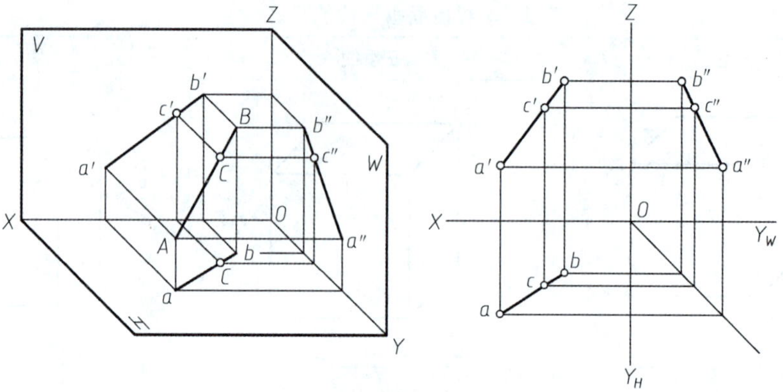

图 2-20　点在直线上的投影特性

2. 定比特性

定比特性是指点分直线段长度之比等于其投影分直线段投影长度之比。如图 2-20 所示，空间点 C 在直线 AB 上，则 $AC:CB = ac:cb = a'c':c'b' = a''c'':c''b''$。

反之，在投影图上，点与直线的三面投影如果符合上述点的两个特性中的任一特性，则点一定在直线上，否则，点就不在直线上。

例2-3　如图 2-21(a)所示，已知线段 AB 上一点 K 的正面投影 k'，求点 K 的水平投影 k。

分析　根据直线上点的投影的两个特性，此题有两种作图方法。

作图　方法一：利用侧面投影确定 k，如图 2-21(b)所示。先求出 AB 的 W 面投影 $a''b''$，根据点在直线上的投影特性，确定 k''，由 k'、k''可求出点 K 的水平投影 k。

方法二：如图 2-21(c)所示，根据点的定比特性：$a'k':k'b' = ak:kb$ 确定 K 的水平投影 k。

(1)过 a(或过 b)任意画一线段 ab_0，使 $ak_0 = a'k'$，$k_0b_0 = k'b'$得 b_0、k_0。

(2)连接 b_0b，过 k_0 作 $k_0k /\!/ b_0b$ 交 ab 于 k，即为所求。

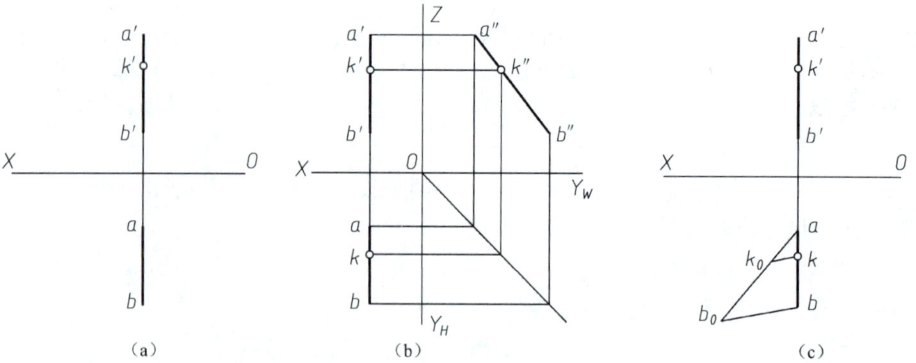

图 2-21　点在直线上的投影特性

例2-4　如图 2-22(a)所示，判断点 E 是否在线段 AB 上。

作图　方法一，如图 2-22(b)所示。由已知投影图可判断出 AB 是侧平线，虽然点 E 的正面投影和水平投影都在 AB 的同面投影上，但仍不能说明该点就一定在 AB 上，作出线段 AB 和点 E 的侧面投影可判断出 e''不在 $a''b''$上，所以点 E 不在线段 AB 上。

方法二，利用点的定比特性直接判断。由已知投影图上可判断出 $a'e':e'b' \neq ae:eb$，所以点 E 不在线段 AB 上。

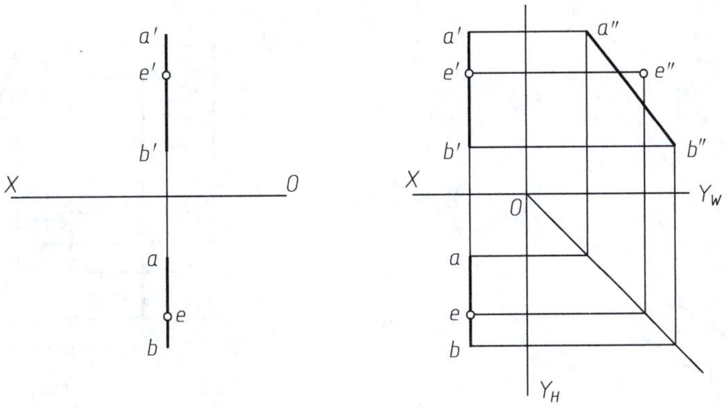

（a）　　　　　　　　　　（b）

图 2-22　判断点是否在直线上的两种方法

2.3.3　两直线相对位置

空间两直线的相对位置关系有三种：平行、相交、交叉。

1. 两直线平行

若空间两直线相互平行，则它们的同面投影必定互相平行。如图 2-23 所示，由于 $AB // CD$，则 $ab // cd$，$a'b' // c'd'$，$a''b'' // c''d''$。反之，如果两直线的三个同面投影都互相平行，则两直线在空间必定互相平行。

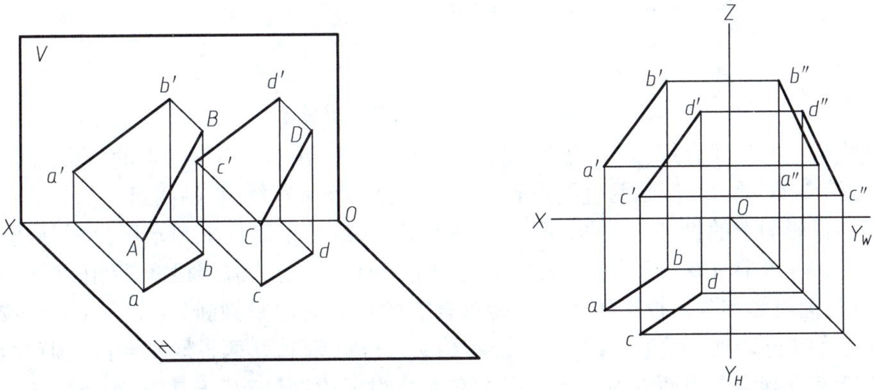

（a）　　　　　　　　　　（b）

图 2-23　两直线平行

视频

两直线平行

若空间两直线互相平行，则两直线长度之比等于其投影长度之比。如图 2-23 所示，由于 $AB // CD$，则 $AB : CD = ab : cd = a'b' : c'd' = a''b'' : c''d''$。

若两条直线为一般位置直线，只要有两组同面投影相互平行，就可判定两直线在空间相互平行，如图 2-24 所示。如果两直线都是投影面平行线，则要根据直线在所平行的投影面上的投影是否平行来断定它们在空间是否相互平行。如图 2-25 所示的 EF、GH 为侧平线，虽然 V 面、H 面两组投影都各自互相平行，仍不能判定两直线平行，通常求出 EF 和 GH 在 W 面上的投影后判定。因 $e''f''$ 与 $g''h''$ 不平行，所以 EF 与 GH 不平行。

2. 两直线相交

如图 2-26 所示，若空间两直线相交，其同面投影一定相交，而且交点的投影应符合点的投影规律；反之，若两直线的同面投影都相交，并且投影交点符合点的投影规律，则两直线在空间一定相交。

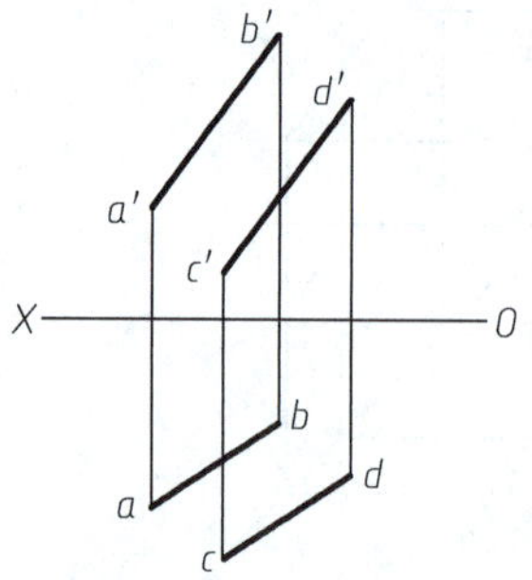

图 2-24　两直线平行

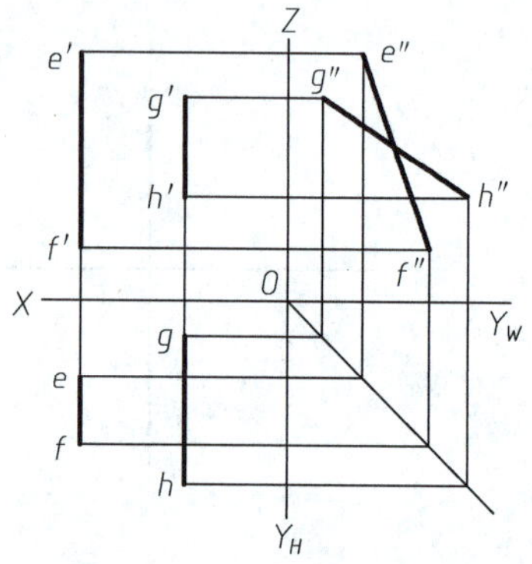

图 2-25　判断两直线是否平行

视频

相交两直线的投影

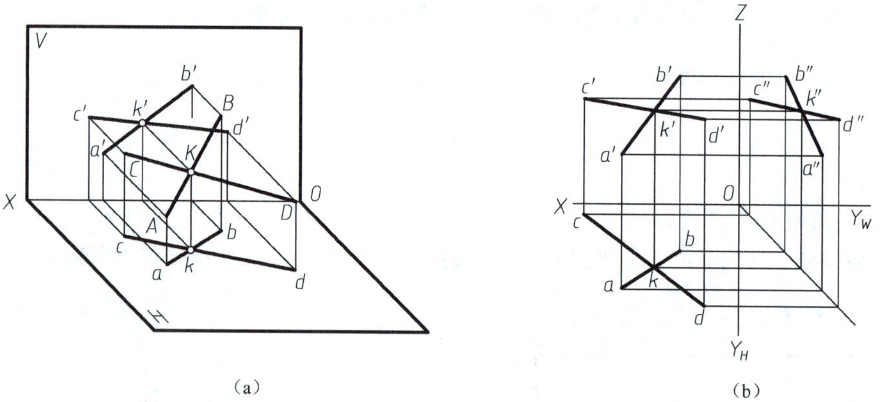

图 2-26　相交两直线的投影

若两直线是一般位置直线，只要两直线的两个投影相交，并且交点符合点的投影规律，则空间两直线相交，如图 2-27 所示。但当两直线中有一直线是投影面平行线时，则两组同面投影中必须包括直线所平行的投影面上的投影。在图 2-28 中，虽然 *AB*、*CD* 的正面投影和水平投影都相交，且交点连线垂直于 *OX* 轴，但因 *CD* 是侧平线，因此不能判定两直线相交。需要根据其侧面投影 $a''b''$ 和 $c''d''$ 是否相交，且正面投影和侧面投影的连线是否符合点的投影规律来判断。$a'b'$ 和 $c'd'$ 的交点与 $a''b''$ 和 $c''d''$ 交点的连线与 *Z* 轴不垂直，故此两直线不相交。若只凭 *V*、*H* 两投影来判断，则可根据点在直线上的定比特性来判定。因两直线 *V* 面投影的交点分割 $c'd'$ 之比不等于其 *H* 面投影交点分割 *cd* 之比，所以 *AB* 与 *CD* 不相交。

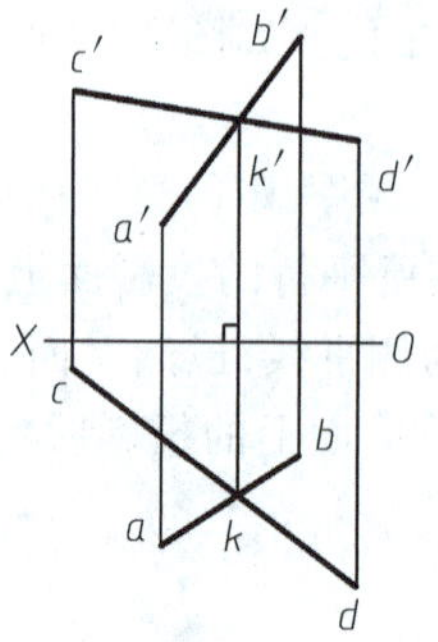

图 2-27　判断两直线是否相交图

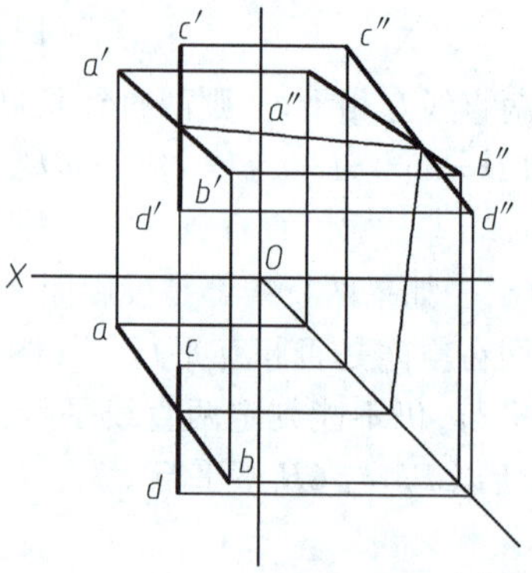

图 2-28　判断两直线是否相交

3. 两直线交叉

既不平行又不相交的两直线称为交叉两直线。如图 2-29 所示，两直线的同面投影虽相交，但投影交点连线不符合点的投影规律，所以两直线既不相交，也不平行，是交叉两直线。

视频
交叉两直线的投影

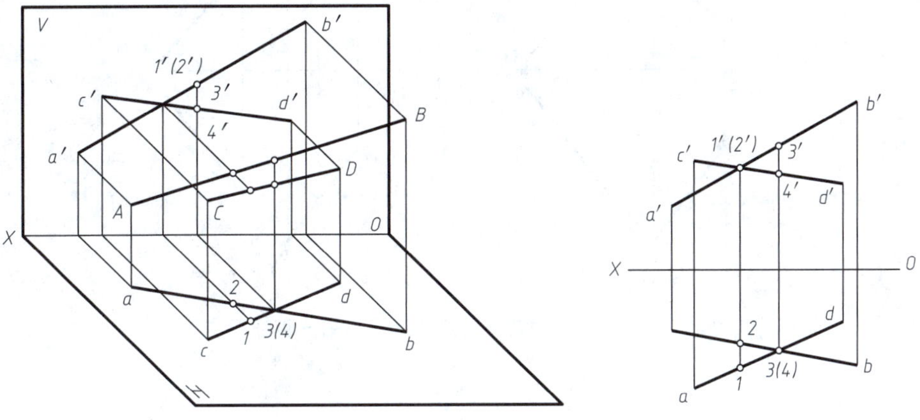

(a)　　(b)

图 2-29　交叉两直线的投影

从点的投影性质可知，交叉两直线同面投影的交点实际上是重影点的投影，如图 2-29 所示，正面投影的交点是直线 CD、AB 上的Ⅰ、Ⅱ两点的重影点，由于 $Y_1 > Y_2$，所以 $1'$可见，$2'$不可见。同理，可判断出水平投影重影点的可见性。

例2-5　判断两侧平线 AB、CD 的相对位置，如图 2-30(a) 所示。

方法一：如图 2-30(b) 所示，根据 AB、CD 的 V、H 投影作出其 W 面投影，若 $a''b''$ // $c''d''$，则 AB // CD；反之，则 AB 和 CD 交叉。按作图结果可判断 AB 与 CD 是交叉两直线。

方法二：如图 2-30 所示，分别连接 A 和 D、B 和 C，若 AD、BC 相交，则 A、B、C、D 四点共面，故 AB // CD；反之，则 A、B、C、D 四点不共面，AB 和 CD 交叉。

连接 $a'd'$、$b'c'$ 得交点 k'，连接 ad、bc 得交点 k，因 $k'k$ 不垂直于 OX 轴，故 AB 与 CD 交叉。

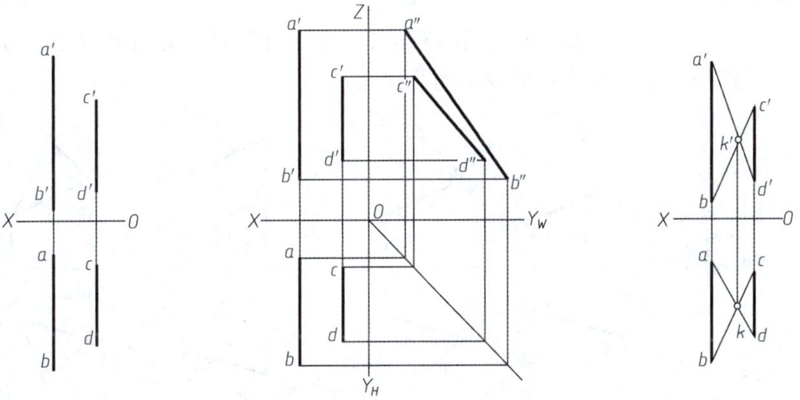

(a)　　(b)　　(c)

图 2-30　判断两直线的相对位置

例2-6　已知直线 AB、CD 的两面投影和点 E 的水平投影 e，求作直线 EF 与 CD 平行，并与 AB 相交于点 F，如图 2-31(a) 所示。

作图　如图 2-31(b) 所示，因所求直线 EF // CD，故先过 e 作 ef // cd；又因 EF 与 AB 相交，故 ef 与

ab 的交点 f 即为点 F 的水平投影;并按点的投影规律在 $a'b'$ 上求得 f',然后从 f' 作 $f'e' /\!/ c'd'$,使 e' 在过 e 的投影连线上。ef 和 $e'f'$ 即为所求。

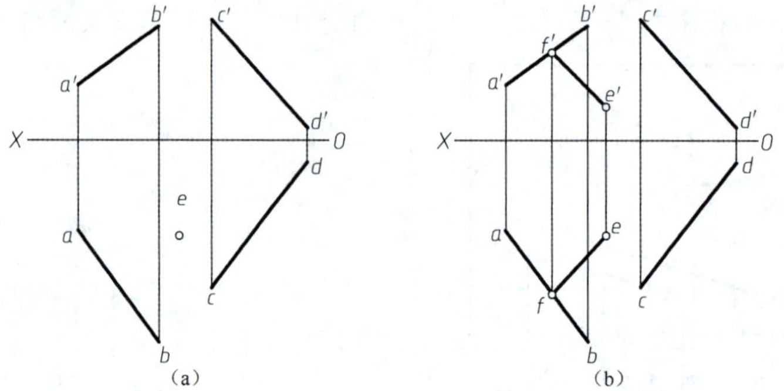

图 2-31 求作直线与一直线平行且与另一直线相交

2.4 平面的投影

2.4.1 平面的表示法

1. 用几何元素表示平面

在空间,平面可以由如下一组几何元素确定。

①不在同一直线上的三点;

②一直线和该直线外一点;

③相交两直线;

④平行两直线;

⑤任意平面图形。

如图 2-32 所示,同一平面的表示方式是多种多样的,而且是可以相互转换的。从图中看出,不在同一直线上的三点是决定平面位置最基本的几何元素。

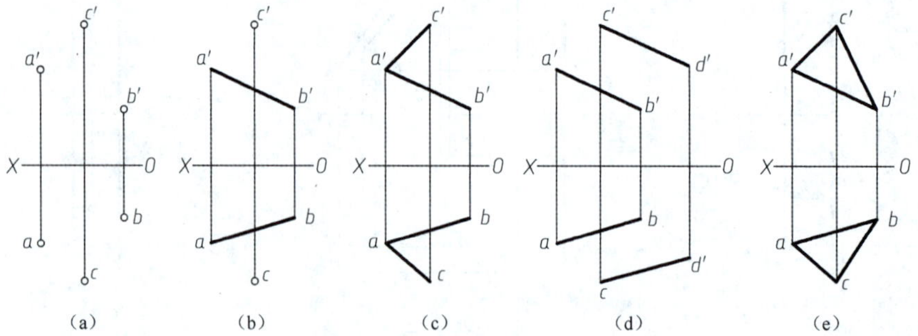

图 2-32 平面的表示方法

2. 省略投影轴的画法(也称无轴投影图的画法)

由于在平行投影的条件下,物体对投影面距离的远近并不影响它在该投影面上的投影形状和大小。所以,在实际画图时,当不需要确定物体与投影面的距离时,常常把投影轴取消不画,这种情况称为无轴投影图。

图 2-33(a)中给出了三角形 ABC 的两个投影。在无轴投影的情况下，先确定一个点的第三投影，再根据点的相对位置确定其他点的第三个投影。

如图 2-33(b)所示，先画出点 A 的侧面投影。过点 a' 向右方作一水平线，在线上任取一点 a''。过 a'' 作一竖垂线与过 c' 所作水平线交于 $1''$ 点，然后在这条水平线上从 $1''$ 向左量取 $1''c''$ 等于 $1c$（在水平投影上定出的 A、C 两点的前后距离之差），即得点 c''。再在这条水平线上从 $1''$ 向右量取 $1''2''$ 等于 12（在水平投影上定出的 A、B 两点的前后距离之差），从 $2''$ 作竖直线与过 b' 点所作的水平线交于点 b''。将 a''、b''、c'' 连接起来，即得 $\triangle ABC$ 的侧面投影 $a''b''c''$。作图时，应注意各点的水平投影与侧面投影的前、后对应关系，不要画错。

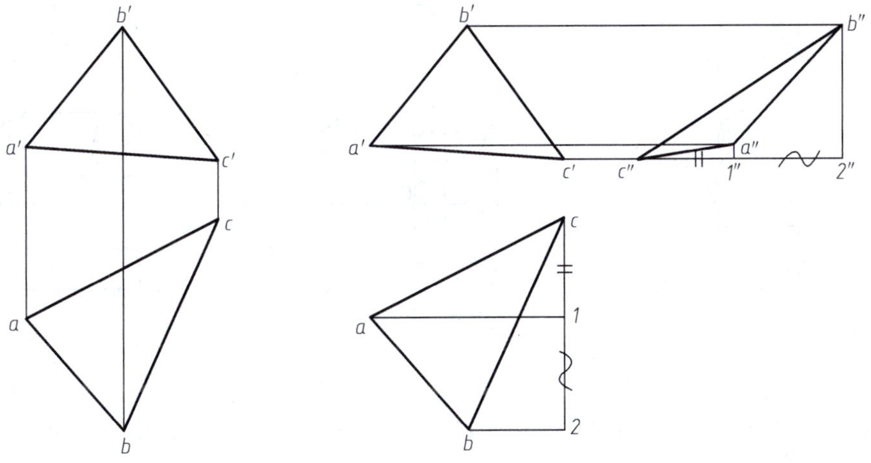

(a)　　　　　　(b)

图 2-33　平面在投影图上的表示方法

2.4.2　平面对投影面的各种相对位置

与直线一样，根据平面在三面投影体系中位置不同，平面可分为三类，即投影面垂直面、投影面平行面和一般位置平面。前两类平面又称为特殊位置平面。

平面与投影面 H、V、W 之间的夹角，分别称为平面对该投影面的倾角，用 α、β、γ 表示。

1. 投影面垂直面

垂直于一个投影面而与另外两个投影面都倾斜的平面称为投影面垂直面。根据其所垂直的投影面不同，又可分为三种，即垂直于 V 面的称为正垂面、垂直于 H 面的称为铅垂面、垂直于 W 面的称为侧垂面。

视频　投影面垂直面的投影特性

它们的投影图及投影特性见表 2-4。

表 2-4　投影面垂直面的投影特性

名称	铅垂面	正垂面	侧垂面
实例	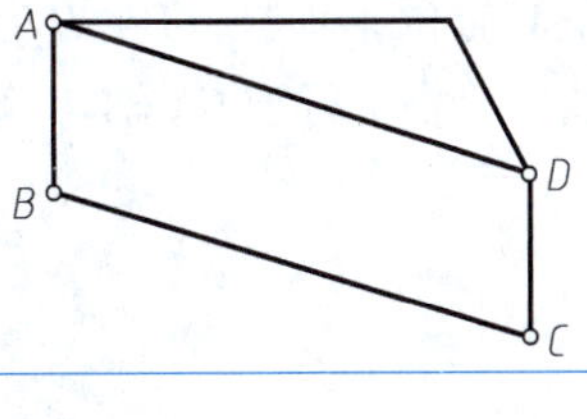	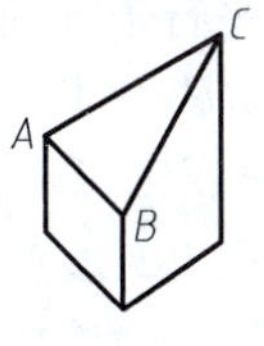	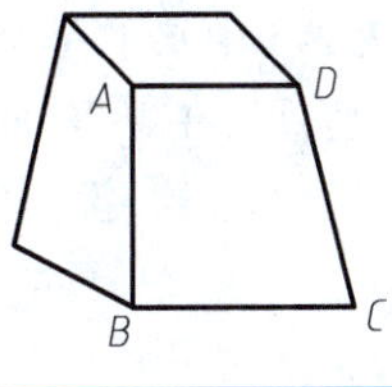

续上表

<table>
<tr><th>名称</th><th>铅 垂 面</th><th>正 垂 面</th><th>侧 垂 面</th></tr>
<tr><td>立体图</td><td>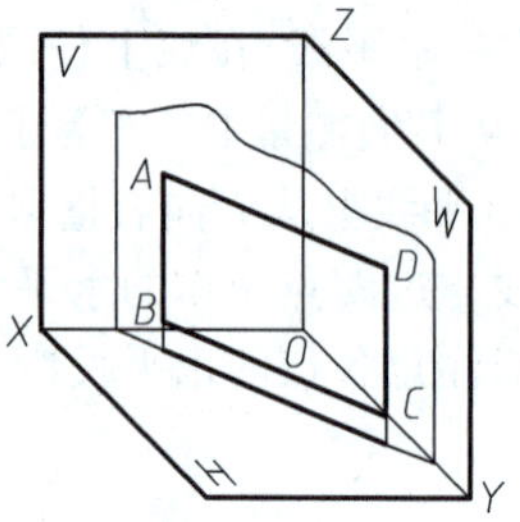</td><td>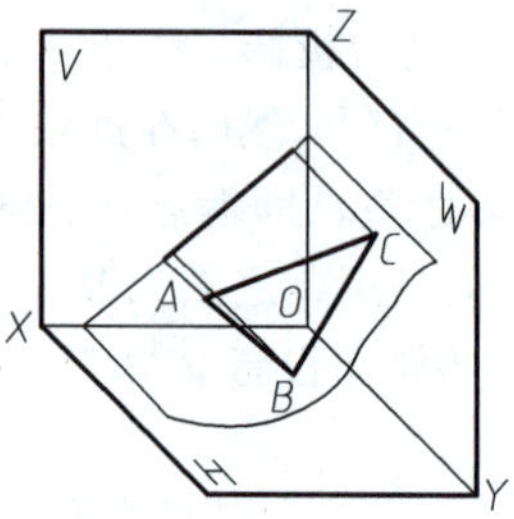</td><td>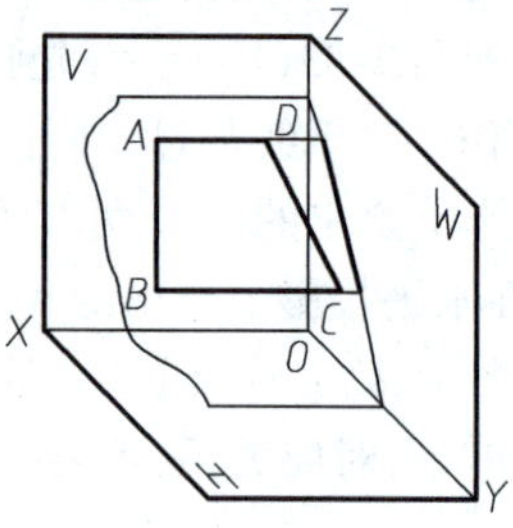</td></tr>
<tr><td>投影图</td><td>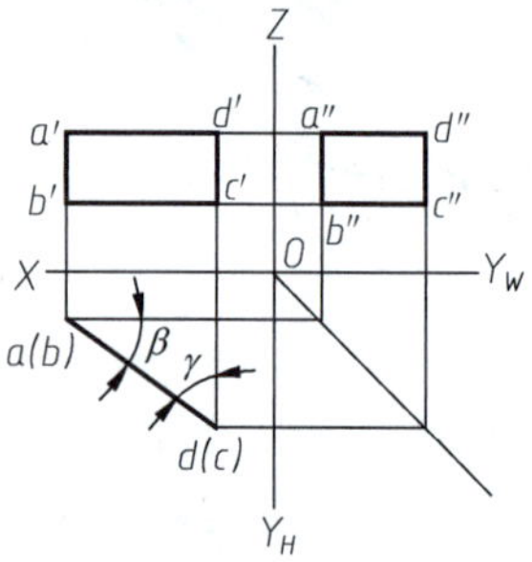</td><td>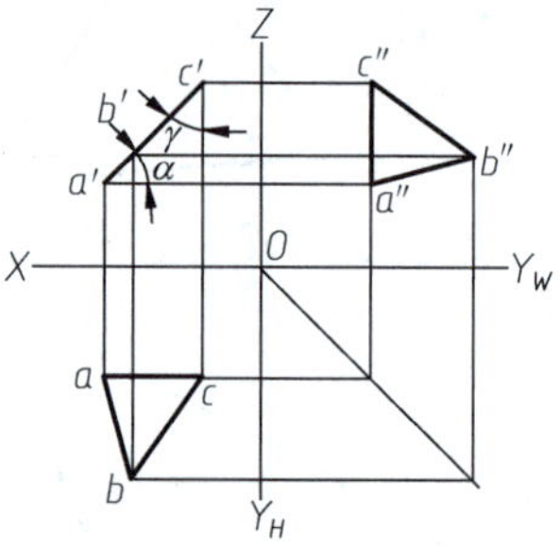</td><td>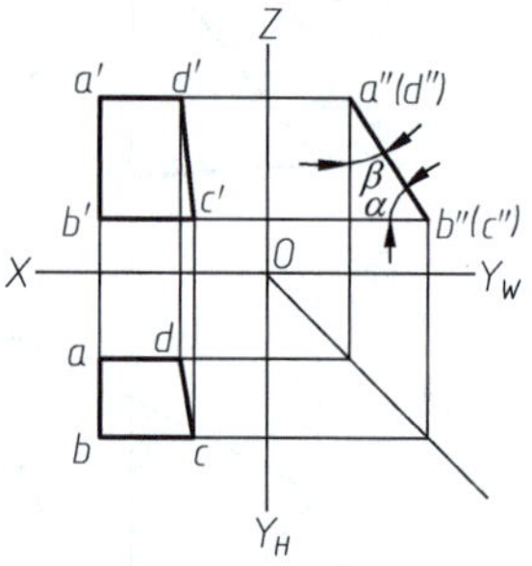</td></tr>
<tr><td>投影特性</td><td>①水平投影积聚成直线，与 OX 轴夹角为 β，与 OY 轴夹角为 γ。
②正面投影和侧面投影具有类似性</td><td>①正面投影积聚成直线，与 OX 轴夹角为 α，与 OZ 轴夹角为 γ。
②水平投影和侧面投影具有类似性</td><td>①侧面投影积聚成直线，与 OY 轴夹角为 α，与 OZ 轴夹角为 β。
②正面投影和水平投影具有类似性</td></tr>
</table>

以表 2-4 中铅垂面为例，平面 *ABCD* 垂直于 *H* 面，在 *H* 面投影积聚成一条直线，此直线与 *OX* 轴和 *OY* 轴夹角 β、γ 分别反映平面 *ABCD* 对 *V* 面、*W* 面的倾角。在 *V* 面、*W* 面上的投影 $a'b'c'd'$、$a''b''c''d''$均为小于平面 *ABCD* 的类似形。

由表 2-4 可知，投影面垂直面具有以下投影特性：

（1）在所垂直的投影面上的投影，积聚为一条直线，且这条直线与投影轴的夹角分别反映该平面对另两个投影面的投影。

（2）平面在另两个投影面上的投影均为小于原平面的类似形。

判断方法：一个平面只要有一个投影积聚成一倾斜线，它必然垂直于积聚性投影所在的投影面。

2. 投影面平行面

平行于一个投影面，同时垂直于其他两个投影面的平面称为投影面平行面。根据其所平行的投影面不同，投影面平行面也可分为三种，即平行于 *H* 面的平面称为水平面、平行于 *V* 面的投影面称为正平面、平行于 *W* 面的平面称为侧平面。

它们的投影图及投影特性见表 2-5。

以表 2-5 中水平面为例。平面 *ABCD* 平行于 *H* 面，则必垂直于 *V* 面和 *W* 面，所以在 *H* 面的投影 *abcd* 反映实形，在 *V*、*W* 面的投影 $a'b'c'd'$、$a''b''c''d''$均积聚成一线段，并分别平行于 *OX* 轴与 *OY* 轴。

由表 2-5 可知，投影面平行面具有以下投影特性：

（1）平面在所平行的投影面上的投影反映实形。

（2）平面在另两个投影面上的投影积聚为一条直线，且分别平行于相应的投影轴。

判断方法：

一个平面只要有一个投影积聚成一条平行于投影轴的直线，该平面必平行于非积聚性投影所在的投影面，且非积聚性投影反映平面的实形。

表 2-5 投影面平行面的投影特性

名称	水平面	正平面	侧平面
实例	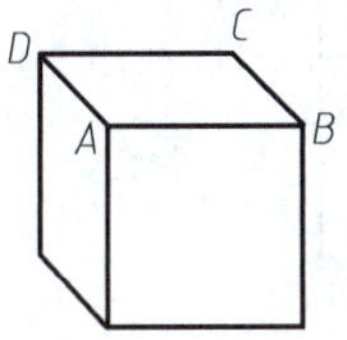	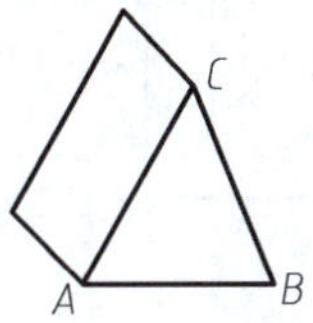	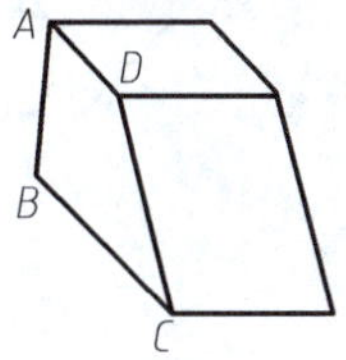
立体图	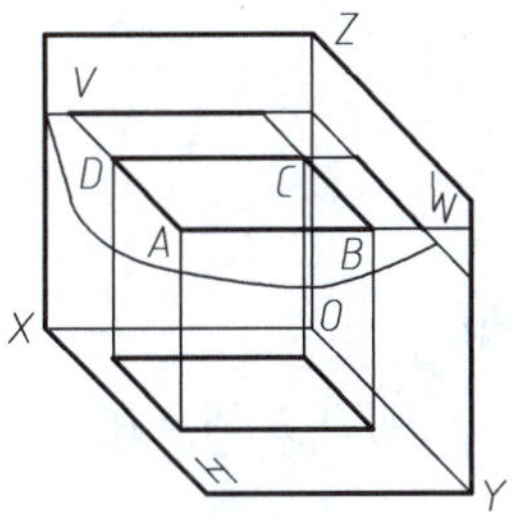	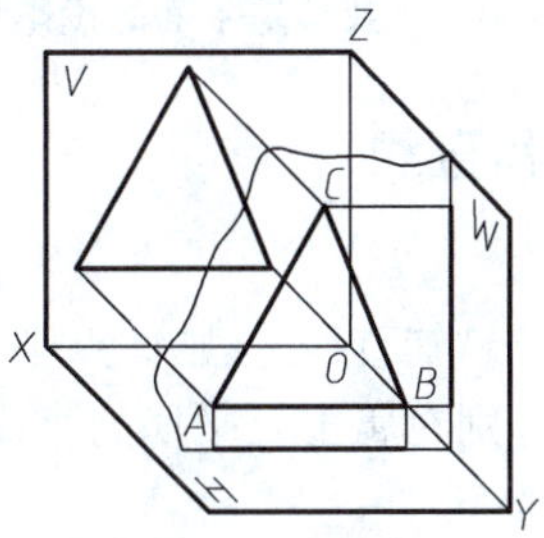	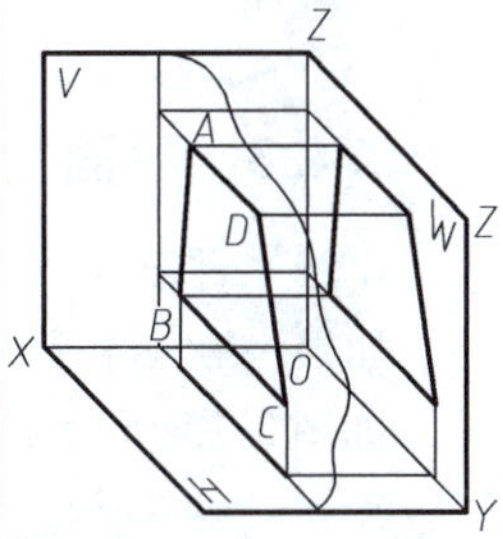
投影图	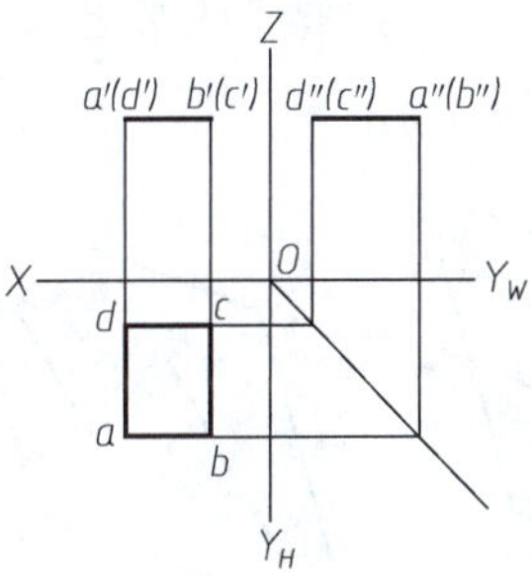	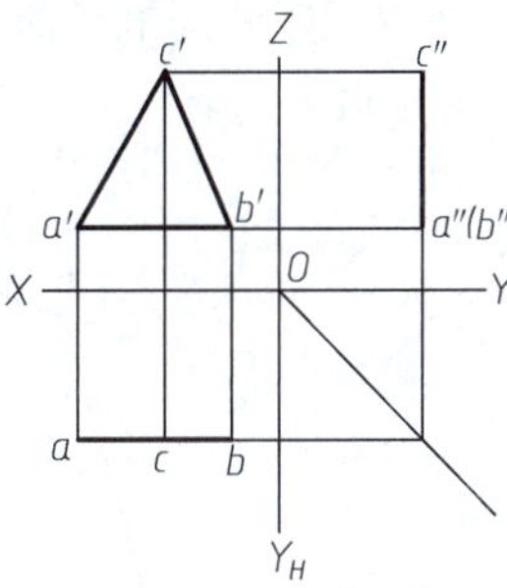	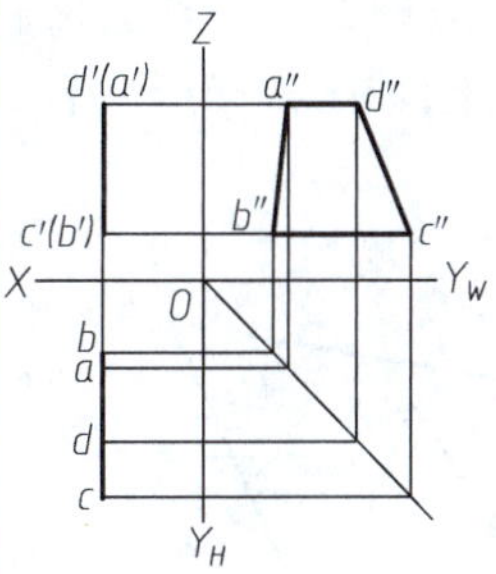
投影特性	①水平投影反映实形。 ②正面投影积聚成平行于 *OX* 轴的直线。 ③侧面投影积聚成平行于 *OY* 轴的直线	①正面投影反映实形。 ②水平投影积聚成平行于 *OX* 轴的直线。 ③侧面投影积聚成平行于 *OZ* 轴的直线	①侧面投影反映实形。 ②正面投影积聚成平行于 *OZ* 轴的直线。 ③水平投影积聚成平行于 *OY* 轴的直线

3. 一般位置平面

与三个投影面都处于倾斜位置的平面称为一般位置平面。它在三个投影面上的投影都不反映实形，而是小于原平面的类似形，如图 2-34 所示，平面 *ABC* 对 *H* 面、*V* 面、*W* 面都是倾斜面，它的三个投影都不反映实形。

由图 2-34 可知一般位置平面的投影特性为：它的三个投影均为类似形，而且面积比实际小；投影图上不能直接反映平面对投影面的倾角的真实大小。

视频

投影面平行面的投影特性

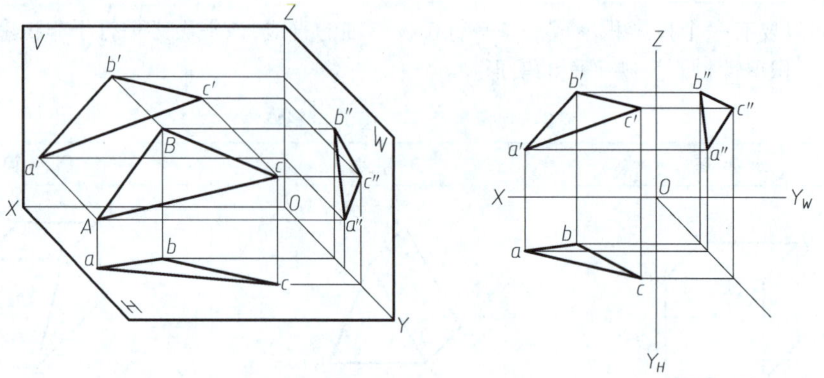

（a）　　　　　　　　（b）

图 2-34　一般位置平面的投影特性

2.4.3　平面上的点和直线

1. 点在平面上的几何条件

如果一点位于平面上的一已知直线上，则此点必定在该平面上。

如图 2-35 所示，*D*、*E* 点分别在属于 *P* 平面的直线 *AB*、*BC* 上，则 *D*、*E* 两点在 *P* 平面上。

2. 直线在平面上的几何条件

（1）一直线通过平面上的两个点，则此直线必定在该平面上，如图 2-36(a)所示。

（2）一直线通过平面上的一个点，且平行于平面上另一直线，则此直线必定在该平面上，如图 2-36(b)所示。

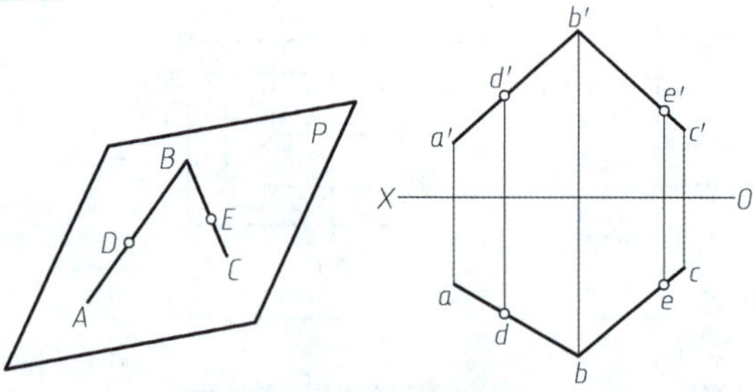

图 2-35　取属于平面内点的示意图

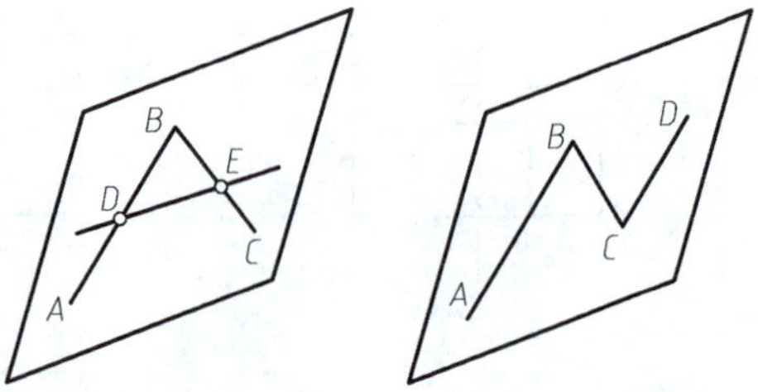

（a）经过两点　　（b）经过一点且平行直线

图 2-36　取属于平面上的直线的示意图

例 2-7　已知相交两直线 *AB*、*CD* 确定的一个平面，试作属于该平面的任意两直线，如图 2-37 所示。

作图

可以用两种不同的方法来作平面内的直线。

方法一：取该平面内的任意两已知点 *D*(*d'*、*d*) 和 *E*(*e'*、*e*)，过 *D*、*E* 点的直线 *DE*(*d'e'*、*de*)必属于该平面内的直线。

方法二：过该平面内的已知点 *C*(*c'*、*c*)作直线 *CF*(*c'f'*、*cf*)平行于已知直线 *AB*(*a'b'*、*ab*)，则直线 *CF* 一定是属于该平面的直线。

例 2-8　判别点 *M* 是否在平面△*ABC* 内，并作出△*ABC* 平面上的点 *N* 的正投影，如图 2-38 所示。

分析 判别点是否在平面上和求平面上点的投影，都可利用“若点在直线上，那么点一定在平面内的一条直线上”这一投影特性。

作图 连接$a'm'$并延长交$b'c'$于$1'$，作出点1的水平投影1，这样AⅠ为△ABC平面内的直线，由于m不在$a1$上，所以点M不在△ABC平面上，见图2-38(a)。连接an交bc于2，作出点Ⅱ的正面投影$2'$，连接$a'2'$并延长与过n作的投影连线相交于n'。因AⅡ是△ABC平面上的直线，点N在此直线上，所以点N在△ABC平面上，见图2-38(b)。

从本例可以看出，判断点是否在平面内，不能只看点的投影是否在平面的投影轮廓内，一定要用几何条件和投影特性来判断。

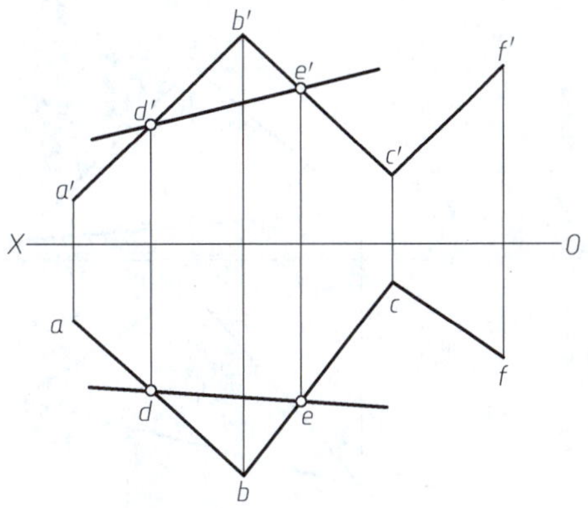

图2-37 取属于平面内的直线

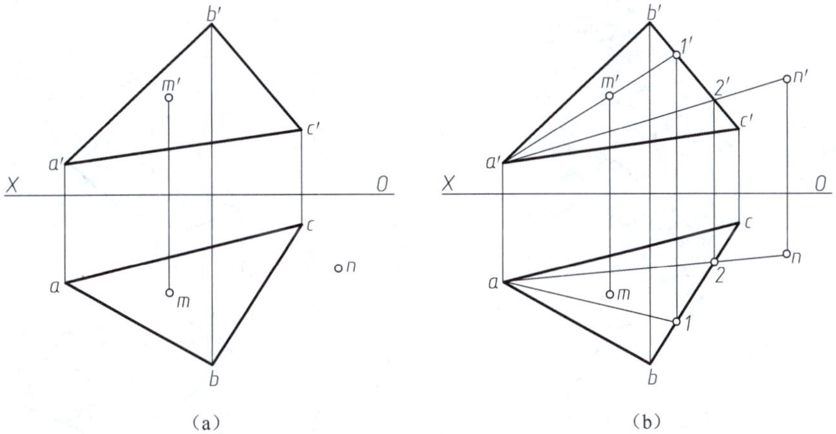

图2-38 平面上的点

例2-9 已知△ABC平面的两面投影，作出平面上水平线AD和正平线CE的两面投影，如图2-39所示。

分析 由于水平面的正面投影平行OX轴，故可先求AD的正面投影，而正平线的水平投影平行于OX轴，故可先求CE的水平投影。

作图 如图2-39(b)所示，过a'作$a'd'$//OX轴交$b'c'$于d'，在bc上求出d，连接ad即为所求。过c作ce//OX轴交ab于e，在$a'b'$上求出e'，连接$c'e'$即为所求。

例2-10 完成平面图形ABCDE的正面投影，如图2-40所示。

分析 现已知A、B、C三点的正面投影和水平投影，平面的空间位置已经确定，E、D两点应在△ABC平面上，故利用点在平面上的原理作出点的投影即可。

作图 如图2-40(b)所示，连接$a'c'$和ac，即求出△ABC的两面投影。求△ABC上一点E的正面投影e'：连接be交ac于1，求出与之对应点的正面投影$1'$，连接$b'1'$并延长与过e的投影连线交于e'。同理求△ABC上另一点D的正面投影d'。依次连接b'、c'、d'、e'、a'得平面图形ABCDE的正面投影。

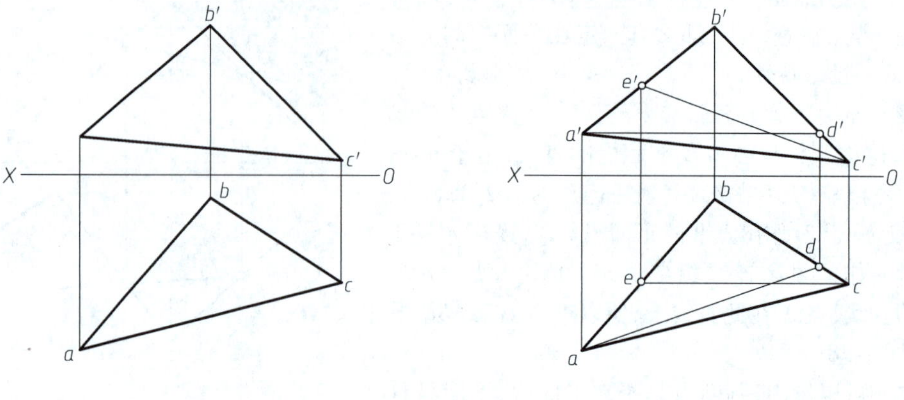

（a）　　　　　　（b）

图 2-39　求平面上的水平线和正平线的投影

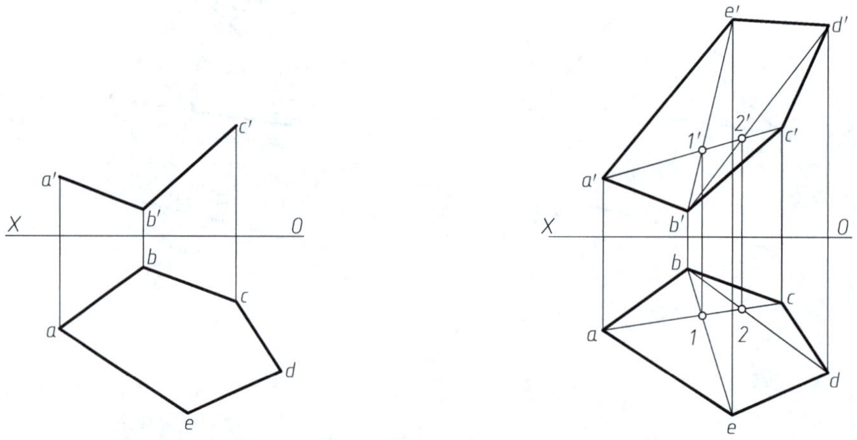

（a）　　　　　　（b）

图 2-40　完成平面图形的投影

第 3 章 立体的投影

立体是由内外表面所组成的，立体的投影就是构成立体的所有表面投影的总和；根据立体表面的性质，可以把立体分为平面立体和曲面立体；立体表面全部由平面围成的立体称为平面立体，立体表面由平面和曲面围成，或全部由曲面围成的立体称为曲面立体。

基本几何体是指外形简单而形状规则的形体，常见的基本几何体有：棱柱、棱锥、圆柱、圆锥、球体等，如图 3-1 所示。

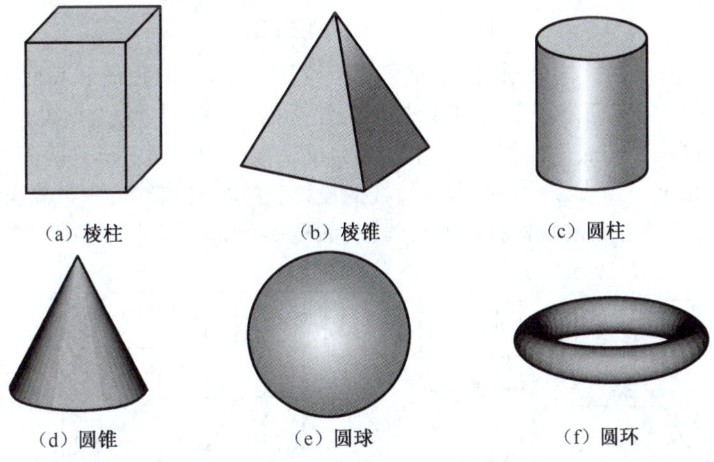

图 3-1　基本几何体

本节在点、线、面投影的基础上，分析几种基本几何体的投影及其表面取点的作图方法，进而研究图解法求立体表面交线的问题。

3.1　平面立体的投影

平面立体由底面和棱面组成。底面和棱面均为平面多边形，棱面与棱面的交线称为棱线，底面和棱面的交线称为底边。因此，绘制平面立体的投影可归结为绘制它的所有棱线及底边的投影，然后判断可见性，将可见的棱线的投影画成粗实线；不可见的棱线的投影画成虚线；当粗实线与虚线重合时，应画成粗实线。

常见的平面立体可分为棱柱和棱锥。

3.1.1 棱柱

1. 棱柱的投影

图 3-2 所示为一个正六棱柱的立体图和投影图。从本节开始，在投影图中不再画投影轴，但各点、线、面的三面投影仍要遵守正投影规律。

视频
三视图的形成

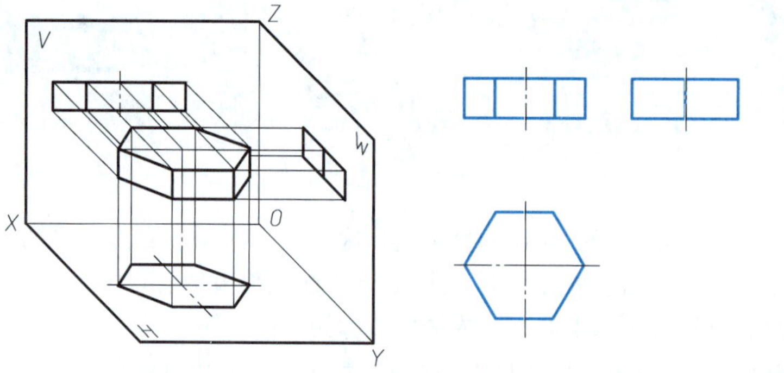

（a）（b）

图 3-2 正六棱柱的三视图

如图 3-2（a）所示的正六棱柱由顶面、底面和六个棱面组成，它的顶面和底面为水平面；六个棱面与 H 面垂直，其中前、后棱面是正平面，其余棱面为铅垂面，六条棱线为铅垂线。

作投影图时，先画顶面和底面的投影：水平投影为反映顶面和底面实形且两面重影的正六边形；正面、侧面投影都积聚成一条直线。再画六条棱线的投影：在水平投影上，六条棱线积聚在六边形的六个顶点上，正面、侧面投影为反映棱柱高的直线段，如图 3-3（b）所示。

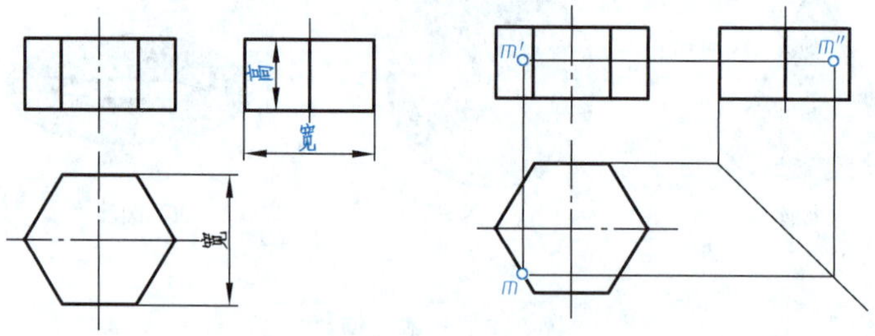

（a）（b）

图 3-3 正六棱柱三视图的作图步骤

2. 棱柱表面取点

视频
棱柱的三视图及表面取点

棱柱表面取点，原理和方法与平面上取点相同，先要确定点所在的平面并分析平面的投影特性。

例3-1 在图 3-3（b）中，已知六棱柱左前棱面上点 M 的正面投影为 m'，求其余的两个投影 m 和 m''。

作图步骤：

①由于左前棱面的水平投影积聚成直线，所以点 M 的水平面投影 m 一定在左前棱面

的水平面投影上。据此从 m' 向俯视图作投影连线，与该直线的交点即为 m，如图 3-3(b) 所示。

②根据投影规律，由正面投影为 m' 和水平面投影 m 就可以求得侧面投影 m''，如图 3-3(b) 所示。

③判断可见性，属于立体表面的点的可见性是由点所在表面的可见性决定的。如图 3-3(b) 中点 M 所在棱面的侧面投影是可见的，故 m'' 是可见的；当一个点所在的表面在某投影面积聚成线段时，此点在该投影面的投影视为可见的点，如图 3-3(b) 中点 M 的水平投影。

3.1.2 棱锥

1. 棱锥的投影

底面为一多边形，棱面为有一公共顶点的三角形，即各条棱线相交于一点的平面立体，称为棱锥。

以正三棱锥为例，说明棱锥的三面投影的画法，如图 3-4 所示。

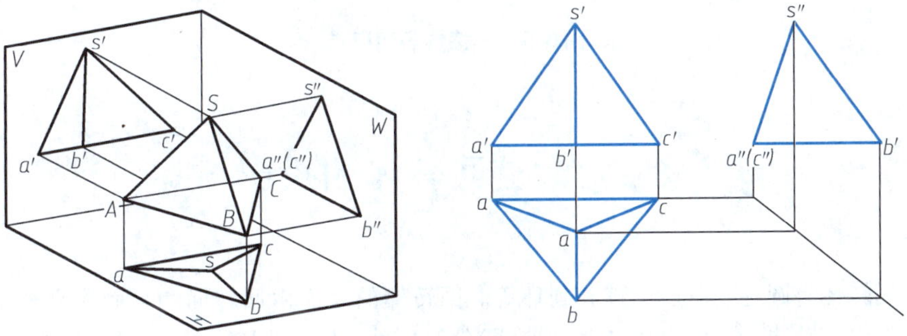

图 3-4 正三棱锥的三视图

正三棱锥由底面 $\triangle ABC$ 和三个共顶的三角形组成。底面 $\triangle ABC$ 是一水平面，所以它的水平投影是一反映实形的正三角形 $\triangle abc$，其正面投影和侧面投影则积聚成直线；棱面 $\triangle SAC$ 为侧垂面，它的侧面投影积聚成直线，正面投影和水平投影均为类似形；棱面 $\triangle SAB$ 和 $\triangle SBC$ 都是一般位置平面，它们的三面投影均为类似形。

按直线的投影特性来分析正三棱锥各棱线的投影，即棱线 AB、BC 为水平线，AC 为侧垂线，棱线 SB 为侧平线，SA、SC 为一般位置直线。各棱线的作图结果与按面分析的结果完全一致，如图 3-4 所示。

2. 棱锥表面取点

棱锥的表面可能是特殊位置平面，也可能是一般位置平面，对于特殊位置平面内点的投影可利用平面投影的积聚性作出；对于一般位置平面内点的投影，则要运用点、线、面的从属关系通过作辅助直线的方法求出。

视频

棱锥的三视图及表面取点

例3-2 如图 3-5 所示，已知三棱锥表面上点 M 的正面投影 m'，求点 M 的水平投影 m 和侧面投影 m''。由于点 M 所在的面 $\triangle SAB$ 是一般位置平面，所以求点 M 的其他投影必须过点 M 在 $\triangle SAB$ 上作一辅助直线。

方法一：如图 3-5(a) 所示，过 m' 点作 $a'b'$ 的平行线，该直线的水平投影一定与 ab 平行，点 M 的水平投影 m 必在该直线的水平投影上，根据点的投影规律，即可得到 m 点，再由 m'、m 求出 m''。

方法二：如图 3-5(b) 所示，连接 $s'm'$ 并延长使其与 $a'b'$ 交于 d'，再在 ab 上求出 d，连接 sd，则 m 点必然在 sd 上，再根据 m'、m 求出 m''。

又如图 3-5(b) 所示，已知 N 点的水平投影 n，求 N 点的正面投影 n' 和侧面投影 n''，由于 N 点所在的面 $\triangle SAC$ 是侧垂面，所以可利用侧垂面积聚性先求出 n''，再根据 n、n'' 求出 n'，N 点的 V 面投影为不可见。

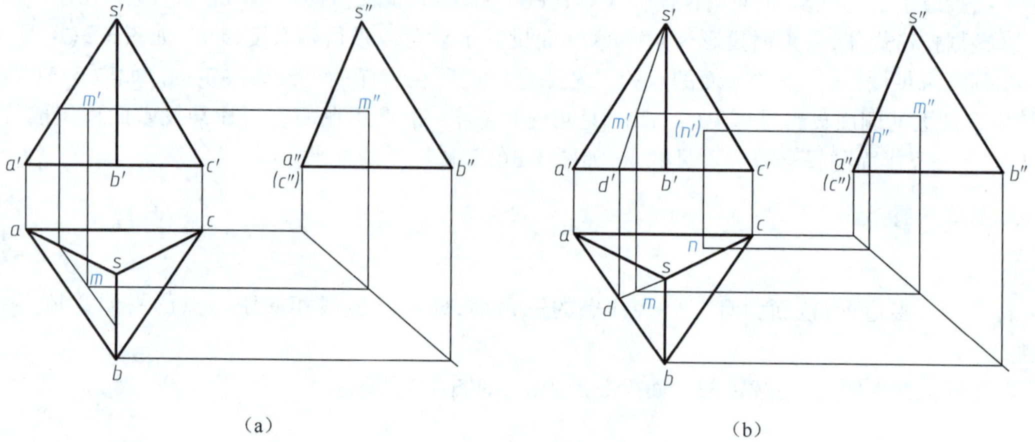

图 3-5　三棱锥表面取点

3.2　常见回转体的投影

常见的回转体有圆柱、圆锥、圆球和圆环等。回转体的表面由回转面和平面或完全是回转面组成。回转面是由一动线（直线、圆弧或其他曲线）绕一定线（直线）回转一周后形成的曲面。如图 3-6 所示，形成回转面的定线称为轴线，动线称为母线，母线在回转面上的任意位置称为素线。回转面的形状取决于母线的形状，以及母线与轴线的相对位置。

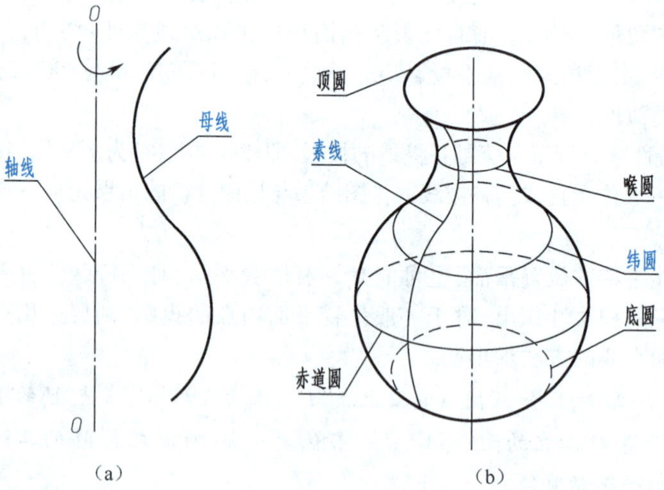

图 3-6　回转体的形成

从回转面的形成过程可知，母线上任意一点的轨迹是一个圆，称为纬圆，纬圆的半径是该点到轴线的距离，纬圆所在的平面与轴线垂直。这一基本性质是关于在回转面上取点作图的重要依据。

回转面的投影用其转向轮廓线表示。转向轮廓线是与曲面相切的投射线与投影面的交点所组成的线段。如图 3-7 所示，圆柱面在正面投影的转向轮廓线为最左最右两条素线的投影；球面在水平投影的转向轮廓线为其最大水平纬圆的投影。

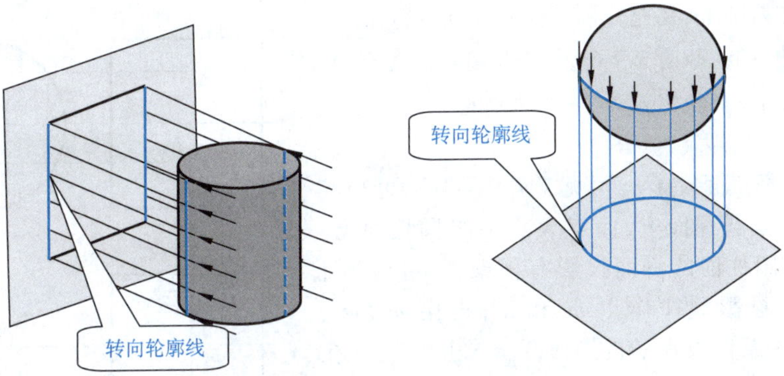

图 3-7　回转面的转向轮廓线

3.2.1　圆柱的投影

1. 圆柱的形成及投影分析

圆柱面可以看成是由一直母线绕与它平行的回转轴线旋转而成。圆柱体由圆柱面及两底面所组成。

图 3-7 所示的圆柱体的轴线是铅垂线，圆柱面垂直于水平面，圆柱面的水平投影积聚成一个圆。

在正面和侧面投影中，顶面和底面分别积聚为直线段，最左、最右两素线 AA_1 和 BB_1 的正面投影 $a'a_1'$ 和 $b'b_1'$ 是圆柱面正面投影的转向轮廓线。最前、最后两素线 CC_1 和 DD_1 的圆柱面侧面投影 $c''c_1''$ 和 $d''d_1''$ 是侧面投影的转向轮廓线。转向轮廓线是圆柱面的投影外轮廓线，又是圆柱面投影可见与不可见的分界线。正面投影以 $a'a_1'$ 和 $b'b_1'$ 为界，前半圆柱面为可见，后半圆柱面为不可见。侧面投影以 $c''c_1''$ 和 $d''d_1''$ 为界，左半圆柱面为可见，右半圆柱面为不可见。

画圆柱投影时，如图 3-8 所示，一般先画出轴线和底圆中心线，然后画出上、下底圆的投影和圆柱面投影的转向轮廓线。需要注意的是，在任何回转体的投影图中，必须用点画线画出轴线和圆的中心线。各投影面的转向轮廓线只能在该投影面画出，其他投影面不能画。

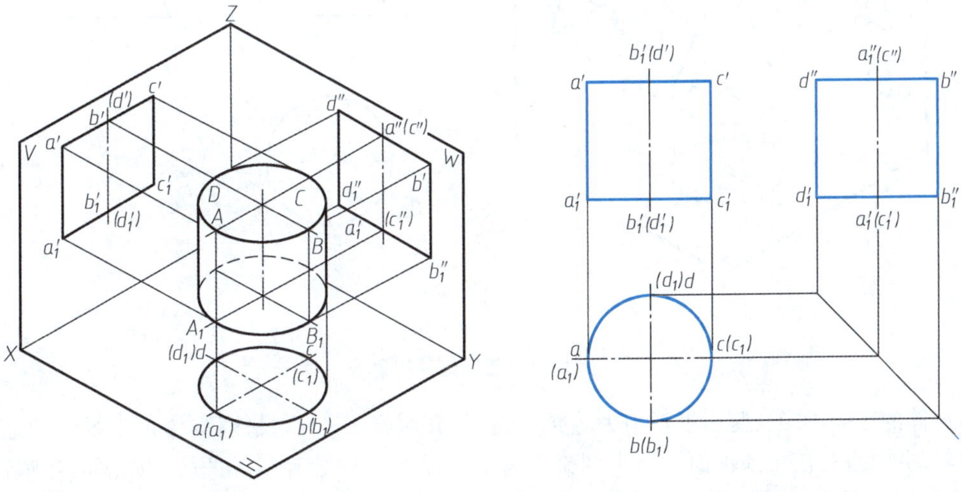

(a)　(b)

图 3-8　圆柱体的三视图

2. 圆柱体表面取点

当圆柱体轴线是投影面垂直线时，圆柱面在该投影面上的投影积聚成一个圆，所以圆柱面上点和线的投影必在该圆上，要充分利用这一特性进行作图。

视频

圆柱的三视图与表面取点

例3-3 如图3-9所示，已知圆柱体表面 M、N 两点的正面投影 m' 和 (n')，求作它们的水平投影和侧面投影。

根据正面投影 m' 可见，(n') 不可见，可知点 M 在前半圆柱面上，而点 N 在后半圆柱面上。由于该圆柱面的侧面投影有积聚性，可由 m'、(n') 按投影规律作出 m'' 和 n''；再由 m'、m''、(n')、n'' 按投影关系作出水平投影 (m)、n。由于点 M 在下半圆柱面上，点 N 在上半圆柱面上，所以点 M 的水平投影 m 为不可见，而点 N 的水平投影 n 为可见。

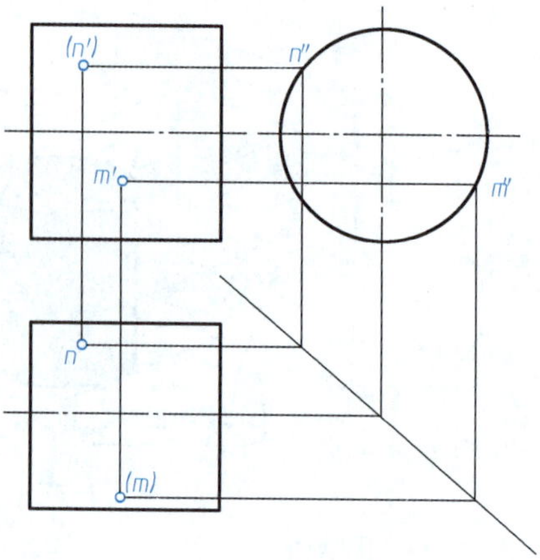

图 3-9 圆柱体表面取点

3.2.2 圆锥的投影

1. 圆锥的形成及投影分析

组成圆锥体的表面有圆锥面和底圆平面。圆锥面可以看作是直母线 SA 绕与其相交轴线 SO 回转一周而成。因此，圆锥面的素线都是通过锥顶的直线。

如图3-10所示，当圆锥体的轴线垂直于水平面时，圆锥体的俯视图为一圆，这个圆既是圆锥面的水平投影，也是底面的水平投影，注意这个圆没有积聚性，因为圆锥面上所有素线都倾斜于水平面。底面的正面投影和侧面投影均积聚成直线。

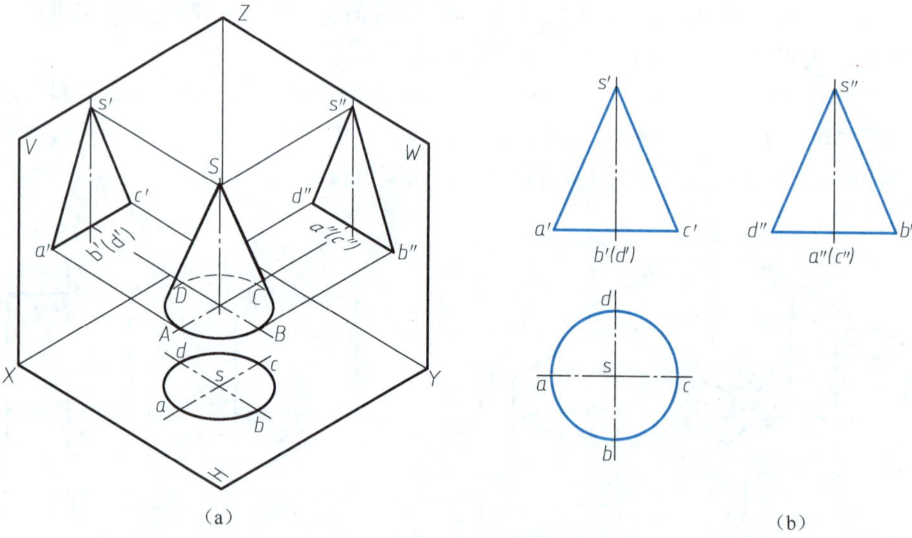

图 3-10 圆锥体的投影

圆锥体的正面投影与侧面投影均为等腰三角形，其两腰 $s'a'$、$s'c'$ 是圆锥体正面投影的最左、最右转向轮廓线，也是前半圆锥面与后半圆锥面可见与不可见的分界线。两腰 $s''b''$、$s''d''$ 是圆锥体最前、最后转向轮廓线，是左半圆锥面与右半圆锥面可见与不可见的分界线。

画圆锥体投影时，一般应先画出轴线和底圆的中心线，然后画出底圆的投影及圆锥面的转向轮廓线。

2. 圆锥表面取点

例3-4 如图3-11(a)所示，已知圆锥面上一点 K 的正面投影 k'，求作它的水平投影 k 和侧面投影 k''。

由于圆锥面的三面投影均没有积聚性,所以在圆锥面上取点,一般要借助于辅助线。作辅助线的方法有下面两种。

①辅助素线法

在圆锥面上过点 K 及锥顶 S 作辅助素线 SA。这种过锥顶作辅助素线的方法称为素线法。过点 K 的已知投影 k' 作 $s'a'$,求出素线的水平投影 sa,再求出 $s''a''$,即得素线 SA 的三面投影。又因点 K 在 SA 上,可由 k' 求出 k 和 k''。由于点 K 在前左半圆锥面上,所以 k 和 k'' 都是可见的,如图 3-11(a)所示。

视频
圆锥的三视图极其表面取点

②辅助纬圆法

如图 3-11(b)所示,过点 K 作一个平行于底面的圆,这个圆就是点 K 绕轴线旋转所形成的,称为纬圆。这种利用纬圆求解的方法称为纬圆法。

如图 3-11(b)所示,在圆锥面上过点 k' 作水平纬圆 $1'2'$,直线 $1'2'$ 的长度就是纬圆直径的实长。其水平投影反映实形。再以 $1'2'$ 为直径,以 s 为圆心画圆,求得纬圆的水平投影 12,则 k 必在此圆周上,由 k' 和 k 求得 k''。由于点 K 在前左半圆锥面上所以 k,k' 均可见。

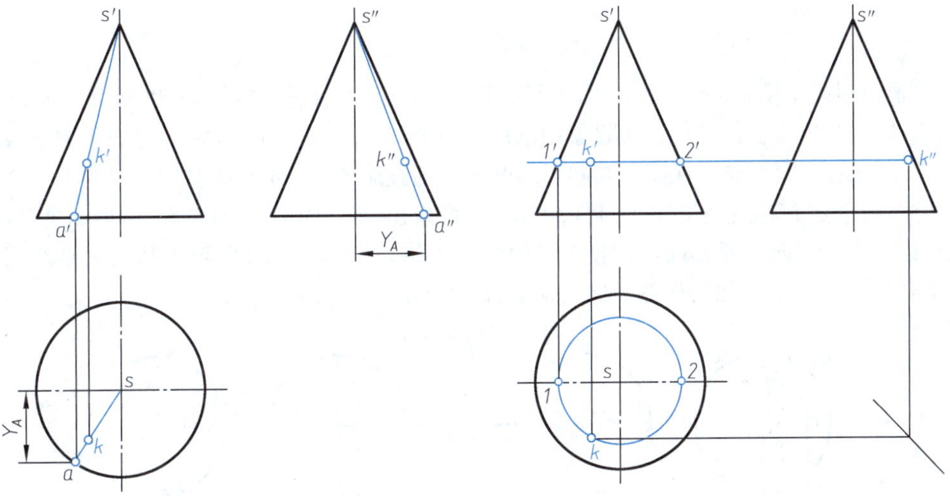

(a)素线法　　(b)纬圆法

图 3-11 圆锥面上取点

3.2.3 圆球

1. 圆球的形成及投影分析

圆球是一圆母线以其直径为回转轴旋转而成。圆球在 3 个投影面上的投影都是等直径的圆。

如图 3-12 所示,正面投影的圆 A 是圆球面上最大正平纬圆的投影,是前半球面和后半球面的分界线。水平投影的圆 B 是圆球面上最大水平纬圆的投影,是上半球面和下半球面的分界线,侧面投影的圆 C 是圆球面上最大侧面纬圆的投影,是左半球面和右半球面的分界线。

视频
球的三视图及表面取点

在画圆球的投影时,应先画出三面投影中圆的对称中心线,对称中心线的交点为球心,然后再分别画出三面投影的转向轮廓线。

2. 圆球面上取点

圆球面上取点必须利用辅助线。因球面上不能取到直线,所以只能用纬圆法来确定球面上的点的投影。而当点位于圆球的最大纬圆上时,可直接利用最大纬圆的投影求出点的投影。为了方便作图，辅助圆可选用正平圆，水平圆或侧平圆。

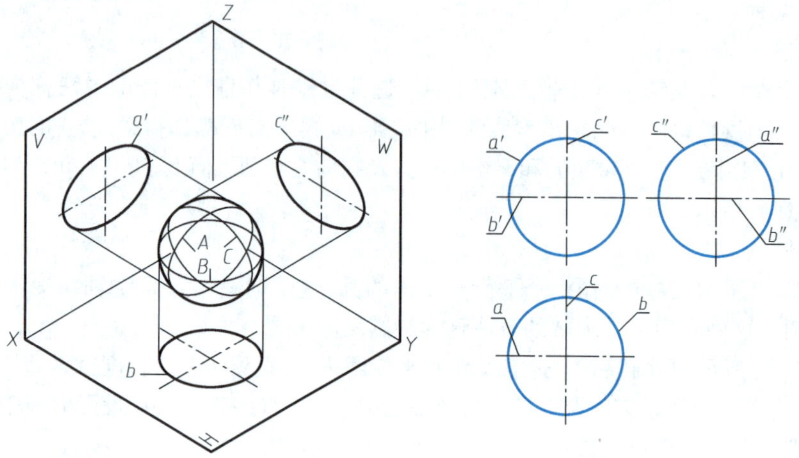

(a)　　　　(b)

图 3-12　圆球的三视图

已知圆球和圆球表面上的一点 *M* 的水平投影 *m*，求点 *M* 的正面投影 *m*′和侧面投影 *m*″。作图时，可过点 *M* 在圆球面上作平行于正投影面的纬圆求解。如图 3-13(a)所示，过 *m* 作纬圆 *12*，再以 *12* 为直径，以球心为圆心在主视图上画圆得纬圆的正面投影 *1′2′*，则 *m*′必在圆 *1′2′*的上半个圆周上(因 *m* 可见，表示点 *M* 在上半圆球面上)，由 *m*、*m*′可求出 *m*″。因 *m* 在前左方，所以 *m*′、*m*″均可见。本例也可以用平行于水平投影面或侧投影面的纬圆求解。图 3-13(b)所示为利用水平纬圆求作点 *M* 投影的作图方法。至于如何作侧面纬圆求解，请读者自行分析和作图。

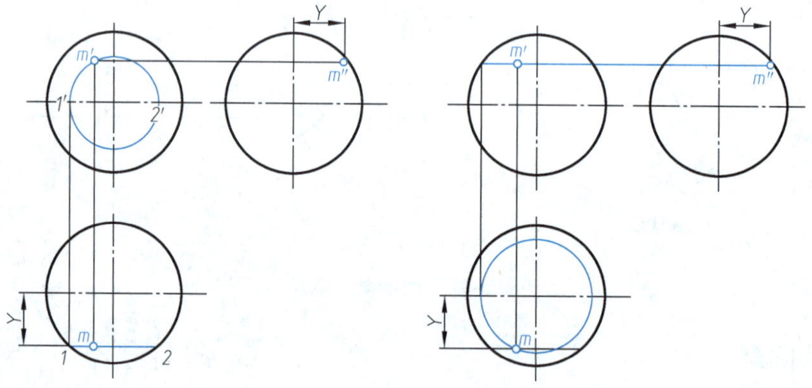

(a)　　　　(b)

图 3-13　圆球表面上的点

3.3　立体表面的截交线

如图 3-14 所示，平面与立体(平面立体或曲面立体)相交，称为截切。截切立体的平面称为截平面；截平面与立体表面的交线称为截交线；截交线围成的平面图形称为截断面。

截交线具有以下基本性质：

（1）截交线是截平面与立体表面的共有线；截交线上的点是截平面与立体表面的共有点。

（2）由于立体表面是封闭的，因此，截交线必定是封闭的线段，截断面是封闭的平面图形。

（3）截交线的形状取决于立体表面的形状和截平面与立体的相对位置。

由以上性质可以看出，求截交线只需求出截平面与立体表面的一系列共有点，然后依次连接各点即可。

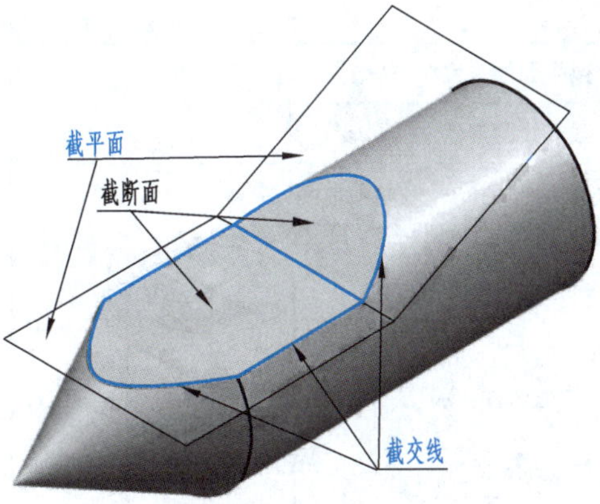

图 3-14　立体表面的截交线

3.3.1　平面与平面立体相交

平面与平面立体相交时，截交线是平面多边形，多边形的各边是截平面与立体各相关表面的交线，多边形的各顶点一般是立体的棱线与截平面的交点。因此，求平面立体截交线的问题，可以归结为求两平面的交线和求直线与平面的交点问题。

例3-5　求图3-15中三棱锥 *S—ABC* 被正垂面 *P* 截切后的投影。

视频　平面立体的截交线

分析：由图中可知，平面 *P* 与三棱锥的三个棱面相交，交线为三角形，三角形的顶点是三棱锥三条棱线 *SA*、*SB*、*SC* 与平面 *P* 的交点。

作图：①平面 *P* 为正垂面，可直接得到各棱线与平面 *P* 交点的正面投影 1′、2′、3′；

②根据 1′、2′、3′，在各棱线的水平投影上求出截交线各顶点的水平投影 1、2、3；

③根据 1′、2′、3′，在各棱线的侧面投影上求出截交线各顶点的侧面投影 1″、2″、3″；

④依次连接各顶点的同面投影，即得截交线的水平投影△123 和侧面投影△1″2″3″；

⑤整理轮廓线，并判断可见性。

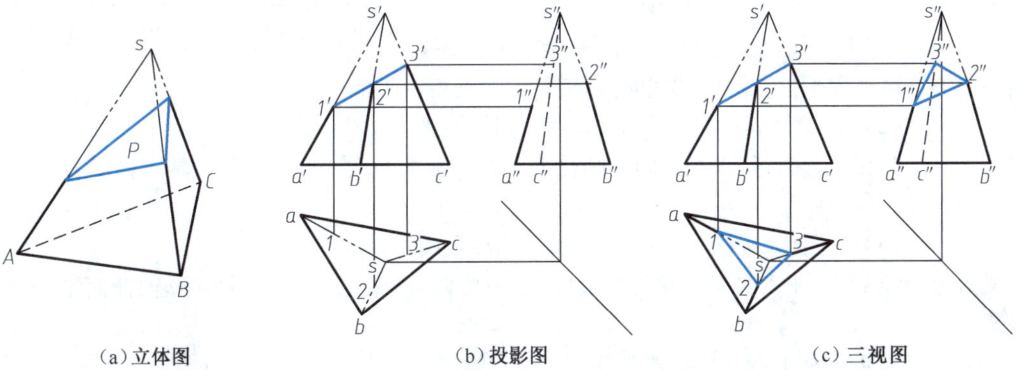

（a）立体图　（b）投影图　（c）三视图

图 3-15　三棱锥的截交线

3.3.2　平面与回转体相交

平面与回转体相交，截交线一般是由曲线或曲线与直线组成的封闭的平面图形，当其投影为非圆曲线时，可以利用表面取点的方法求出截交线上一系列点的投影，再连成光滑的曲线。

1. 圆柱体的截交线

当平面截切圆柱体时，底面上的截交线为直线；而圆柱面上的截交线，由于两者的相对位置不同，所得的截交线分别为圆、椭圆或直线，见表3-1。

表 3-1　圆柱面的截交线

截平面的位置	垂直于轴线	平行于轴线	倾斜于轴线
截交线的形状	圆	两平行直线	椭圆
立体图	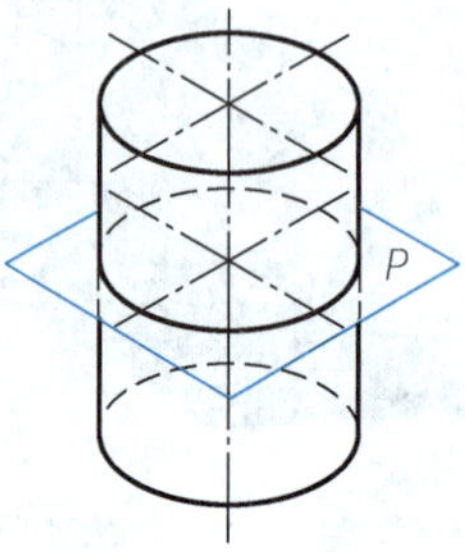	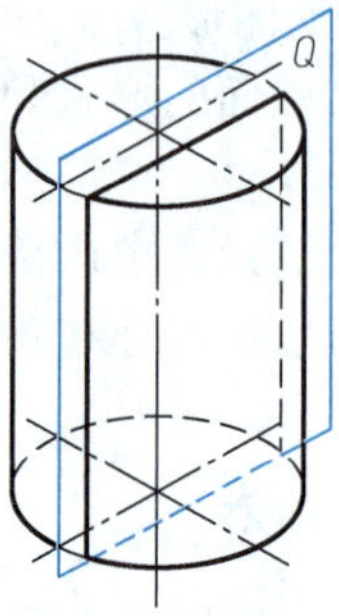	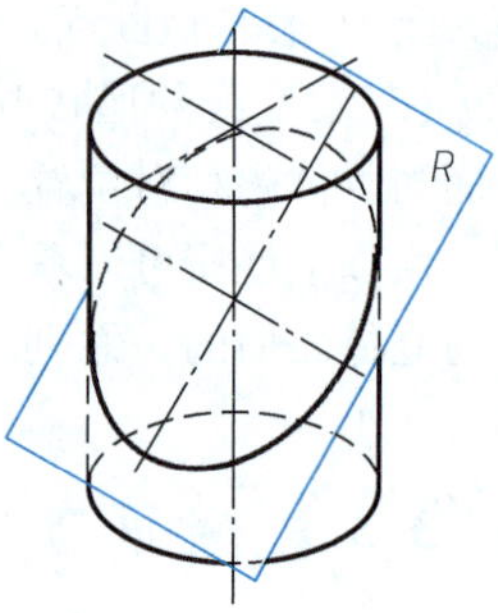
投影图	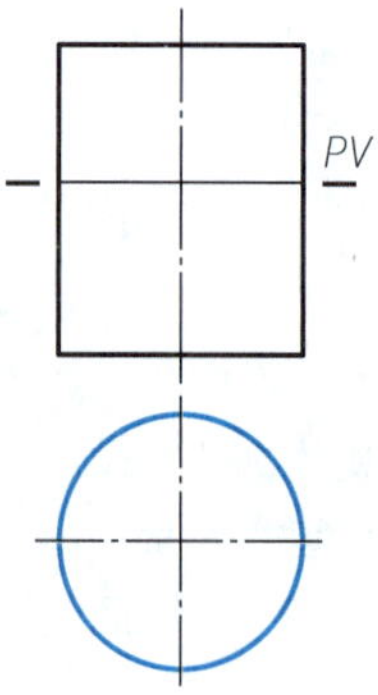	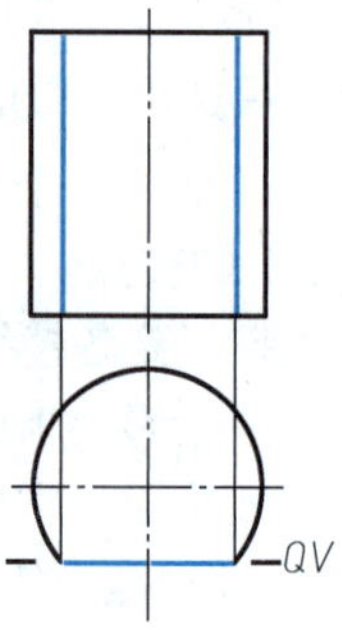	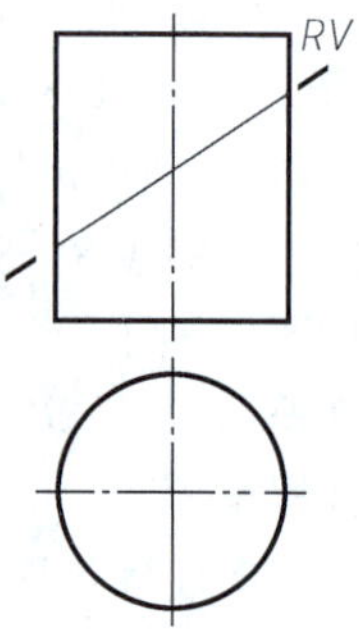

（1）截平面（表中为正平面）平行于圆柱轴线

视频

圆柱截交线

截平面平行于圆柱轴线时，与圆柱的截交线为矩形。

（2）截平面（表中为水平面）垂直于圆柱轴线

截交线为圆，其水平投影与圆柱面的水平投影重合，正面投影和侧面投影分别积聚成直线段。

（3）截平面（表中为正垂面）倾斜于圆柱轴线

截交线为椭圆，其正面投影积聚为直线段，水平投影与圆柱面的水平投影重合，侧面投影一般仍为椭圆。

下面举例说明圆柱的截交线投影的作图方法。

例3-6　求图 3-16（a）中圆柱被正垂面 *P* 截切后的投影。

分析：由于正垂面倾斜于圆柱的轴线，截交线在空间是一个椭圆，其长轴为 *Ⅰ Ⅱ*，短轴为*Ⅲ Ⅳ*。因为截交线是截平面和圆柱表面的共有线，所以截交线的正面投影积聚为一斜线。又因为圆柱轴线垂直于水平面，圆柱面的水平投影积聚成圆。而截交线又是圆柱表面上的线，所以截交线的水平投影就在此圆上。利用圆柱表面取点的方法，由已知的正面投影（斜直线）和水平投影（圆），求出各点的侧面投影，再按顺序光滑连接，就是截交线的侧面投影。

作图：①求截交线上特殊点的投影：求轮廓线上点 *Ⅰ*、*Ⅱ*、*Ⅲ*、*Ⅳ*，利用轮廓线的投影，按照点线从属关系，可直接得到其点 *Ⅰ*、*Ⅱ* 的投影为 *1*、*2*、*1′*、*2′*、*1″*、*2″*，点*Ⅲ*、*Ⅳ* 的投影为 3、*4*、*3′*、*4′*、*3″*、*4″*；

Ⅰ、*Ⅱ* 点也是椭圆长轴的端点，*Ⅲ*、*Ⅳ* 点是椭圆短轴的端点；

②求截交线上一般位置点的侧面投影：为了使截交线作图比较准确、便于连接，还应求出适当数量的一般位置点的投影。例如图中的Ⅴ、Ⅵ点和Ⅶ、Ⅷ点，它们的投影分别是5、6、5′、6′、5″、6″和7、8、7′、8′、7″、8″；

③光滑连线：按照水平投影*153628371*的顺序，将相应各点的侧面投影按1″5″3″6″2″8″4″7″1″的顺序光滑连接，得到所求截交线的侧面投影；

④判断可见性：在图3-16中，由于圆柱上部被截去，并左低右高，所以截交线上所有点的侧面投影均可见，连线时用粗实线；

⑤整理投影轮廓线：在图3-16(c)中，圆柱其侧面投影轮廓线从3″、4″两点以上部分不应画出。

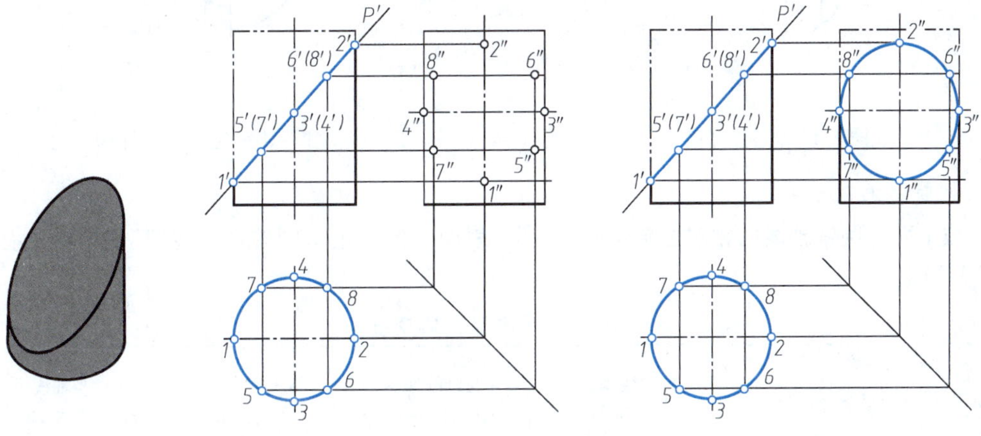

(a)　(b)　(c)

图3-16　圆柱截切的投影图

例3-7　求图3-17中圆柱开槽后的投影。

分析：由图3-17可知，圆柱槽口的截交线是由两个平行于圆柱轴线侧平面P_1、P_2和一个垂直于圆柱轴线的水平面Q相交而成。平面P_1、P_2截圆柱顶面得截交线Ⅰ-Ⅶ、Ⅲ-Ⅴ；截圆柱面的截交线为四条平行于圆柱轴线的直线Ⅰ-Ⅱ、Ⅲ-Ⅳ、Ⅴ-Ⅵ、Ⅶ-Ⅷ。平面Q截得的截交线为两段圆弧Ⅱ-Ⅳ、Ⅵ-Ⅷ。直线Ⅳ-Ⅵ、Ⅱ-Ⅷ分别为截平面Q与P_1、P_2的交线。

作图：①画出圆柱的侧面投影图；

②画出截平面P_1、P_2与圆柱的截交线的正面投影，即为直线1′2′、7′8′、3′4′、5′6′，截平面Q与圆柱的截交线的正面投影为直线2′4′、6′8′；

③画出各截交线的水平投影，顶面上截交线的投影为直线17和直线35；圆柱面上截交线的投影积聚在圆上；

④求出各截交线的侧面投影；

⑤求截平面之间交线Ⅱ-Ⅷ、Ⅳ-Ⅵ的投影。正面投影积聚成点2′8′、4′6′，水平投影直线28、46分别与直线17、35重合，侧面投影为虚线2″8″和4″6″；

⑥整理投影轮廓线。

圆柱切口、开槽、穿孔是机械零件中常见的结构，应熟练地掌握其投影的画法。

图3-18是空心圆柱被平面截切后的投影，其外圆柱面截交线的画法与例3-8相同。内圆柱表面也会产生另一组截交线，画法与外圆柱面截交线画法类似，但要注意它们的可见性，截平面之间的交线被圆柱孔分成两段，所以6″、8″之间不应连线。

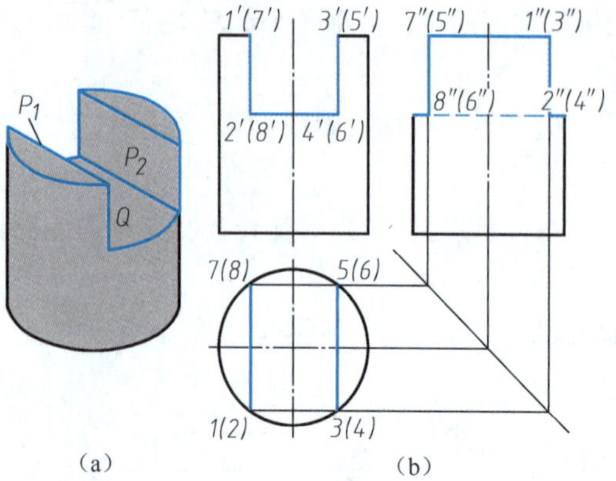

图 3-17　圆柱开槽

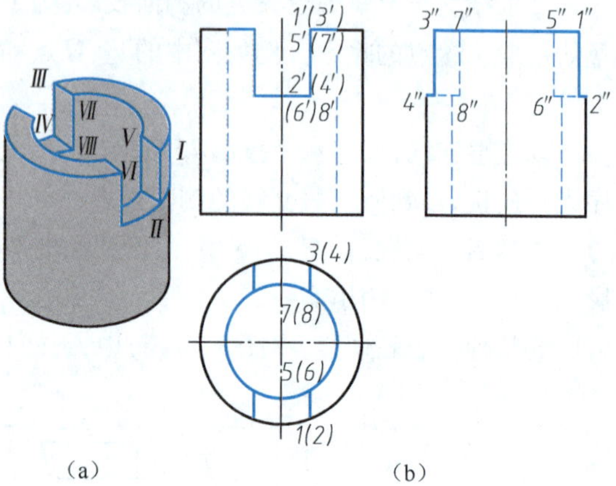

图 3-18　空心圆筒开槽

2. 圆锥体的截交线

当截平面与圆锥轴线的相对位置不同时，圆锥表面上便产生不同的截交线，其基本形式有五种（见表 3-2）。

表 3-2　圆锥面的截交线

截平面位置	过锥顶 $\beta<\alpha$	与轴线垂直 $\beta=90°$	与轴线倾斜 $\beta>\alpha$	与一条素线平行 $\beta=\alpha$	与轴线平行 $\beta=0°$
立体图	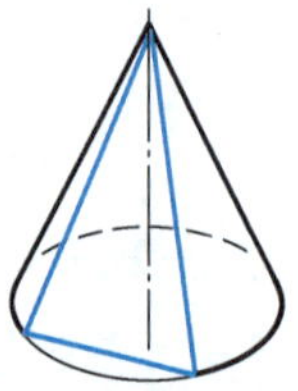	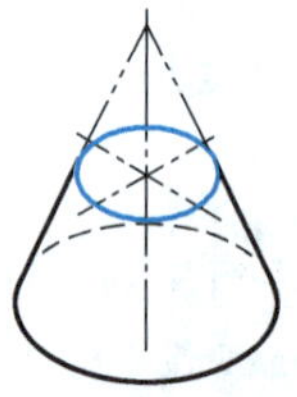	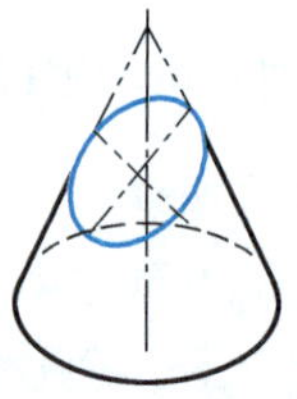	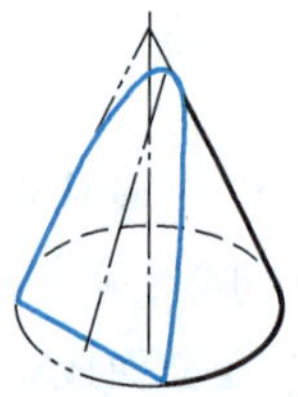	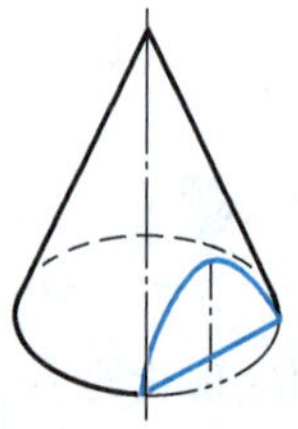
投影图	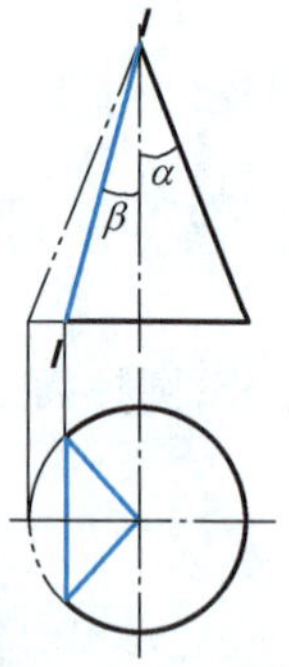	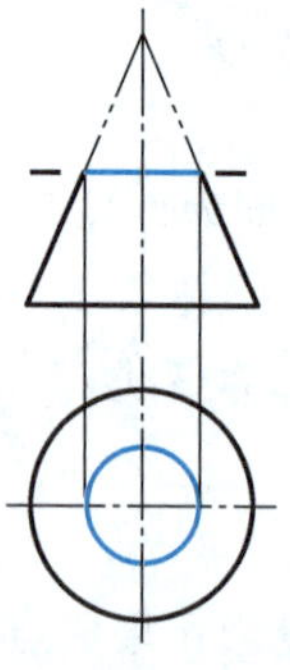	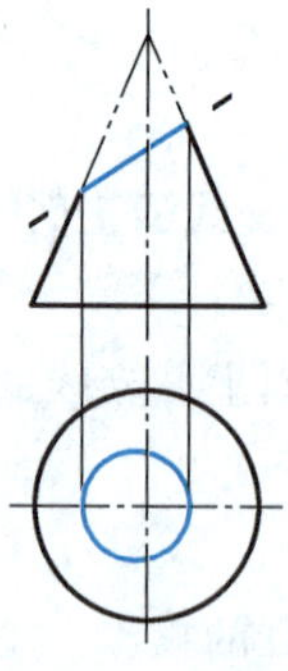	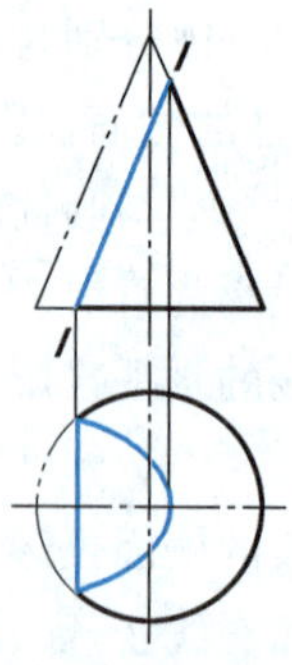	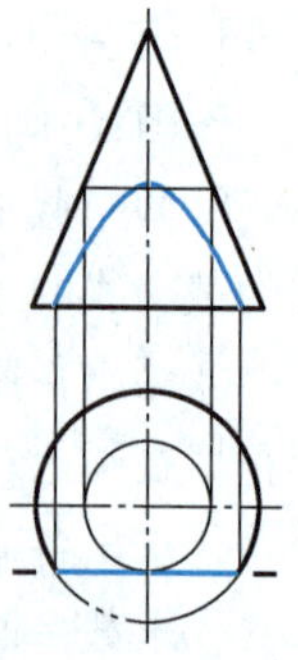

注：β 为截平面与回转轴线的夹角，α 为素线与回转轴线的夹角。

①当截平面通过圆锥顶点时，截交线是过锥顶的两条直线。连同它与圆锥底面的交线构成一个三角形；

②当截平面垂直于圆锥轴线时（$\beta=90°$），截交线为圆；

③当截平面倾斜于圆锥轴线，且 $\beta>\alpha$ 时，截交线为椭圆；

④当截平面倾斜于圆锥轴线，且平行一条素线（$\beta=\alpha$）时截交线为抛物线；

⑤当截平面平行或倾斜于圆锥轴线且平行两条素线时($\beta<\alpha$,或$\beta=0°$),截交线为双曲线。

例3-8　求图3-19(a)中正垂面截切圆锥的投影。

分析:由于正垂面倾斜于圆锥轴线,且$\theta>\alpha$,所以截交线在空间是椭圆,其长轴为Ⅰ-Ⅱ,短轴为Ⅲ-Ⅳ。因截交线属于截平面,而截平面的正面投影有积聚性,所以截交线的正面投影为斜线段,它反映椭圆长轴的实长。又因为截交线也属于圆锥面,所以可以利用圆锥表面取点的方法(一般点及特殊点),求出椭圆上一系列点的水平和侧面投影,再将各点的同面投影顺序光滑连接,即得截交线的水平投影和侧面投影。

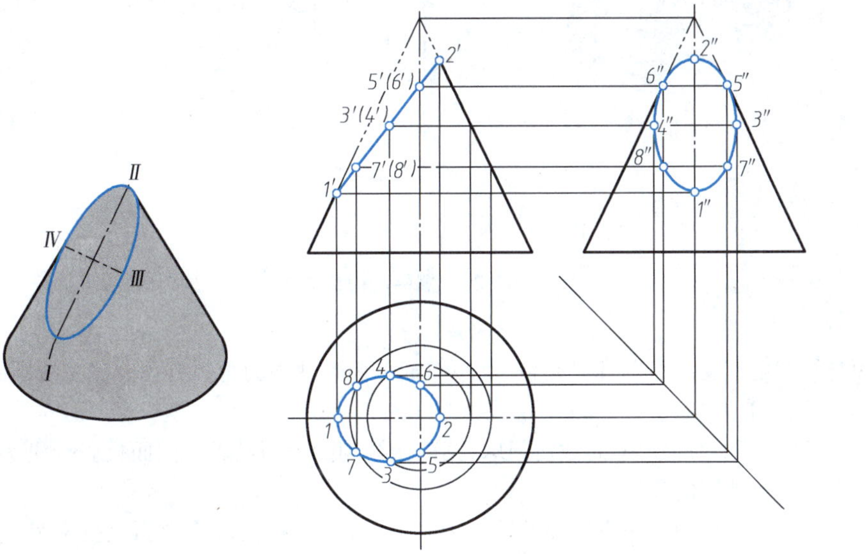

(a)　　　　(b)

视频
圆锥截交线

图3-19　正垂面截切圆锥

作图:①画出圆锥的侧面投影;

②求截交线上特殊点的侧面投影和水平投影;

a. 求轮廓线上点:截交线在圆锥正面投影轮廓线上的点1′、2′的对应水平投影为1、2,侧面投影为1″、2″。圆锥侧面投影轮廓线上点5″、6″可以根据5′、6′直接求得,然后再求出水平投影5、6;

b. 求截交线(椭圆)长、短轴的端点:1′、2′是长轴端点的正面投影,1、2和1″、2″分别是其水平投影和侧面投影。1′2′的中点(3′4′)是短轴端点的正面投影。本例中用辅助纬圆法求得椭圆短轴端点的水平投影3、4和侧面投影3″、4″;

③求截交线上一般位置点的投影:利用纬圆法,求一般位置点Ⅶ、Ⅷ的投影;

④光滑连线:将求得的点的水平投影按173526481的顺序光滑连接,并在侧面投影上将各点的侧面投影以同样顺序连接,即得所求截交线的水平投影和侧面投影;

⑤整理投影轮廓线:圆锥侧面投影轮廓线自Ⅴ、Ⅵ两点以上部分被截平面截去,所以圆锥侧面投影轮廓线的5″、6″以上部分不应画出。

图3-20所示为侧平面截切圆锥的截交线的作图。侧平面与圆锥轴线平行,所以截交线为双曲线。双曲线的正面投影和水平投影分别在侧平面的正面和水平积聚投影上;侧面投影反映实形,作图时用表面取点法求出双曲线的顶点Ⅲ(正面投射轮廓线上点)的侧面投影3″和Ⅰ、Ⅱ两点(截交线上最低点)的侧面投影1″2″,再求出若干一般位置点的投影,例如点Ⅳ、Ⅴ的投影4″、5″。按1″4″3″5″2″的顺序连接成光滑曲线,即是截交线的侧面投影。

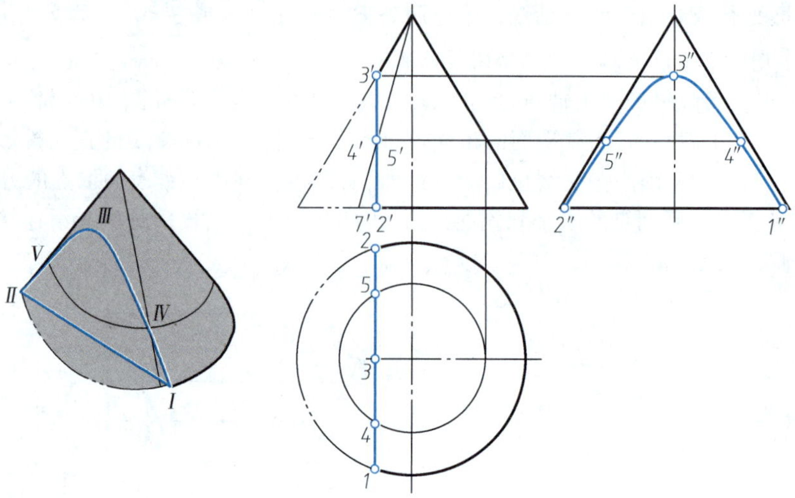

（a）　　　　（b）

图 3-20　侧平面截切圆锥

3. 圆球的截交线

平面与圆球的截交线是圆，圆的直径大小与截平面到球心的距离有关。截交线圆的投影与截平面对投影面的相对位置有关。

视频 球的截交线及复合截交线

图 3-21 为一水平面截切圆球，其截交线圆的正面投影和侧面投影分别为直线段，而水平投影反映圆的实形。

当截平面为某一投影面的垂直面时，则截交线圆在该投影面上投影为直线段，其他两个投影分别为椭圆。图 3-22 是一正垂面截切圆球，截交线的正面投影为直线段，其长度为截交线圆的直径；截交线圆的水平投影和侧面投影分别为椭圆。

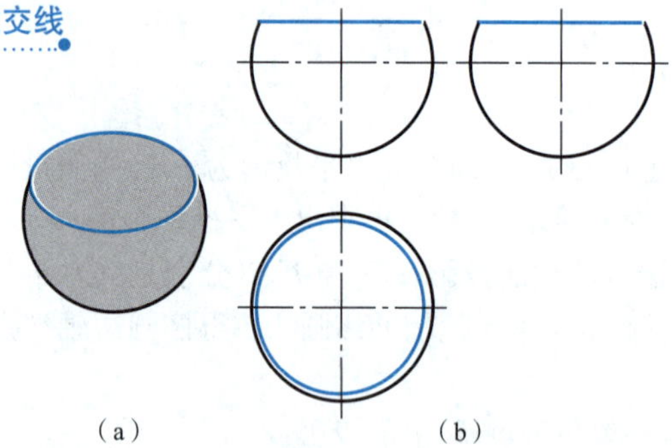

（a）　　　　（b）

图 3-21 水平面截切圆球

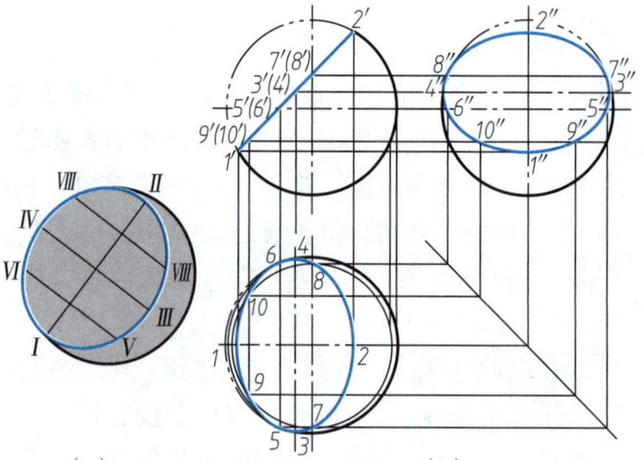

（a）　　　　（b）

图 3-22　正垂面截切圆球

例 3-9　求图 3-23（a）中半球切槽的投影。

分析： 半球被两个侧平面和一个水平面截出一个凹槽，凹槽上的截交线均为圆弧。它们的正面投影都是直线。在水平投影上，由水平面截切出的截交线的投影（圆弧）反映实形；由两个侧平面截切出的截交线分别投射成直线段。在侧面投影上，由水平面截切出的截交线投射成两段直线，由两个侧平面截切出的截交线的投影反映实形，即圆弧，两个截平面的交线为正垂线 Ⅰ-Ⅱ 和Ⅲ-Ⅳ。

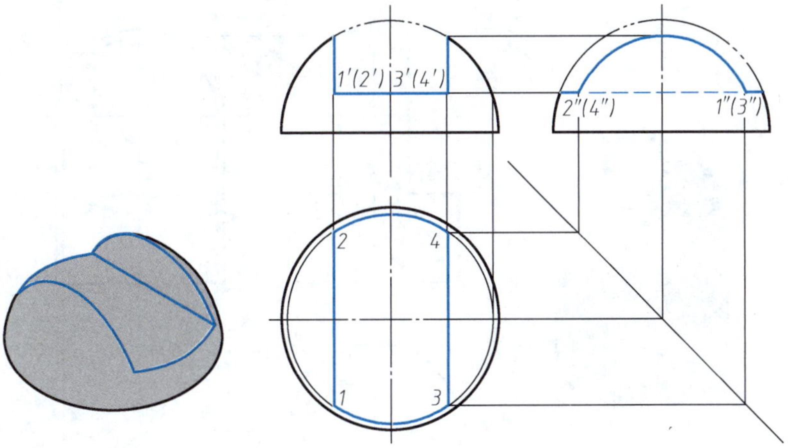

（a）　　（b）

图 3-23 半球切槽

作图：①求半球的侧面投影；

②求截交线的投影：

a）求侧平面截球的截交线；

b）求水平面截球的截交线；

③求截平面的交线 *Ⅰ*－*Ⅱ* 和*Ⅲ*－*Ⅳ*；

④整理轮廓线。

应当注意，半球侧面投射轮廓线在水平截平面以上部分已被切去，因此，该部分的侧面投影不应画出。截平面交线的侧面投影 *1″2″*、*3″4″*不可见，应画成虚线。

4. 组合回转体的截交线

组合回转体的回转面由几个基本回转面组成。求组合回转体被截切后的截交线的投影时，必须首先分析组合回转体的回转面由哪些基本回转面组成，根据截平面截切各基本回转面的部位确定截交线的形状，然后将各段截交线的投影分别求出，并连接起来就是所求组合回转面的截交线投影。

例3-10 求图 3-24 中吊环的截交线。

分析：吊环主体是由直径相等的半球和圆柱光滑相切组成的，然后在其左右两侧各用侧平面和水平面截去一部分。侧平面截半球所得截交线为半圆，侧平面截圆柱所得截交线为平行两直线，半圆和平行两直线相切。水平面截圆柱所得截交线为圆弧。并在中间作出圆柱孔。两截平面的交线为正垂线。

作图：①求组合回转体侧面投影；

②求截交线的投影：

a. 求侧平面截半球的截交线；

b. 求侧平面截圆柱的截交线；

c. 求水平面截圆柱的截交线；

③求截平面的交线 *Ⅰ*－*Ⅱ* 和*Ⅲ*－*Ⅳ*；

④求圆柱孔的投影；

⑤整理轮廓线。

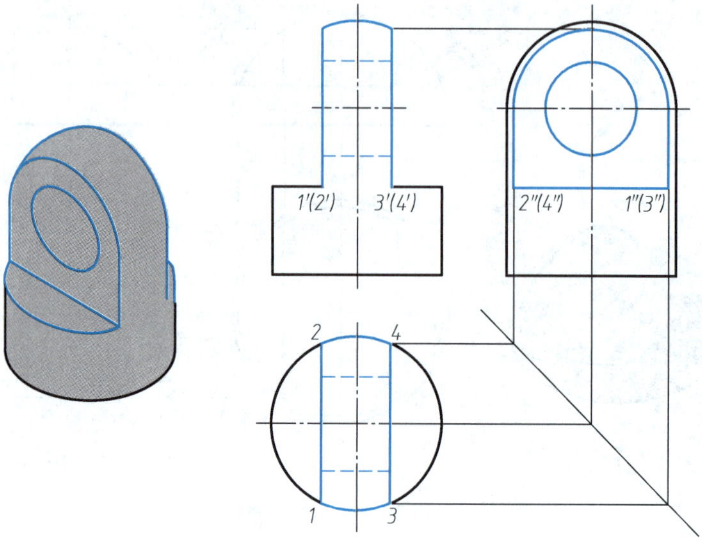

（a）　（b）

图 3-24　吊环的投影图

3.4　立体表面的相贯线

两立体相交称为相贯，相交两立体表面的交线称为相贯线。根据立体的几何性质，两立体相贯可分为：平面立体与平面立体相交、平面立体与曲面立体相交、两曲面立体相交。

求平面立体与平面立体、平面立体与曲面立体的相贯线问题，实质上是求一个平面立体的表面（平面）与另一个平面立体或曲面立体的截交线的问题，可以用前面求截交线的方法解决。

图 3-25 所示是方柱和圆柱、圆柱和方孔、空心圆柱和方孔相贯，其相贯线由圆弧和直线组成，可用求方柱、方孔各平面与圆柱面截交线的方法作图。

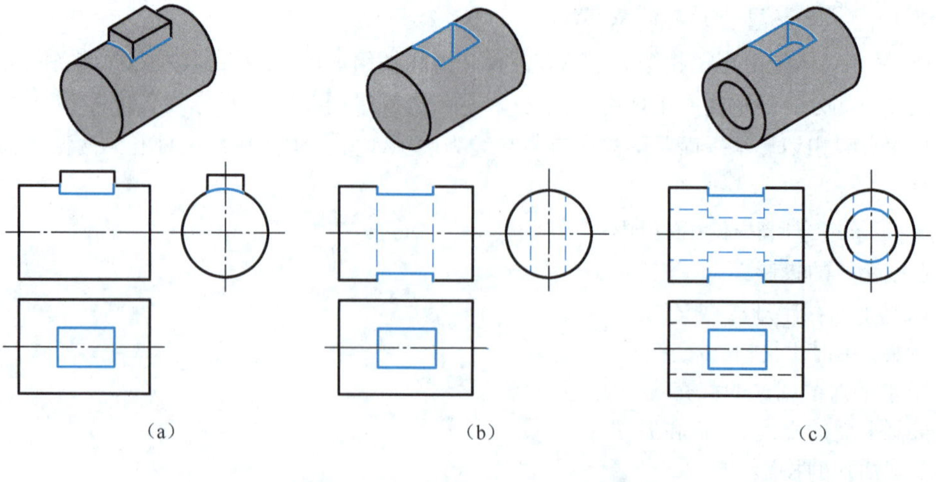
（a）　（b）　（c）

图 3-25　圆柱面和方柱、方孔相贯

在这里，重点讲述两回转体相交的情况。

两回转体相交时，相贯线的基本性质是：

①相贯线是相交两立体表面的共有线，是两立体表面的共有点的集合；

②相贯线是相交两立体表面的分界线；

③相贯线一般为封闭的空间曲线，特殊情况下为平面曲线或直线，如图3-26所示。

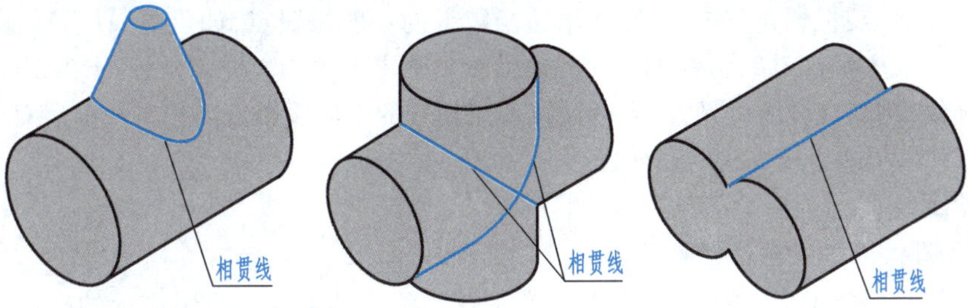

（a）　（b）　（c）

图3-26　两回转体相交的相贯线

求相贯线的方法有表面取点法和辅助平面法。

3.4.1　表面取点法

两圆柱相贯或圆柱与其他回转体相贯时，如果圆柱的轴线垂直于某一投影面，则圆柱面在这个投影面上的投影有积聚性，相贯线的投影就是已知的。利用这个已知投影，按照回转体表面取点的方法，求出相贯线的其他投影。这种求相贯线的方法称为表面取点法。

例3-11　求图3-27(a)中正交两圆柱的相贯线。

分析：图中两圆柱轴线垂直相交，称为正交，其交线的形状为一封闭的空间曲线。根据相贯线的共有性，相贯线是直立圆柱表面的线，而直立圆柱表面的水平投影积聚成圆，相贯线的水平投影也重合到这个圆上，这是相贯线的一个已知投影。又因为相贯线也是水平圆柱表面的线，水平圆柱的侧面投影积聚成圆，相贯线的侧面投影积聚成圆弧，即是两圆柱侧面投影的共有区域内的一段圆弧，也是一个已知投影，因此只需求出相贯线的正面投影。

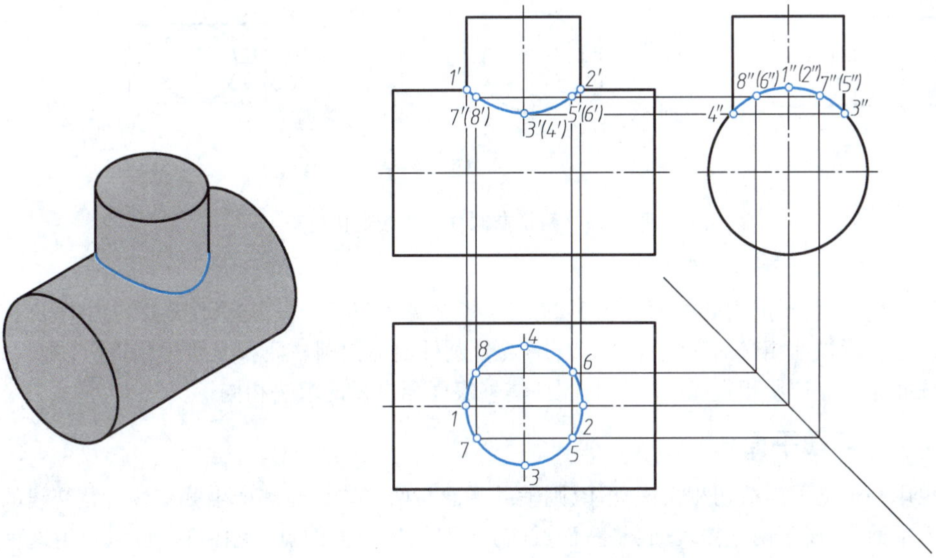

视频
立体相交–相贯线的求法

（a）　（b）

图3-27　两圆柱正交的相贯线

作图：①求两立体的正面投影轮廓线；

②求相贯线的投影；

a）求相贯线上的特殊点（轮廓线上点）：分别求正面转向轮廓线上的点 *Ⅰ*、*Ⅱ* 和侧面转向轮廓线上的点 *Ⅲ*、*Ⅳ*，它们的水平投影 *1*、*2*、*3*、*4* 和侧面投影 *1″*、*2″*、*3″*、*4″*都可以直接求出，再利用投影规律求出它们的正面投影 *1′*、*2′*、*3′*、*4′*；

b）求一般位置点：根据连线的需要，作出适当数量的一般位置点，如点 *Ⅴ*、*Ⅵ*、*Ⅶ*、*Ⅷ*。可先在相贯线水平投影上取点 *5*、*6*、*7*、*8*，再在相贯线的侧面投影上求出 *5″*、*6″*、*7″*、*8″*，然后求出 *5′*、*6′*、*7′*、*8′*；

c）光滑连线：判断交线的可见性，光滑连接各点相应的正面投影。因相贯线前后对称，所以只需光滑连接 *1′7′3′5′2′*，即为相贯线的正面投影；

③整理轮廓线。

1. 正交两圆柱相贯线变化趋势

①直径不相等的两正交圆柱相贯，相贯线在平行于两圆柱轴线的投影面上的投影为双曲线，曲线总是分布在大圆柱轴线的两侧，向着小圆柱弯曲，如图 3-28（a）、图 3-28（b）所示；

②当两正交圆柱直径相等时，其相贯线为两条椭圆曲线，相贯线在平行于两圆柱轴线的投影面上的投影为两相交直线，如图 3-28（c）所示。

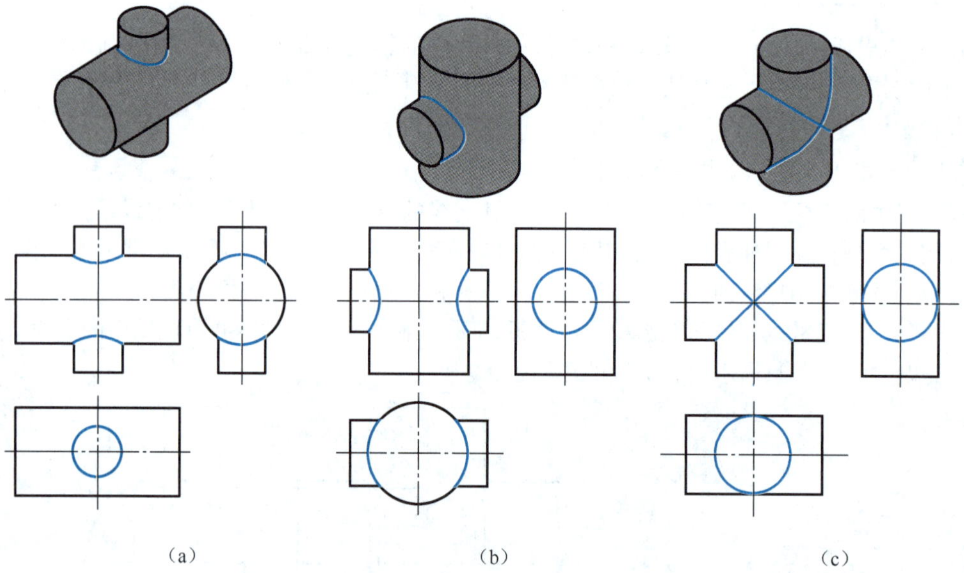

图 3-28　两正交圆柱相贯线变化趋势

2. 圆柱上穿孔及两圆柱孔的相贯线

圆柱上穿孔后，形成内圆柱面。图 3-29 表示了常见的三种相贯形式，图 3-29 中的（a）相贯线为外圆柱面与外圆柱面相交的交线；图 3-29（b）为外圆柱面与内圆柱面相交所得相贯线；图 3-29（c）为两内圆柱面相贯。这些相贯线的求法与圆柱体外表面相贯线的求法相同。

3.4.2　辅助平面法

假想用一辅助平面截切相贯两立体，则辅助平面与两立体表面都产生截交线。截交线的交点既属于辅助平面，又属于两立体表面，是三面共有点，即相贯线上的点（见图 3-30）。利用这种方法求出相贯线上若干点，依次光滑连接起来，便是所求的相贯线。这种方法称为三面共点辅助平面法，简称辅助平面法。

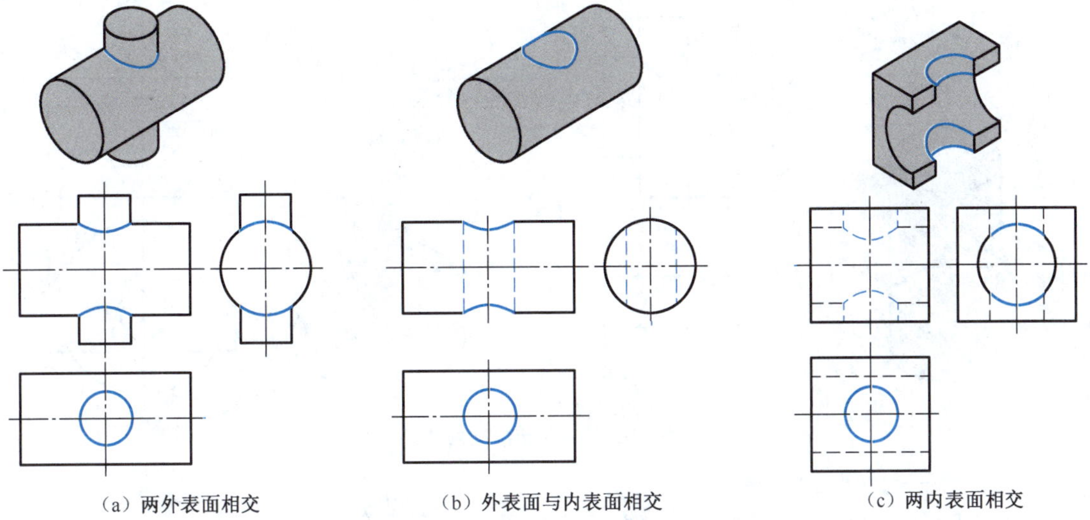

图 3-29　圆柱穿孔及两圆柱孔相贯

用辅助平面法求相贯线时，要选择合适的辅助平面，以便简化作图。选择的原则是：辅助平面与两曲面立体的截交线投影是简单易画的图形——由直线或圆弧构成的图形。

鉴于辅助平面法求相贯线的尺规作图相对复杂这里不再详述，感兴趣的读者可自行分析和作图。

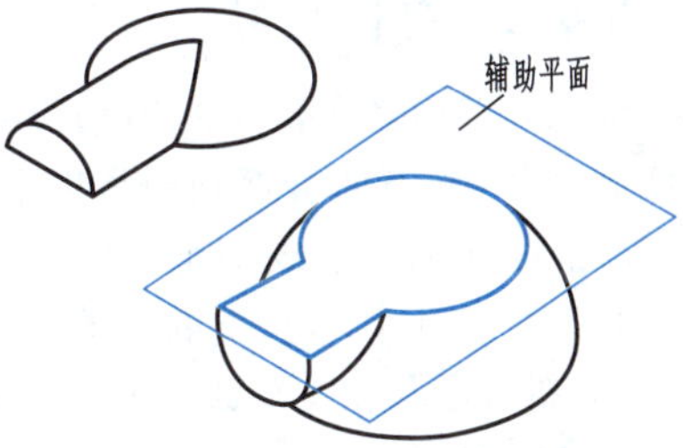

图 3-30　圆柱与半球的相贯线

3.4.3　相贯线的特殊情况

两回转体相交，其相贯线一般是封闭的空间曲线。但在某些特殊情况下，相贯线是平面曲线或直线。

1. 两同轴回转体的相贯线

两同轴回转体相交，其相贯线是垂直于轴线的圆。当轴线平行于某一投影面时，交线圆在该投影面上的投影是过两立体投影轮廓线交点的直线段，如图 3-31 所示。

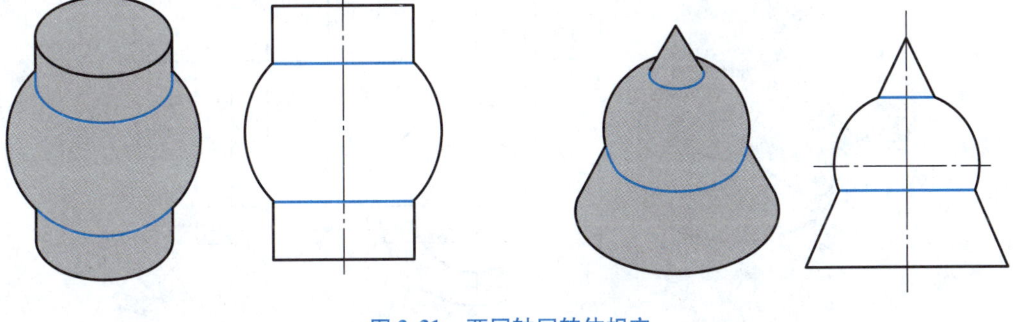

图 3-31　两同轴回转体相交

2. 两个外切于同一球面的回转体的相贯线

两个等径圆柱正交，两圆柱外切于同一球面，其相贯线是两个相同的椭圆。椭圆的正面投影为两圆柱投影轮廓线交点的连线。两个外切于同一球面的圆柱和圆锥正交，其相贯线也是两个相同的椭圆，正面投影也是两立体投影轮廓线交点的连线，如图 3-32 所示。

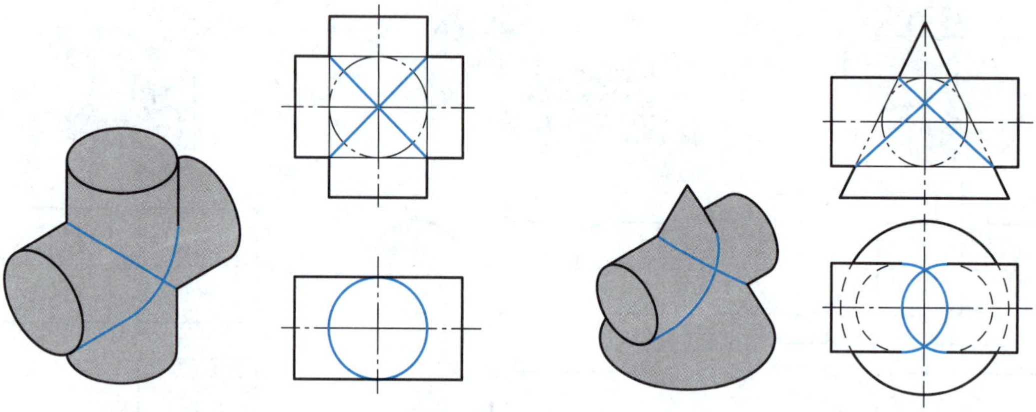

图 3-32　外切于同一球面的回转体的相贯线

3. 两轴线平行的圆柱的相贯线

两轴线平行的圆柱相交时，其相贯线为平行于圆柱轴线的直线，如图 3-33 所示。

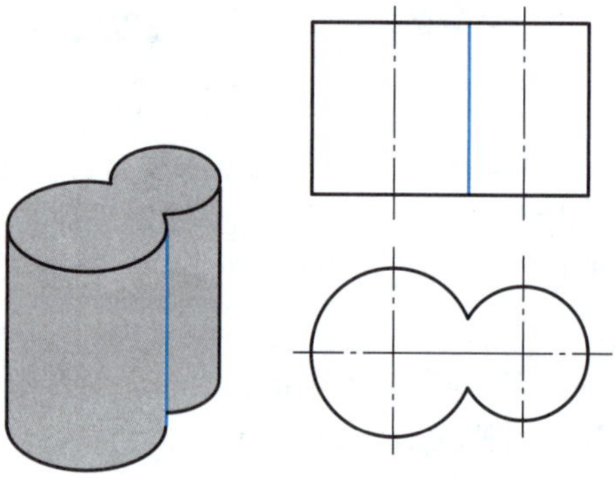

图 3-33　两轴线平行的圆柱的相贯线

3.4.4　多体相贯

前面几节讲述了两个立体相交时相贯线的求法。在实际物体中，有时会遇到两个以上的立体相交的情况，如图 3-34 所示。求多个立体相交的相贯线，其作图方法和求两个立体相交的相贯线一样，只是在作图前，首先要分析各相交立体的形状和相对位置，确定每两个相交立体的相贯线形状，然后分别求出各部分相贯线的投影。

例 3-12　求图 3-34(a)所示三个圆柱相交的相贯线的投影。

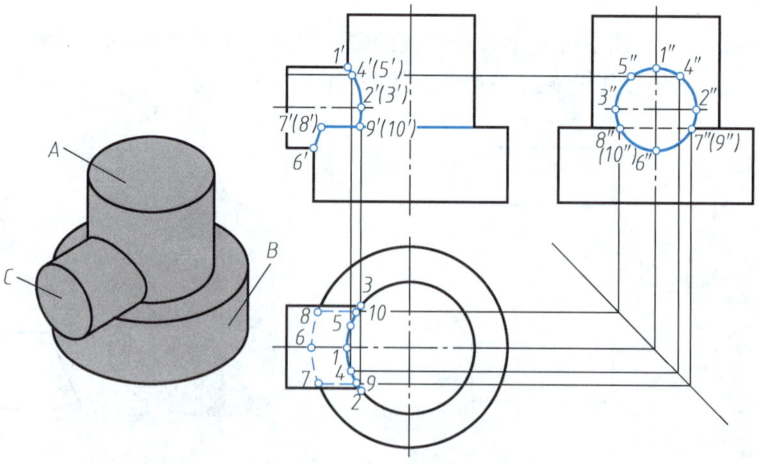

(a)　　　　(b)

图 3-34　三个圆柱相交

分析：直立圆柱 A 和 B 同轴，水平圆柱 C 分别与圆柱 A、B 正交；圆柱 C、A 的相贯线和圆柱 C、B 的相贯线都是空间曲线；圆柱 B 的上表面（平面）和圆柱 C 相交，它们的截交线是两条平行于圆柱 C

轴线的直线段。通过以上分析可知，三圆柱之间的交线是由两段空间曲线和两条直线段组成的。

作图：①求圆柱 *C* 与 *A* 的相贯线及圆柱 *C* 与 *B* 的相贯线：由于圆柱 *C* 的侧面投影和圆柱 *A* 的水平投影均有积聚性，所以它们的相贯线Ⅶ-Ⅱ-Ⅳ-Ⅰ-Ⅴ-Ⅲ-Ⅹ的侧面投影和水平投影都分别在相应的圆弧上，利用侧面投影和水平投影可求出相贯线的正面投影 *1′2′4′*，其中Ⅰ为圆柱 *C* 和 *A* 正面投射轮廓线上的点，Ⅱ、Ⅲ为圆柱 *C* 水平投射轮廓线上的点，如图 3-34 所示。同样方法，可求出圆柱 *C* 与 *B* 相贯线Ⅷ-Ⅵ-Ⅶ的三面投影。

②求圆柱 *B* 的上表面与圆柱 *C* 的截交线：由于圆柱 *C* 的轴线是侧垂线，所以截交线Ⅶ-Ⅶ、Ⅱ、Ⅷ-Ⅹ是侧垂线，它们的侧面投影积聚为点 *7″9″* 和 *8″10″*。水平投影为直线段 *79* 和 *810*，正面投影为 *4′7′* 和 *5′8′*。其中 *47* 和 *58* 为虚线。

③整理轮廓线判断可见性：圆柱 *C* 水平投影轮廓线应画到 *2*、*3*；圆柱 *B* 的水平投影中，被圆柱 *C* 挡住的部分应画成虚线。圆柱 *B* 的上表面的侧面投影有一段不可见画成虚线。

如图 3-35 所示，相贯线可以是外表面与外表面相交产生的交线，也可以是外表面与内表面相交产生的交线，还可以是内表面与内表面相交产生的交线。

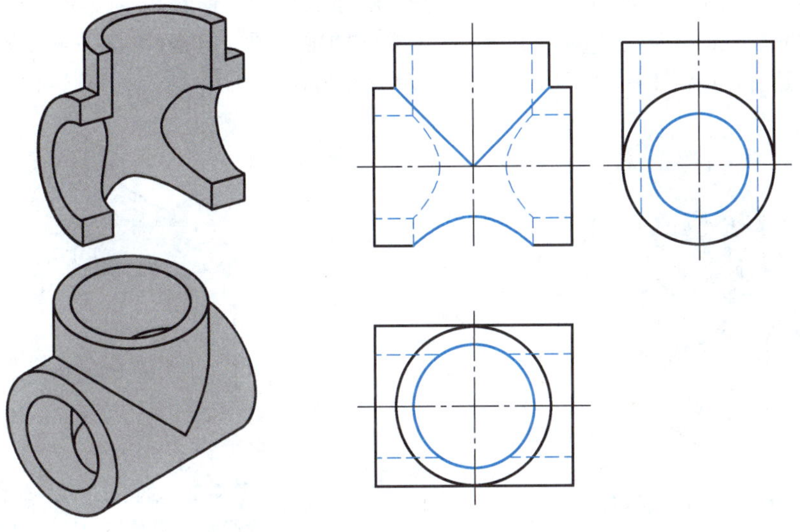

(a)　　　　(b)

图 3-35　相贯线的产生

在工程实际中，正交圆柱相贯线的投影可用简化画法画出，如图 3-36 所示。以大圆柱半径为半径，过 *1′*、*2′* 两点作圆弧。这种方法是以圆弧代替相贯线的投影，在以后的作图中可以采用。

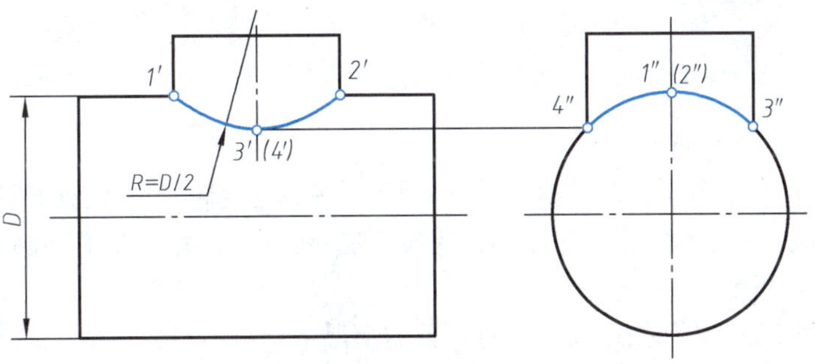

图 3-36　正交圆柱相贯线投影的简化画法

第4章 轴测投影

轴测图是一种用平行投影的方法将立体的长、宽、高三个方向形状在一个投影上同时反映出来的图形。因此有较强的立体感。图4-1为一简单立体的轴测图。但是，由于轴测图的度量性差，且难以完整地表达立体（见图4-2），所以工程上只将其作为辅助图样。

图4-1 轴测投影图

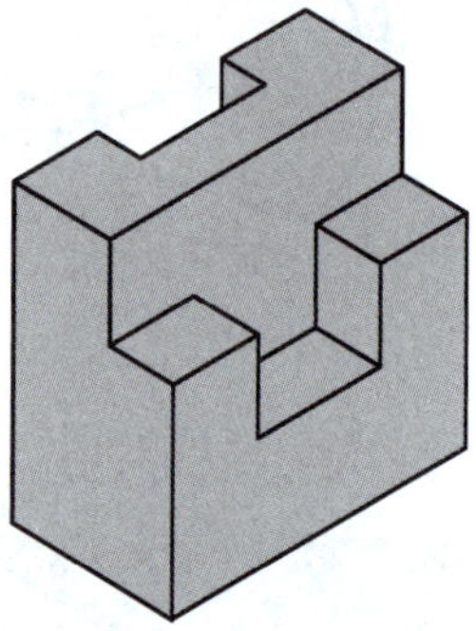

图4-2 轴测投影图（轴测投影图一般只作为辅助图样）

4.1 轴测图的基本知识

4.1.1 轴测投影的形成

得到轴测投影，一般有两种方法：

第一种是在不改变正投影法的情况下，改变物体和投影面的相对位置，使物体的正面、上面和侧面与轴测投影面处于倾斜位置，由于采用的是正投影法，所以把这样得到的轴测投影图称作正轴测投影图，如图4-3(a)所示。

第二种是在不改变物体和投影面的相对位置的情况下，改变投射方向，使投射方向与轴测投影面成倾斜位置，这样，在一个投影面上就会同时看到物体的三个方向的形状，此时，由于投射线与轴测投影面之间是倾斜的关系，所以把这样得到的轴测投影称作斜轴测投影图，如图4-3(b)所示。

可见，轴测投影的两种形成方法都是根据平行投影的原理作出的，所以它必然符合平行投影的投影特性。

4.1.2 轴测投影中的常用术语

1. 轴测轴与轴间角

在轴测投影中，投影平面称为轴测投影面，物体上三条相互垂直的坐标轴 OX、OY、OZ 在轴测投影面上的投影 O_1X_1、O_1Y_1、O_1Z_1 称为轴测轴。轴测轴之间的夹角（即 $\angle X_1O_1Y_1$、$\angle X_1O_1Z_1$、$\angle Y_1O_1Z_1$）称为轴间角，如图 4-3 所示。

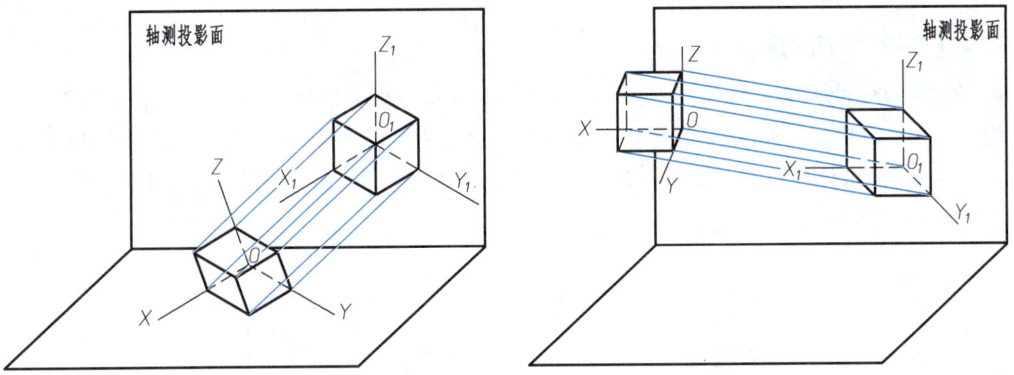

（a）正轴测投影的形成

（b）斜轴测投影的形成

图 4-3 轴测投影的形成

在画图时，习惯把 O_1Z_1 轴画成竖直方向。此时，O_1X_1 与 O_1Y_1 与水平线的夹角分别记为 φ 和 σ，即为轴倾角。

2. 轴向变形系数

空间直角坐标系上的线段在轴测投影面上的投影，长度一般都要发生变化，所以把这种由直角坐标系到轴测坐标系中各个轴向的变化率称为轴向变形系数。即 $O_1X_1/OX=p$，$O_1Y_1/OY=q$，$O_1Z_1/OZ=r$，其中，p、q、r 分别表示 OX 轴、OY 轴、OZ 轴的轴向变形系数。对于常用的轴测图，三个轴的轴向变形系数是已知的，这样，就可以在轴测图上对于与三个轴平行的线段按轴向变形系数来度量线段的长度。

3. 轴测投影的投影特性

轴测投影是根据平行投影原理作出的，所以它必然具有平行投影的投影规律，即：物体上平行于三根坐标轴的线段，在轴测投影上，都分别平行于相应的轴测轴；物体上平行于坐标轴的线段的轴测投影长度与线段实长之比，等于相应的轴向变形系数。

可见，只要给出各轴测轴的方向（轴间角的大小或轴倾角 $\emptyset$ 和 σ）及各轴向变形系数 p、q、r，便可根据物体的多面正投影图作出它的轴测投影。值得注意的是，在画轴测投影时，只有那些平行于坐标轴的线段才能按相应的轴向变形系数计算其轴测投影的长度。所谓“轴测”的含义就是“沿轴测量”。

4.1.3 轴测投影的分类

由图 4-3 可知轴测投影分为正轴测投影和斜轴测投影两大类。

根据轴向变形系数的不同正轴测投影又分为：

(1) 正等轴测投影，简称正等测，此时满足 $p=q=r$。

(2) 正二轴测投影，简称正二测，此时满足 $p=r\neq q$。

(3)正三轴测投影,简称正三测,此时满足 $p \neq q \neq r$。

在斜轴测投影中,斜二轴测投影,简称斜二测,是常用的斜轴测投影,斜二测应满足 $p = r \neq q$,或 $p = q \neq r$。

4.2 正轴测投影

4.2.1 正等轴测图

正等轴测投影的相关参数为:$p = q = r = 0.82$,$\varphi = \sigma = 30°$,这是最常用的一种轴测投影,可以直接利用丁字尺和30°三角板作图,如图4-4、图4-5 所示。为了作图简便,习惯上将三个轴向变形系数简化为1来作图,此时画出的图比实际投影要大些,如图 4-4 所示。利用简化轴向变形系数画出的轴测投影称为轴测图。

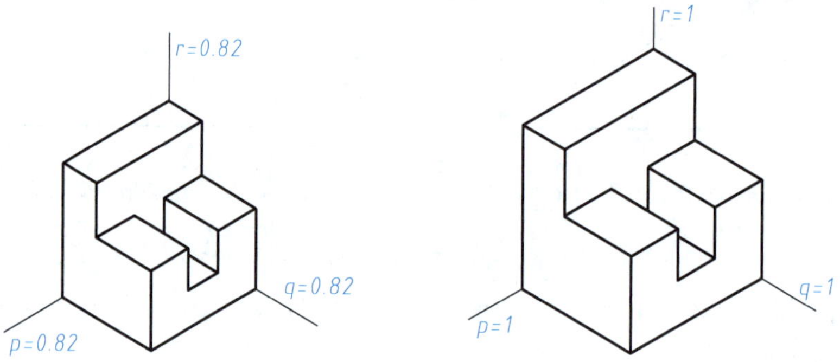

图 4-4　轴向伸缩系数为 0.82 的正等轴测投影和按简化系数 1 作出的正等测图

作正等轴测图,可根据要表达物体的特征,选择各种不同的作图方法,如坐标法、切割法、叠加法等。

4.2.2 正等轴测图的基本画法

绘制平面立体的正等轴测图的基本方法是:

1. 画轴测轴

利用丁字尺和30°三角板直接作出正等轴测图的轴测轴,如图 4-5 所示。

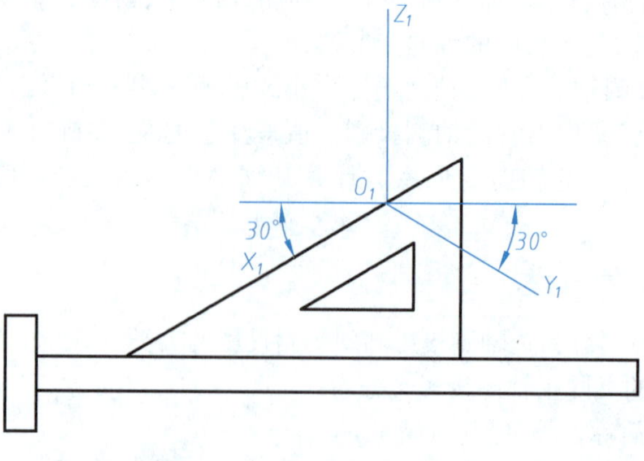

图 4-5　正等轴测轴的画法

2. 确定物体的坐标系

在多面正投影图中，确定物体的坐标系。当坐标原点选在物体的不同位置时，物体轴测图的位置发生移动，如图 4-6(a)、(b)所示；当坐标轴的方向发生改变时，物体的轴测图发生旋转，如图 4-6(c)、(d)所示。

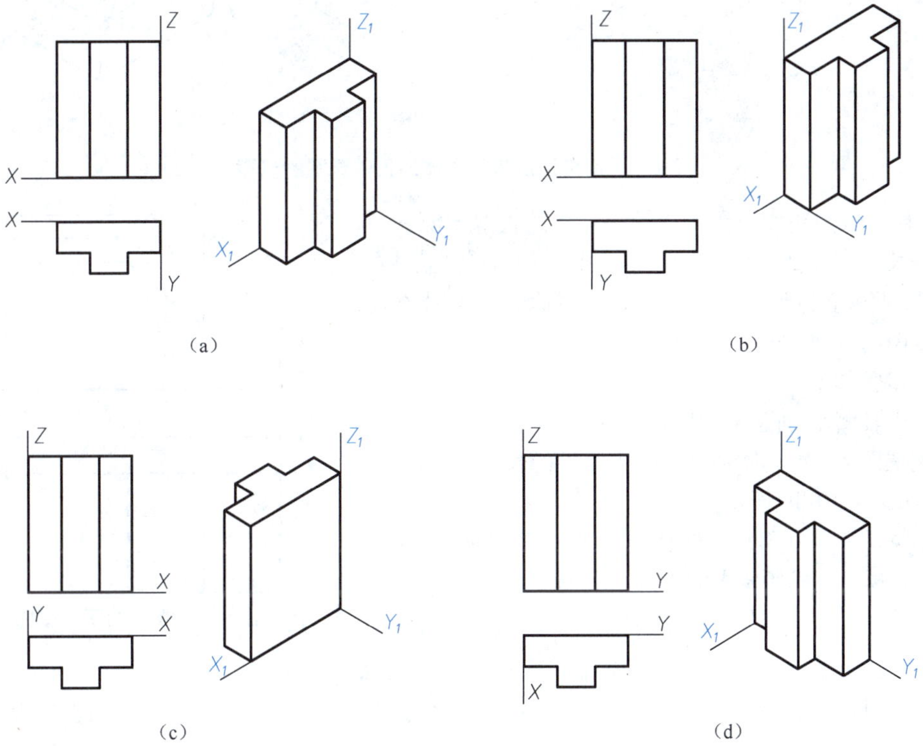

图 4-6 轴测图的四种方向与位置

在确定物体的坐标系时，一般要遵循两条原则：第一，使作图尽量简便；第二，使所作轴测图可见面最能反映物体的形状位置特征。

3. 作出物体的正等轴测图

根据物体的特征，利用恰当的方法作出物体的轴测图。其中，度量作图是画轴测图的关键。

轴测图在能表达清楚的前提下，一般不画虚线。

4.2.3 正等轴测图的画法举例

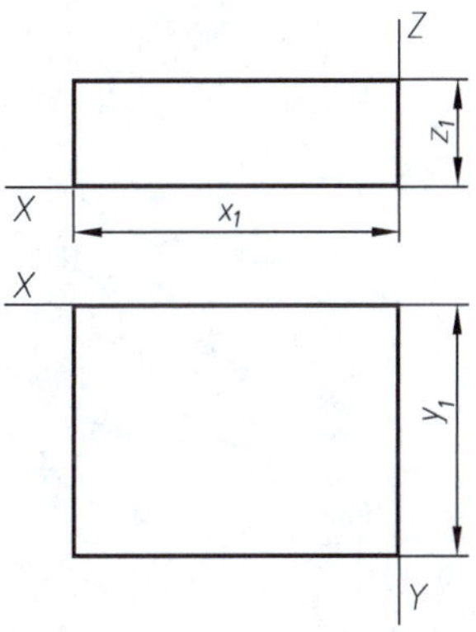

图 4-7 长方体的正投影图

(1)利用坐标法作出长方体(见图 4-7)的正等轴测图

根据物体形状的特点，在视图中选定合适的坐标轴，然后在相应的轴测图上按坐标关系画出物体各点的轴测图，进而把相关各点连接起来从而得到物体的轴测图，这种作图方法，即为坐标法。

作图步骤如下：

①画出轴测轴，如图 4-8(a)所示，并在相关坐标轴上截取底面长度 x_1、y_1。然后根据轴测投影的规律，画出长方体底面的轴测图，如图 4-8(b)所示。

②从底面各顶点引 O_1Z_1 的平行线，并截取长方体高度 z_1，连接相关各顶点。这样，就得到长方体的正等轴测图，如图 4-8(c)所示。

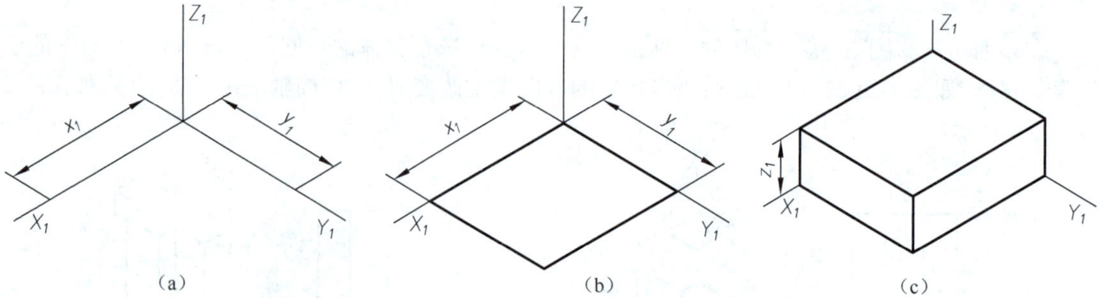

图 4-8　用坐标法作长方体的正轴测图的步骤

（2）利用切割法作出图 4-9 所示立体的正等轴测图

对于某些带有缺口的立体，可先画出它的完整立体的轴测图后，再按立体形成过程逐一切去多余部分而得到立体的轴测图的方法，即为切割法。

作图步骤如下：

①画出轴测轴，如图 4-10(a)所示。

②先把图 4-9 中立体补充为一个完整的长方体，并作其轴测图，如图 4-10(b)所示。

③根据图 4-9 中要求，按照图 4-10(c)、图 4-10(d)、图 4-10(e)顺序完成所要求的正等轴测图。

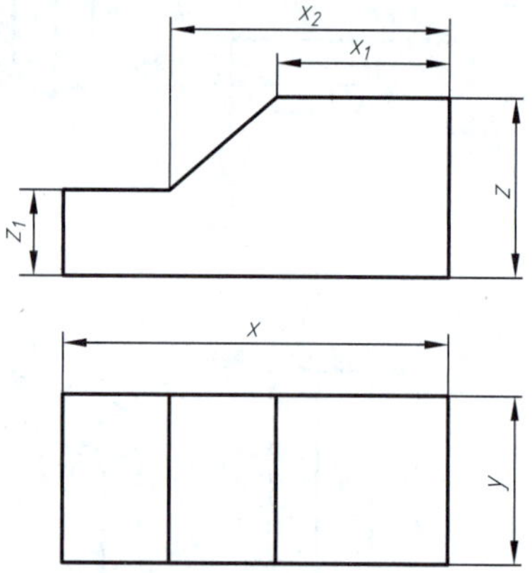

图 4-9　立体的正投影图

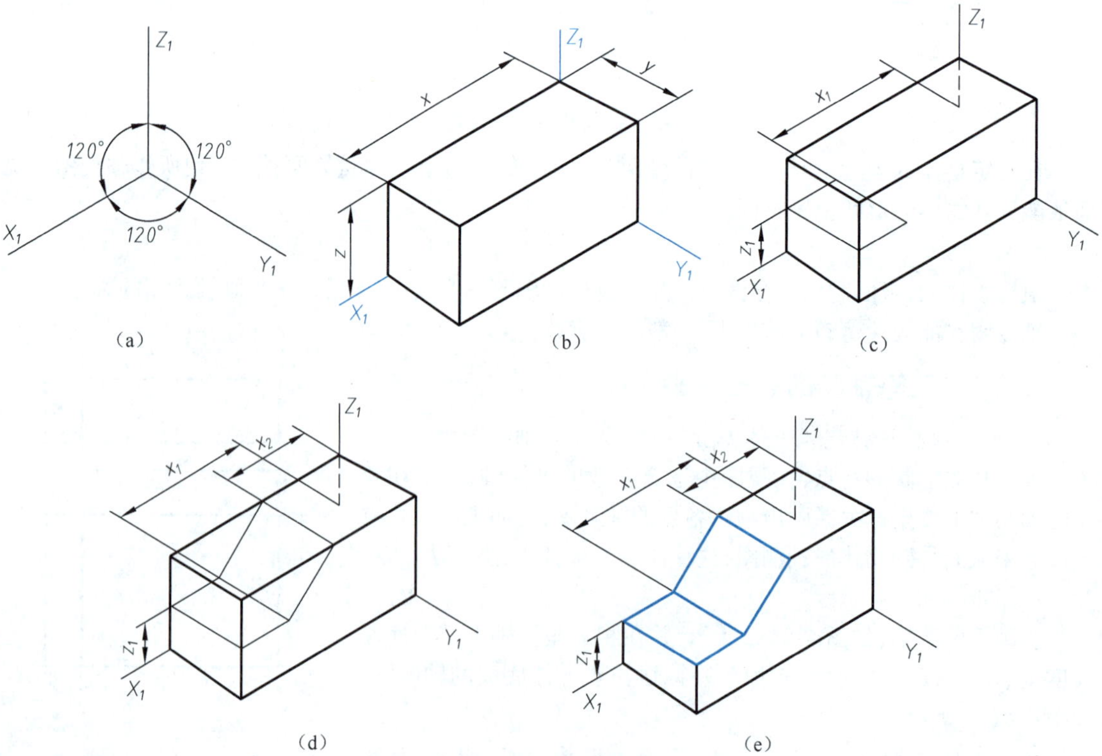

图 4-10　用切割法作立体正轴测图的步骤

(3)利用组合法作出图4-11所示立体的正等轴测图

组合法又称为叠加法,是指对于较复杂的组合体而言,用形体分析法将物体分解为一些简单的组成部分,然后,按照相对位置关系先画出各部分的轴测图,再处理各部分之间的邻接关系,这种获得轴测图的方法即为组合法。

作图步骤如下:

①画出轴测轴,如图4-12(a)所示。

②根据图4-11中要求,按照图4-12(b)、图4-12(c)、图4-12(d)顺序完成所要求的正等轴测图。

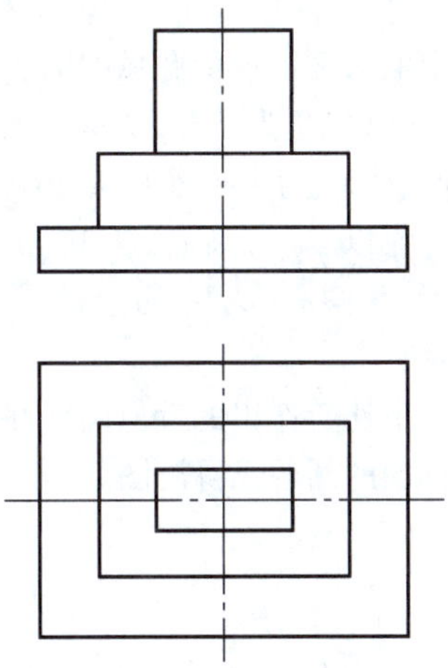

图4-11　立体的正投影图

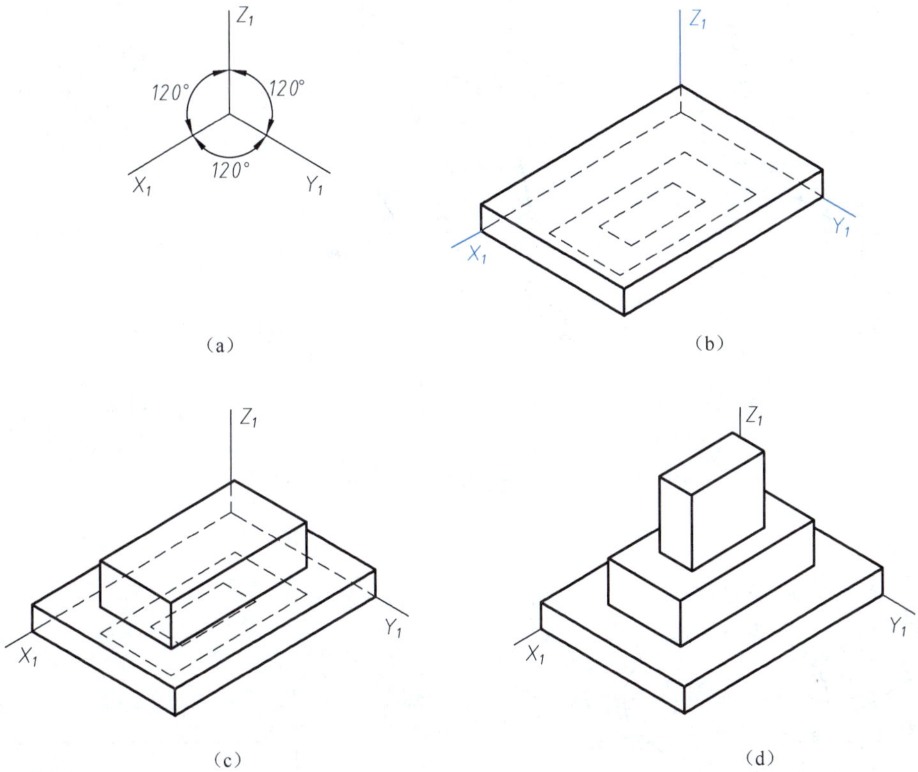

图4-12　用组合法作立体正轴测图的步骤

4.2.4　圆的正等轴测图

在平行投影中,当圆所在的平面与投影面平行时,其投影仍为圆;否则,其投影为椭圆。当画平行于坐标面的圆的正等测图时,它的投影是一个椭圆。椭圆是平面曲线,一般用近似方法画出。

下面以 $X_1O_1Z_1$ 面为例,说明椭圆的近似画法:

①作图4-13中圆的外切四边形的正轴测投影图,得椭圆上四个点 A_1、B_1、C_1、D_1,如图4-14(a)所示。此时,得到椭圆上的两段近似圆弧的圆心 O_1、O_2。

②连 O_1A_1、O_1D_1，它们交椭圆长半轴于 O_3、O_4，这也是椭圆上的另两段近似圆弧的圆心，如图 4-14(b)所示。

③以 O_1 为圆心，O_1A_1 为半径画圆弧，得弧 A_1D_1；以 O_2 为圆心，O_2B_1 为半径画圆弧，得弧 B_1C_1，如图 4-14(b)所示。

④以 O_3 为圆心，O_3A_1 为半径画圆弧，得弧 A_1B_1；同理，以 O_4 为圆心，O_4D_1 为半径画圆弧，得弧 C_1D_1，如图 4-14(c)所示。

上述所作出的近似椭圆称为四心椭圆。图 4-15 为平行于坐标面的圆的正等测图。

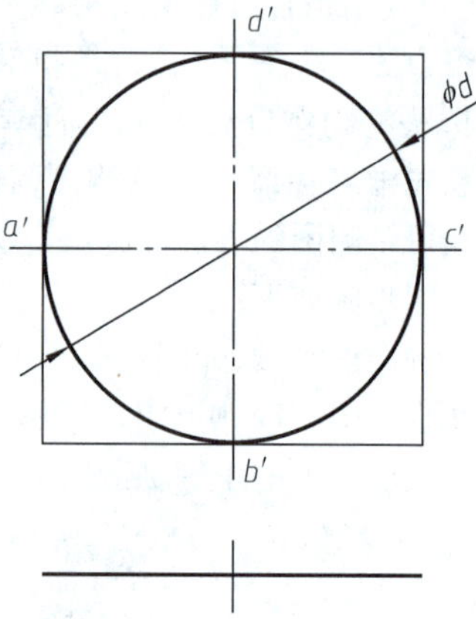

图 4-13　圆的正投影图

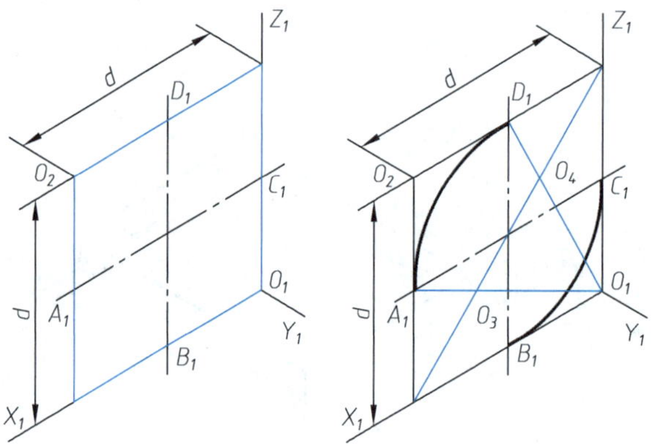

(a)　(b)　(c)

图 4-14　圆的正等轴测图的近似画法

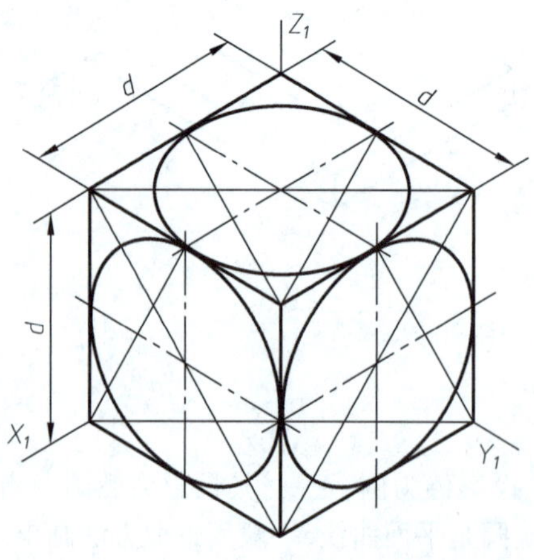

图 4-15　平行于坐标面的圆的正等轴测图

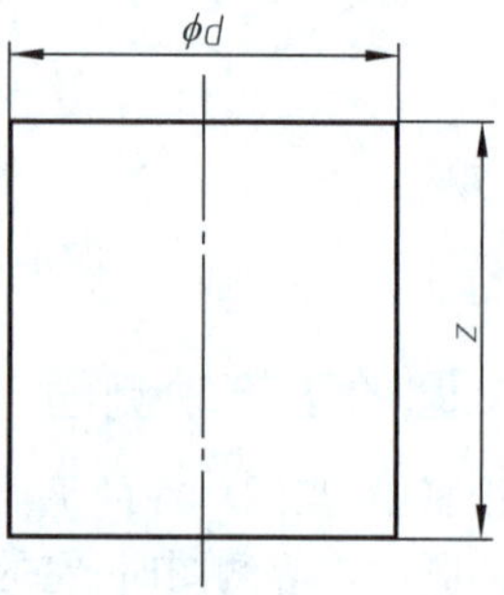

图 4-16　圆柱的正投影图

4.2.5　圆柱的正等轴测图

图4-16为一轴线铅垂的圆柱的视图，图4-17中给出了该圆柱的正等测图的作图步骤。

①根据圆柱的尺寸，画出其上、下底面的正轴测投影图，如图4-17(a)所示。

②连接上、下底面椭圆长轴的对应端点，将不可见的部分去掉，即得到圆柱的正等轴测图，如图4-17(b)所示。

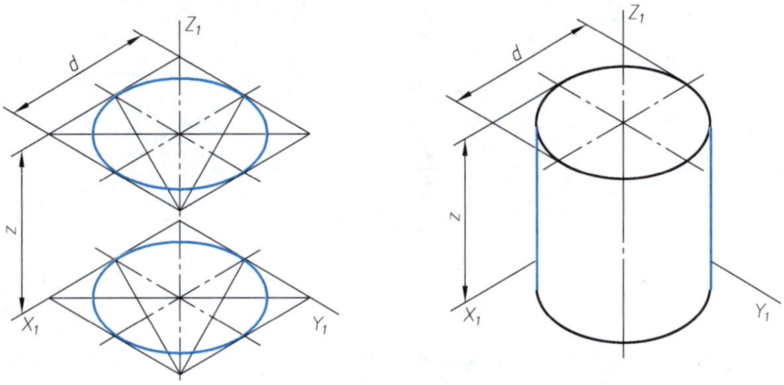

(a)　(b)

图4-17　圆柱的正等轴测图的画法

4.2.6　其余的正轴测图

正二等轴测投影的轴向变形系数为 $p=r=2q$，其中，$p=r=0.94$，$q=0.47$，轴倾角 $\varnothing=7°10'$，$\sigma=41°25'$，如图4-18所示。

正二等轴测投影的立体感较强，但作图较麻烦。画图时，常把 $p=r$ 简化为1，q 简化为0.5，此时画出的图称为正二测图，它比实际的正二等轴测投影大些。

除了轴向伸缩系数和轴测轴的方向不同外，正二测图的作图方法与正等轴测图基本是一样的。

正三测由于三个方向的轴向伸缩系数都不一样，所以作图更麻烦。

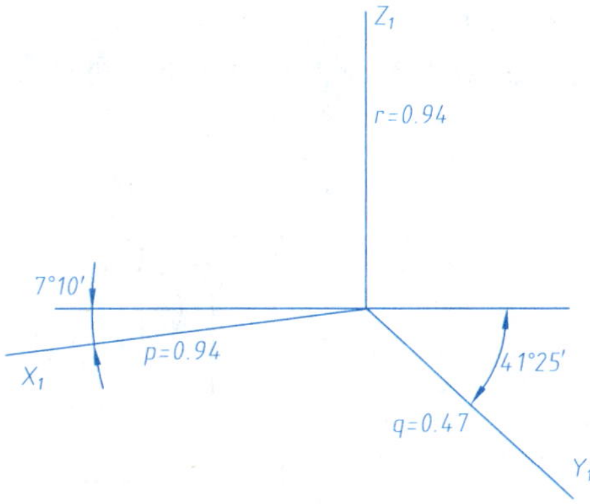

图4-18　正二等轴测图的轴向变形系数与轴倾角

4.3　斜轴测投影

由斜轴测投影的形成条件可知，在斜轴测投影中轴测轴的夹角中总有一个为90°，如 $\angle X_1O_1Z_1=90°$，此时 X、Z 轴的轴向变形系数为1，Y 轴的轴向变形系数可以任选。常选第三轴的轴间角为45°或135°，轴向变形系数为0.5，如图4-19所示。

以 V 面或 V 面平行面作为轴测投影面，所得的斜轴测投影称为正面斜轴测投影；以 H 面或 H 面平行面作为轴测投影面，所得的斜轴测投影称为水平面斜轴测投影。

斜二轴测图适用于物体某一个方向上形状比较复杂，尤其是有较多圆或曲线时。

下面通过图4-21的作图过程说明图4-20所示支架的正面斜二轴测图的画法。

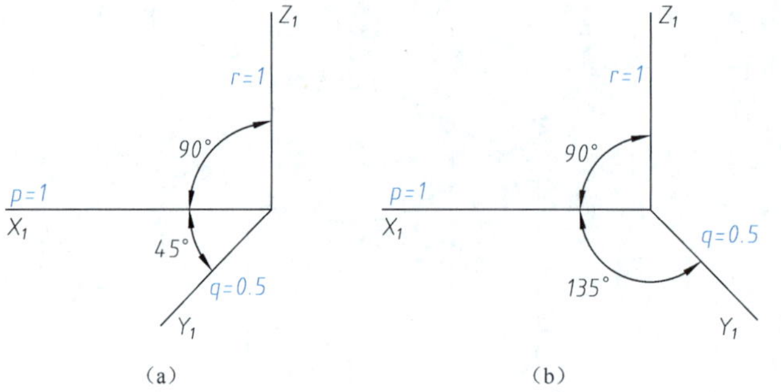

图4-19 正面斜二轴测图的轴间角和轴向变形系数

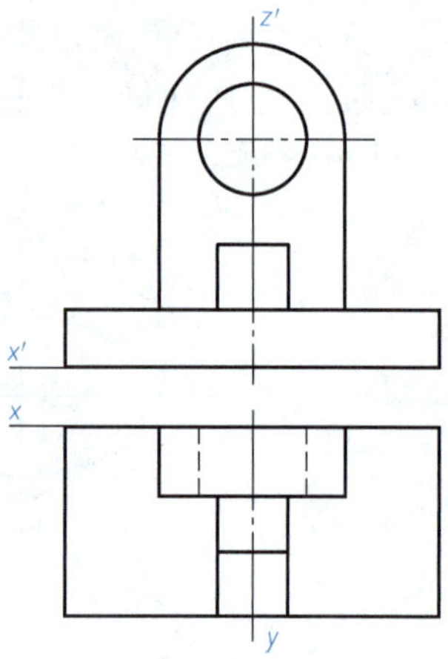

图4-20 支架的视图

①画出轴测轴，并作出物体后面在斜二测中的投影（反映实形），如图4-21(a)所示；

②作出底版长方体在斜二测中的投影，如图4-21(b)所示；

③作出半圆柱与小长方体结构在斜二测中的投影，并画出肋板最后面在斜二测中的投影，如图4-21(c)所示；

④完成筋板在斜二测中的投影，把不可见的部分处理干净，完成支架正面斜二轴测图，如图4-21(d)所示；

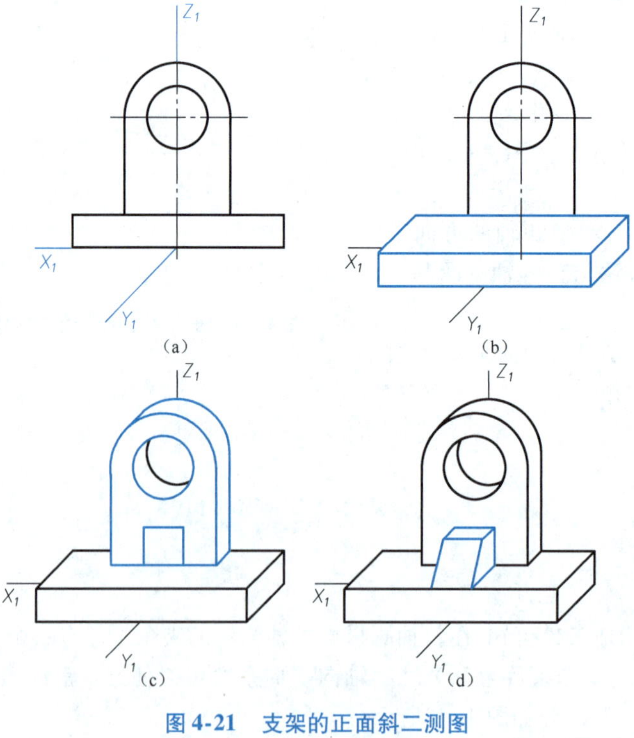

图4-21 支架的正面斜二测图

第5章
组合体的三视图

一般的机械零件结构均可以抽象为几何形体，而比较复杂的立体可视为由若干个基本立体按照一定方式组合而成的，由此把这类形体称为组合体。本章是在学习投影法以及基本立体的基础上，以形体分析法为主、线面分析法为辅来分析和进行组合体的画图、看（读）图和标注尺寸。

通过本章的学习，要求熟练地掌握三视图的投影规律；在画图、看图和标注尺寸的实践中，自觉地运用形体分析法和线面分析法，培养观察问题、分析问题和解决问题的能力。

5.1 组合体三视图的形成及投影规律

5.1.1 三视图的形成

在绘制机械图样时，用正投影的方法将机件向投影面投射所获得的图形称为视图。如图5-1（a）所示，在三投影面体系中，将机件由前向后投射，在 V 面内所获得的视图称为主视图；将机件由上向下投射，在 H 面内所获得的视图称为俯视图；将机件由左向右投射，在 W 面内所获得的视图称为左视图。

视频
三视图的形成及投影规律

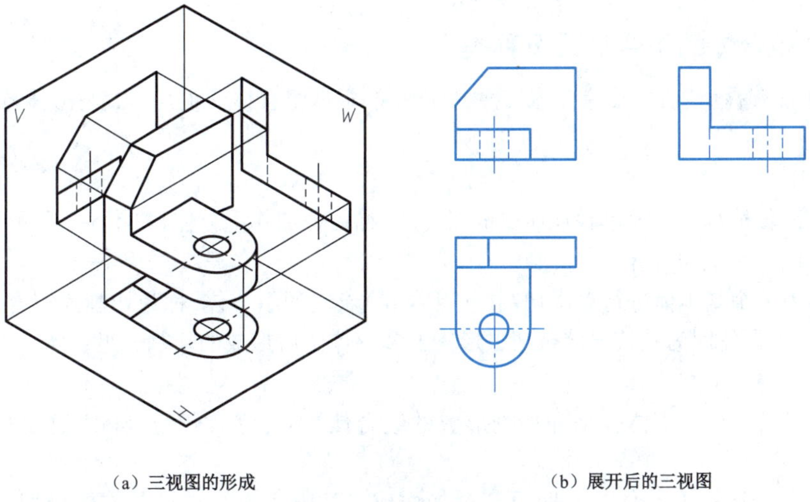

（a）三视图的形成　　（b）展开后的三视图

图5-1　组合体的三视图

展开后三视图的配置如图5-1(b)所示。由于在工程图样中,视图主要用来表达物体的形状,而没有必要表达物体与投影面间的距离,因此在绘制组合体视图时不需画出投影轴;为使图形清晰,也不必画出投影连线。

5.1.2　三视图位置的关系和投影规律

如图5-2所示三视图的位置关系为:俯视图位于主视图的正下方,左视图位于主视图的正右方。按照这种位置配置视图时,国家标准规定一律不标注视图的名称。

由图5-1和图5-2还可以看出:

①主视图反映物体上下、左右的方位关系,即反映物体的高度和长度;

②俯视图反映物体的左右、前后的方位关系,即反映物体的长度和宽度;

③左视图反映形体的上下、前后的方位关系,即反映物体的高度和宽度。

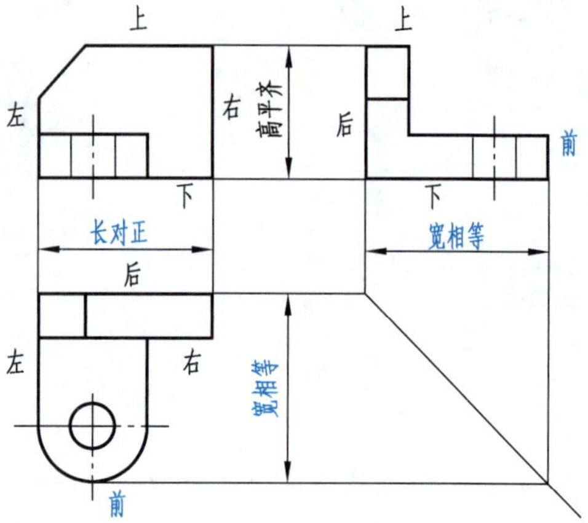

图5-2　三视图的位置关系和投影规律

由此可得出三视图的投影规律:

主、俯视图——长对正;

主、左视图——高平齐;

俯、左视图——宽相等。

三视图投影规律是组合体画图和读图所必须遵循的基本投影规律。在应用投影规律作图时,要注意物体的上、下、左、右、前、后六个方位与视图的关系,特别是物体前后方向的位置关系,如图5-2所示。俯、左视图远离主视图的一面为物体的前方,靠近主视图的一面为物体的后方,在俯、左视图上量取宽度时,不但要注意距离相等,还要前后方位对应。

5.2　组合体形体分析法

5.2.1　组合体的组合形式及种类

组合体通常有叠加、切割及综合等几种组合形式,根据组合体的组合形式与形体特征,组合体可分为三类。

视频

组合体的形体分析法

1. 叠加式组合体

由各种基本体简单叠加而成的组合体,称为叠加式组合体,如图5-3所示。

2. 切割式组合体

由一个基本体进行多次切割(包括穿孔)形成的组合体,称为切割式组合体。如图5-4所示,该形体即为一长方体被切去形体*I*和形体*II*后形成的切割式组合体。

3. 综合式组合体

由若干个基本体叠加和切割形成的组合体,称为综合式组合体。这是最常见的组合体,如图5-5所示。

该组合体是由底板*1*、柱体*2*和肋板*3*叠加而成。其中底板*1*由一长方体经切割和穿孔后形成，柱体 2 由一长方体和一半圆柱体叠加后穿孔形成。

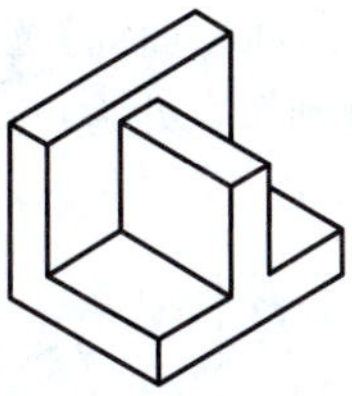

图 5-3　叠加式组合体

图 5-4　切割式组合体

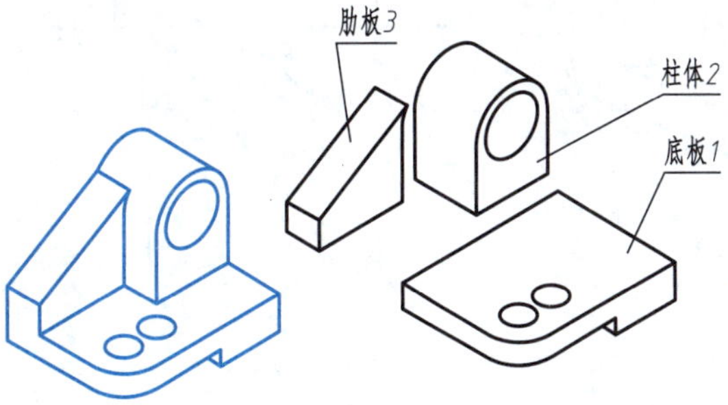

图 5-5　综合式组合体

5.2.2　形体的表面过渡关系

形体经叠加、挖切组合后，形体的邻接表面间可能产生平齐、相切和相交三种过渡关系，如图 5-6 ~ 图 5-8 所示。

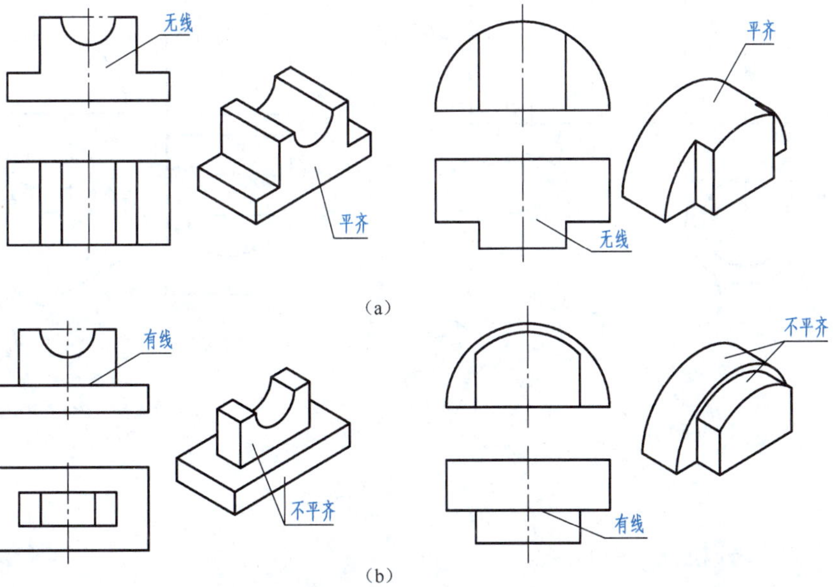

图 5-6　表面平齐与不平齐

1. 平齐

当两形体邻接表面共面时（可以是共平面或共曲面），两形体邻接表面不应有分界线，如图 5-6(a)中的平齐情况。当两形体邻接表面不平齐时，两形体邻接表面应有分界线，如图 5-6(b)中的不平齐情况。

2. 相切

当两形体邻接表面相切时，由于相切是两个基本体表面（平面与曲面或曲面与曲面）光滑过渡，此时两表面无明显的分界线，如图5-7所示，相切处无线，而相应的轮廓线画到切点处为止。

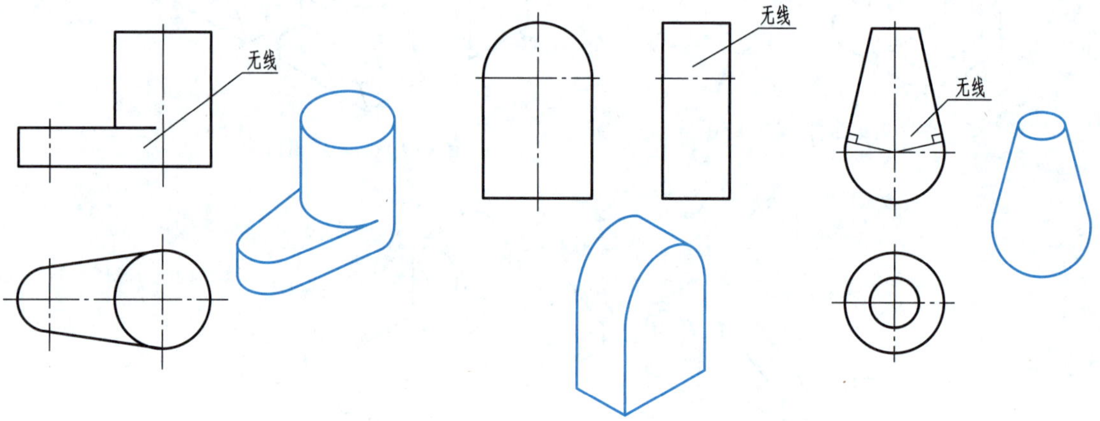

（a）　（b）　（c）

图5-7　表面相切

3. 相交

两形体的邻接表面相交，邻接表面之间产生交线，在相交处要按投影关系画出表面交线，如图5-8中的相交情况。

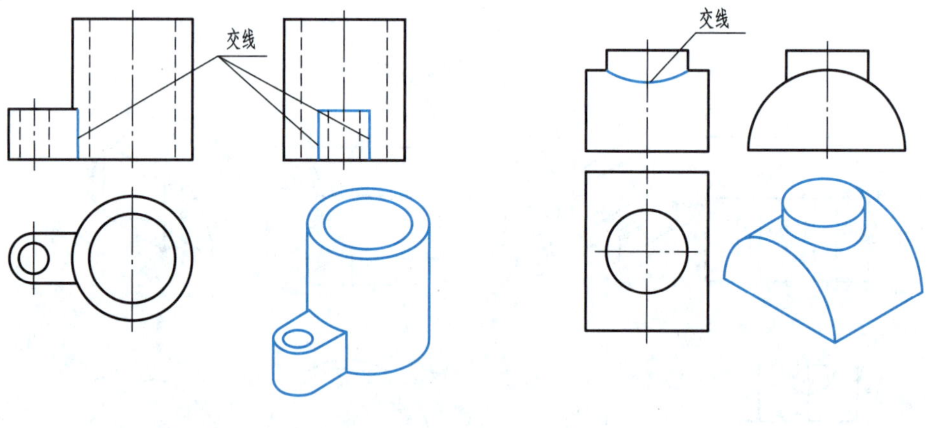

（a）　（b）

图5-8　表面相交

5.2.3　形体分析法

图5-9(a)所示支座可看成是由圆筒、底板、肋板、耳板和凸台组合而成的，如图5-9(b)所示。进一步分析各简单体的组合形式及表面连接关系：底板、圆筒以相切方式叠加；肋板对称叠加在底板上方，圆筒体左侧；凸台位于圆筒体前方，并挖孔；耳板与圆筒体上表面平齐，位于圆筒体右侧并挖孔。综合起来即可想像出整个形体。

任何复杂的物体都可以看成是由若干个基本几何体组合而成的。这些基本体可以是完整的，也可以是经过钻孔、切槽等加工的。将组合体分解为若干基本体的叠加与切割，并分析这些基本体的

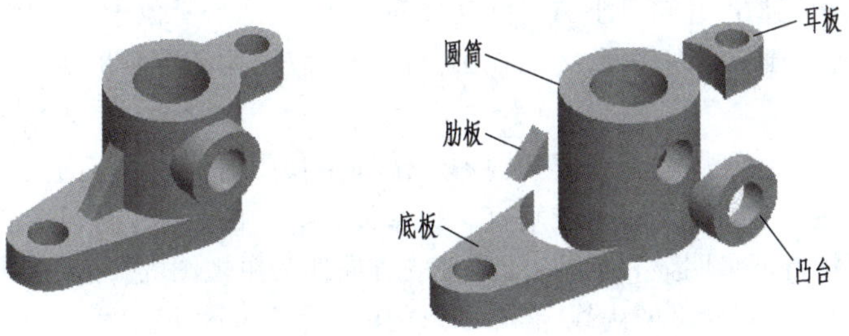

（a）直观图　　（b）分解图

图 5-9 组合体的形体分析

相对位置、组合形式、表面连接关系，便可产生对整个组合体形状的完整概念，这种方法称为形体分析法。形体分析法是一种分析方法，它将复杂问题分解为简单问题来进行处理，在画图、读图和标注尺寸的过程中都离不开形体分析法。

运用形体分析法分解组合体时，分解过程并非唯一和固定的，分析的中间过程可能各不相同，但其最终结果都是相同的。因此，对一些常见的简单组合体，可以直接把它们作为构成组合体的形体，不必再作过细的分解 。

5.3 组合体三视图的画法

5.3.1 叠加式组合体的画法

形体分析法是画组合体视图的基本方法，对于叠加式组合体尤为有效。现以图 5-10 所示的轴承座为例来说明形体分析法画图的方法和步骤。

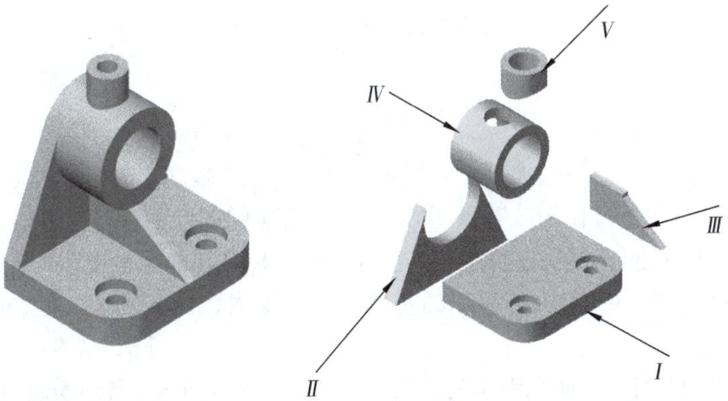

视频

画组合体的三视图

图 5-10 轴承座形体分析

1. 形体分析

图 5-10 所示的轴承座是用来支承轴的。应用形体分析法，可以把它分解成五部分：形体 *I*（用于安装的底板）、形体 *II*（用来支承圆筒体的支承板）、形体 *III*（用来支承圆筒的肋板）、形体 *IV*（与轴相配的圆筒体）和形体 *V*（注油用的凸台）。它们的基本组合方式都是叠加。其中位于底板 *I* 上方的支承板 *II* 其后表面与底板的后表面平齐叠加，并与其上方的圆筒体 *IV* 表面相切；肋板 *III* 对称叠加

于底板的上方支承板的前方，并与其上方的圆筒体表面相交；凸台V位于圆筒体上方，并由凸台上表面挖一同轴圆柱孔通向圆筒体内表面，因而在圆筒体内外表面均产生相贯线。

2. 选择主视图

在组合体三视图中，主视图是最主要的视图。选择主视图时应首先确定组合体的安放位置，一般应将组合体放正，使其主要平面平行或垂直于投影面，以便在投射时得到实形。其次是确定投射方向，一般应选择形状特征最明显，位置特征最多的方向作为主视图的投射方向，同时应考虑投影作图时避免在其他视图上出现较多的虚线，影响图形的清晰性和标注尺寸。

如图5-11所示的轴承座，通常将底板放为水平位置，并将圆筒体的轴线放置为与投影面垂直的位置。在A、B、C、D四个方向中，显然B方向做主视图方向较好，因为组成该轴承座的各基本体及它们之间的相对位置在此方向表达较为清楚，也最能反映该轴承座的形状特征。

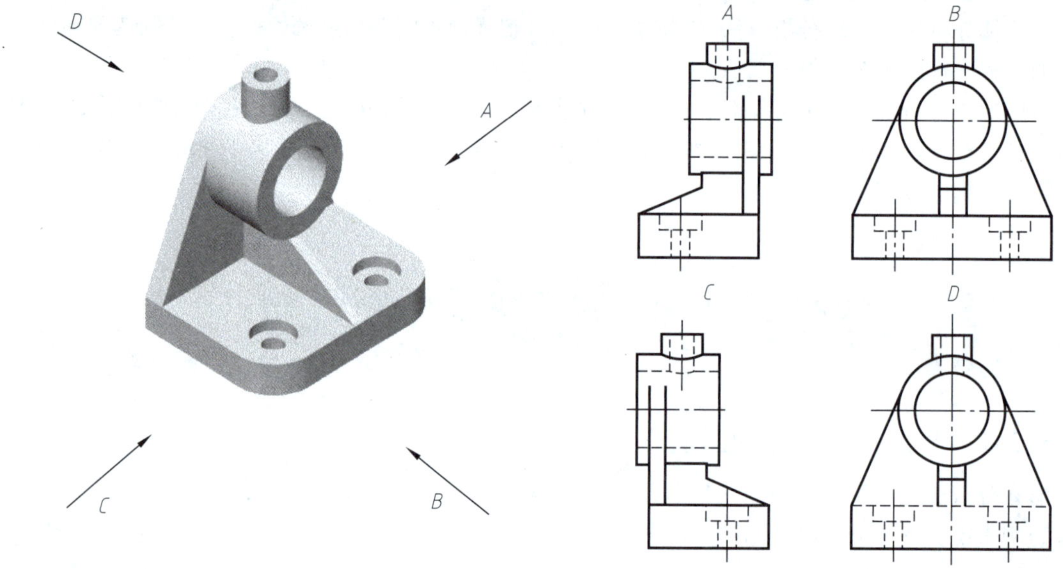

图5-11　选择主视图

3. 画组合体视图

例5-1　画轴承座三视图。

作图：(1)确定绘图比例及图幅大小。要根据组合体的实际大小，按国标规定选择比例和图幅。一般情况下，应采用1∶1的比例作图。选择图幅时，应留有足够的空间标注尺寸。

(2)布置视图。根据组合体的长度、高度、宽度在图纸上均匀布置三视图的位置。因此，画图时应首先画出各视图两个方向的基准线，常用的基准线是主要回转体的轴线，以及较大平面的对称中心线，如图5-12(a)所示。

(3)画底稿。逐一绘制各个简单形体的三面投影图，三视图同步绘制。先画主要形体、大形体，后画次要形体、小形体；对各形体先定位后定形，先主体后细节。底稿中的图线应分出线型，线要画得细而轻淡，以便修改和保持图面整洁，如图5-12(b)～图5-12(e)所示。

(4)检查、加深图线。底稿完成后，要仔细检查全图，改正错误。准确无误后，按国家标准规定的线型加粗、描深。描深时应先画圆或圆弧，后画直线；先画粗实线，后虚线、点画线、细实线，画圆弧时应先小后大；画直线时，应先水平后竖直再倾斜，如图5-12(f)所示。

画图时应注意以下几点。

(1)作图时，应运用形体分析法，将组合体的各组成部分从主要部分到次要部分、从大形体到小

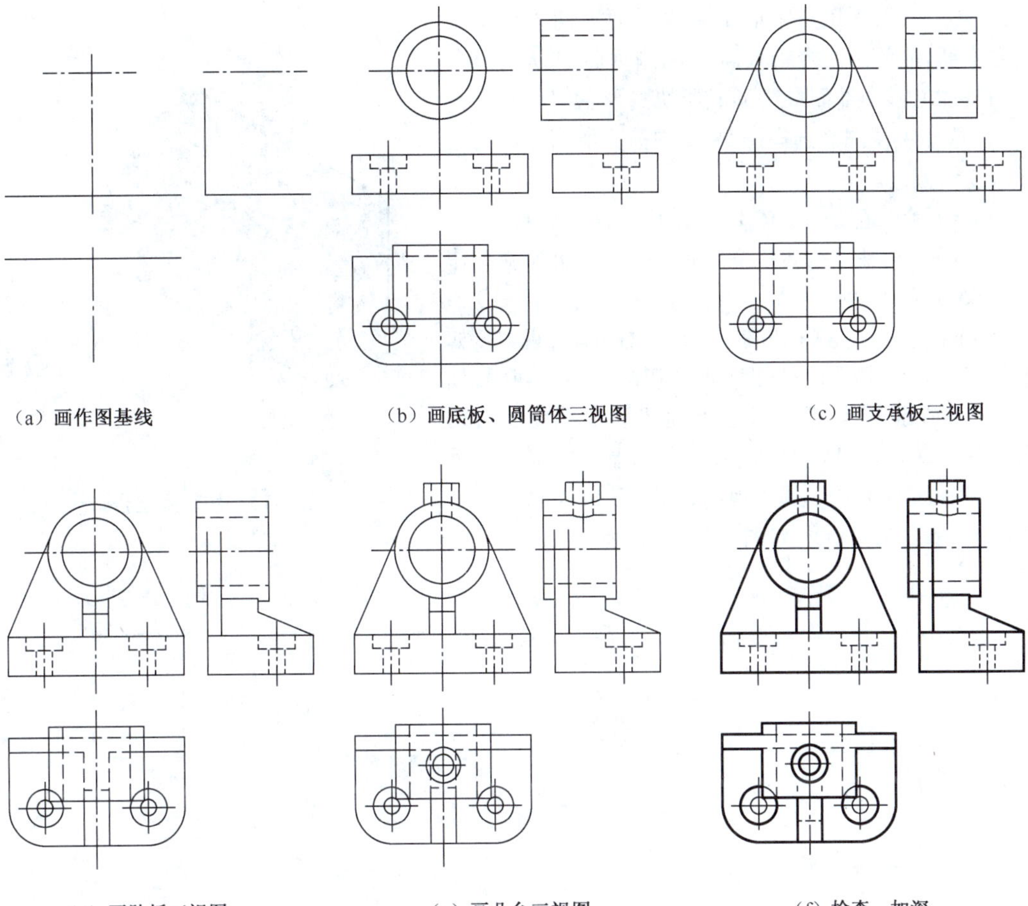

（a）画作图基线　（b）画底板、圆筒体三视图　（c）画支承板三视图

（d）画肋板三视图　（e）画凸台三视图　（f）检查、加深

图 5-12 轴承座三视图的作图步骤

形体，逐个画出它们的三视图。绘图时，应先画出反映形状特征的视图，再画其他视图，三个视图应配合画出，各视图一定要遵循“长对正、高平齐、宽相等”的三等关系。

（2）在作图过程中，每增加一个组成部分，要特别注意分析该部分与其他部分之间的相对位置关系和表面连接关系，同时注意被遮挡部分应随手改为虚线，避免画图时出错。

由上述分析可知，运用形体分析法把组合体分解为基本几何形体，可以把复杂的画、读组合体视图的问题，转化为简单的画、读基本几何形体视图的问题。如果能在理解的基础上记忆一些简单形体的三视图，就能保证正确而迅速地画图和读图。可见，形体分析法是学习画组合体三视图或读组合体三视图最基本的方法。

5.3.2 切割式组合体的画法

上例讨论的是以叠加为主的组合体，其形体关系明确、容易识别，适于用形体分析法作图。在画由基本体挖切而成的组合体三视图时，除基本体能直接按形体画图外，其切口部分不易直接按形体画图，通常采用线面分析法，按线面特性进行作图。作图时，一般先画组合体未被切割前的原形，然后再按切割顺序依次画出切割后形成的各个表面的三视图。

下面以图 5-13 所示组合体为例说明切割式组合体的作图方法与步骤。

例5-2 画压块的三视图。

作图：（1）形体分析。该组合体未被切割前的原形是一四棱柱，先用侧垂面 P 从左至右切去四棱柱的前方上部，再用正平面 T 和水平面 S 切去四棱柱的前方下部，最后用两个铅垂面 R 和侧垂面 Q 从前至后切去四棱柱上方中部而最终形成压块的形状。

(2)选择主视图。选择图5-13中箭头所指方向为主视图的投影方向。

(3)选比例、定图幅。按1∶1画图。

(4)布图、画基准线。以立体的底面、后面为基准作图，如图5-14(a)所示。

(5)画底稿。先画切割前四棱柱的三视图，如图5-14(b)所示；接着画被侧垂面 P 切割后的三视图，如图5-14(c)所示；再画下方被正平面 T 和水平面 S 截切后的三视图，如图5-14(d)所示；最后画上方中部被铅垂面 R 和侧垂面 Q 截切后的三视图，如图5-14(e)所示。

(6)检查、描深图线，如图5-14(f)所示。

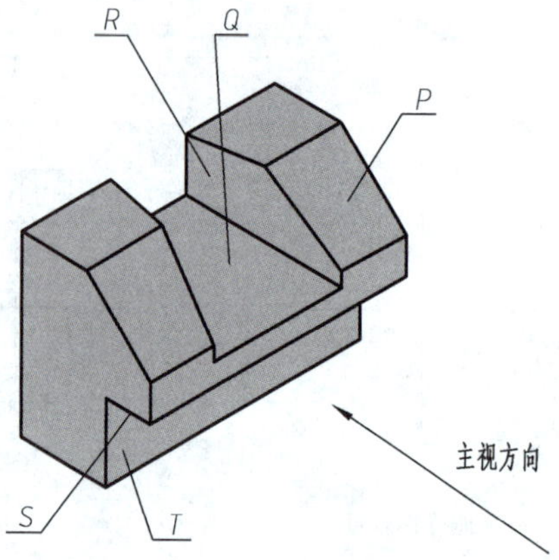

图5-13　切割式组合体

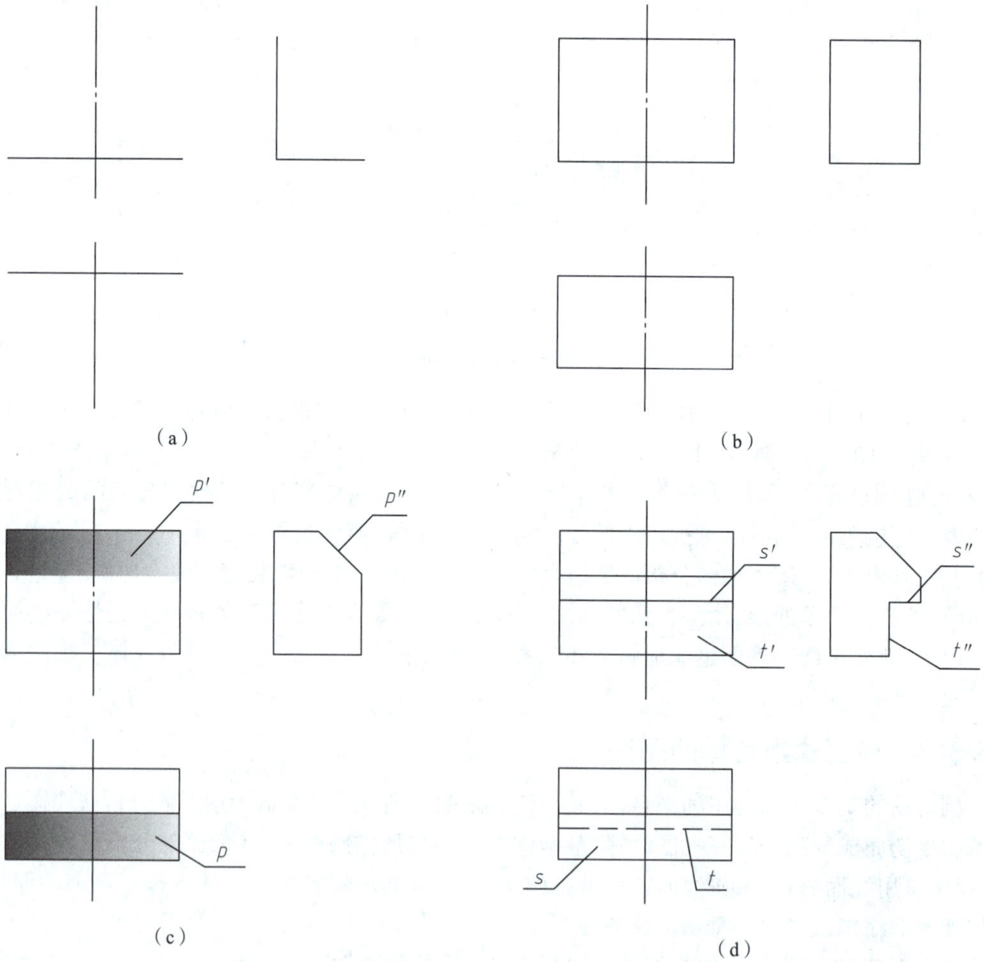

图5-14　压块三视图的画图步骤

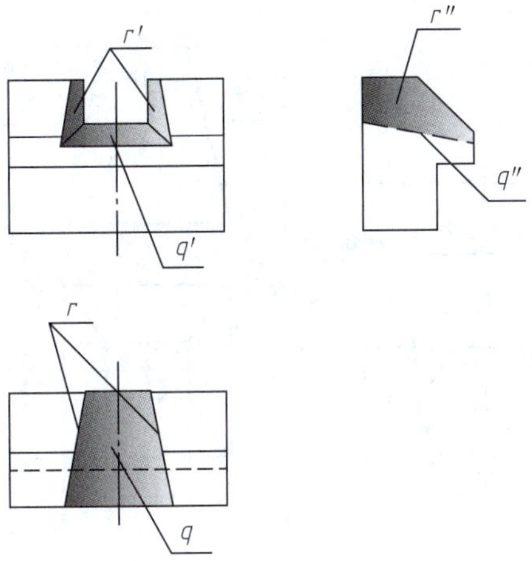

（e）

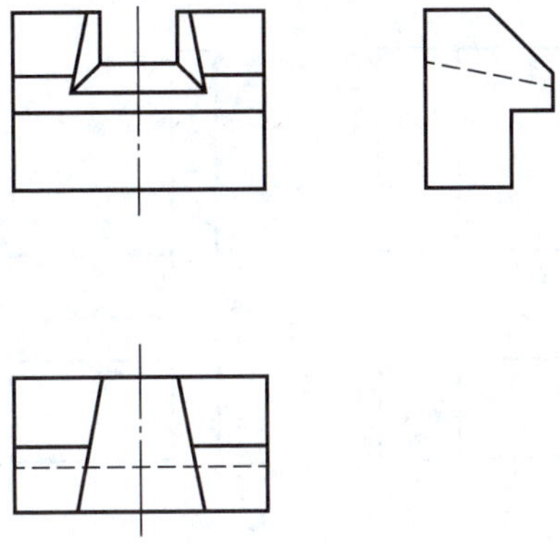

（f）

图 5-14　压块三视图的画图步骤（续）

5.4　组合体的尺寸注法

组合体的视图只能表达物体的形状，而形体各部分的真实大小及准确相对位置则要靠标注尺寸来确定。同时尺寸也可配合图形来说明物体的形状。组合体大多是由机器零件抽象而成的几何模型，这种模型省略了零件上的一些工艺结构，如：圆角、倒角、沟槽等，只保留了主体结构。因此，研究组合体尺寸注法也就是研究机械零件尺寸标注方法的基础。

5.4.1　尺寸标注的基本要求

（1）正确：尺寸标注要严格遵守国家标准中有关尺寸注法的规定。

（2）完全：尺寸标注齐全，不遗漏，不重复。

（3）清晰：尺寸布置要整齐、清晰，便于阅读。

（4）合理：标注的尺寸要符合设计要求及工艺要求。

注意：对于尺寸标注的合理性与零件的功能及加工、测量和装配等密切相关，需要在后续课程中学习相关专业知识后逐渐掌握。

5.4.2　基本几何体的尺寸标注

组合体是由基本几何体组成的，基本几何体的尺寸是组合体尺寸的重要组成部分，因此，要标注组合体的尺寸，必须首先掌握基本几何体的尺寸注法。图 5-15（a）~ 图 5-15（i）为常见基本几何体的尺寸标注方法，其尺寸注法都已定型，一般情况下不能多注，也不可随意改变注法。

5.4.3　组合体的尺寸分析

将组合体分解为若干个基本体和简单体，在形体分析的基础上标注三类尺寸。

1. 定形尺寸

确定组合体中各基本几何体的形状和大小的尺寸，如图 5-16 中，尺寸 $R10$、$\varnothing10$、30 等。

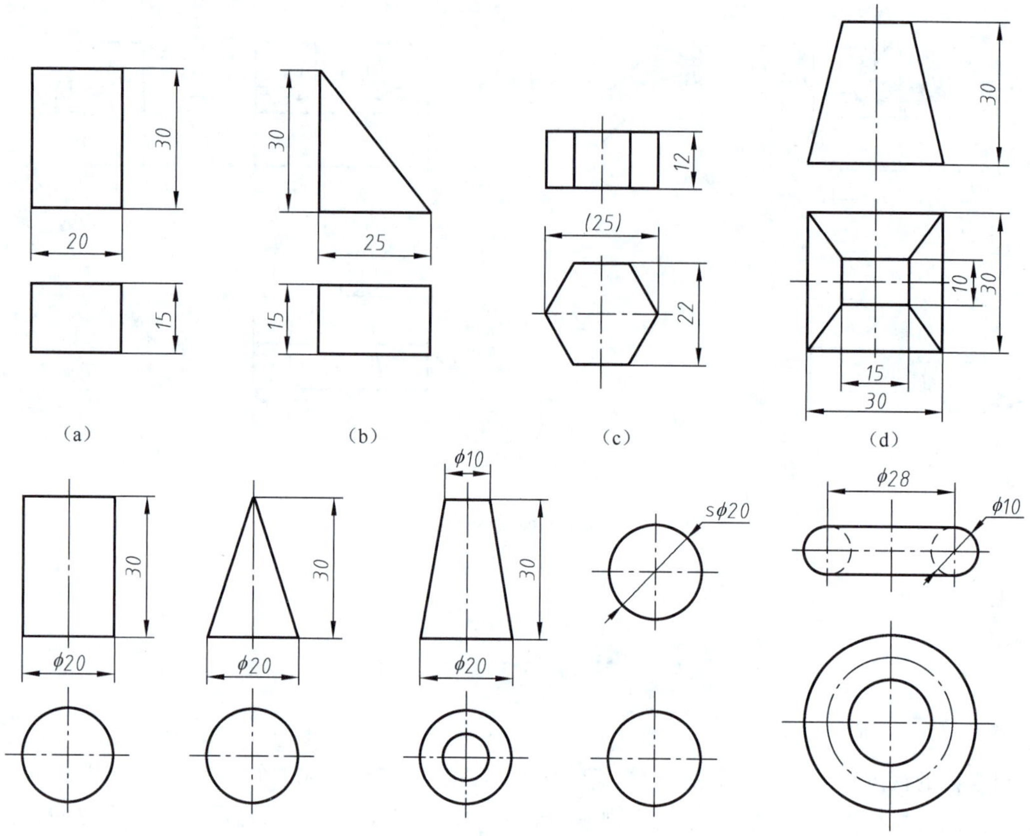

(a) (b) (c) (d)

(e) (f) (g) (h) (i)

图 5-15　基本体的尺寸标注

2. 定位尺寸

确定组合体中各基本几何体之间的相对位置的尺寸。要标注定位尺寸，必须先选定尺寸基准。确定尺寸位置的几何元素称为尺寸基准。组合体的尺寸基准，常选用其底面、重要的端面、对称平面、回转体的轴线以及圆的中心线等作为尺寸基准。在组合体的长、宽、高三个方向中，每个方向至少要有一个主要尺寸基准。当形体复杂时，允许有一个或几个辅助尺寸基准。如图 5-16 所示组合体长度方向尺寸基准为形体长度方向的对称轴线，高度方向尺寸基准为形体下底面，宽度方向尺寸基准为形体后表面。尺寸 20 和 20 为底板上两个直径为∅5 圆柱孔长度和宽度方向的定位尺寸，尺寸 29 为∅10 圆柱孔高度方向的定位尺寸。

3. 总体尺寸

直接确定组合体总长、总宽、总高的尺寸。若定形、定位尺寸已标注完整，在加注总体尺寸时，应对相关的尺寸作适当调整，避免出现封闭尺寸链（这一部分内容将在零件图尺寸标注的合理性当中详细介绍）。另外，当组合体的一端为有同心孔的回转体时，该方向上一般不注总体尺寸。如图 5-16 所示，组合体总长尺寸为 30，总宽尺寸为 42，在组合体上端为同心孔回转体因而不注总高尺寸。图 5-17 中组合体上端及左右两端均为同心孔回转体，所以不标注总长及总高尺寸。

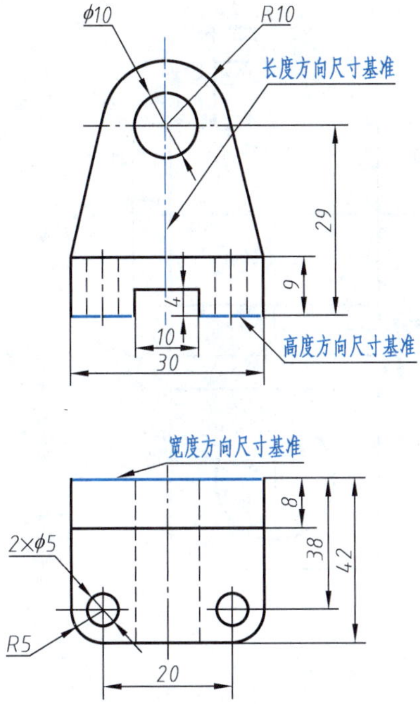

图 5-16 组合体的尺寸分析

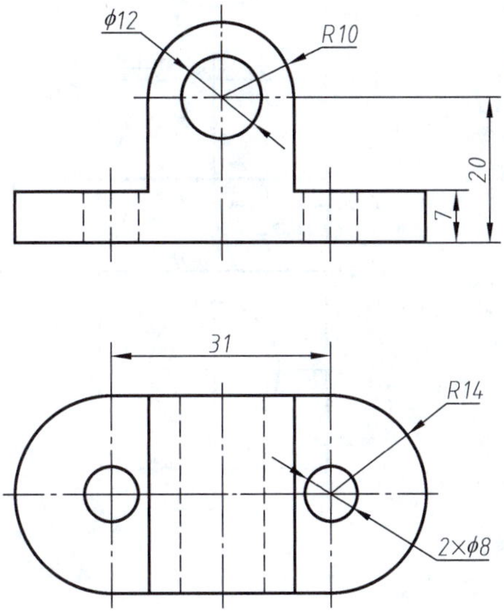

图 5-17 不标注总体尺寸的情况

5.4.4 带有截交线、相贯线立体的尺寸注法

截交线的形状，取决于立体的形状、大小以及截平面与立体的相对位置。故标注截交部分尺寸时，只需注立体的定形尺寸和截平面的定位尺寸。如图 5-18(a)中尺寸 64 为错误标注，不能直接标注截交线的定形尺寸，正确标注如图 5-18(b)所示，应标注截平面的定位尺寸 25 及 40。同理，相贯线的形状取决于参与相交两立体的形状、大小及相对位置，所以注相贯部分的尺寸时，只需注参与相贯的各立体的定形尺寸及其相互间的定位尺寸，不能标注相贯线的尺寸。图 5-19(a)中尺寸 *R*34 为相贯线定形尺寸，是错误标注。正确注法如图 5-19(b)所示，应标注参与相交两圆柱的定位尺寸 58、40。

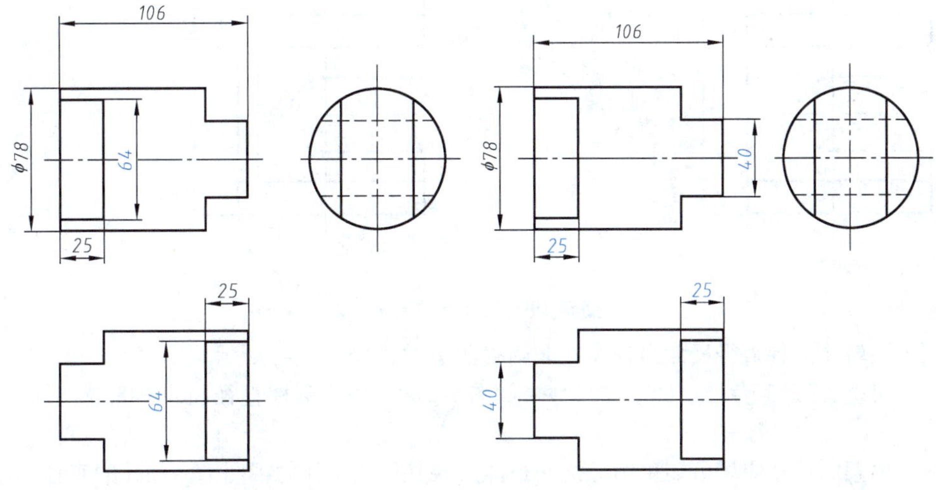

(a) 错误　　(b) 正确

图 5-18 截切形体的尺寸标注

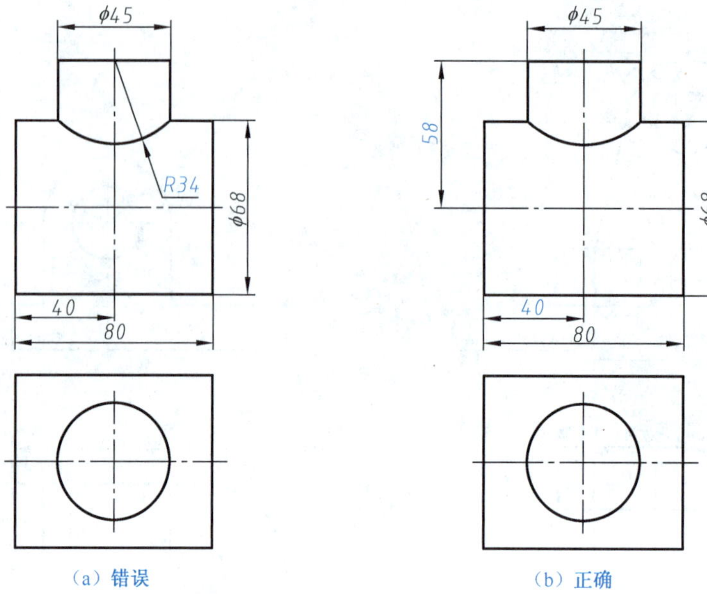

图 5-19 相贯形体尺寸标注

5.4.5 尺寸标注注意事项

为了便于看图,布置尺寸时应注意下列几点:

①尺寸尽量注在视图之外,与两视图有关的尺寸最好注在两视图之间,如图 5-20 所示。

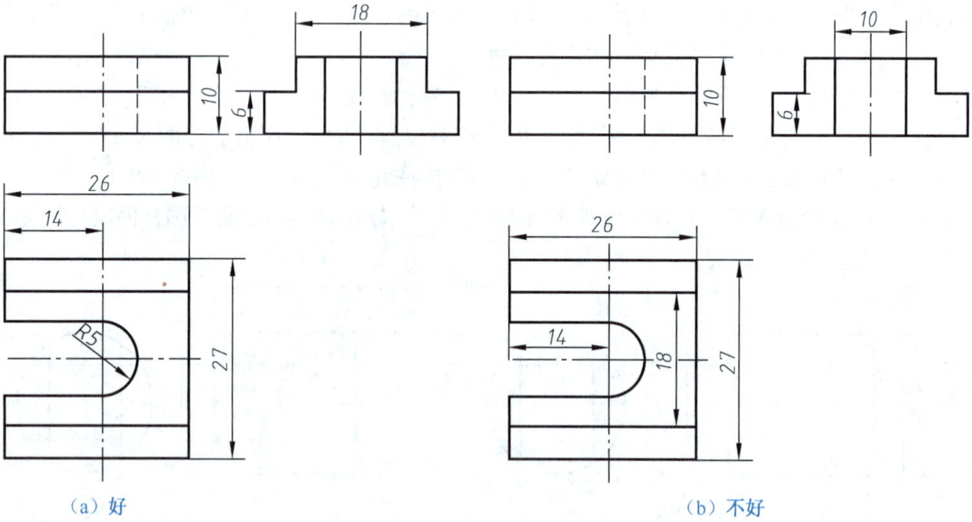

图 5-20 尺寸标注清晰一

②同轴回转体的各直径尺寸最好注在非圆视图上,如图 5-21(a)所示。

③如有可能,尽量避免在虚线上注尺寸。如图 5-21(a)中内圆柱直径尺寸⌀48 就应标注在俯视图中。

④同一要素的尺寸应尽可能集中标注在最能反映其形状特征的视图上。如孔的直径和深度、槽的深度和宽度等。如图 5-22(a)中底板上凹槽的高度尺寸 4 和长度尺寸 24 就集中标注在主视图上。

⑤尽量避免尺寸线相交,相互平行的尺寸,应按大小顺序排列,小尺寸在内,大尺寸在外,如图 5-22(a)所示。

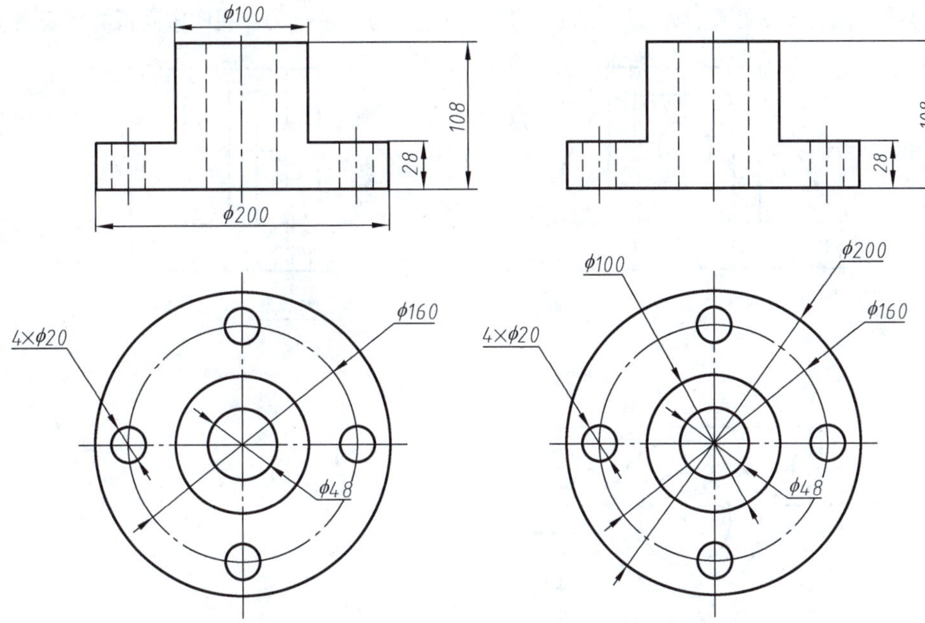

(a) 好　　(b) 不好

图 5-21　尺寸标注清晰二

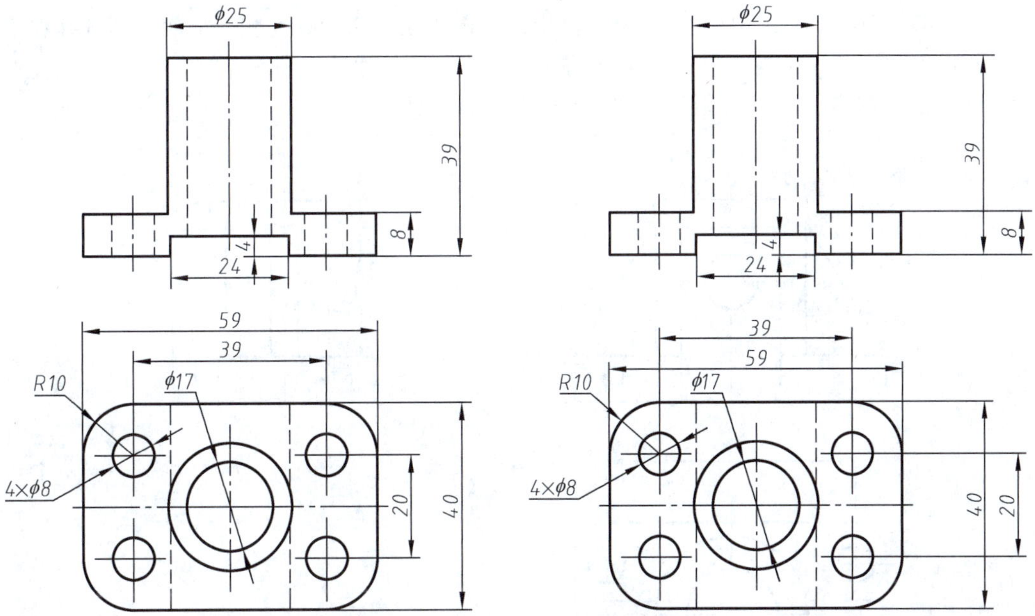

(a) 好　　(b) 不好

图 5-22　尺寸标注清晰三

5.4.6　组合体尺寸标注方法与步骤

现以支座组合体为例,介绍标注组合体尺寸的具体步骤。

(1)对组合体进行形体分析,确定尺寸基准。如图 5-23 所示,该组合体是由底板、圆筒体、肋板和长方体四个基本体组成的综合式组合体。其长度方向基准为主视图中组合体左右方向对称的对称线；宽度方向基准为俯视图中圆筒体水平方向的回转轴线；高度方向基准为左视图中底板的下底面。

视频
组合体的尺寸标注

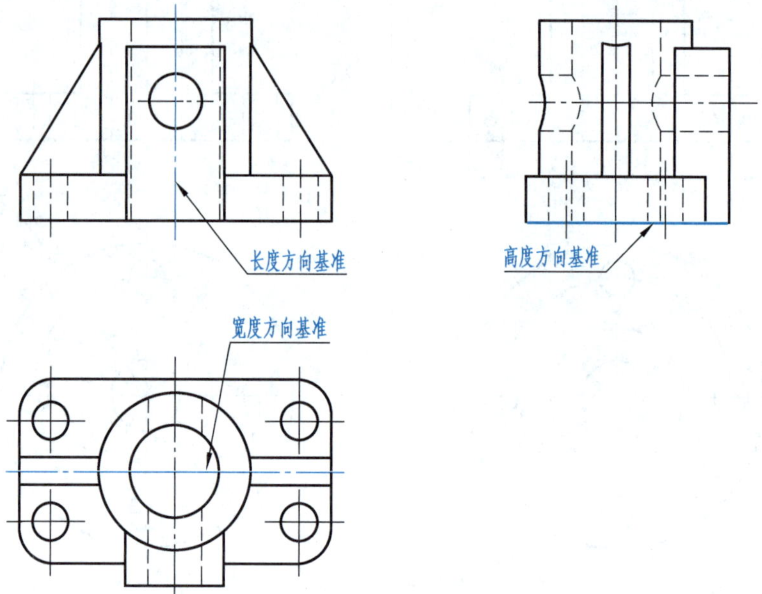

图 5-23　支座的尺寸基准

（2）标注图 5-24 所示支座的定位尺寸。其中俯视图中尺寸 22、56 为底板上四个圆柱孔在宽度和长度方向的定位尺寸；主视图中 26 为前方柱体上加工的圆柱通孔在高度方向的定位尺寸；左视图中尺寸 25 为前方柱体上加工的圆柱通孔在宽度方向的定位尺寸。

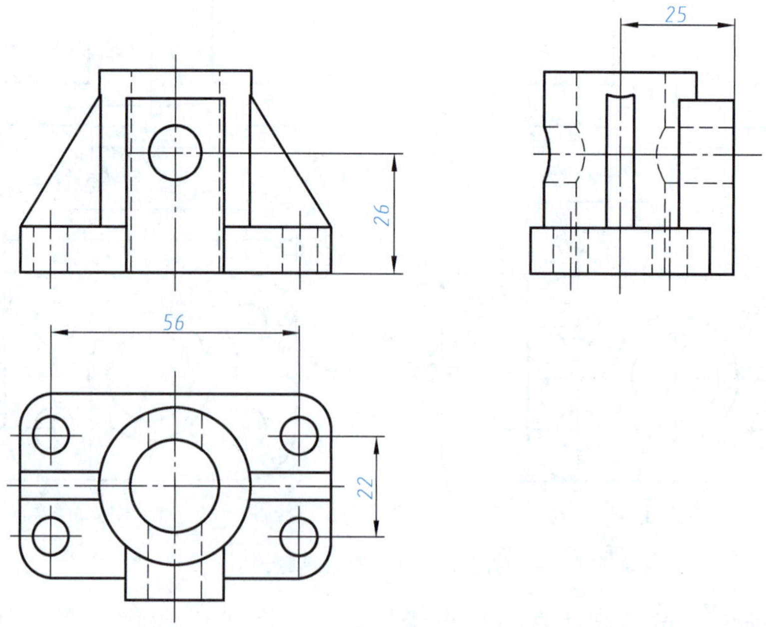

图 5-24　支座定位尺寸

（3）标注支座定形尺寸。运用形体分析法依次标注各基本形体的定形尺寸，如图 5-25 所示。

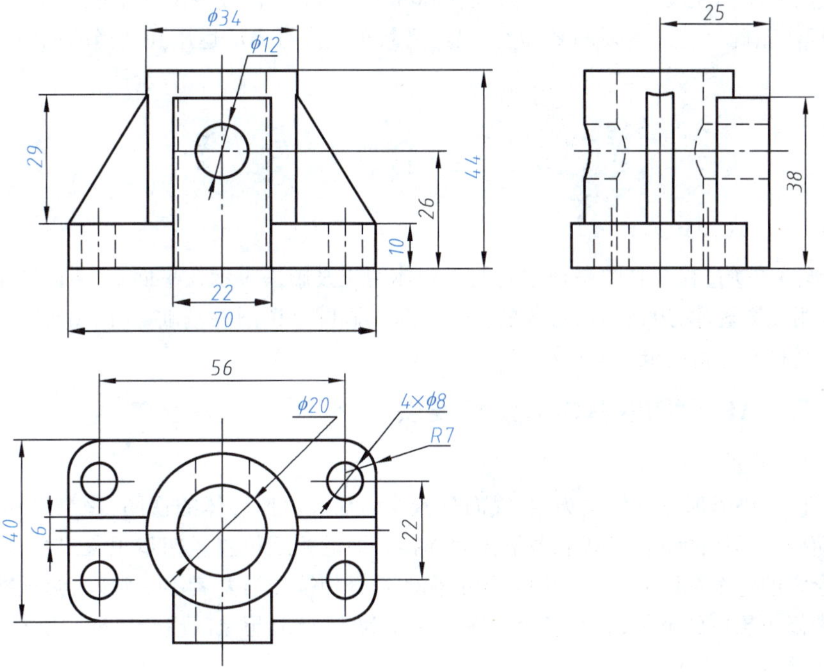

图 5-25　支座定形尺寸

(4)标注总体尺寸。为了表示组合体外形的总长、总宽和总高,应标注相应的总体尺寸。如图 5-26 所示,尺寸 70 为支座总长尺寸,尺寸 44 为支座总高尺寸,尺寸 45 为支座总宽尺寸。总体尺寸、定位尺寸、定形尺寸可能重合,这时需作调整,以免出现多余尺寸。如尺寸 70 既是底板的定形尺寸又是支座的总长尺寸,只需标注一次不能重复标注。

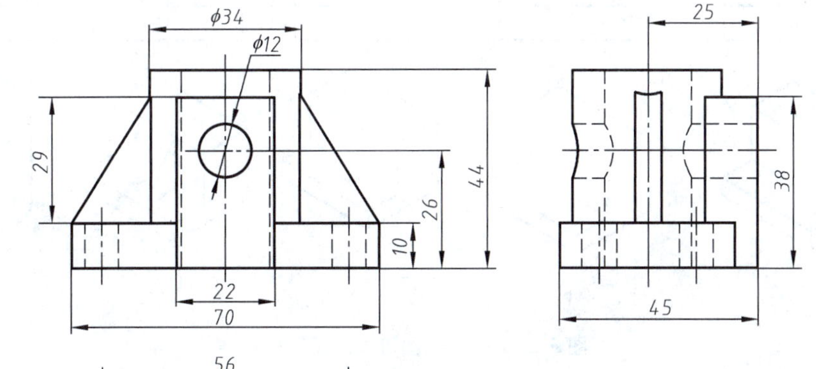

图 5-26　支座总体尺寸

以上各点，并非标注尺寸的固定模式，在实际标注尺寸时，有时会出现不能完全兼顾的情况，应在保证尺寸标注正确、完整、清晰的基础上，根据尺寸布置进行灵活运用和适当的调整。

5.5 组合体读图

读图是画图的逆过程。画图是把空间的组合体用正投影法表示在平面上，而读图则是根据已画出的视图，运用投影规律，想象出组合体的空间形状。画图是读图的基础，而读图既能提高空间想象能力，又能提高投影分析的能力。

视频 读组合体的三视图

5.5.1 读图的基本方法和要点

1. 读图的基本方法

读图仍以形体分析法为主，线面分析法为辅。根据形体的视图，逐个识别出各个形体，进而确定形体的组合形式和各形体间邻接表面的相互位置。初步想象出组合体后，还应验证给定的每个视图与想象的组合体的视图是否相符。当两者不一致时，必须按照给定的视图来修正想象的形体，直至各个视图都相符为止，此时想象的组合体即为所求。

2. 读图的要点

(1)将各个视图联系阅读

由投影规律可知，一个视图不能确定空间物体的形状。在图5-27中，由一个视图至少可构思出图6-27(a)～图6-27(e)所示的这些空间形体。

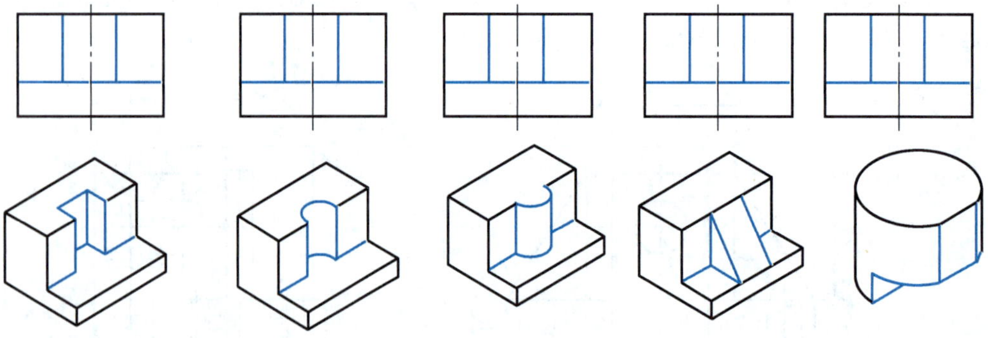

图5-27 一个视图可构思不同的形体

即使有时给出了两个视图也不能唯一的确定形体的形状。图5-28(a)由已知两视图至少可构思出三种不同的形体，图5-28(b) 由已知两视图也至少可构思出三种不同的形体。图5-29中已知主俯视图可想像出至少两种不同的形体。由此可见看图时，要把几个视图联系起来进行分析，才能想象出组合体的形状。

(2)抓住形体特征视图

在各视图中最能反映物体形状特征的那个视图，就称为形状特征视图。最能反映物体位置特征的那个视图，称为位置特征视图。如图5-28(a)中的左视图与5－28(b)中的俯视图是形状特征视图，结合主视图能很快想像出形体的空间形状。图5-29中左视图为位置特征视图，能较清楚地反映形体内部两线框之间的位置关系。看图时要善于抓住反映组合体各组成部分形状与位置特征较多的视图，并从该视图入手，就能较快地将其分解成若干个基本体，再根据投影关系，找到各基本体所对应的其他视图，并经分析、判断后，想象出组合体各基本体的形状，最后达到看懂组合体视图的目的。

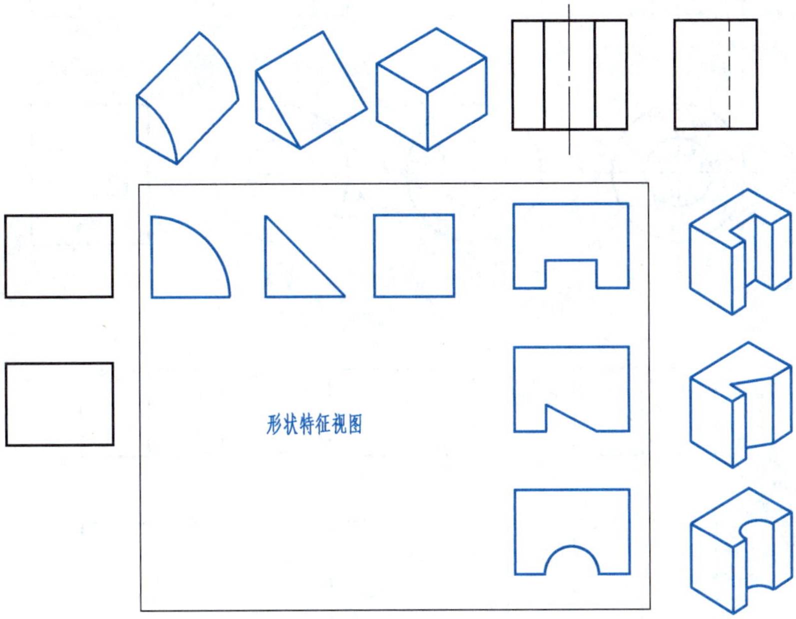

(a)　　(b)

图 5-28　由两个视图可构思多个不同形体

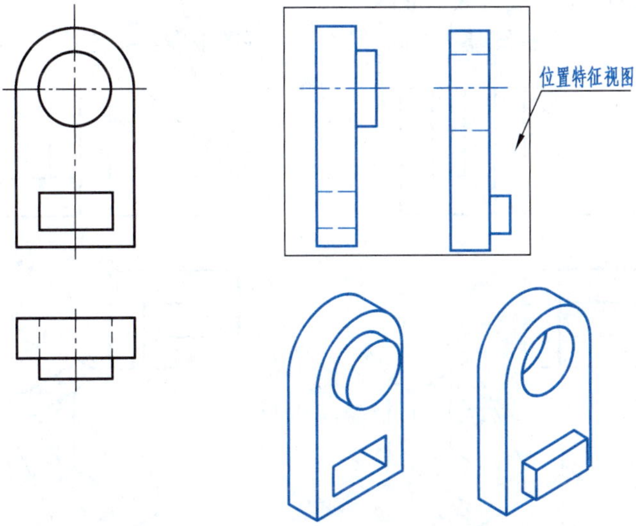

图 5-29　由两个视图可构思多个不同形体

(3)利用线框，分析表面相对位置关系。

①视图中一个封闭线框一般情况下表示一个面的投影，当视图中呈现线框套线框时，则可能表示有一个面是凸出的、凹下的、倾斜的，或者是具有打通的孔，如图 5-30 所示。

②当呈现为线框连线框时，表示两个面高低不平或相交，如图 5-31 所示。

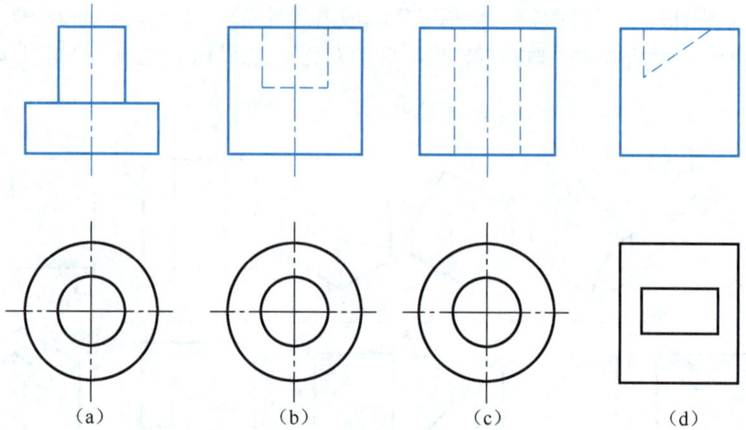

图 5-30　线框套线框

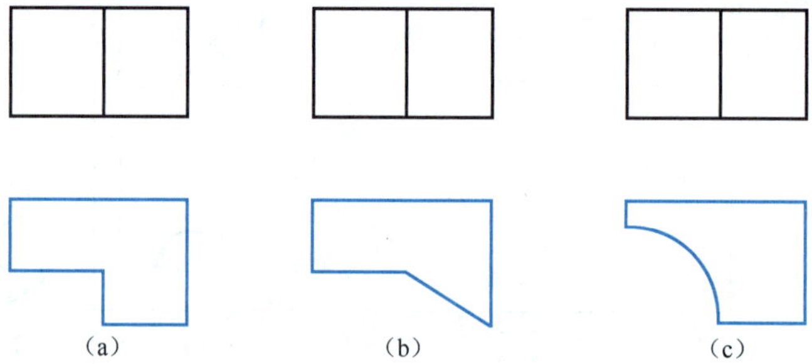

图 5-31　线框连线框

(4)利用线条、线型的虚实变化区分形体

图 5-32 中(a)与(b)三个视图基本相同，但由于主视图中虚实线各异，而得出两种不同的形体。

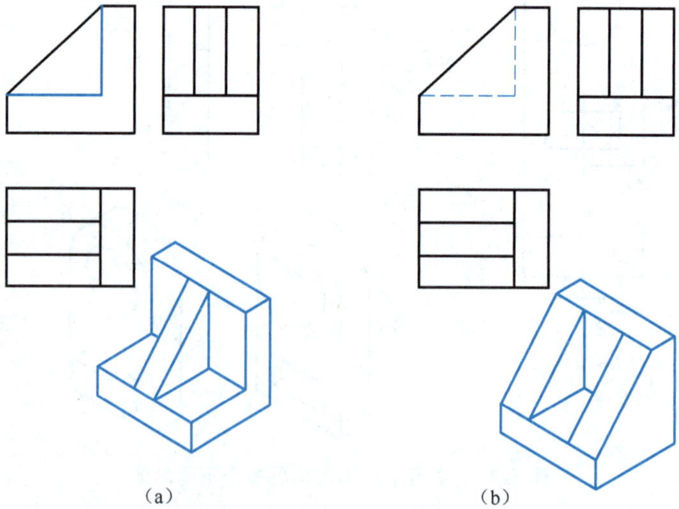

图 5-32　虚实线不同构成不同形体

5.5.2　读组合体三视图的步骤

以图 5-33 轴承座为例，介绍形体分析法读组合体的步骤。

例5-3 根据轴承座三视图，想像轴承座空间形状。

读图过程如下所示：

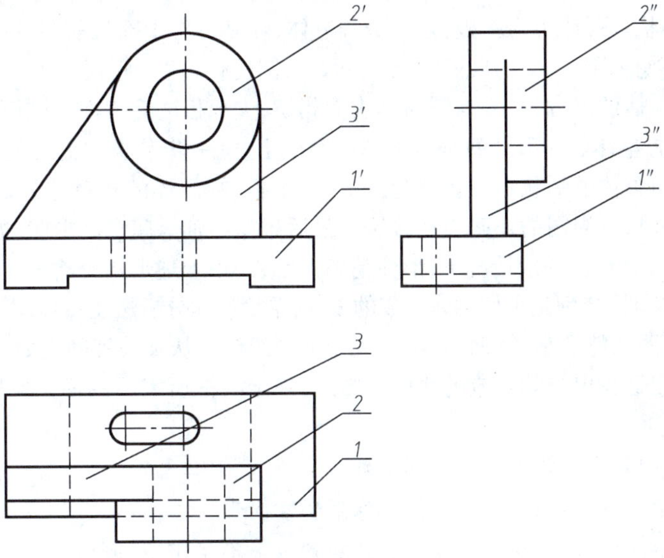

（a）分线框、对投影

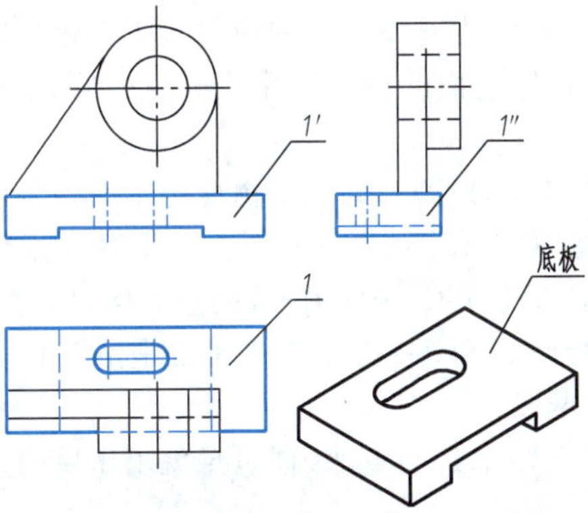

（b）识形体、定位置——底板

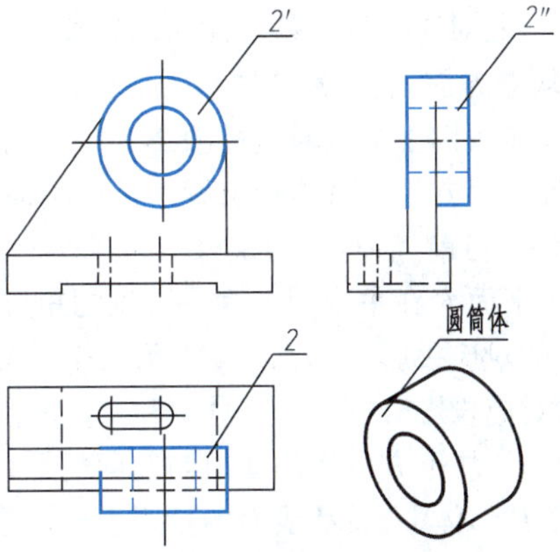

（c）识形体、定位置——圆筒体

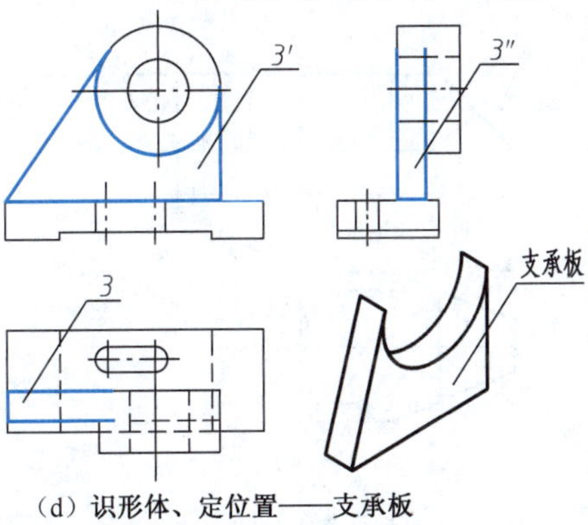

（d）识形体、定位置——支承板

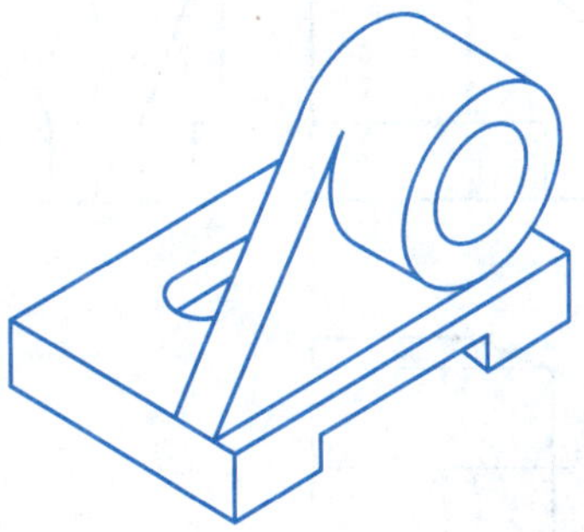

（e）综合起来想整体

图5-33 轴承座

(1)分线框、对投影。在图5-33中反映形体特征较多的是主视图。从主视图入手将轴承座分解为*1*、*2*、*3*个封闭线框。并根据投影三等关系找到其对应的另外两面投影。

(2)识形体、定位置。图5-33(b)、(c)利用三等关系找出每个线框对应的三面投影并依次想像出各形体的空间形状。形体*1*为底板，是一个长方体，在其下方中部从前向后切了一个矩形的通槽，并在底板后方中部挖去了一个长圆的通孔；形体*2*为圆筒体，位于底板的上方；形体*3*为支承板，位于底板的上方，圆筒体的下方，并且与圆筒体表面相切，支承板的后表面与圆筒体的后表面平齐。

(3)综合起来想整体。在看懂每部分形体的基础上，进一步分析它们之间的组合方式和相对位置关系，从而想象出整体的形状。分析清楚底板、支承板、圆筒体的相对位置，尤其要注意支承板与圆筒体表面为相切时，三视图的正确表达方法。最后想像出轴承座空间形状，如5-33(d)所示。

(4)线面分析攻难点。一般情况下，形体清晰的零件，用上述形体分析方法看图就可以解决。但对于一些较复杂的零件，特别是由切割体组成的零件，单用形体分析法还不够，需采用线面分析法。

线面分析法看图的特点是：从面出发，在视图上分线框。从某一视图上划分线框，并根据投影关系，在另外两个视图上找出与其对应的线框或图线，确定线框所表示的面的空间形状和对投影面的相对位置。

下面介绍用线面分析法看图的方法和步骤。

例5-4 根据图5-34(a)压块三视图，想像压块空间形状。

作图：先分析整体形状：压块三个视图的轮廓基本上都是矩形，所以它的原始形体是个长方体。再分析细节部分：压块左上方和左前、后面分别被切掉一角。

(1)压块左上方的缺角。如图5-34(b)所示，在俯、左视图上相对应的等腰梯形线框为p和p''，在主视图上与其对应的投影是一倾斜的直线p'。由正垂面的投影特性可知，P平面是正垂面。

(2)压块左方前、后对称的缺角。如图5-34(c)所示，在主、左视图上方对应的投影七边形线框为q'和q''，在俯视图上与其对应的投影为一倾斜直线q。由铅垂面的投影特性可知，Q平面是铅垂面。同理，处于后方与之对称的位置也是铅垂面。

(3)压块下方前、后对称的缺口。如图5-34(d)、图5-34(e)所示，它们是由两个平面切割而成的，其中一个平面R在主视图上为一可见的矩形线框r'，在俯视图上的对应投影为水平线r(虚线)，在左视图上的对应投影为垂直线r''。另一个平面S在俯视图上是有一边为虚线的直角梯形s，在主、左视图上的对应投影分别为水平线s'和s''。由投影面平行面的投影特性可知，R平面是正平面，S平面是水平面。压块下方后面的缺口与前面的缺口对称，不再赘述。

这样，既从形体上，又从线面的投影上弄清了压块的三视图，综合起来，便可想象出压块的整体形状，如图5-34(f)所示。

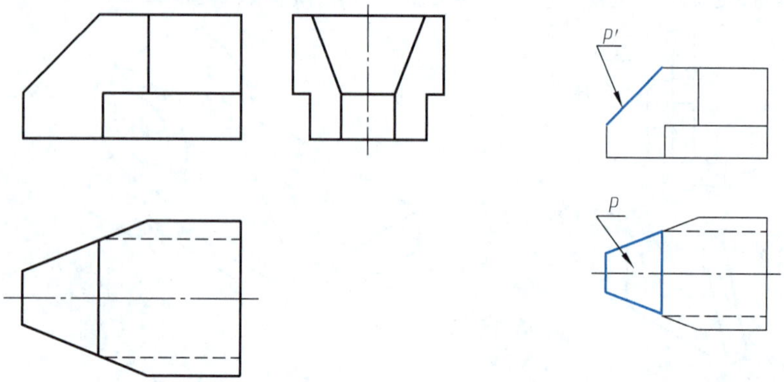

(a) 压块三视图　　(b) 分析正垂面P

图5-34 读压块三视图

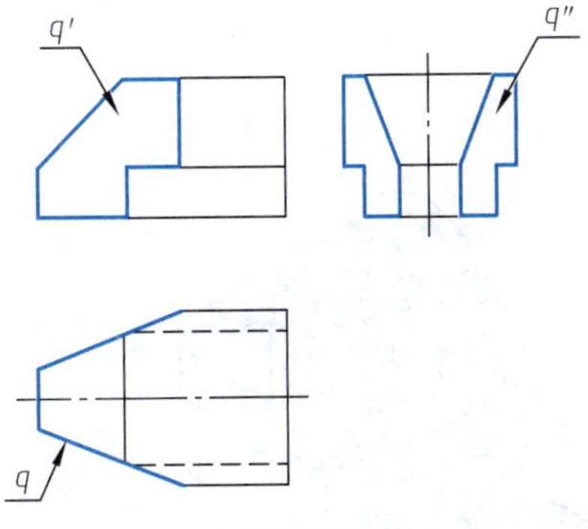

（c）分析铅垂面 Q

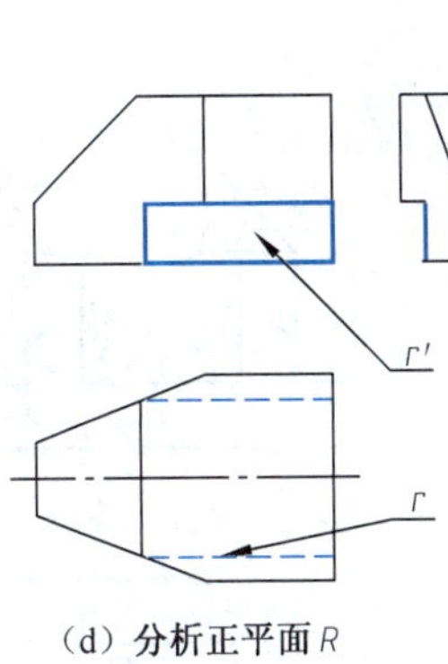

（d）分析正平面 R

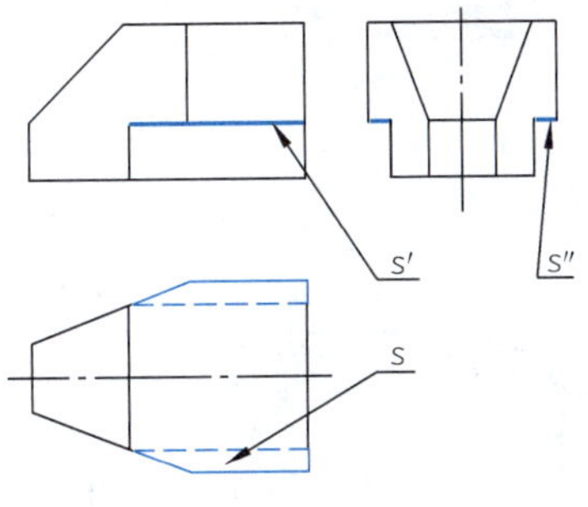

（e）分析水平面 S

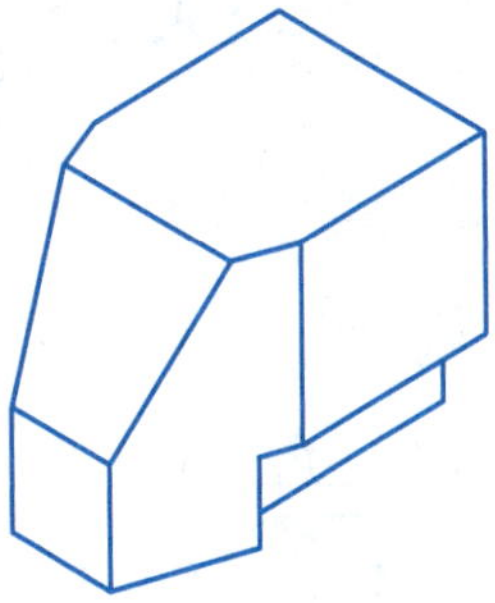

（f）压块整体形状

图 5-34　读压块三视图（续）

5.5.3　组合体视图阅读实例

读图的本质是利用二维图纸空间的多个视图想象对应形体的三维空间结构，从而在头脑中形成三维形体概念。可见，读图最直接的结果是画出形体的轴测图，但画轴测图相对困难，也十分费时。因此，在进行读图和画图的训练时，经常采用已知组合体两视图补画第三视图的方式，即所谓的“二求三”问题。解决这类问题，一般根据已知视图，应用形体分析法和线面分析法，分析和想象组合体的形状，在弄清组合体形状的基础上，按投影关系补画出所缺的视图。补画视图时，应根据各组成部分逐步进行。对以叠加方式为主的组合体，应先画各组成部分，后画出整体；对以切割方式为主的组合体，应先画原形整体，后画切割形成局部结构。一般按先实后虚，先外后内的顺序进行。

例5-5　根据图 5-35 所示的主、俯视图画组合体的左视图。

作图过程如下：(1)将主视图分解为 A、B、C 三个线框。

(2)利用投影关系，把主视图与俯视图中各部分对应的投影分离出来，可初步判断：

形体 A 为一半圆柱体，在其左右两侧用水平面和侧平面对称地进行截切。在半圆柱体的前方中部，用两个侧平面、一个水平面和一个正平面由上向下切去了一个矩形的凹槽。在补画形体 A 底板的左视图时，应注意圆柱体被多次截切后截交线的正确画法，这也是本题的难点所在。

形体 C 为一端为圆柱面的长方体，上方有一个与圆柱面同心的圆柱通孔。该形体位于底板的上方中部，并关于底板的回转轴线对称，其后表面与底板后表面平齐。

形体 B 为肋板，对称地放置在底板的上方，柱体的左右两侧，其后表面与底板后表面平齐，其上部与柱体上方的圆柱面相切。作图时要注意表面相切应无线，相应的轮廓线画到切点出为止。

(3)根据三视图的投影规律，分别画出形体 A、B、C 的左视图，如图 5-36(a) ~ 图 5-36(e)所示。

(4)检查无误后，擦去多余图线并加深线条，完成作图，如图 5-36(f)所示。

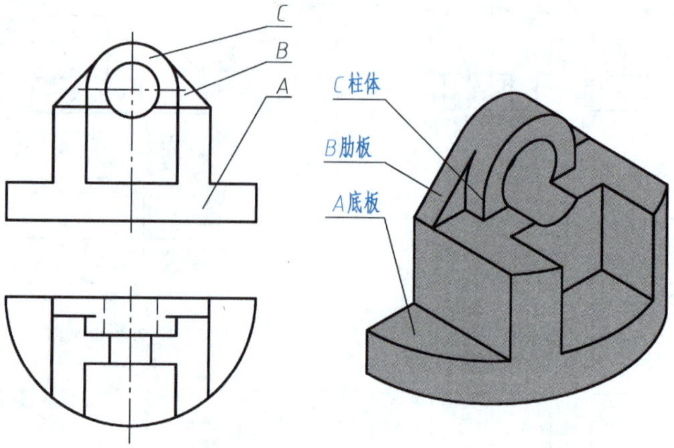

图 5-35　例 5-5 题

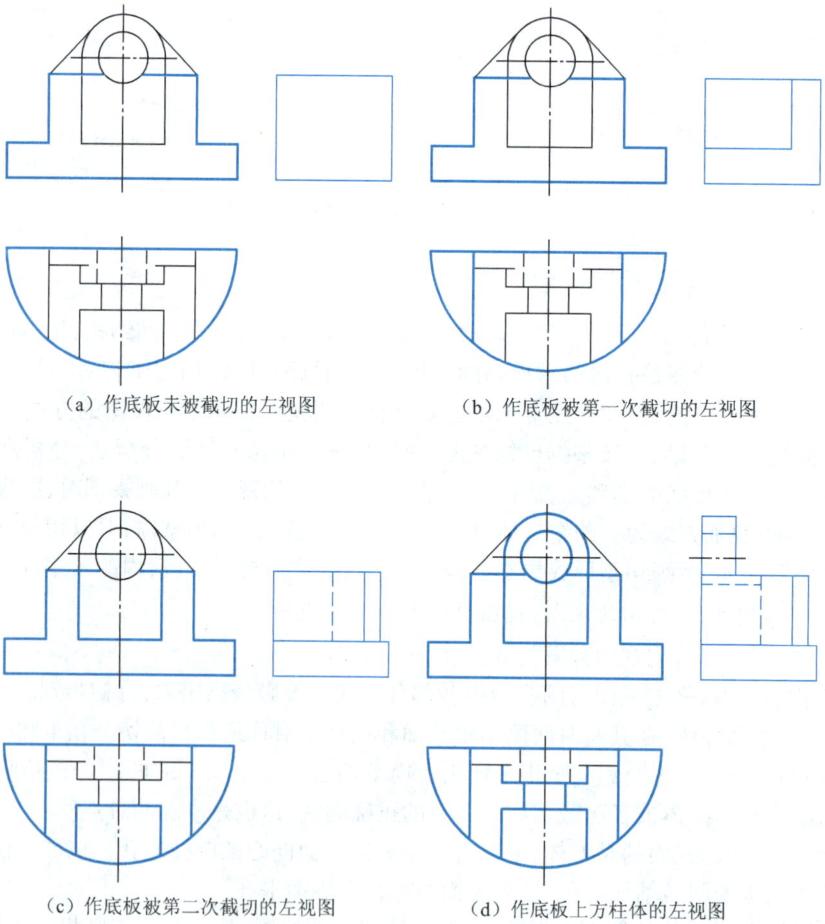

（a）作底板未被截切的左视图　　（b）作底板被第一次截切的左视图

（c）作底板被第二次截切的左视图　　（d）作底板上方柱体的左视图

图 5-36　例 5-5 解题过程

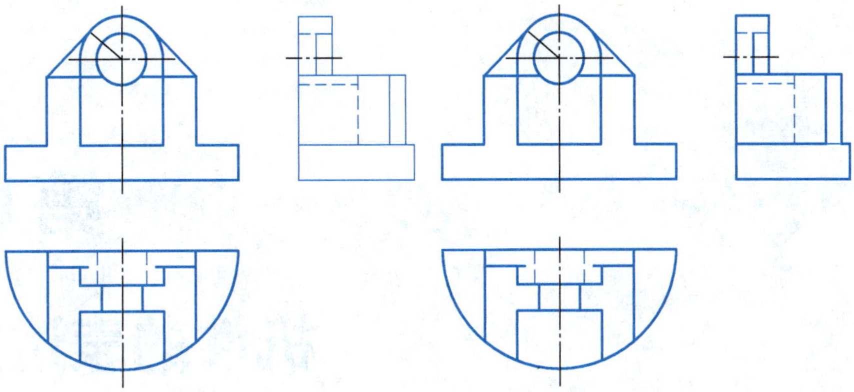

（e）作肋板的左视图　　（f）检查、加深

图 5-36　例 5-5 解题过程(续)

第6章 机件的表达方法

在生产中，由于使用要求不同，机件（包括零件、部件和机器）的结构形状是多种多样的。当机件的形状和结构比较复杂时，仅采用前面所介绍的三视图就难于把它们的内外形状准确、完整、清晰地表达出来。为了使图样能够完整、清晰地表达机件各部分的结构形状，便于画图和看图，GB/T 4458. 1—2002《机械制图　图样画法 视图》、GB/T 4458. 6—2002《机械制图　图样画法 剖视图和断面图》，以及 GB/T 16675. 1—2012《技术制图　简化表示法》等国家标准，规定了绘制机件图样的各种表达方法，包括视图、剖视图、断面图、局部放大图和简化画法等。技术图样采用正投影法绘制，并优先采用第一角画法。因此，必须掌握好机件各种表达方法的特点、画法以及图形的配置和标注方法，以便能灵活地运用它们。

6.1 视　　图

视图主要用来表达机件的外部结构形状。视图通常有基本视图、向视图、局部视图和斜视图。局部视图和斜视图辅助表达基本视图未表达清楚的局部或局部倾斜的结构。

视频

基本视图

6.1.1 基本视图

根据国标规定，在原有三个投影面的基础上，再增设三个投影面，组成一个正六面体，如图6-1(a)所示，把六面体的六个面作为投影面，称它们为基本投影面，将机件分别向六个基本投影面投射，所得的视图称为基本视图。除前面已介绍过的三个视图以外，还有右视图——由右向左投射所得到的视图，仰视图——由下向上投射所得到的视图，后视图——由后向前投射所得到的视图。对于形状比较复杂的机件，用两个或三个视图尚不能完整、清楚地表达它们的内外形状时，则采用增加基本视图来表达。

1. 基本投影面的展开和基本视图的配置

六个投影面在展开时，仍然保持 V 面不动，其他各个投影面如图 6-1(b) 所示，展开到与 V 面在同一平面上，展开后各基本视图的配置关系如图 6-2 所示。在同一张图纸内，按图 6-2 配置视图时，一律不标注视图的名称。

2. 基本视图的投影规律及位置对应关系

三视图的投影规律对六个基本视图仍然适合。

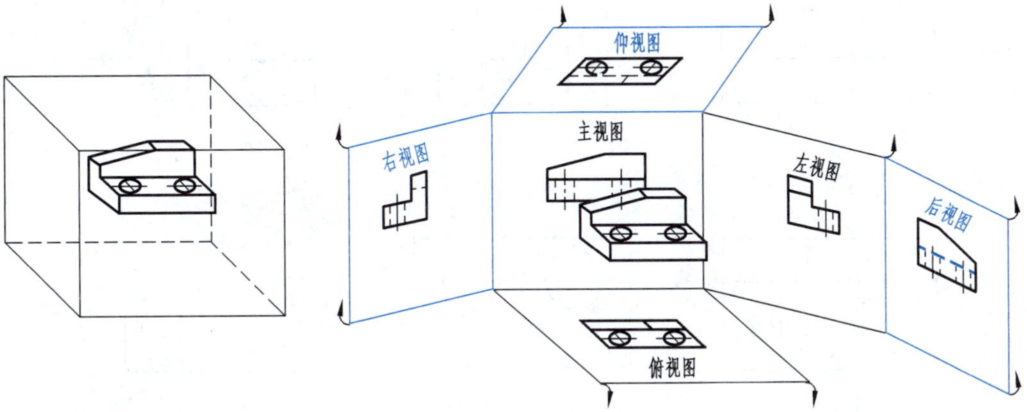

(a) (b)

图 6-1 六个基本视图的形成及展开

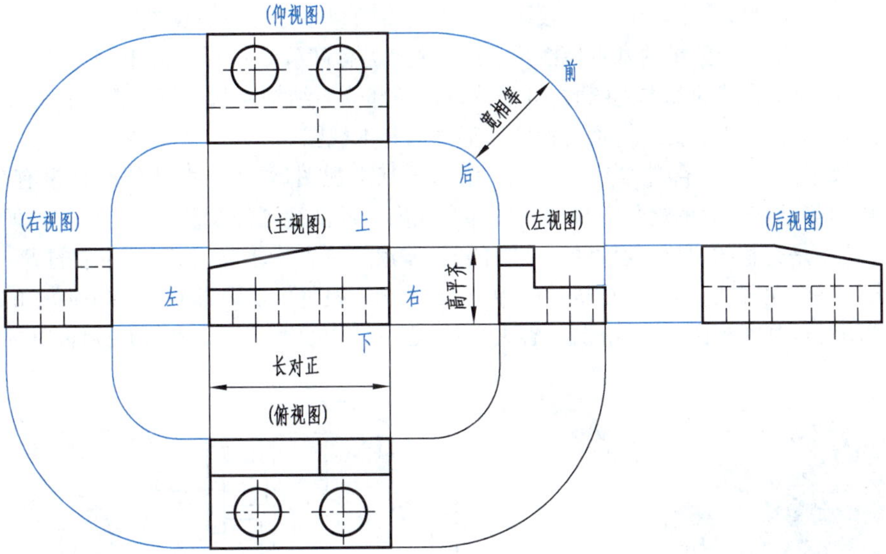

图 6-2 六个基本视图的配置

(1)六个基本视图的度量对应关系,仍保持“长对正、高平齐、宽相等”。即主、俯、仰视图长对正并与后视图长相等;主、左、右、后视图高平齐;左、右、俯、仰视图宽相等。

(2)六个基本视图的位置对应关系是:主、左、右、后四个视图的上、下与机件的上、下是相对应的;主、俯、仰三个视图的左、右与机件的左、右是相一致的,而后视图的左侧表示的是机件的右边,后视图的右侧表示的是机件的左边;俯、左、右、仰视图远离主视图的一侧表示的是机件的前面,而它们靠近主视图的一侧则表示机件的后面。

6.1.2 向视图(GB/T 17451—1998)

视频 向视图

六个基本视图如果不能按图6-2 配置时,可采用向视图。向视图是可自由配置的视图,画向视图时应在视图的上方标出大写拉丁字母“×”,在相应的视图附近,用箭头指明投射方向,并注上同样的大写拉丁字母“×”,如图 6-3 所示。

向视图是基本视图的另一种表达形式,是移位(不能旋转)配置的基本视图。向视图的投射方向应与基本视图的投射方向一一对应。

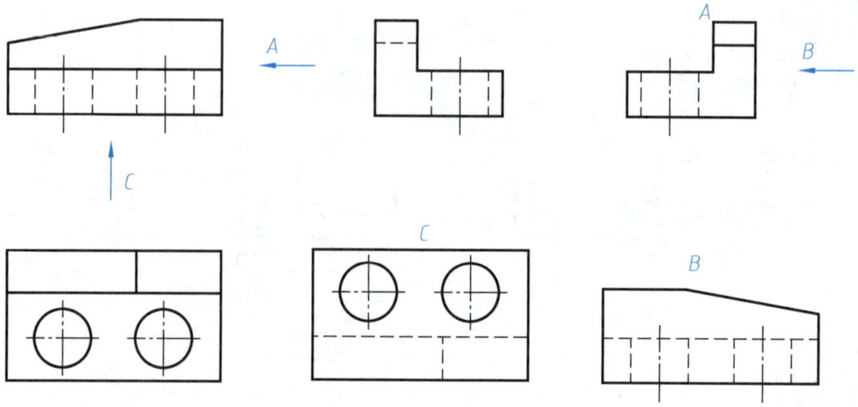

图 6-3　向视图的标注方法

6.1.3　局部视图(GB/T 4458.1—2002)

视频
局部视图

将机件的某一部分向基本投影面投射所得的视图称为局部视图。

当采用一定数量的基本视图后,该机件上仍有部分结构形状尚未表达清楚,而又没有必要再画出完整的基本视图时,可单独将这一部分的结构形状向基本投影面投射。可以认为是由于表达的需要而仅画出物体一部分的基本视图。

如图 6-4 所示部件,当画出其主、俯两个基本视图后,仍有两侧的凸台没有表达清楚。因此,需要画出表达该部分的局部左视图和局部右视图。局部视图的断裂边界用波浪线画出。当所表达的局部结构是完整的,且外轮廓线又成封闭时,波浪线可省略不画,如图 6-4 中的 *B*。波浪线不能超出断裂机件的轮廓线;不可画在机件的中空处,应画在机件的实体部分,如图 6-4 中的 *A*。

局部视图可按基本视图的形式配置,省去标注,也可按向视图的形式配置并标注。

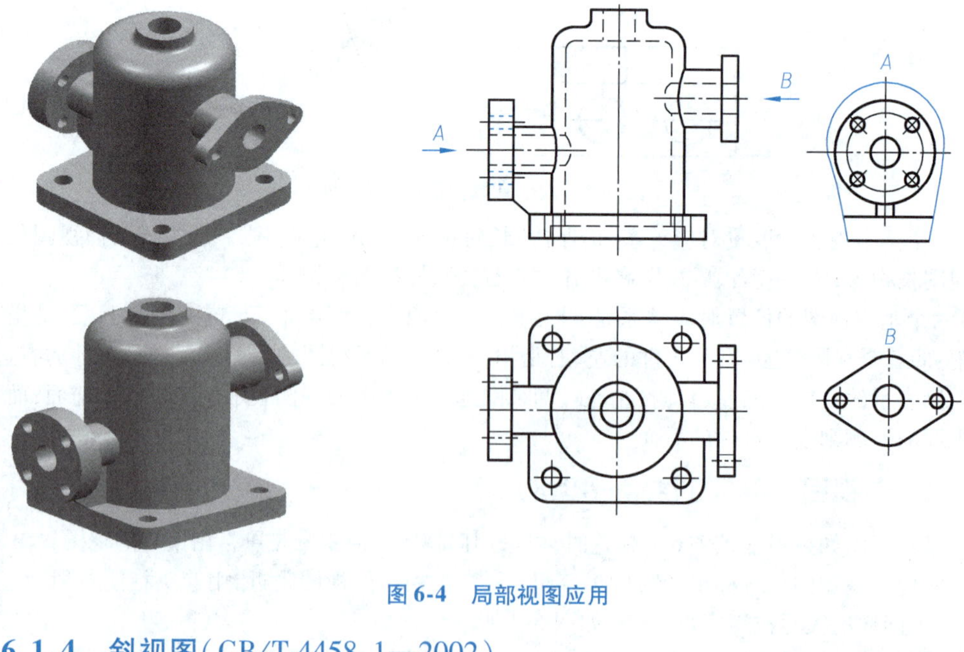

图 6-4　局部视图应用

6.1.4　斜视图(GB/T 4458.1—2002)

将机件向不平行于任何基本投影面的平面投射所得的视图称为斜视图。斜视图用来表达零件

视频
斜视图

上局部倾斜结构的真实形状。

图 6-5(a)为压紧杆的三视图，由于压紧杆的左下部对 H 和 W 面部是倾斜的，所以，俯视图和左视图都不反映它的实形。这样，图 6-5(a)中的三个视图不仅画图比较困难，而且表达得也不清楚，看图不方便。为了清晰地表达压紧杆的倾斜表面。可以如图 6-5(b)所示。设置一个平行于机件倾斜表面并垂直于某一基本投影面的新投影面，然后以垂直于倾斜表面的方向向新投影面投射，就得到反映它的实形的视图。

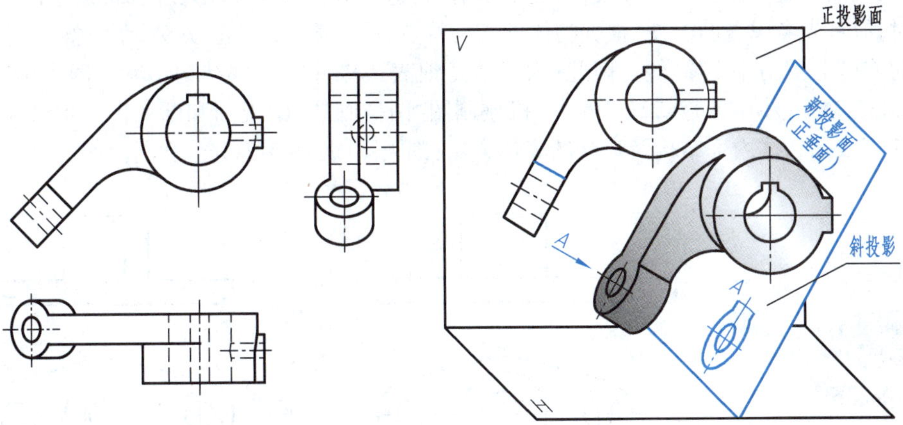

(a)　　(b)

图 6-5　压紧杆的三视图及斜视图的形成

斜视图的画法和标注规定如下：

(1)画斜视图时，必须在视图的上方用大写拉丁字母标注视图的名称"×"，在相应的视图附近用箭头指明投射方向，并注写相同的大写拉丁字母，如图 6-6(a)中的 A 视图。

(2)斜视图一般按投射关系配置[见图 6-6(a)]，必要时也可配置在其他适当位置。在不致引起误解时，允许将图形旋转(旋转角度应小于 90°)，标注形式为"×↶"或"↷×"，其中箭头称为旋转符号，它的方向代表旋转方向。表示该视图名称的大写拉丁字母应靠近旋转符号的箭头端，如图 6-6(b)中的"↷A"。

(3)斜视图一般只需要表达机件倾斜部分的形状，而不必画出其他部分的投影，倾斜结构的断裂边界用波浪线或双折线表示，如图 6-6 所示。如果所表示的倾斜结构是完整的，且外轮廓线又成封闭时波浪线或双折线可省略不画。

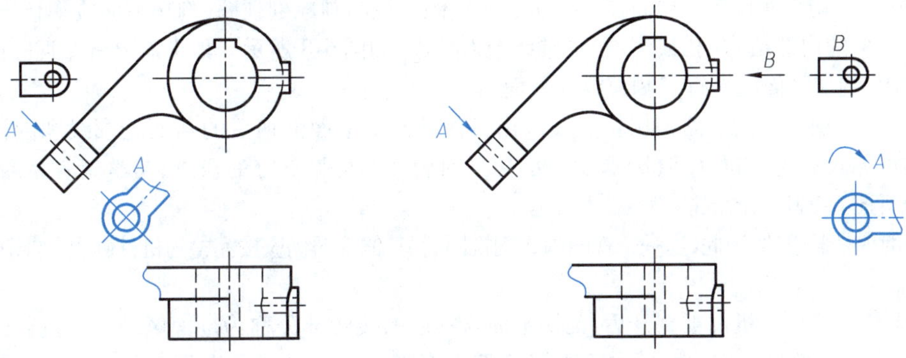

(a)　　(b)

图 6-6　压紧杆的斜视图和局部视图

视频

剖视图

6.2 剖 视 图

在视图中，表达机件的内部结构用虚线来表示，如图6-7(a)所示，当机件的内部结构比较复杂时，在视图上就会出现许多虚线，影响图形清晰，这样给看图和标注尺寸都带来不便。在绘制技术图样时，应首先考虑看图方便，根据物体的结构特点，选用适当的表达方法，在完整、清晰地表示物体形状的前提下，力求制图简便。因此，为了清楚地表达机件的内部结构形状。国家标准《技术制图 图样画法 视图》GB/T 17452—1998、《机械制图 图样画法 剖视图和断面图》GB/T 4458.6—2002中规定了表示物体内部结构及形状的表达方法：剖视图[见图6-7(b)]和断面图。

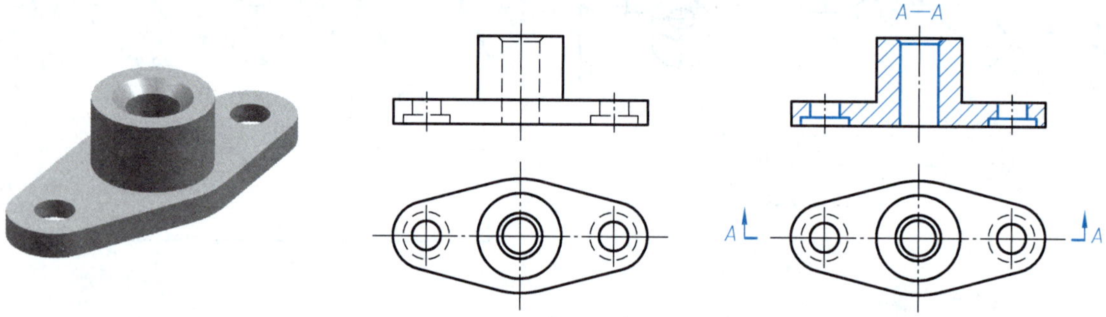

(a) 视图　　(b) 剖视图

图6-7　机件的视图

6.2.1　剖视图的概念

假想用剖切平面剖开机件，将处在剖切平面和观察者之间的部分移去，将其余部分向投影面投射所得的图形称为剖视图（简称剖视），如图6-8(a)所示。采用剖视后，机件内部不可见轮廓成为可见，用粗实线画出，这样图形清晰，就便于看图和标注尺寸了，如图6-8(b)所示。剖切面一般用平面，也可用曲面。

6.2.2　剖视图的画法

下面以图6-8为例说明画剖视图的步骤。

(1)确定剖切平面位置。要将图6-7所示机件的主视图画成剖视图，剖切平面应平行于正面，且尽量通过较多的内部结构（孔或沟槽）的轴线或对称面，如图6-8所示。如果需要将左视图或俯视图画成剖视图，剖切平面应平行于侧面或水平面。

(2)画剖视图。在剖视图中用粗实线画出机件被剖切平面剖切后的断面轮廓线和剖切平面后面机件的可见轮廓线，如图6-8(b)所示。剖切平面后面的可见部分的投影，初学者容易漏画，请读者认真分析图6-9中的情况。

由于剖视是假想的，因此，当一个视图画成剖视图后，其他视图仍应按完整的机件画出，如图6-8(b)俯视图所示。

(3)画剖面符号。机件被剖开后，剖切平面与物体的接触部分称为剖面区域。在机件的剖面区域内，应画上剖面符号。剖面区域内标注数字、字母等处的剖面线必须断开。各种材料的剖面符号见表6-1。金属材料的剖面符号应画成与水平线成45°的细实线。同一机件的各个剖视图上，剖面线的方向、间隔应完全一致。

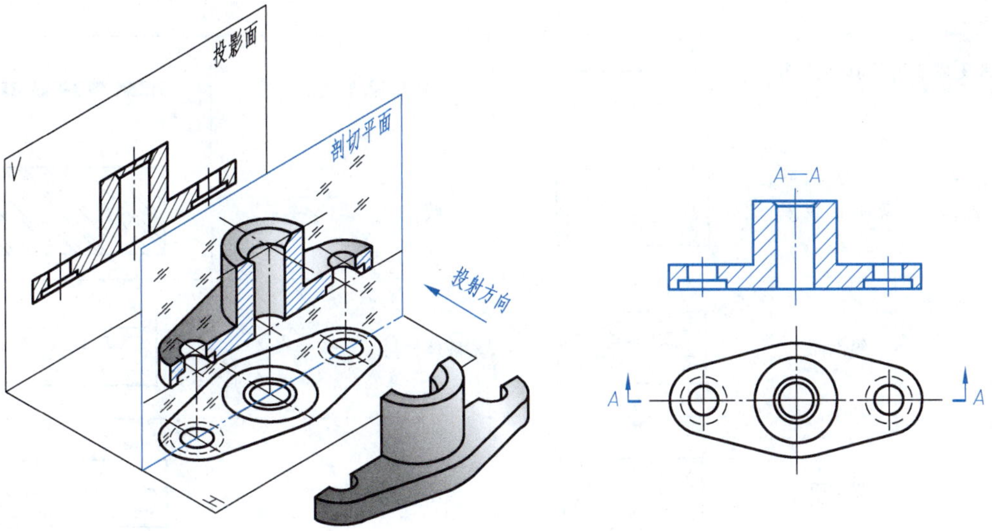

（a） （b）

图 6-8 剖视的概念和画法

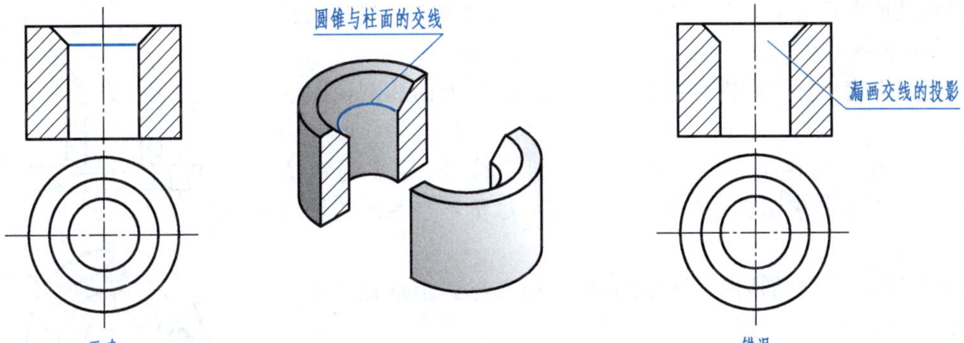

图 6-9 剖视图中不要漏画线

表 6-1 剖面符号

金属材料(已有规定剖面符号者除外)	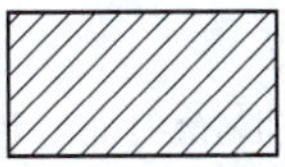	木质胶合板	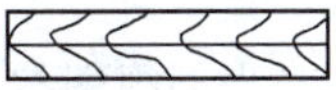
线圈绕组元件	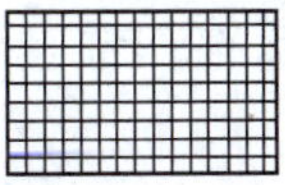	基地周围的泥土	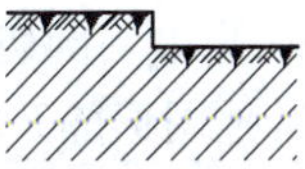
转子,电枢、变压器和电抗器等的叠钢片	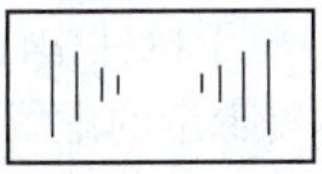	混泥土	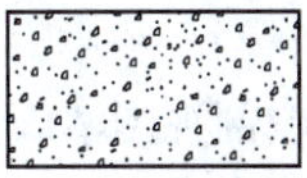
非金属材料(已有规定剖面符号者除外)		钢筋混凝土	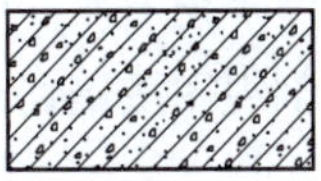

续上表

玻璃及观察用的其他透明材料	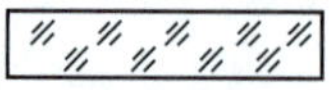	格网（筛网、过滤网等）	
型砂、填沙、粉末冶金、砂轮、陶瓷刀片、硬质合金刀片等	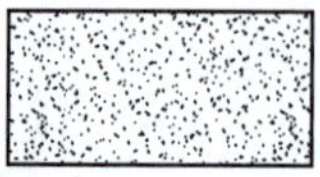	砖	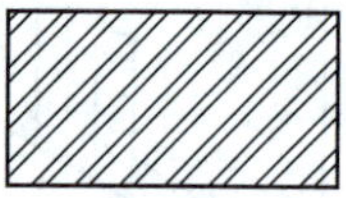
木材 纵剖面		液体材料	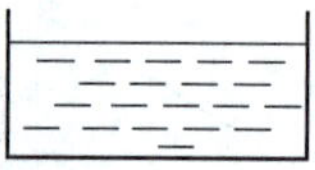
木材 横剖面		气体材料	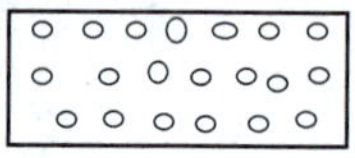

当图形中的主要轮廓线与水平成45°或接近45°时，该图形的剖面线应画成与水平成30°或60°的斜线，如图6-10所示，但其倾斜的趋势仍与其他图形的剖面线一致。

（4）剖视图的标注

①标注内容。标注的内容包括剖切位置、投射方向和剖视图的名称。

a. 剖切位置。在相应的视图上画出剖切符号（线宽为粗实线，线长5～7 mm）表示剖切位置。剖切符号尽量不与图形的轮廓线相交。

b. 投射方向。在剖切符号两端的外侧画出与其相垂直的箭头表示投射方向。

c. 剖视图的名称。在剖切符号旁标注大写拉丁字母“×”，并在剖视图的上方，用相同的大写拉丁字母标注出剖视图的名称“×—×”，如图6-8（b）中的*A*—*A*。

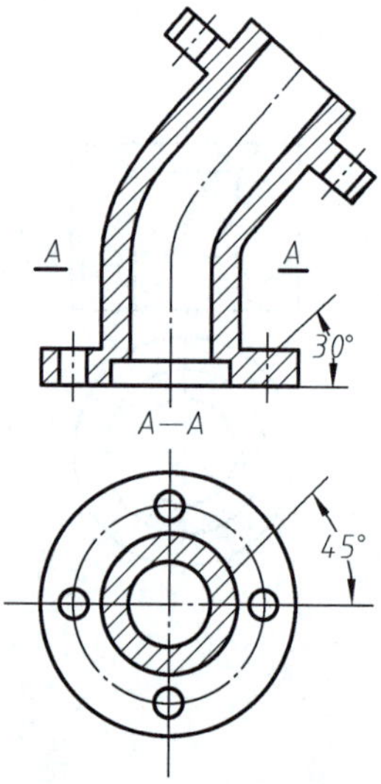

图6-10　通用剖面线的画法

②标注的省略。剖视图中应标注的内容在下列情况下可以省略：

a. 当剖视图按投影关系配置，中间又没有其他图形隔开时，可以省略箭头，如图6-10中的*A*—*A*。

b. 当单一剖切平面通过机件的对称平面或基本对称的平面，且剖视图按投影关系配置，中间又没有其他图形隔开时，可省略标注，如图6-9所示。

（5）剖视图中的虚线问题

在剖视图中，一般不画虚线，如图6-11（b）所示。但对于机件中尚未表示清楚的不可见结构，在不影响剖视图清晰又可减少视图数量的情况下，允许画出少量的虚线，如图6-12所示。

6.2.3　剖视图的种类

剖视图按剖切范围分为全剖视图、半剖视图和局部剖视图。

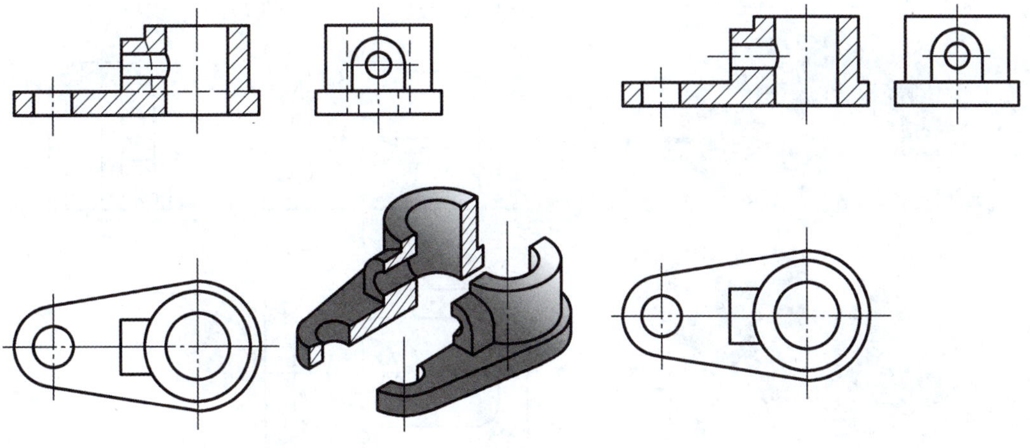

（a）不好　　　　（b）好

图 6-11 剖视图中一般不画虚线

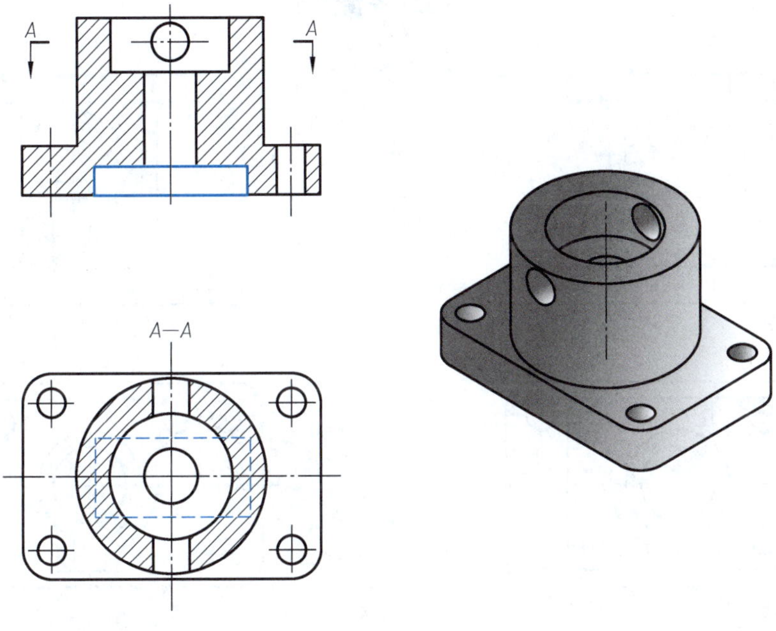

图 6-12 剖视图中的必要虚线

1. 全剖视图

用剖切面完全地剖开机件所得的剖视图称全剖视图。图 6-13 中的主、左视图都是用一个平行于投影面的剖切平面完全地剖开机件后得到的剖视图。

全剖视图应按规定标注。图 6-13(b) 中的主视图符合省略标注的规定，而左视图因其剖切平面不通过机件的对称面，因此标注了剖切位置及字母 *A—A*，该图只符合省略箭头的规定。

全剖视图适用于外形简单、内部结构复杂的机件。

视频

全剖视图

2. 半剖视图

当机件具有对称平面时，在垂直于对称平面的投影面上投射所得的图形，可以对称中心线为界，一半画成剖视，另一半画成视图，称为半剖视图，如图 6-14(b) 所示。视图用以表达机件外部结构形状，剖视用以表达机件内部结构形状。

视频

半剖视图

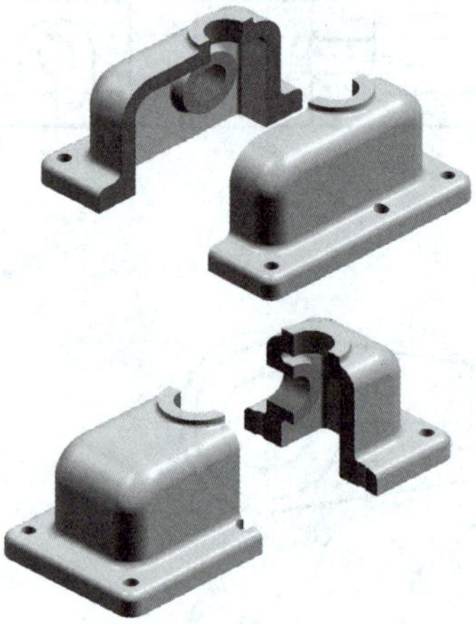

（a）3D 立体图

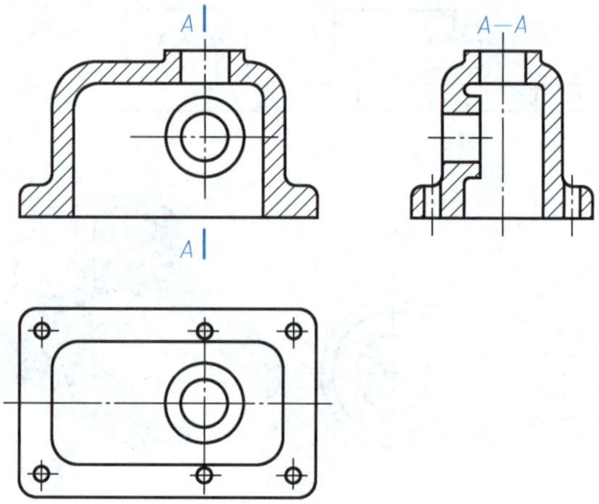

（b）剖视图

图 6-13　全剖视图

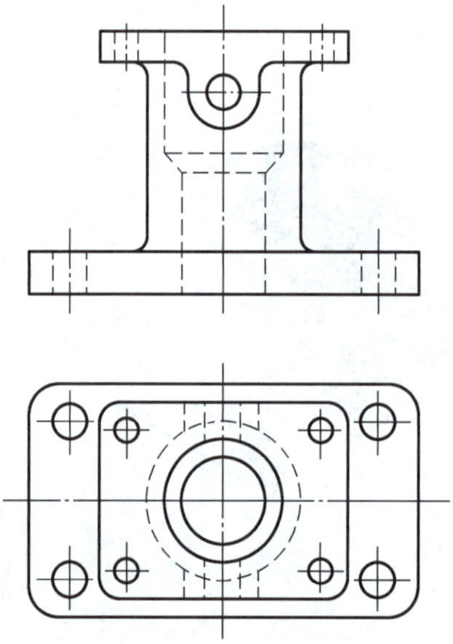

（a）视图

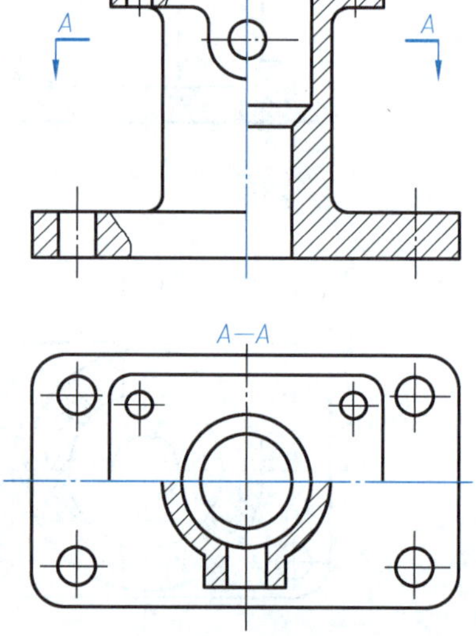

（b）半剖视图

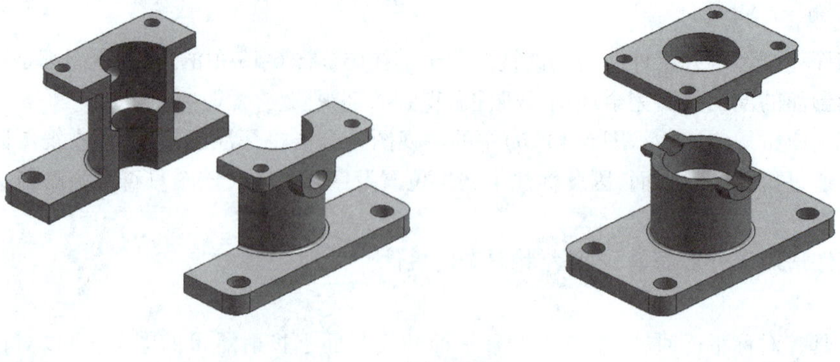

（c）立体图

图 6-14　半剖视图

图 6-14 中,如果主视图画成全剖视图,则顶板下凸台的形状就不能表达清楚:如果俯视图画成全剖视图,则长方形顶板及其上四个小孔的形状和位置也不能表达出来。图 6-14(b)中主、俯视图都画成半剖视图,兼顾了内、外形状的表达。

画半剖视图时应注意如下几点:

①半剖视图的视图部分和剖视部分的分界线要画成细点画线,不能画成粗实线。

②由于机件对称,机件的内部形状已在半剖视图中表达清楚。所以,在表达外形的另一半视图中虚线应省略不画。

③半剖视图的标注和全剖视图的标注方法完全相同,如图 6-14(b)中的 *A*—*A*。

半剖视图能同时表达机件的内、外结构,常用于内、外形状都需要表达的对称机件。如果机件的形状接近于对称,且不对称的部分已另有图形表达清楚时,也可以画成半剖视图,如图 6-15 所示。

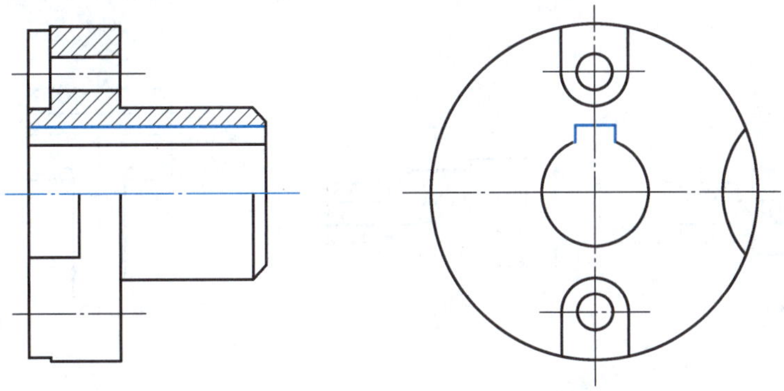

图 6-15　接近对称的机件的半剖视图

视频

局部剖视图

3. 局部剖视图

用剖切平面局部地剖开机件所得的剖视图称为局部剖视图。例如,图 6-16(b)中的主、俯视图都是用一个平行于投影面的剖切平面局部地剖开机件后所得到的剖视图。

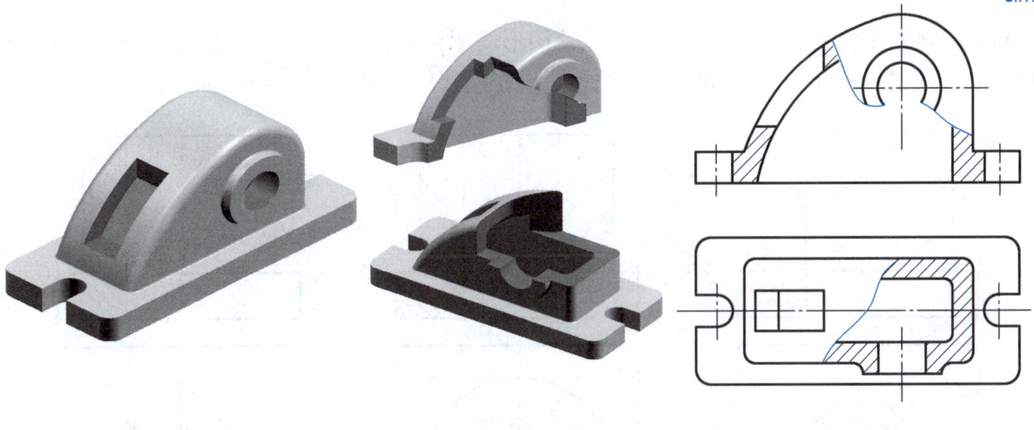

(a) 立体图　　(b) 局部剖视图

图 6-16　局部剖视图

画局部剖视图时,用波浪线表示剖切范围,波浪线代表机件断裂处的投影,因此,如遇孔、槽,波浪线不能穿空而过,也不能超出视图的轮廓线,如图 6-17(a)所示。波浪线不能画在其他图线的延长线上,如图 6-17(b)所示,也不要与图形中其他图线重合,如图 6-17(c)所示。当被剖切的局部结构为回转体时,允许将该结构的中心线作为局部剖视与视图的分界线,如图 6-17(d)所示。图 6-17(a)~图 6-17(c)列出了几种波浪线的错误画法及其改正。

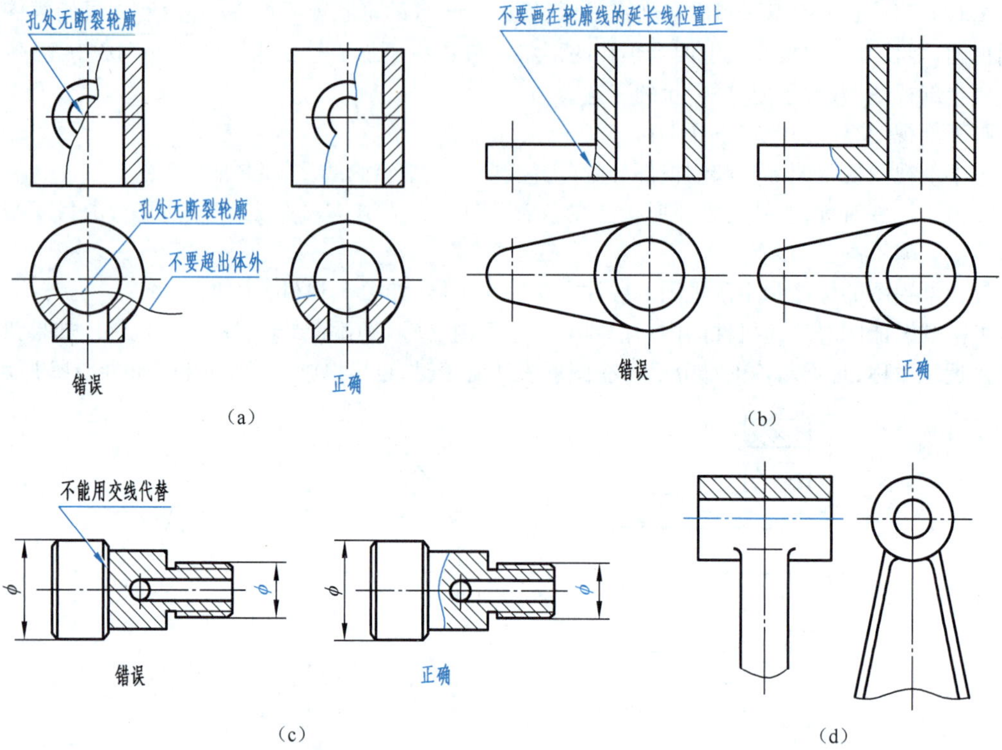

图 6-17　局部剖视图中波浪线画法的正误

局部剖视图一般适用于下列情况：

①不对称的机件，既需要表达其内部形状，又需要保留其局部外形，如图 6-16 所示。

②对称的机件，其图形的对称中心线正好与机件轮廓线的投影重合时，不宜采用半剖视图，如图 6-18 所示。

局部剖视图比较灵活，运用得恰当，可以使图形简明清晰，但在同一个视图中，局部剖视的数量不宜过多，否则会使图形过于破碎。剖切位置明显时局部剖视图可以省略标注。

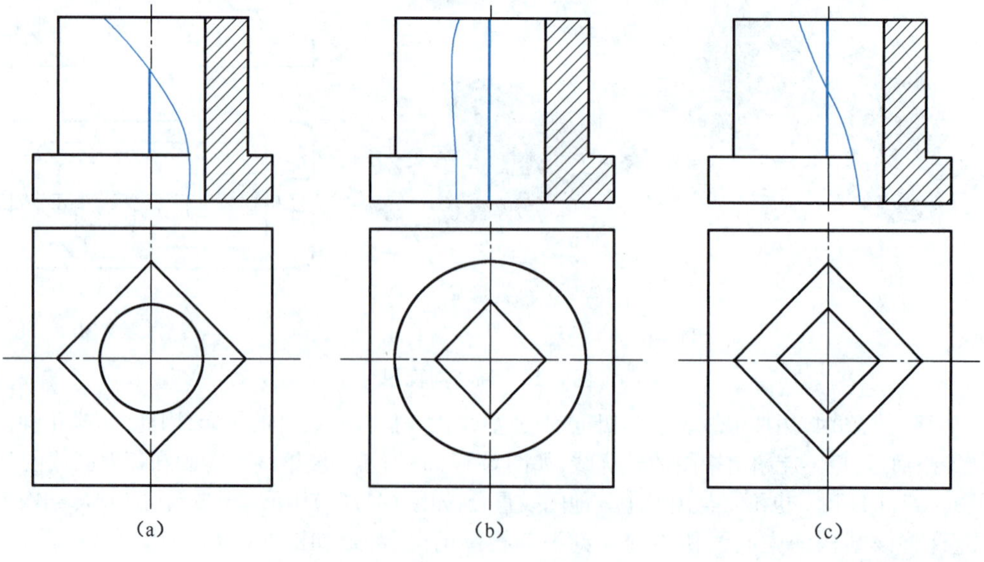

图 6-18　局部剖视图的几种形式

6.2.4 剖切面的形式及常用的剖切方法

由于机件的结构形状不同，画剖视图时，应采用不同的剖切方法。可用单一剖切面剖开机件，也可用两个或两个以上的剖切面剖开机件，剖切面可以为平面或曲面。剖切面一般平行于基本投影面，但也可倾斜于基本投影面。下面分别介绍每种剖切面的使用条件及其剖视图画法。

视频 单一剖切面

1. 单一剖切面

(1)平行于某一基本投影面的单一剖切平面

前面所接触到的几种剖视图均采用平行于某一基本投影面的单一剖切平面剖开机件后所画的剖视图。

(2)不平行于任何基本投影面的单一剖切平面(单一斜剖切平面)

对于机件上的倾斜内部结构，可用一个平行于倾斜内形且垂直于某一基本投影面的剖切平面进行剖切。如图6-19中的 *A*—*A* 全剖视图。采用此种方法画出的剖视图必须标注出其剖切位置、投射方向和视图名称。要注意，注写的字母必须水平书写，如图6-19所示。

采用单一斜剖切平面剖开机件所画出的剖视图，其图形位置的配置与斜视图类似，即一般按投影关系配置，必要时可以配置在其他适当的位置，如图6-19所示。在不致引起误解时，允许将图形旋转，但需加注旋转符号，如图6-19中的“*A*—*A*↶”。

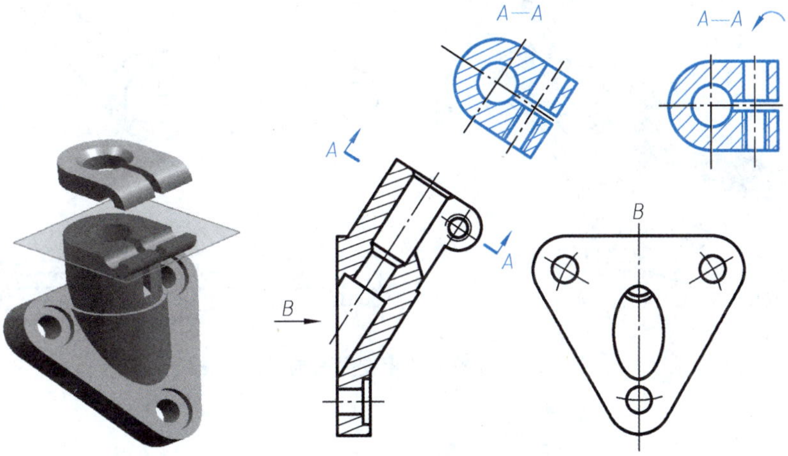

图6-19 单一斜剖切平面获得的剖视图的画法

视频 几个相交的剖切平面

2. 几个相交的剖切平面(交线垂直于某一基本投影面)

采用几个相交的剖切平面剖开机件画剖视图时，先假想按剖切位置剖切开机件，然后将倾斜剖切平面切着的结构及其有关部分绕两剖切平面交线(旋转轴)旋转到与选定的投影面平行后再进行投射，如图6-20所示。

这种剖切方法通常适用于具有较明显回转轴的机件，画剖视图时，剖切平面后的其他结构一般仍按原来的位置绘制，如图6-21所示机件上的油孔的投影。

视频 几个平行的剖切平面

采用几个相交的剖切平面剖开机件画出的剖视图必须标注，在剖切平面的起、讫和转折处画出剖切符号，注写字母，并用箭头指明投射方向。在剖视图的上方用相同的字母标注剖视图的名称，如图6-21所示。当转折处地位有限，又不致引起误解时，允许省略字母。表示投射方向的箭头应与剖切符号垂直。

3. 几个平行的剖切平面

当机件上有较多的内部结构形状，而它们的轴线又不在同一平面内，这时可用几个互相平行的剖切平面将机件剖开，如图 6-22 所示。

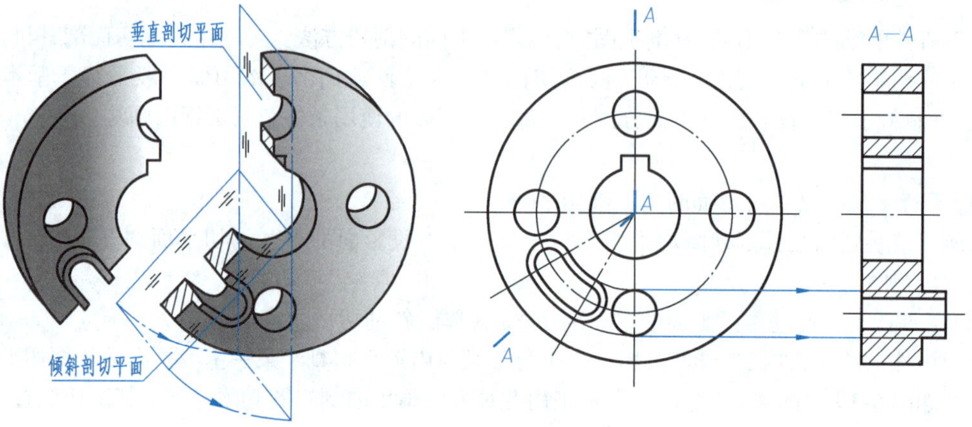

图 6-20　两相交平面剖视图的画法

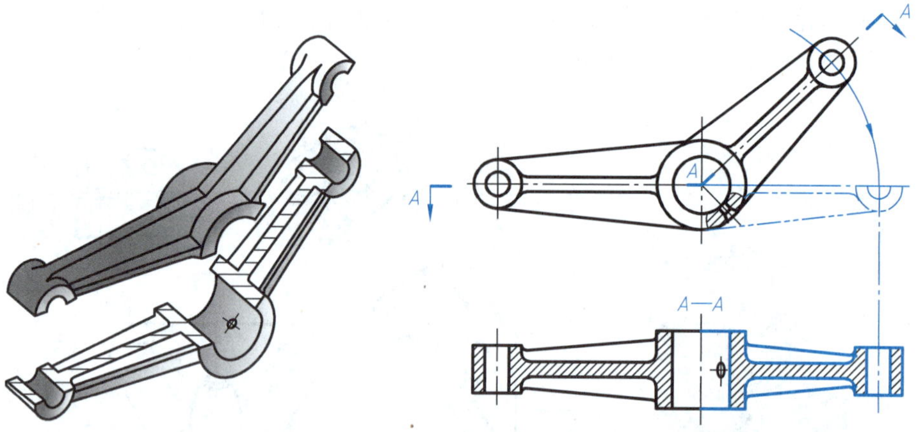

图 6-21　杠杆的两相交平面剖切的画法

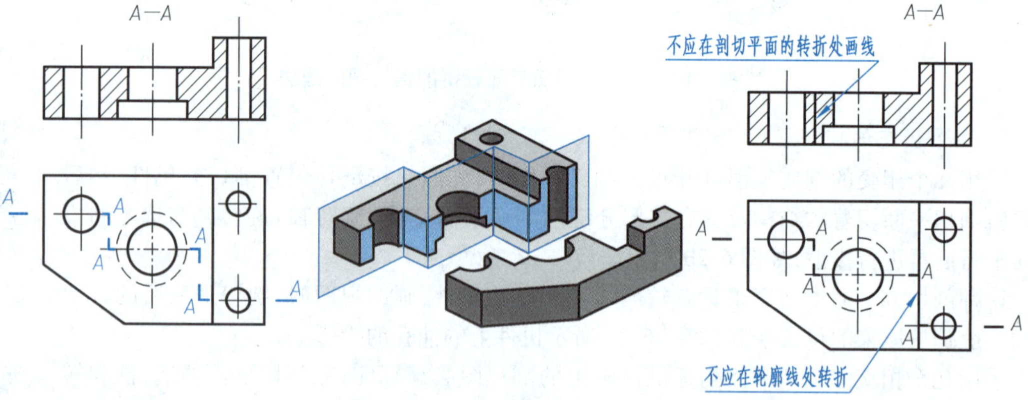

（a）正确的平行剖切画法　　（b）剖切模型　　（c）错误的平行剖切画法

图 6-22　几个平行的剖切平面剖切视图的画法

这种剖视图的标注方法为，在剖切平面的起、讫和转折处画出剖切符号，注写字母，并用箭头指明投射方向，在剖视图的上方用相同的字母标注剖视图的名称。

采用几个平行的剖切平面剖开机件画出剖视图时应注意以下几点：

①在剖视图中，不应画出两个剖切平面转折处的投影，如图 6-22(c)中主视图所示。

②剖切平面转折处不应与图上的轮廓线重合，如图 6-22(c)中俯视图所示。

③在剖视图中不应出现不完整要素，如图 6-23(b)所示。只有当两个要素在图形上具有公共对称中心线或轴线时，可以各画一半，此时应以对称中心线或轴线为界，如图 6-24 所示。

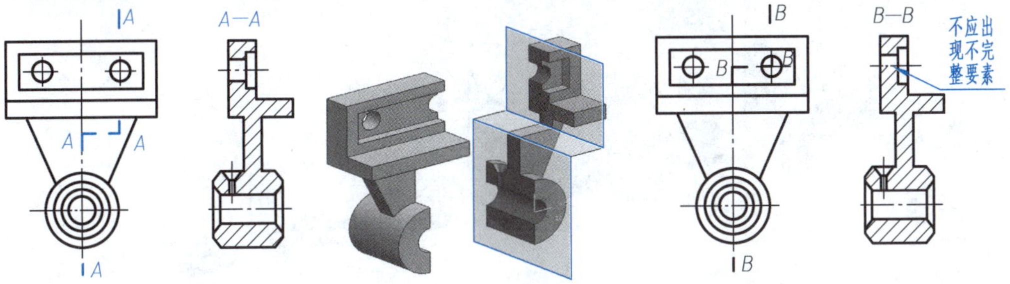

(a) 正确　　(b) 错误

图 6-23　悬吊轴承剖切的画法

4. 组合剖切面

是单一剖切面、几个相交的剖切平面、几个平行剖切平面的组合。当机件的内部结构形状较多，用相交的剖切平面或平行的剖切平面仍不能表达完全时，可以采用组合剖切面剖开机件。图 6-25 中的 *A—A* 就是用组合剖切面剖开机件的方法画出的全剖视图。此种剖视图要把剖切位置、投射方向和剖视图名称全部标注出来。

视频
组合剖切面

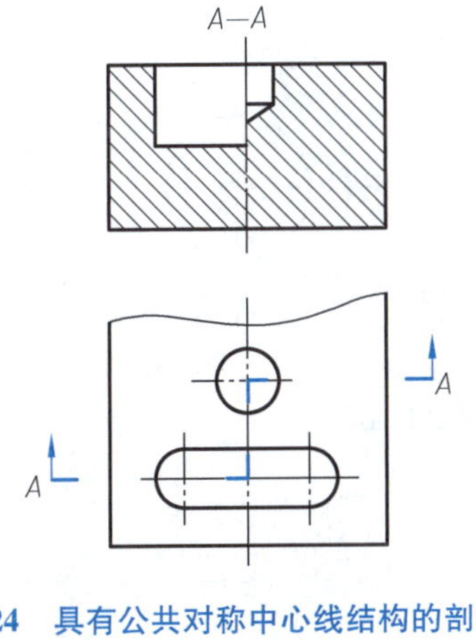

图 6-24　具有公共对称中心线结构的剖切画法

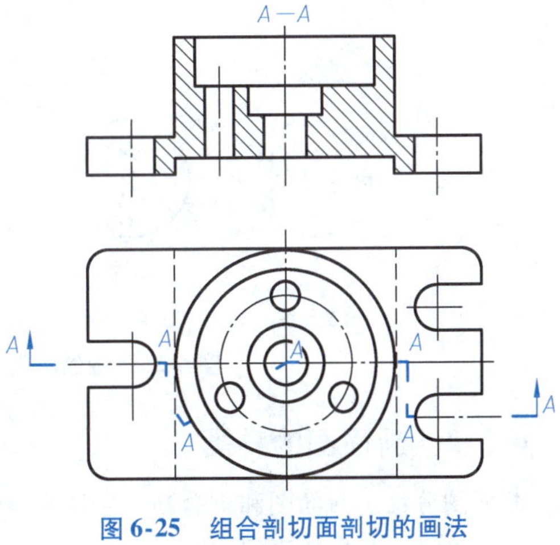

图 6-25　组合剖切面剖切的画法

视频
断面图

6.3 断　面　图

6.3.1　基本概念

假想用剖切平面将机件某处剖开，仅画出该剖切平面与机件接触部分的图形，称为断面图，简称断面，如图 6-26 所示。国家标准(GB/T 4458.6—2002)规定了断面图的表达方法。

图 6-26(b)是一根轴的视图。为了得到具有键槽和孔轴段断面的清晰形状，可如图 6-26(a)所

示，假想在键槽、盲孔和通孔处用垂直轴线的剖切平面将轴切开，画出如图 6-26（c）~图 6-26（e）所示的 3 个断面图。

对比图 6-26（c）~图 6-26（f）可知，断面图和剖视图的区别在于：断面图仅画出机件的断面形状，而剖视图则是将机件处在观察者与剖切平面之间的部分移去后，除了断面形状外、还要画出剖切面后机件留下的可见部分的投影。正因如此，在一些机件的表达中，采用断面图比剖视图更显得简洁。

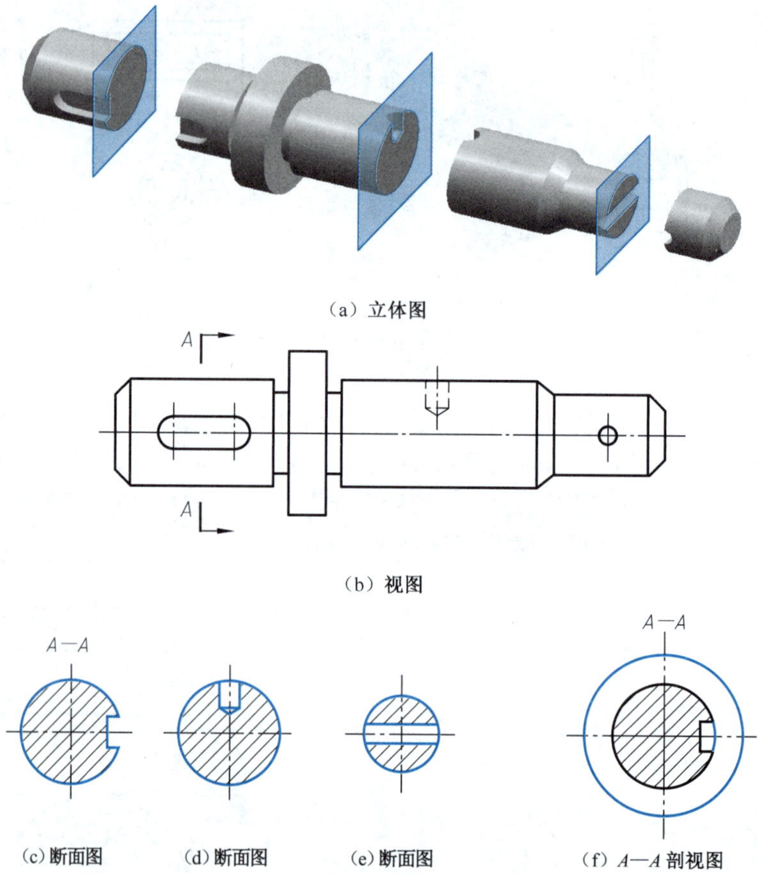

图 6-26　轴的断面图，断面图与剖视图的区别

6.3.2　断面图的种类

断面图分移出断面图和重合断面图两种。

1. 移出断面图

视频
移出断面图

画在视图轮廓线之外的断面图称为移出断面图，如图 6-27 和图 6-28 所示。

（1）移出断面图的画法

移出断面图的画法如下：

①移出断面图的轮廓线用粗实线绘制，同时画上剖面符号，剖面线方向与间隔应与原视图保持一致，如图 6-27（b）所示。

②当断面图形对称时，断面图可画在视图的中断处，如图 6-28 所示。

③移出断面图应尽量配置在剖切符号或剖切线（用细点画线表示）的延长线上，如图 6-27（a）所示。必要时可配置在其他位置，如图 6-27（b）和图 6-30（b）所示。在不致引起误解时，允许将图形旋转，但必须用旋转符号注明旋转方向，如图 6-30（a）所示。

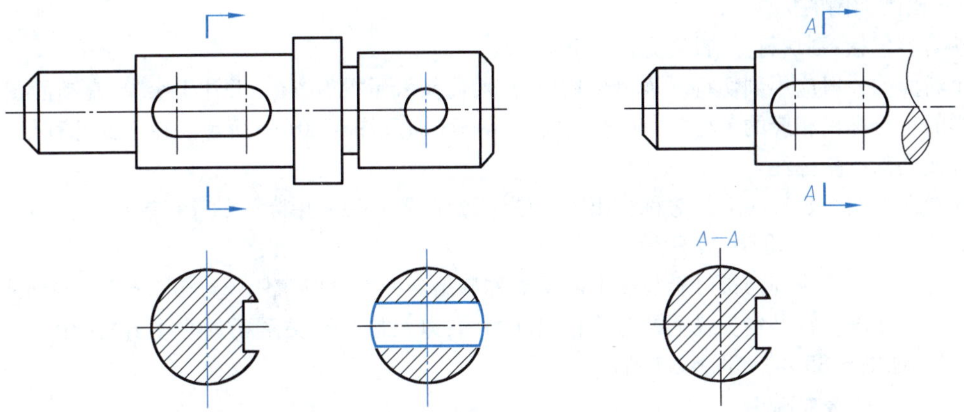

（a）移出断面图配置在剖切符号或剖切位置延长线上　　（b）移出断面图不配置在剖切符号的延长线上

图 6-27　移出断面图

④当剖切平面通过回转面形成的孔或凹坑轴线时．这些结构的断面图按剖视图绘制，即画成闭合图形，如图 6-27(a)和图 6-30(b)所示。

⑤当剖切平面通过非圆孔，会导致出现完全分离的断面时，这些结构的断面图按剖视图绘制，如图 6-30(a)所示。

⑥由两个或多个相交剖切平面剖切得到的移出断面图，中间应断开，每个剖切平面都应垂直于所需表达机件结构的主要轮廓线或轴线，如图 6-29 所示。

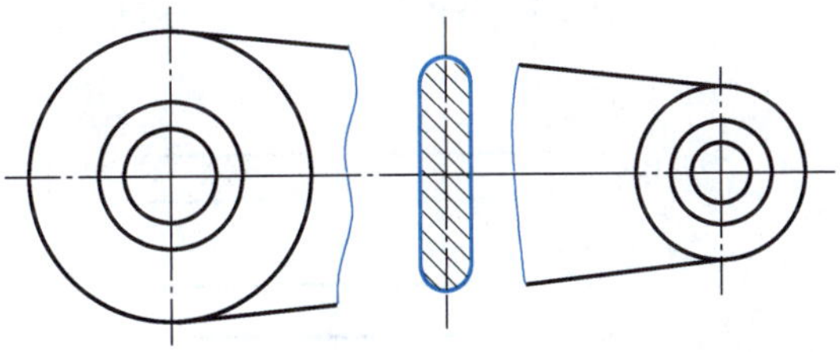

图 6-28　移出断面图画在中断处

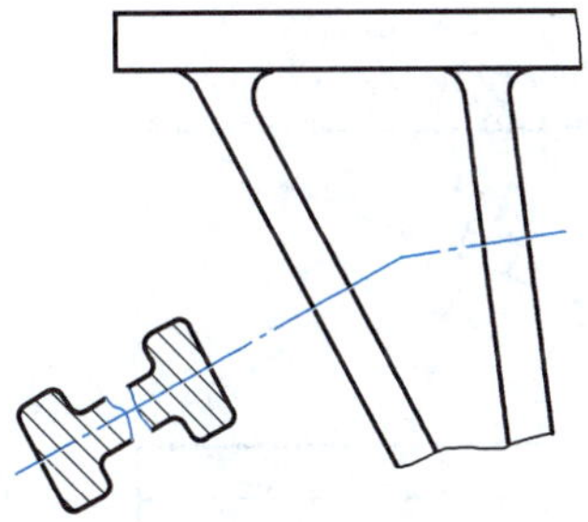

图 6-29　相交两剖切平面得到的断面图，中间一般应断开

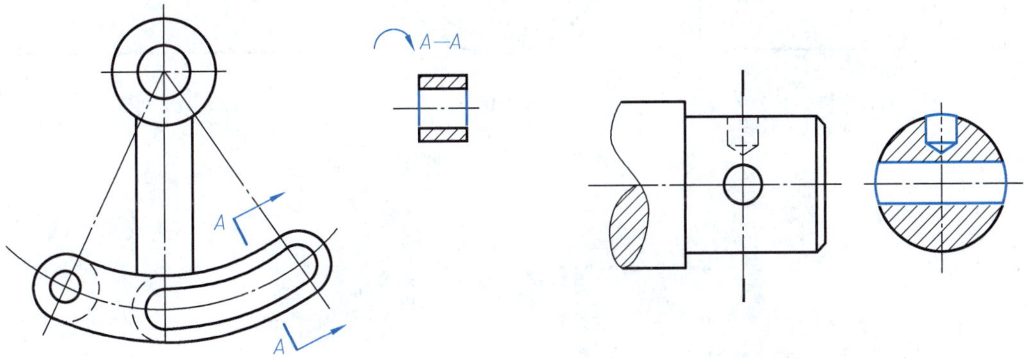

（a）断面图旋转　　（b）剖切平面通过回转面的轴线

图 6-30　按剖视图绘制的移出断面图

（2）移出断面图的标注

标注内容包括：剖切符号、投射方向、字母。

移出断面图一般应用剖切符号表示剖切位置，用箭头表示投射方向，并注上字母，在断面图上方应用同样的字母标出相应的名称“×—×”。如图6-27（b）和图6-30（a）所示。在下面几种情况下，可以部分或全部省略标注。

①配置在剖切线延长线上的对称移出断面图，以及配置在视图中断处的移出断面图，不需标注，如图6-27（a）、图6-28和图6-29所示。

②配置在剖切线或剖切符号延长线上的不对称移出断面图，可省略字母，如图6-27（a）所示。

③不配置在剖切符号延长线上的对称移出断面图，以及按投影关系配置的移出断面图，可省略箭头和字母，如图6-36（b）和图6-34所示。

视频

重合断面图

2. 重合断面图

画在视图轮廓线内的断面图称为重合断面图，如图6-31所示。

（1）重合断面图的画法

重合断面图的轮廓线用细实线绘制，同时画上剖面符号。当视图中的轮廓线与重合断面图形重叠时，视图中的轮廓线应连续画出，不可间断［见图6-31（b）、图6-31（c）］。肋板的重合断面可以仅画出一部分，如图6-31（a）所示。

（2）重合断面图的标注

标注内容包括：剖切符号、投射方向、字母。

对称的重合断面不必标注剖切位置和断面图的名称，如图6-31（a）、图6-31（b）所示；配置在剖切符号上的不对称重合断面，不必标注字母，但仍要在剖切符号处画上箭头，如图6-31（c）所示。

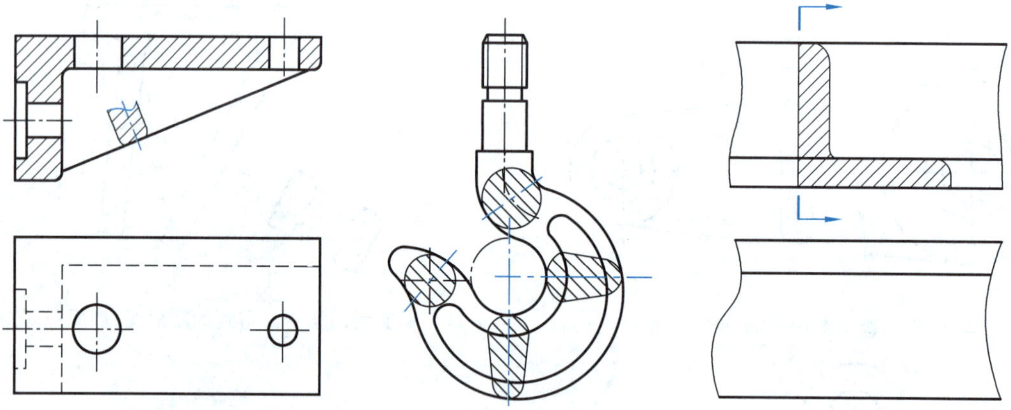

（a）支架　　（b）吊钩　　（c）角钢

图6-31　重合断面

6.4　其他表达方法

6.4.1　局部放大图（GB/T 4458.1—2002）

将图样中所表示机件上的部分结构，用大于原图形所采用的比例画出的图形，称为局部放大图。

局部放大图常用来表达机件上在视图中表达不清楚或不便于标注尺寸和技术要求的一些细小结构，如轴上的退刀槽、端盖内的槽等。

画局部放大图的注意事项：

①局部放大图可以画成视图、剖视图和断面图，它与被放大部分的表达方法无关，且比例仍然是图形与实物相应要素的线性尺寸之比。

②局部放大图应尽量配置在被放大部位的附近，如图6-32所示。

③画局部放大图时，应用细实线圈出被放大部分。同时有几处部位被放大时，必须用罗马数字依次标明被放大部位，并在局部放大图的上方中间标注出相应的罗马数字和采用的比例。如图6-32所示，罗马数字与比例之间的横线用细实线画出。

视频
局部放大图

④当机件上仅有一个需要放大的部位时，在局部放大图上只需标注采用的比例即可。

⑤局部放大图与整体联系的部分用波浪线画出，若原图形与放大图均画剖视，则剖面线不仅方向要相同，而且间隔也要相同（间隔尺寸不放大）。

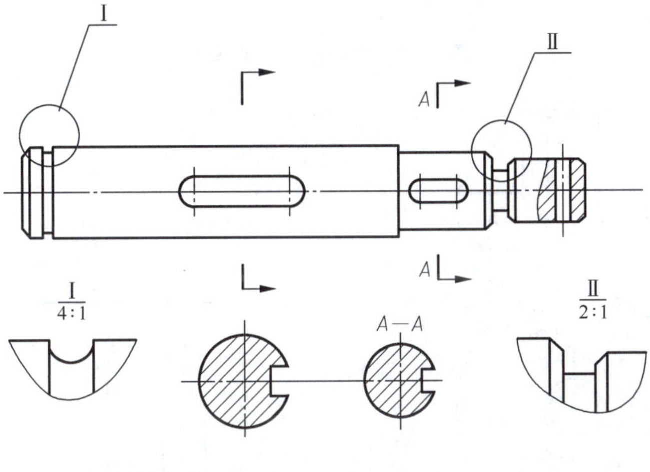

图6-32　局部放大图

视频
薄壁件纵剖

6.4.2　简化画法和其他规定画法（GB/T 16675.1—2012、GB/T 4458.1—2002）

简化画法是对零件的某些结构图形表达方法进行简化，使图形既清晰又简单易画，以下为国家标准规定的一些简化画法与其他规定画法。

①机件上的肋、轮辐及薄壁，如按纵向剖切，这些结构不画剖面符号，但要用粗实线将它与邻接部分分开（不画出表面交线）。如图6-33所示的*A*—*A*剖视中肋的简化画法。当剖切平面垂直于肋剖切时，则肋的断面必须画出剖面符号，如图6-33所示的*B*—*B*剖视图。

视频
回转体上均布孔等剖切

②在不致引起误解的情况下，零件图中的移出断面允许省略剖面线，但剖切标注仍按规定画出。

③当零件回转体上均匀分布的肋、轮辐、孔等结构不处于剖切平面上时，可将这些结构旋转到剖切平面上画出，如图6-34所示。

④当机件具有若干相同结构（齿、槽等），并按一定规律分布时，只需画出几个完整的结构，其余用细实线连接，但在图中必须标明该结构的总数，如图6-35所示。

视频
其他简化画法

⑤当零件上有若干直径相同且成规律分布的孔（圆孔、螺孔、沉孔等）时，可以仅画出一个或几个，其余只需用点画线表示其中心位置，但在图中应注明孔的总数，如图6-36所示。

⑥网状物、纺织物或机件上的滚花部分，可在轮廓线附近用粗实线示意画出，并在零件

图上或技术要求中注明这些结构的具体要求，如图 6-37 所示。

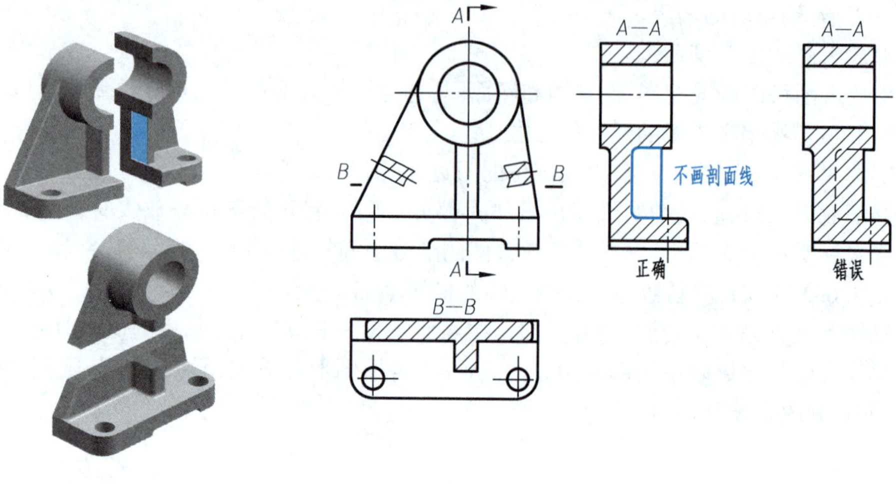

图 6-33　剖视图中肋的画法

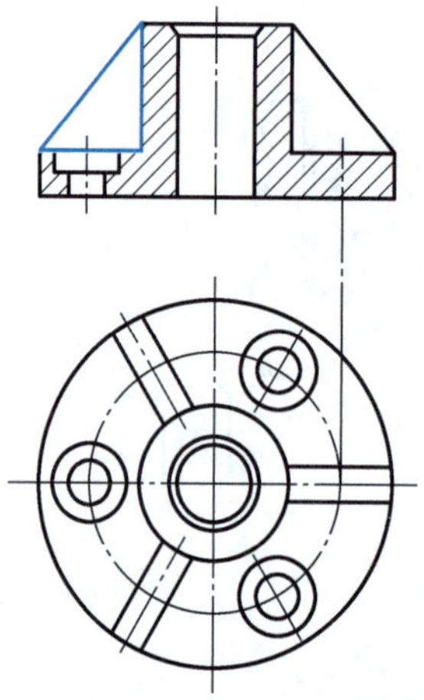

图 6-34　均匀分布的肋、孔的简化画法

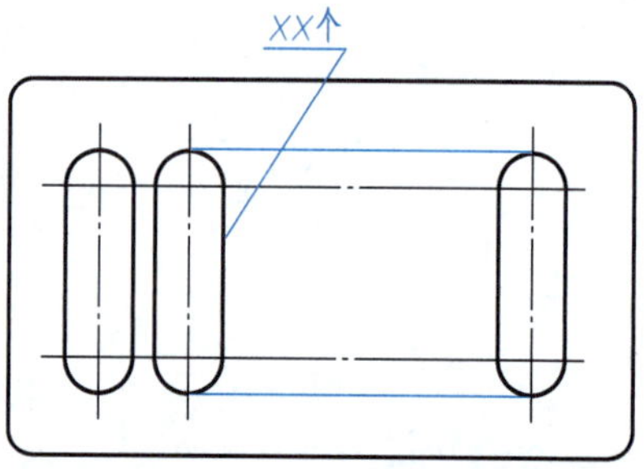

图 6-35　相同结构的表达方法

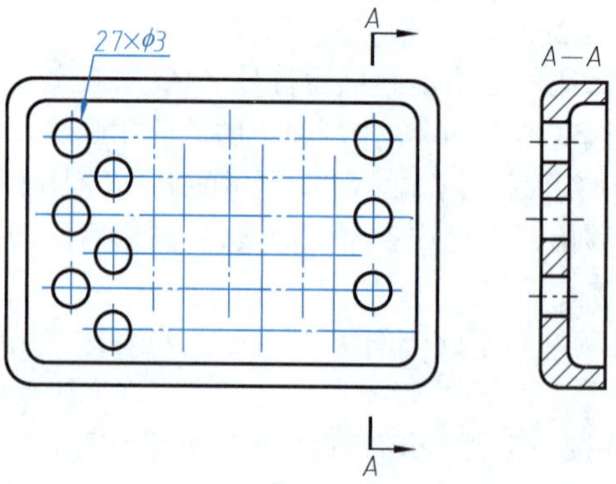

图 6-36　按规律分布的孔的表达方法

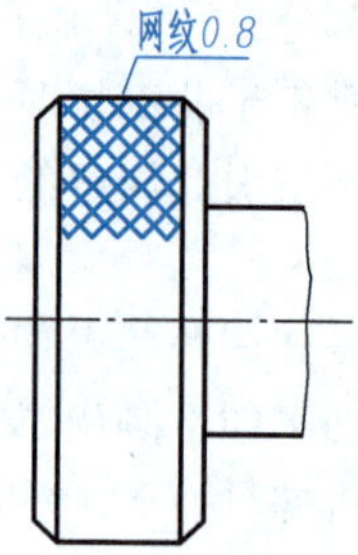

图 6-37　滚花的表达方法

⑦机件上较小的结构所产生的截交线、相贯线，如果在一个图形中已表示清楚，则在其他图形中可以简化或省略，如图 6-38 所示。

⑧零件上对称结构的局部视图,可单独画出该结构的图形,如图 6-38(b)所示键槽的局部视图。

⑨对于机件上斜度不大的结构,如在一个图形中已经表达清楚,则其他图形可以只按小端画出,如图 6-39 所示。

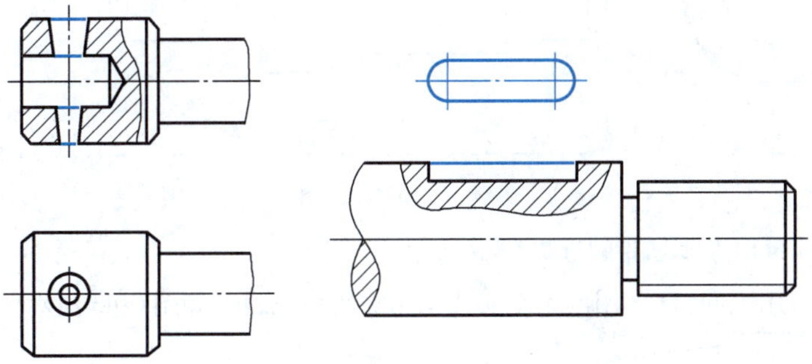

(a) 简化相贯线　　(b) 简化截交线和相贯线

图 6-38　较小结构的简化画法

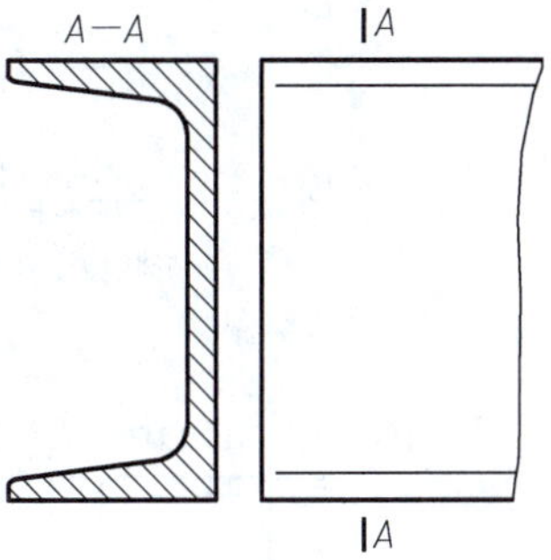

图 6-39　小斜度结构的简化画法

⑩在不致引起误解时,机件的小圆角、锐边的小圆角或 45°小倒角允许省略不画,但必须注明尺寸或在技术要求中加以说明,如图 6-40 所示。

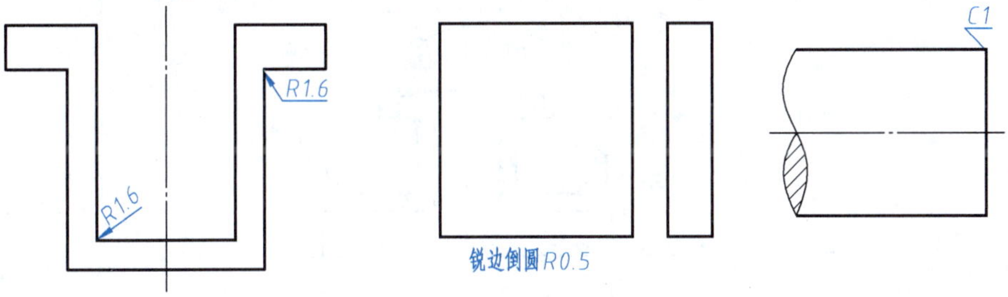

图 6-40　小圆角、小倒圆或 45°小倒角的简化画法

⑪在不致引起误解时,对于对称机件的视图,可以只画一半或四分之一,并在对称中心线的两端画出两条与其垂直的平行细实线,如图 6-41 所示。

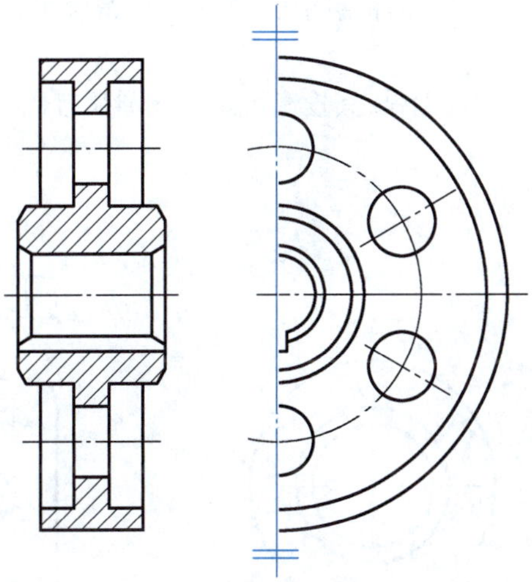

图 6-41　对称机件视图的简化画法

⑫较长的机件(轴、杆、型材、连杆等)沿长度方向的形状一致或按一定规律变化时,允许断开后

缩短绘制，但必须按机件原来的实际长度标注尺寸，如图 6-42 所示。

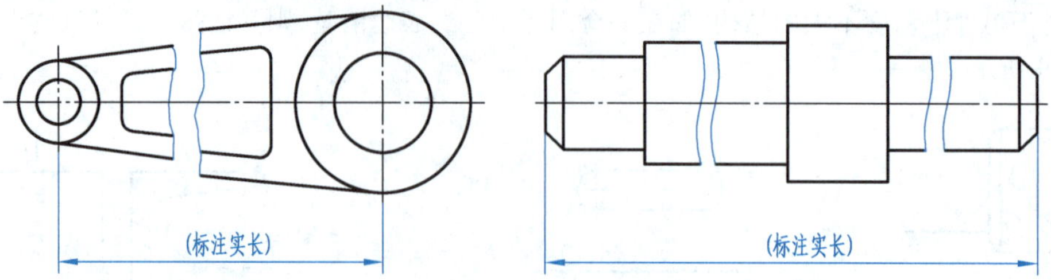

（a）形状按一定规律变化　　（b）形状一致

图 6-42　较长机件的折断简化画法

⑬当图形不能充分表达平面时，可用平面符号（用两条细实线画出对角线）表示，如图 6-43 所示。

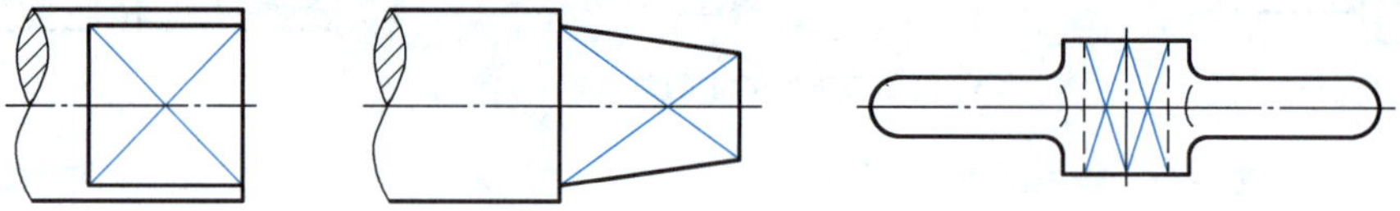

图 6-43　用符号表示平面

⑭零件法兰盘上均匀分布圆周上直径相同的孔，可按图 6-44 所示的方法表示。

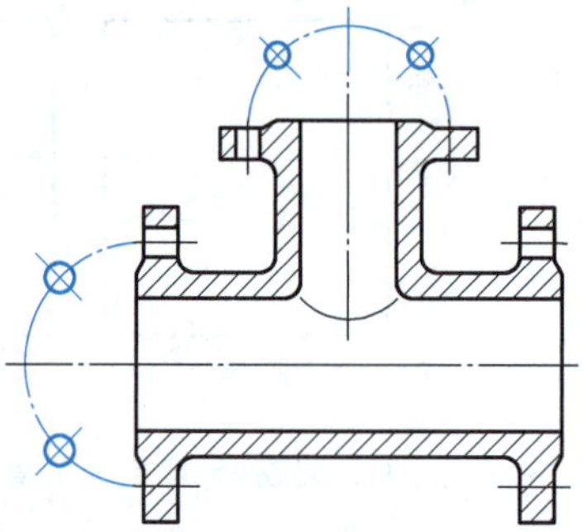

图 6-44　法兰盘上均匀分布圆周上直径相同的孔

⑮在需要表示位于剖切平面前的零件结构时，这些结构按假想投影的轮廓线（细双点画线）绘制，如图 6-45 所示。

⑯与投影面倾斜小于 30°的圆或圆弧，其投影可用圆或圆弧替代，如图 6-46 所示。

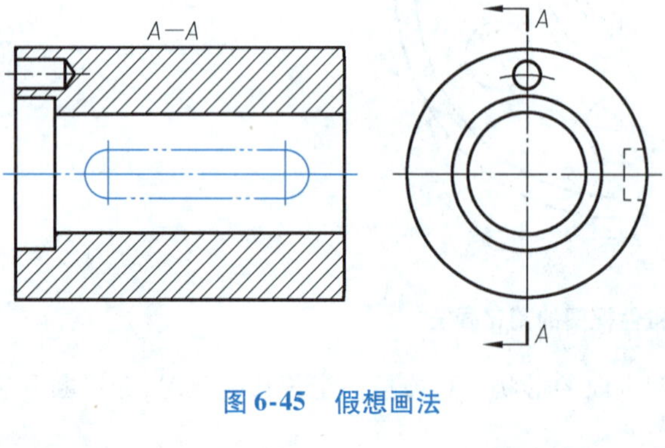

图 6-45　假想画法

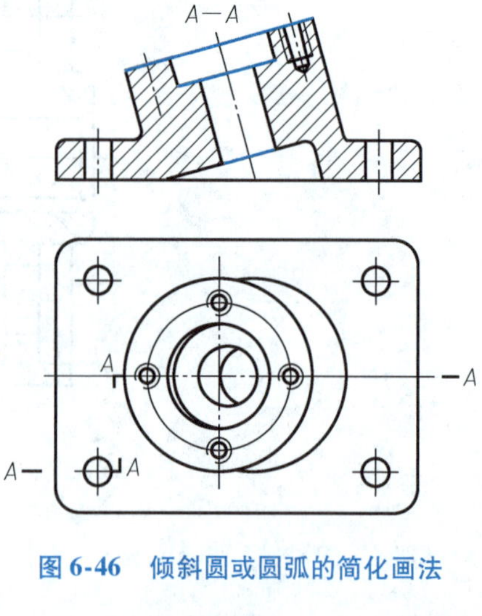

图 6-46　倾斜圆或圆弧的简化画法

视频

第三角投影

6.5　第三角投影

目前，世界各国的工程图样有两种画法：第一角投影画法和第三角投影画法。有些国家采用第一角投影画法，如我国、英国、德国和俄罗斯等，有些国家采用第三角投影画法，如美国、日本等。为了适应国际技术交流的需要，下面对第三角投影画法作简单介绍。

6.5.1　第三角投影法

如图6-47所示，两个互相垂直的投影面 V 和 H，把空间分成四个分角Ⅰ、Ⅱ、Ⅲ、Ⅳ。机件放在第一分角表达，称为第一角画法；机件放在第三分角表达，称为第三角画法。

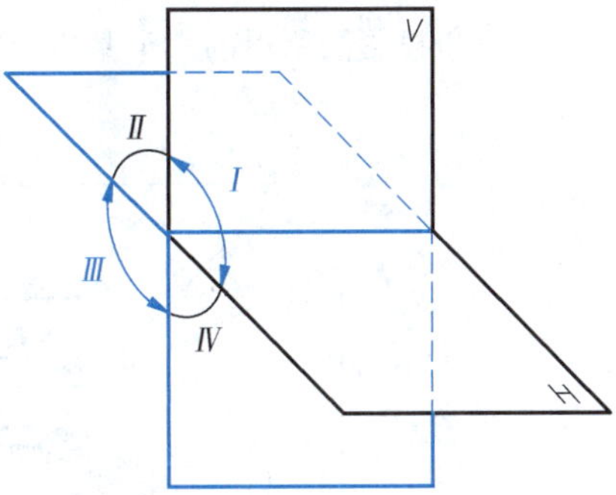

图6-47　四个分角

6.5.2　第三角投影法与第一角投影法的比较

第一角投影法是将所画机件置于观察者与投影面之间，保持观察者—机件—投影面的相对位置关系，并用正投影法来绘制的机件图样，如图6-48(a)所示。第三角投影法是将所画机件放在第三

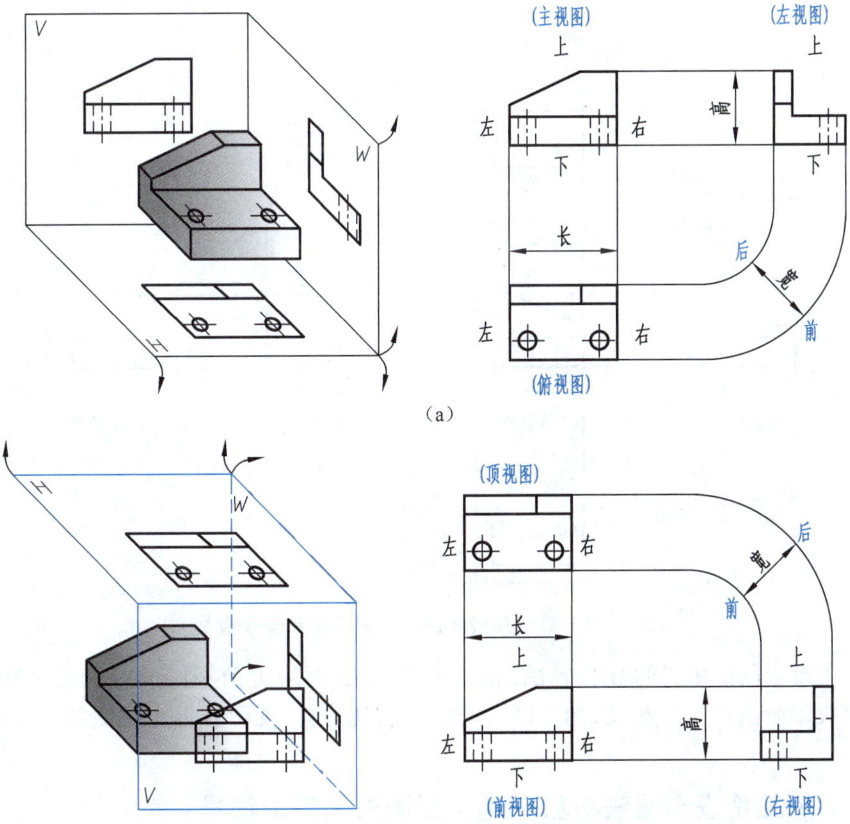

(a)

(b)

图6-48　第一角投影及第三角投影的比较

分角中，并使投影面（假设投影面使透明的）处于观察者与机件之间，保持观察者—投影面—机件的相对位置关系，也用正投影法来绘制的机件图样，如图 6-48（b）所示。

用第三角投影法绘制的图样与第一角投影法一样，都是采用正投影法，展开投影面时，都是规定保持 V 面不动，分别把 H、W 面各自绕它们与 V 面的交线旋转 90°，与 V 面展开成一个平面。因此，正投影法的规律，包括三投影的对应关系，如“三等”关系等，对两者都完全适用，这是它们的共同点。

用第三角投影法所得的六个基本视图的展开及配置如图 6-49 所示。

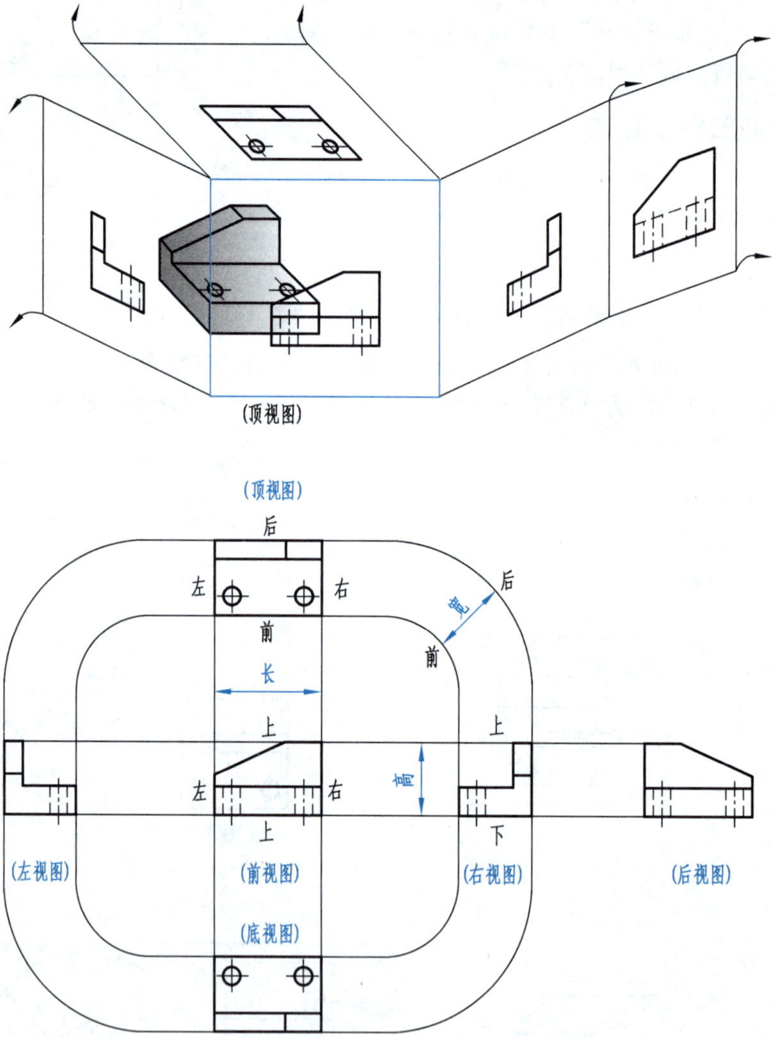

图 6-49　第三角投影法基本视图的展开及配置

在第三角投影画法中，顶视图、底视图、右视图、左视图靠近前视图的一边表示物体的前面；而在第一角投影画法中正好相反，俯视图、仰视图、右视图、左视图靠近主视图的一边表示物体的后面。

6.5.3　第三角投影画法与第一角投影画法的识别符号

工程技术中可以采用第一角投影画法，也可采用第三角投影画法。按 GB/T 14692—2008 规定，当采用第一角画法时，一般不画出第一角画法的识别符号，必要时可画出如图 6-50（a）所示的第一角画法的识别符号。采用第三角画法时,必须在图纸标题栏中画出如图6-50(b)所示的第三角画法的识别符号。

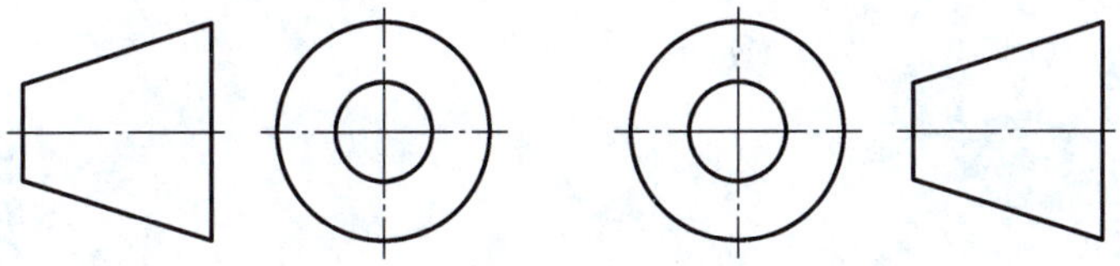

（a）与第一角投影画法的识别符号　　（b）第三角投影画法的识别符号

图6-50　两种投影法识别符号

第7章 标准件及常用件

在机器或部件中，有一些大量使用的零件，如螺栓、螺母、键、销等。这些零件有的在结构尺寸等各个方面都已标准化，称为标准件；有的将部分重要参数标准化，称为常用件。在图样中，标准件以及常用件上的标准结构采用国家标准规定的简化画法，它们的真实结构尺寸则用国家标准规定的标记来表达。

7.1 螺纹

7.1.1 螺纹的形成和要素

1. 螺纹的形成

螺纹是按照螺旋线的原理形成的。它是由圆柱轴线剖面上的一个平面图形（如三角形或梯形等）绕圆柱轴线作螺旋运动所形成的螺旋体。在圆柱外表面上所形成的螺纹，称为外螺纹；在圆柱内表面上所形成的螺纹，称为内螺纹。内外螺纹一般成对使用。

机械零件上的螺纹可以采用不同的加工方法制成。图7-1(a)、(b)所示为在车床上加工内外螺纹，图7-1(c)所示为加工直径较小的内螺纹的一种情况。

螺纹一般是在圆柱表面上形成的，称为圆柱螺纹。但也可以在圆锥表面形成，称为圆锥螺纹。

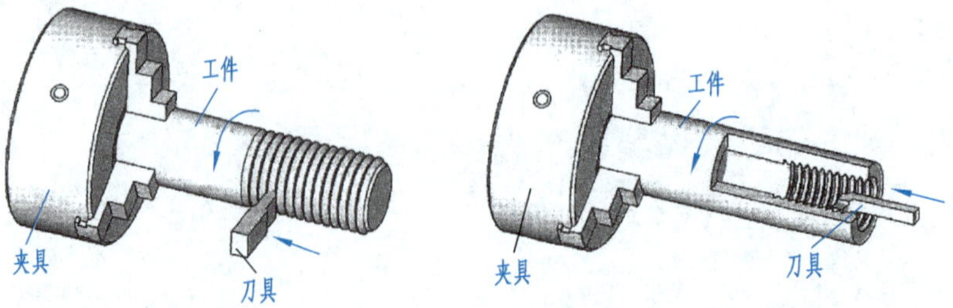

(a) 车削外螺纹　　(b) 车削内螺纹

图7-1　螺纹的加工方法

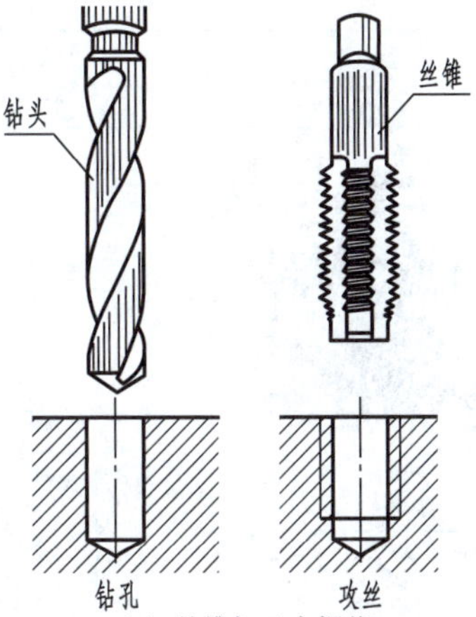

（c）丝锥加工内螺纹

图 7-1　螺纹的加工方法(续)

2. 螺纹的基本要素

(1)螺纹牙型

在通过螺纹轴线的剖面上,螺纹的轮廓形状,称为螺纹牙型。常见的牙型有:三角形、梯形、锯齿形、矩形等,见表 7-1。

表 7-1　螺纹的分类、牙型和代号

按用途分	按牙型分		牙　型	特征代号	用　途
连接螺纹	普通螺纹	粗牙	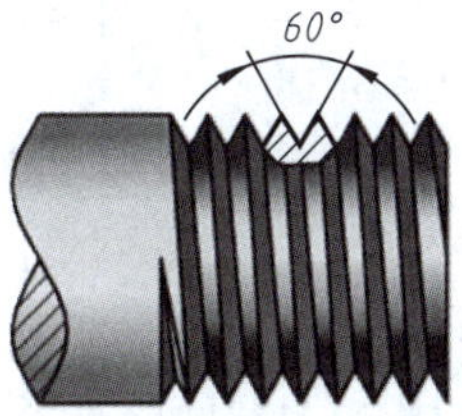	M	最常用的连接螺纹
		细牙	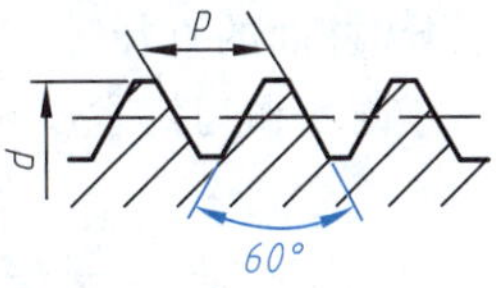		用于细小的精密零件或薄壁零件
	管螺纹	用螺纹密封	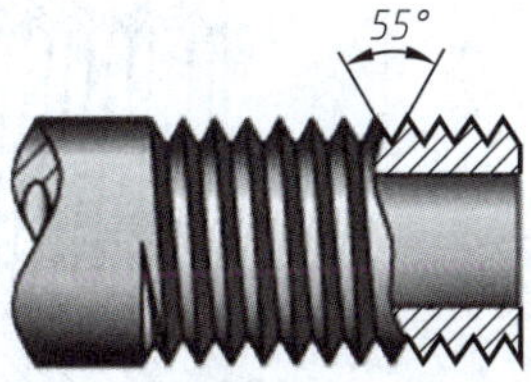	Rp Rc R1 R2	用于水管、油管、气管等较大压力的管路连接
		非螺纹密封	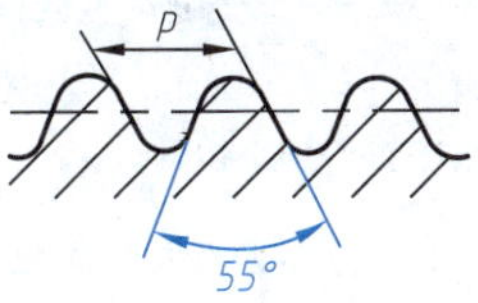	G	用于水管、油管、气管等一般低压的管路连接

续上表

按用途分	按牙型分	牙　　型	特征代号	用　　途
传动螺纹	梯形螺纹	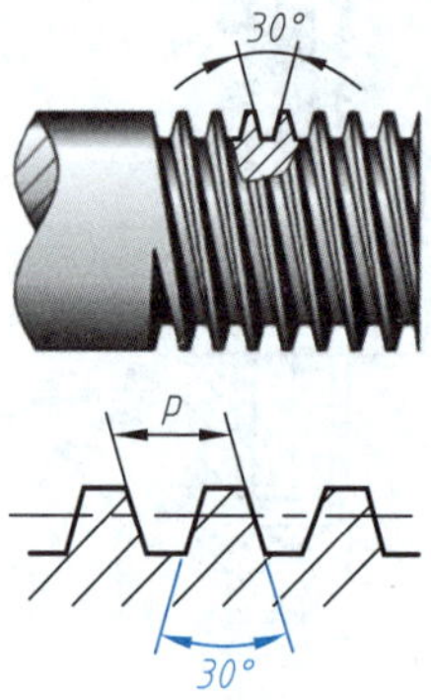	Tr	可双向传递运动及动力，常用于承受双向力的丝杆传动
	锯齿形螺纹	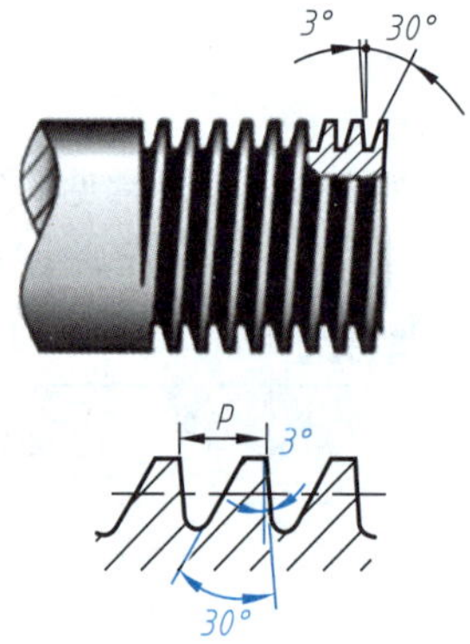	B	传递单方向的动力

（2）直径

螺纹的直径有三个：大径、小径和中径，如图 7-2 所示。

大径（d,D）与外螺纹牙顶（内螺纹牙底）相切的假想圆柱面的直径。

小径（d_1,D_1）与外螺纹牙底（内螺纹牙顶）的假想圆柱面的直径。

中径（d_2,D_2）假想圆柱面，其母线通过牙型上凸脊宽度和沟槽宽度相等的地方。该圆柱面的直径称为中径。

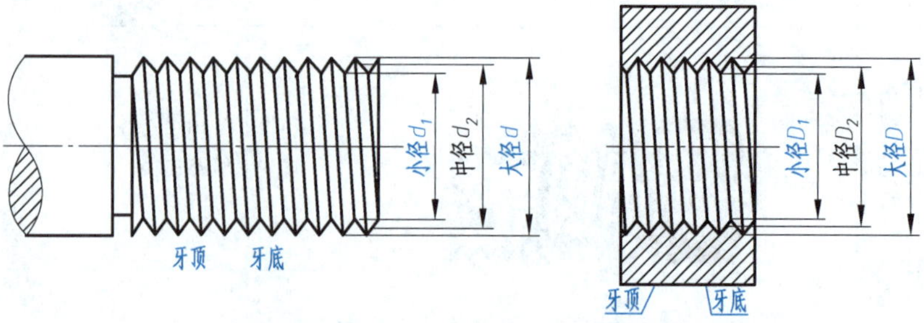

（a）外螺纹　　（b）内螺纹

图 7-2　螺纹的大径、中径、小径和螺距

公称直径代表螺纹尺寸的直径称为公称直径。普通螺纹、梯形螺纹和锯齿形螺纹的公称直径都指螺纹大径尺寸。

(3)线数 n

螺纹有单线和多线之分。沿一条螺旋线所形成的螺纹称为单线螺纹。沿两条或两条以上,在轴向等距分布的螺旋线所形成的螺纹称为多线螺纹,如图 7-3 所示。

(4)导程和螺距

螺纹上相邻两牙在中径线上的对应两点之间的轴向距离称为螺距(P)。而同一条螺旋线上相邻两牙在中径线上的对应两点之间的轴向距离称为导程(P_h)。单线螺纹的螺距等于导程,多线螺纹的螺距乘以线数等于导程,如图 7-3 所示。

(5)旋向

螺纹有右旋和左旋之分,顺时针旋转时旋入的螺纹,称为右旋螺纹;逆时针旋转时旋入的螺纹,称为左旋螺纹,如图 7-4 所示。生产和生活中绝大部分螺纹是右旋螺纹。

在螺纹的要素中,牙型、大径和螺距是决定螺纹的最基本要素,通常称为螺纹三要素。内外螺纹总是成对使用。只有当以上五个要素都相同时,内、外螺纹才能旋合在一起。

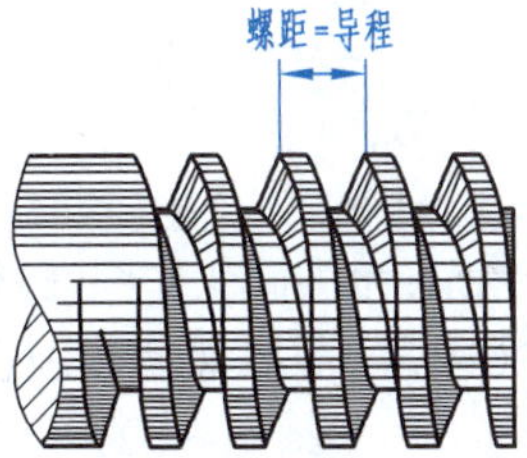

(a) 单线螺纹

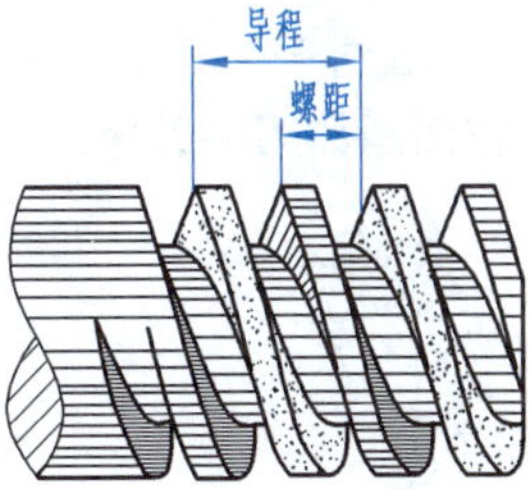

(b) 双线螺纹

图 7-3 螺纹的线数、导程与螺距

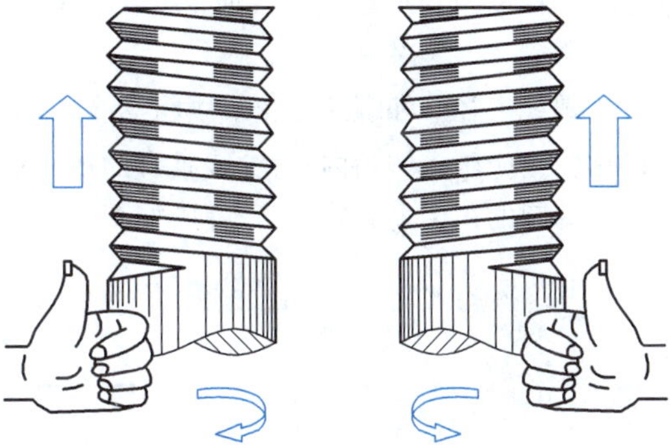

(a) 左旋 (b) 右旋

图 7-4 螺纹的旋向

3. 螺纹的工艺结构

(1)螺纹的末端。为了便于装配和防止螺纹起始圈损坏,通常在螺纹的起始处加工出一定形式的末端,如倒角或球面形的倒圆,如图 7-5(a)所示。

(2)螺尾和退刀槽。当车削螺纹的刀具快要到达螺纹终止处时,要逐渐离开工件,因而螺纹终止处附近的牙型将逐渐变浅,形成不完整的螺纹牙型,这一段螺纹称为螺尾。加工时为有效避免出现螺尾,可以在螺纹终止处预先加工出退刀槽,然后再车削螺纹,如图 7-5(b)所示。

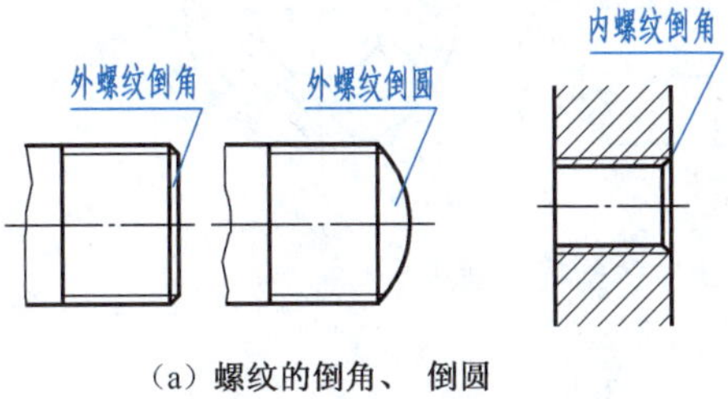

(a) 螺纹的倒角、 倒圆

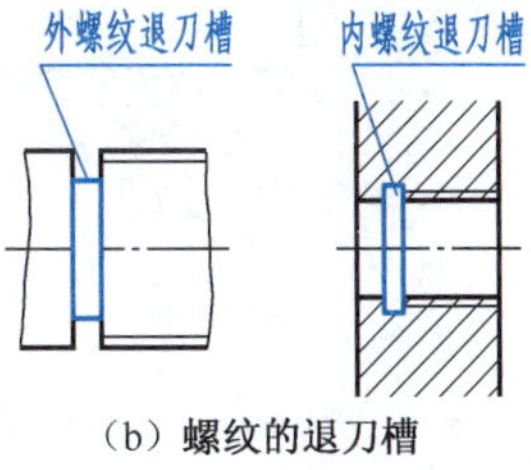

(b) 螺纹的退刀槽

图 7-5 螺纹的结构示例

7.1.2 螺纹的种类

1. 按螺纹要素是否标准分类

按螺纹要素是否标准将螺纹分为：标准螺纹、特殊螺纹和非标准螺纹 3 种。

（1）标准螺纹：牙型、大径、螺距都符合国家标准的螺纹称为标准螺纹。

（2）特殊螺纹：牙型符合标准、大径或螺距不符合标准的螺纹称为特殊螺纹。

（3）非标准螺纹：牙型不符合国家标准的螺纹称为非标准螺纹，如方牙螺纹。

2. 按螺纹的用途分类

按螺纹的用途将螺纹分为连接螺纹和传动螺纹两大类。

（1）连接螺纹

连接螺纹用于机件的连接，常见的连接螺纹有 3 种：粗牙普通螺纹、细牙普通螺纹和管螺纹。

（2）传动螺纹

传动螺纹是用来传递动力和运动的，常用的是梯形螺纹和锯齿形螺纹。

其具体分类详见表 7-1。

7.1.3 螺纹的规定画法

螺纹通常采用专用的刀具加工而成，且螺纹的真实投影比较复杂，为了简化作图，国标《滚动轴承 滚轮滚针轴承 外形尺寸、产品几何技术规范（GPS）和公差值》GB/T 6445.1—2021 对螺纹画法作了规定。

1. 外螺纹的规定画法

外螺纹大径 d 和螺纹终止线用粗实线表示。小径 d_1 用细实线表示，在与轴线平行的视图上小径的细实线应画入倒角内；与轴线垂直的视图上，小径的细实线圆只画约 3/4 圈；螺杆端面的倒圆角在投影为圆的视图上必须省略不画，如图 7-6 所示。外螺纹的剖视图画如图 7-7 所示。

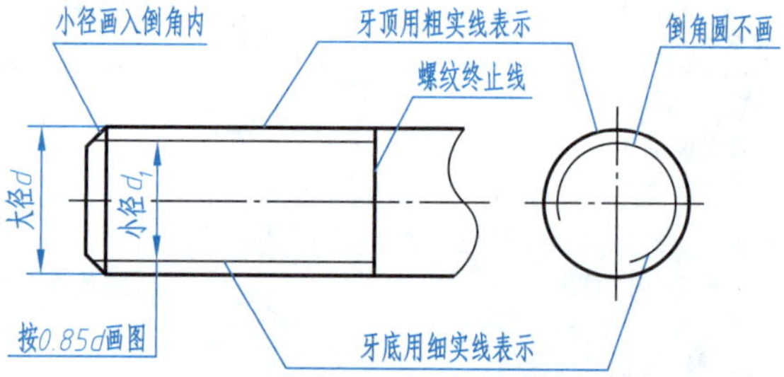

图 7-6　外螺纹的规定画法

视频

外螺纹的画法

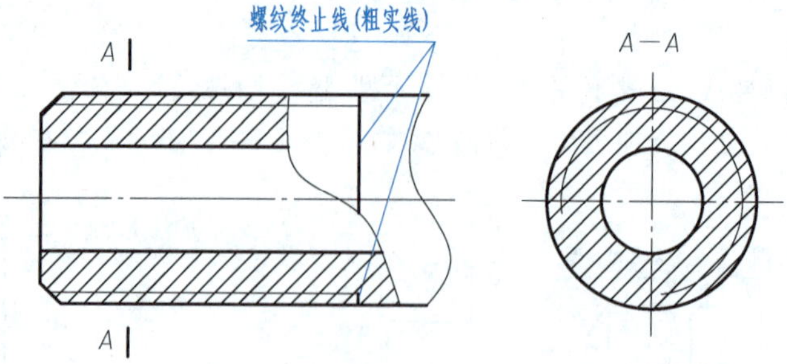

图 7-7　外螺纹的剖视图画法

2. 内螺纹的规定画法

内螺纹大径 D 用细实线表示，小径 D_1 和螺纹终止线用粗实线表示，剖面线画到小径的粗实线处，左视图中大径的细实线圆只画约 3/4 圈，左视图中螺孔端部倒角投影的圆必须省略不画，如图 7-8 所示。

盲孔上的螺纹，加工时先钻孔，加工出盲孔来，盲孔底部出现的钻头角应画成 120°，盲孔端部应有倒角（图）。再改丝螺孔，盲孔深度通常比螺纹孔深度长 0.5D（图 7-9）。

视频

内螺纹的画法

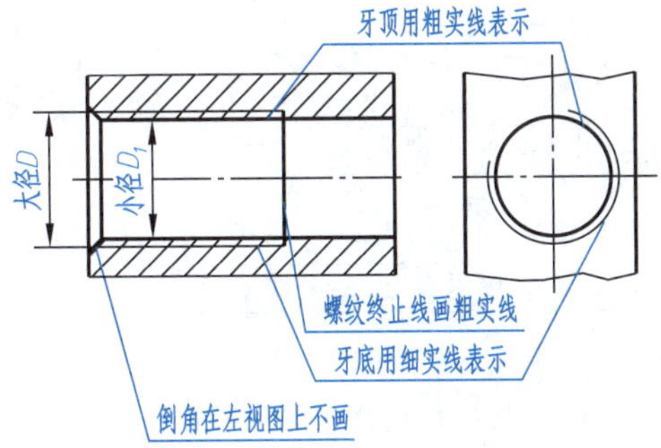

图 7-8　内螺纹的规定画法

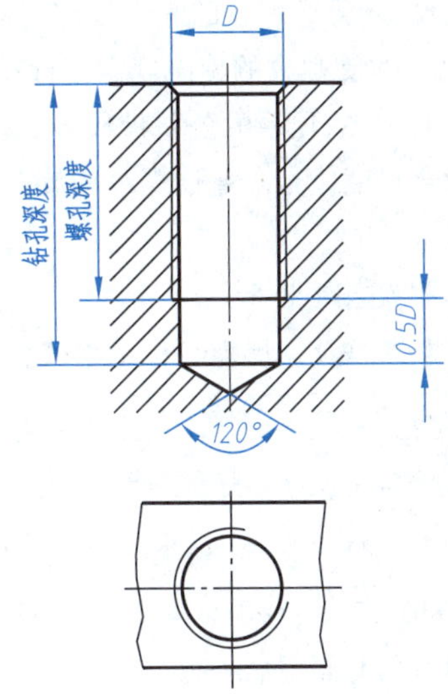

图 7-9　不穿通螺纹孔的画法

3. 螺纹连接的规定画法

以剖视图表示内、外螺纹的连接时，其旋合部分按照外螺纹的画法绘制，其余部分仍按各自的画法表示，如图 7-10 所示。画图时应注意：表示大、小径线的粗实线和细实线应分别对齐，而与倒角的大小无关，通过实心杆件的轴线剖开时，实心杆件按不剖绘制。

视频

内外螺纹连接的画法

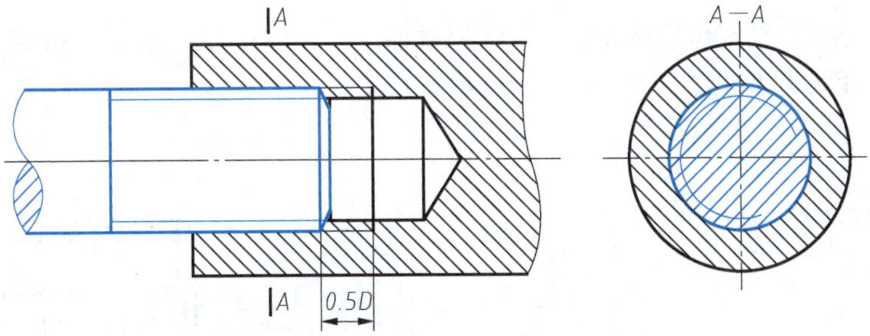

图 7-10　螺纹连接的画法

7.1.4　螺纹的标记及标注

由于各种螺纹的画法相同，所以为了区分，还必须在图上进行标注。

1. 普通螺纹的标记

粗牙普通螺纹标记格式：

[特征代号] [公称直径] – [公差代号] – [旋合长度代号] – [旋向]

细牙普通螺纹标记格式：

[特征代号] [公称直径] × [螺距] – [公差代号] – [旋合长度代号] – [旋向]

例如:M10－5g6g－s;M10×1－6H－LH

各项内容说明如下。

M:普通螺纹的特征代号,见表7-1;

10:公称直径,即大径;

1:螺距,粗牙普通螺纹的螺距规定不标;

LH:左旋,右旋螺纹的旋向规定不标;

5g6g、6H:中径、顶径的公差带代号。两项相同时只注一个;

S:短旋合长度代号。普通螺纹的旋合长度分三种,代号分别是S、N、L。旋合长度代号是N时规定不标。

2. 梯形螺纹及锯齿形螺纹的标记

单线梯形螺纹及锯齿螺纹标记格式:

特征代号 公称直径 × 螺距 旋向 - 中径公差带代号 - 旋合长度代号

多线梯形螺纹及锯齿螺纹标记格式:

特征代号 公称直径 × 导程(P 螺距) 旋向 - 中径公差带代号 - 旋合长度代号

例如:Tr40×7LH;Tr40×14－8e－L;B40×14(P.7)－8e－L

3. 管螺纹的标记

管螺纹标记格式:

特征代号 尺寸代号 精度等级 旋向

例如:G1A、G1B、G1/2LH、RP11/2

管螺纹的尺寸代号不是其螺纹大径,而是管螺纹所在管子的孔径(单位为英制)。管螺纹中的非螺纹密封圆柱外螺纹需要标注精度等级A或B,其余的管螺纹都不需要标注精度等级。

4. 螺纹的标注方法

普通螺纹、梯形螺纹、锯齿形螺纹的标注按照线性尺寸的标注方法,标注在大径上。管螺纹的代号用指引线从大径线引出标注,详见图7-11所示。

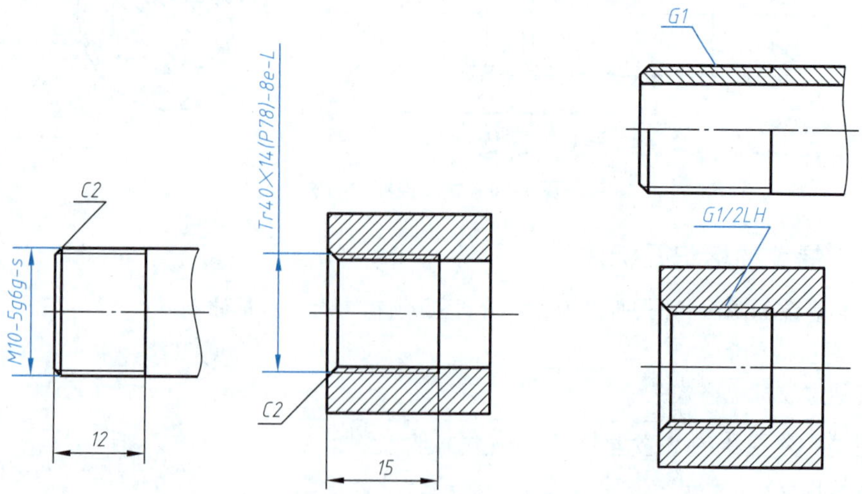

图7-11 螺纹的标注方法

7.2　螺纹紧固件

7.2.1　螺纹紧固件种类及标注

螺纹紧固件指的是通过螺纹旋合起到紧固、连接作用的主要零件和辅助零件。

螺纹紧固件的类型很多，其中常用的有螺栓、螺柱、螺钉、螺母和垫圈等，如图 7-12 所示，均为标准件。设计时选用即可，并标明其标记。

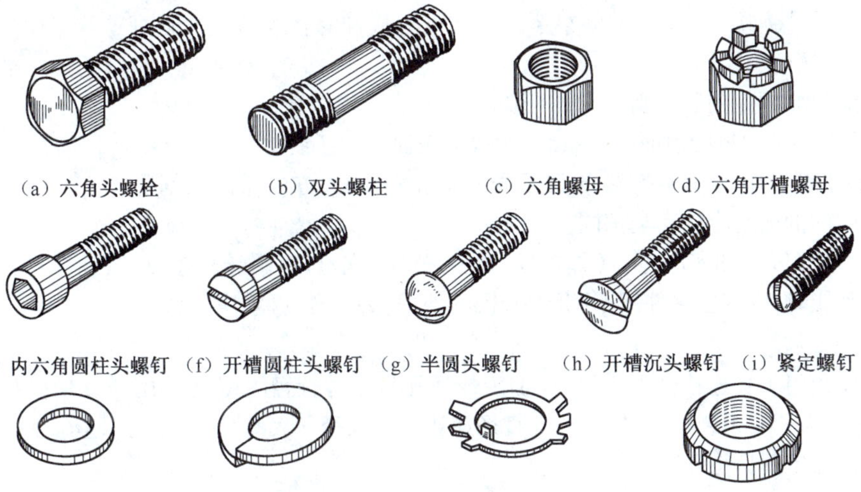

(a) 六角头螺栓　(b) 双头螺柱　(c) 六角螺母　(d) 六角开槽螺母

(e) 内六角圆柱头螺钉　(f) 开槽圆柱头螺钉　(g) 半圆头螺钉　(h) 开槽沉头螺钉　(i) 紧定螺钉

(j) 平垫圈　(k) 弹簧垫圈　(l) 圆螺母用止动垫圈　(m) 圆螺母

图 7-12　螺纹紧固件

表 7-2 是常用螺纹紧固件的视图、主要尺寸及简化标记示例。

表 7-2　常用螺纹紧固件的标记示例

名称及视图	规定标记示例	名称及视图	规定标记示例
开槽圆柱头螺钉 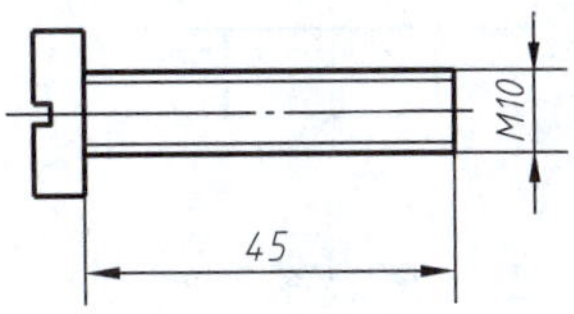 	螺钉 GB/T 65—2016　M10×45	螺柱 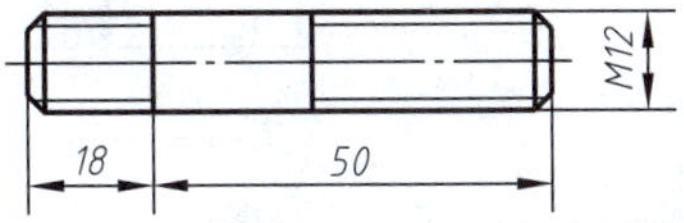 	螺柱 GB/T 899—1988　M12×50
开槽沉头螺钉 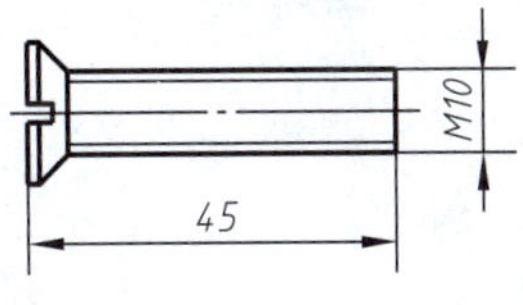 	螺钉 GB/T 68—2016　M10×45	I 型六角螺母 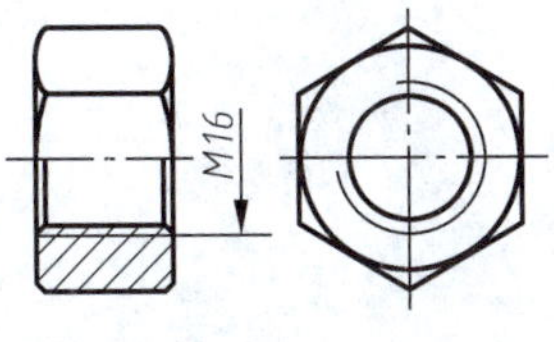 	螺母 GB/T 6170—2015　M16

续上表

名称及视图	规定标记示例	名称及视图	规定标记示例
平垫圈 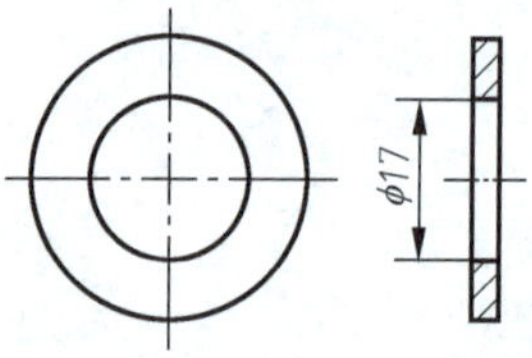	垫圈 GB/T 97.1—2002　16	六角头螺栓 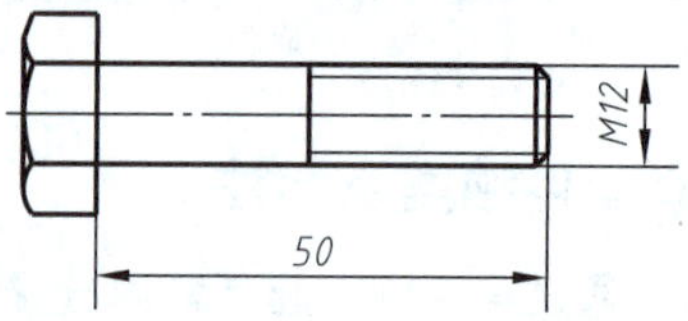	螺钉 GB/T 5782—2016　M12×50

7.2.2　螺纹紧固件的装配画法

常见的螺纹连接形式有：螺栓连接、双头螺柱连接和螺钉连接等。在画螺纹紧固件的装配画法时，常采用比例的简化画法。

在画螺纹紧固件的装配画法时，应遵守下面一些基本规定：

(1)两个零件的接触表面画一条线，非接触表面画两条线。

(2)在剖视图中，相邻两零件的剖面线方向应相反，或方向相同而间隔不等。而同一个零件在各剖视图中的剖面线应该完全相同。

(3)对于紧固件和实心零件(如螺栓、螺柱、螺钉、螺母、垫圈、键、销、球及轴等)，当剖切平面通过它们的轴线时，则这些零件按不剖绘制，仍画外形，必要时，可采用局部剖。

1. 螺栓连接

螺栓连接用于被连接件不太厚，能加工成通孔且受力较轻的情况，如图7-13(a)所示为螺栓连接的示意图，为了便于装配，机件上通孔直径应比螺纹大径 d 大些，一般定为 $1.1d$。图7-13(b)所示为螺栓连接的比例简化画法。

视频

螺栓连接的画法

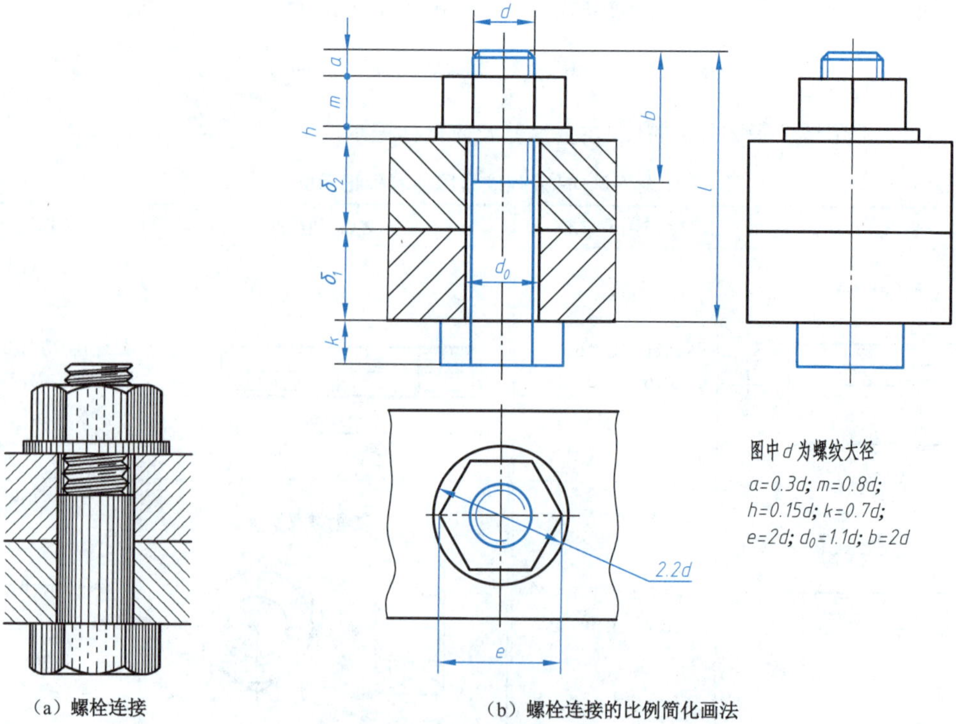

(a) 螺栓连接　　(b) 螺栓连接的比例简化画法

图7-13　螺栓连接的画法

螺栓计算长度 l = 被连接零件的总厚度($\delta_1+\delta_2$) + 垫圈厚度(h) + 螺母高度(m) + a。

根据上式算出的螺栓计算长度,查表取标准值。

2. 双头螺柱连接

双头螺柱连接适用于被连接两零件之一太厚不宜钻通孔,且受力较大的情况。在一个较厚的被连接件上加工螺孔,而在其余被连接件上加工通孔。连接时,将双头螺柱的旋入端完全拧入被连接件的螺孔里,而另一端(紧固端)则穿过另一被连接件的通孔,然后套上垫圈拧紧螺母。双头螺柱的两端都有螺纹,用于旋入被连接零件螺孔的一端,称为旋入端;用来拧紧螺母的另一端称为紧固端。双头螺柱的比例简化画法如图 7-14 所示。

双头螺柱旋入端长度 b_m 由带螺孔的被连接件的材料决定:对于青铜、钢零件取 $b_m=d$;铸铁零件取 $b_m=1.25d$ 或 $1.5d$;铝合金、非金属材料零件取 $b_m=2d$。

双头螺柱的长度 l = 光孔零件厚度(δ) + 垫圈厚度(h) + 螺母高度(m) + $(0.2\sim0.3)d$

上式为计算长度,还应根据计算长度查表取标准值。

视频

双头螺柱连接的画法

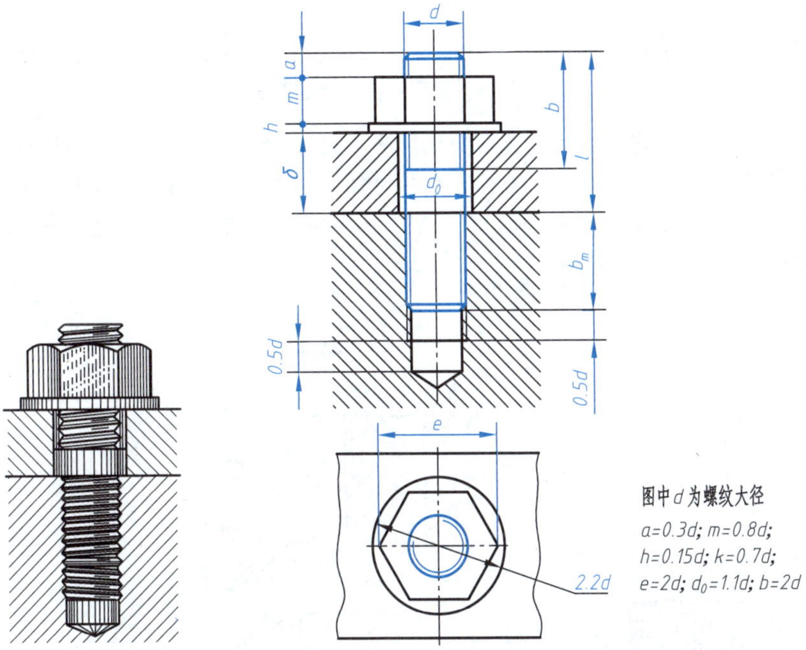

(a) 双头螺柱连接　　(b) 双头螺柱连接的比例简化画法

图 7-14　双头螺柱连接的比例简化画法

3. 螺钉连接

螺钉按用途可分为连接螺钉和紧定螺钉两种。前者用来连接零件;后者主要用来固定零件。连接螺钉用于被连接零件受力不大,又不需经常拆装的场合。一般在较厚的零件上加工出螺孔,而在另一零件上加工成通孔,然后把螺钉穿过通孔旋进螺孔而连接两个零件。紧定螺钉用来固定两零件的相对位置,使它们不产生相对运动。

(1) 紧定螺钉

图 7-15 所示为紧定螺钉连接轴和齿轮的画法,用一个开槽锥端紧定螺钉旋入轮毂的螺孔,使螺钉端部的 90°锥顶角与轴上的 90°锥坑压紧,从而固定轴和齿轮的轴向位置。

(2) 连接螺钉

连接螺钉的一端为螺纹,旋入到被连接零件的螺孔中。另一端为头部。按头部形状将螺钉分为：内六角圆柱头、开槽圆柱头、沉头螺钉等。

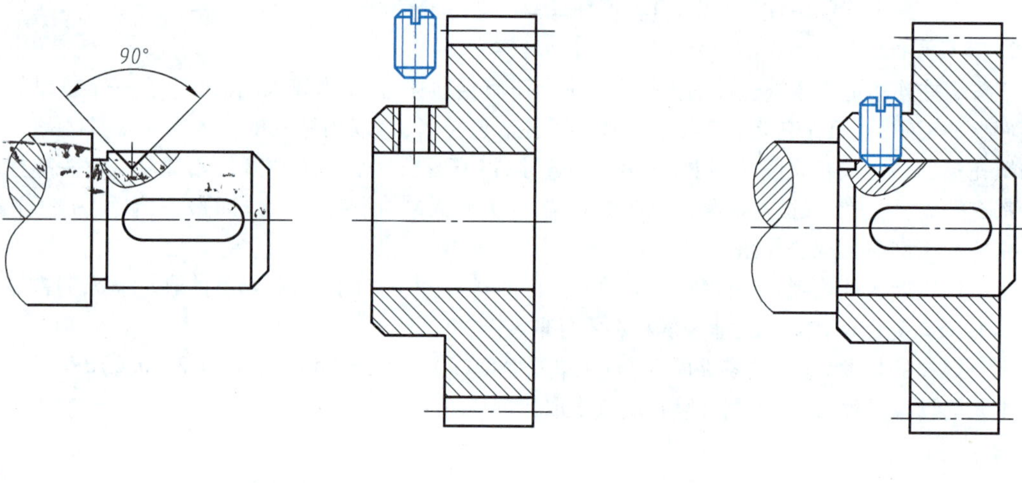

（a）连接前　　（b）连接后

图 7-15　紧定螺钉连接的画法

图 7-16 为开槽圆柱头螺钉连接的比例简化画法。它们的连接情况与双头螺柱旋入端的情况类似，所不同的是螺钉的螺纹终止线应画在两零件接触面以上。螺钉头部槽口在反映螺钉轴线的视图上应画成垂直于投影面，在俯视图上，应画成与中心线倾斜 45°，如果在图上槽口小于 2 mm 时，螺钉槽口的投影也可涂黑表示。

视频

螺钉连接的画法

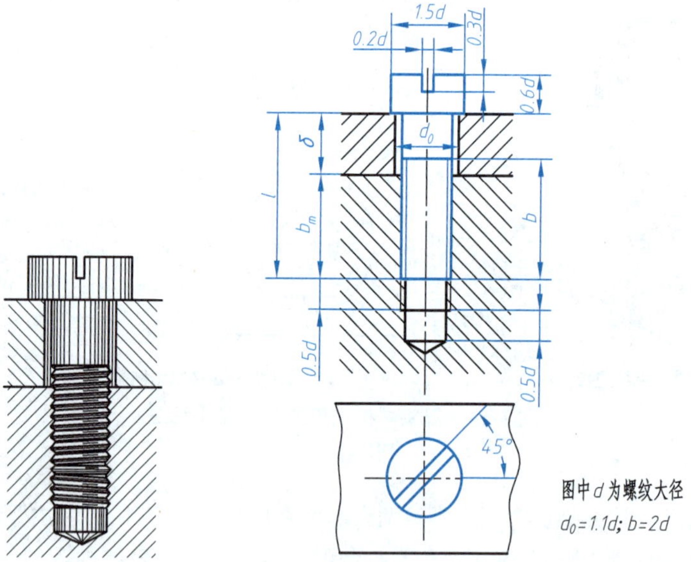

（a）螺钉连接　　（b）螺钉连接的比例简化画法

图 7-16　开槽圆柱头螺钉连接的比例简化画法

螺纹的旋入深度 b_m，根据被旋入零件的材料决定（确定方法与双头螺柱相同）。螺钉长度的确定：螺钉长度 l = 螺纹旋入深度（b_m）+ 光孔零件的厚度（δ）。根据上式算出的长度再查表取标准值。

常见螺钉画法如图 7-17 所示。

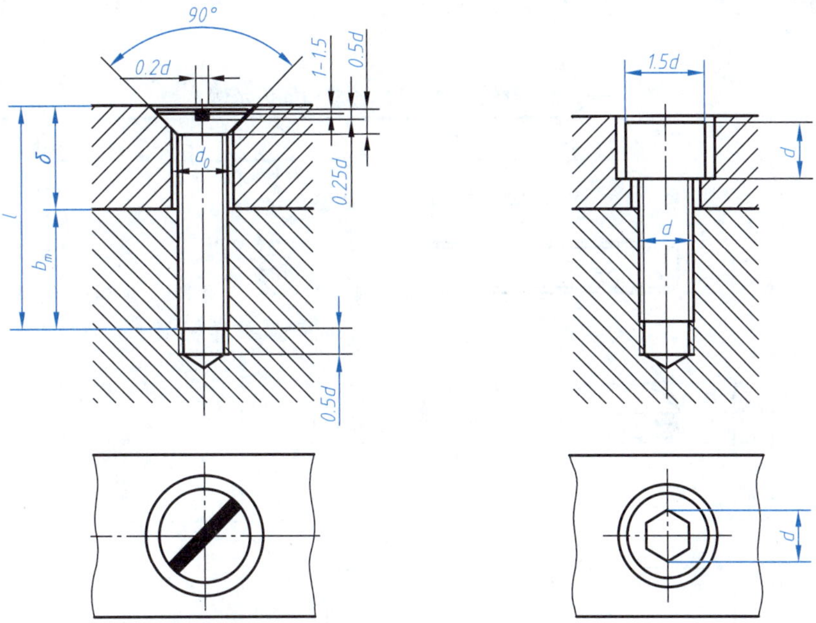

（a）开槽沉头螺钉　　　　（b）内六角圆柱头螺钉

图 7-17　各种螺钉的连接图

7.3　键　连　接

7.3.1　普通平键连接

如图 7-18 所示，为了把轴上的传动件（齿轮、皮带轮等）和轴装在一起，使其同时转动并传递扭矩，通常在传动件毂孔和轴的表面上分别加工出键槽，然后把键放入轴的键槽内，并将带键的轴装入具有贯通键槽的毂孔中，这种连接称为键连接。

键是标准件，轴和轮毂上的键槽是标准结构要素，设计可根据使用要求和轴的直径按有关标准选用。

1. 键的分类及标记

键的种类很多，常用的有普通平键、半圆键、钩头楔键等，如图 7-19 所示。其中普通平键应用最广。普通平键有 A、B、C 三种形式。A 型称为圆头平键，B 型称为平头平键，C 型称为单圆头平键。在标记时，A 型平键省略 A 字，而 B 或 C 型应写出 B 或 C 字。

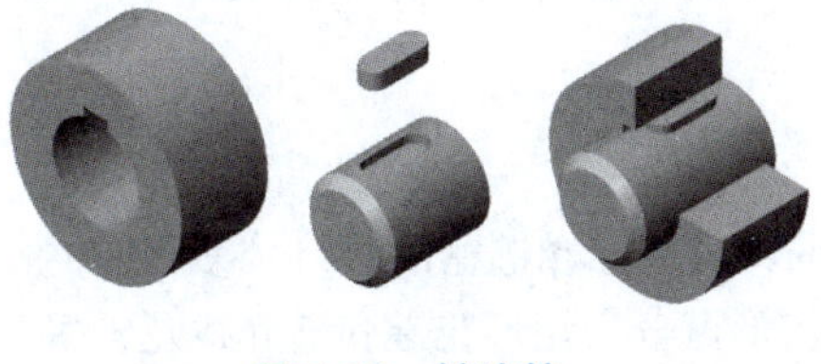

图 7-18　键连接

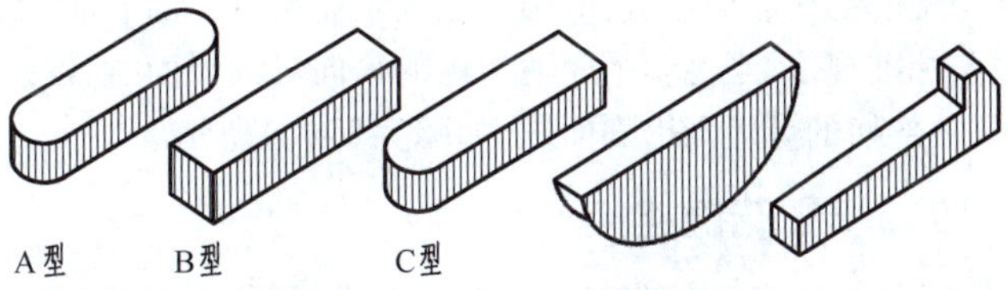

（a）平键　（b）半圆键　（c）钩头楔键

图 7-19　常用键的形式

表7-3为以上三种常用键的标准号、画法和标记示例，未列入本表的其他各种键可参阅有关的标准。

表7-3　键的各种标号、画法和标记示例

名称及标准编号	简　　图	标记示例
普通平键 GB/T 1096—2003	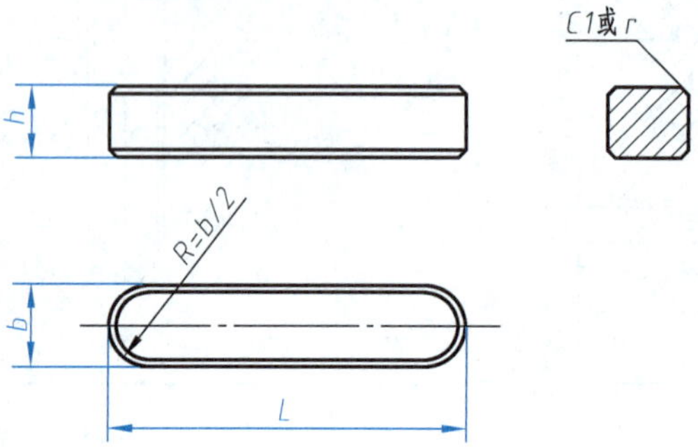	圆头A型普通平键，宽度 $b=8$ mm，高度 $h=7$ mm，长度 $L=30$ mm 的标记应写为： 键 8×7×30 GB/T 1096—2003
半圆键 GB/T 1099.1—2003	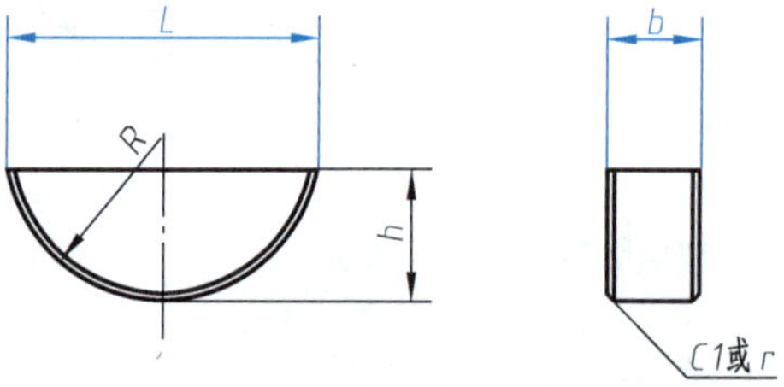	宽度 $b=6$ mm，高度 $h=10$ mm，直径 $D=2R=25$ mm 的半圆键的标记为： 键 6×10×25 GB/T 1099—2003
钩头楔键 GB/T 1565—2003	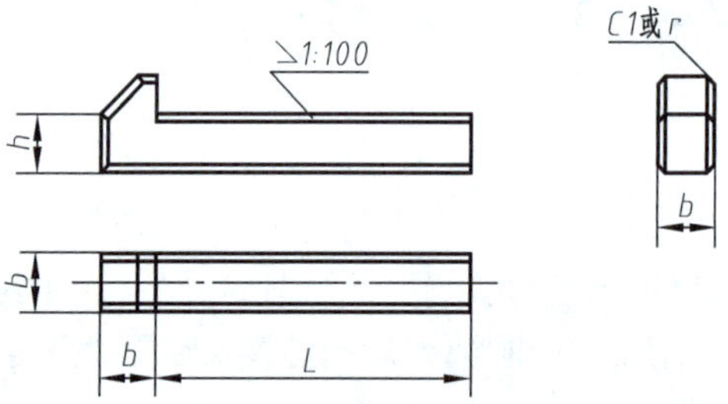	宽度 $b=8$ mm，长度 $L=30$ mm 的钩头楔键的标记为： 键 8×30 GB/T 1565—2003

2. 普通平键的连接画法

轴上和轮毂上的普通平键键槽的画法及其尺寸标注如图7-20(a)、(b)所示，图中 t_1 是轴上的键槽深度，t_2 是轮毂上的键槽深度。

连接时，键的两侧面是工作表面，因此画装配图时，键的两侧面与轮毂、轴的两侧面配合，键的底面与轴的键槽底面接触，应画一条线。而键的顶面和轮毂上的键槽底面间有间隙，应画两条线。按国家标准规定，当剖切平面通过键的纵向对称平面时，键按不剖绘制；当剖切平面垂直于轴线剖切键时，被剖切的键应画出剖面线，如图7-20(c)所示。

7.3.2　花键连接

花键连接是由外花键和内花键组成，如图7-21所示。它的特点是键和键槽的数目较多，轴和键制成一体。适用载荷较大和定心精度较高的连接上。花键按齿形可分为矩形花键和渐开线花键等。其中矩形花键应用较广泛。因此本书只介绍这种花键轴及孔的画法及其尺寸注法。

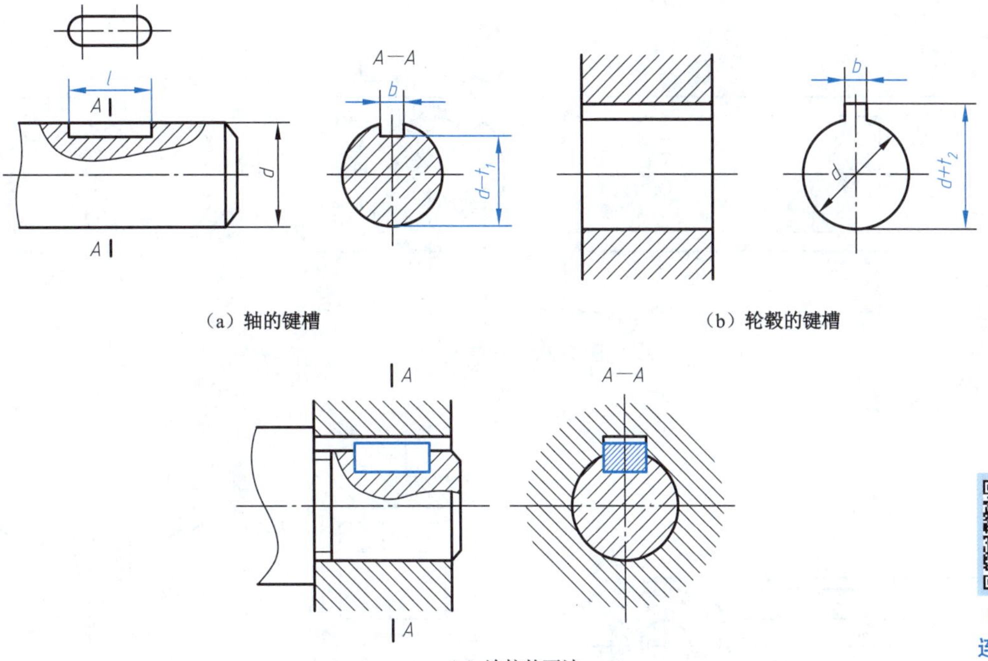

（a）轴的键槽　　（b）轮毂的键槽

（c）连接的画法

图 7-20　普通平键连接

视频

普通平键连接的画法

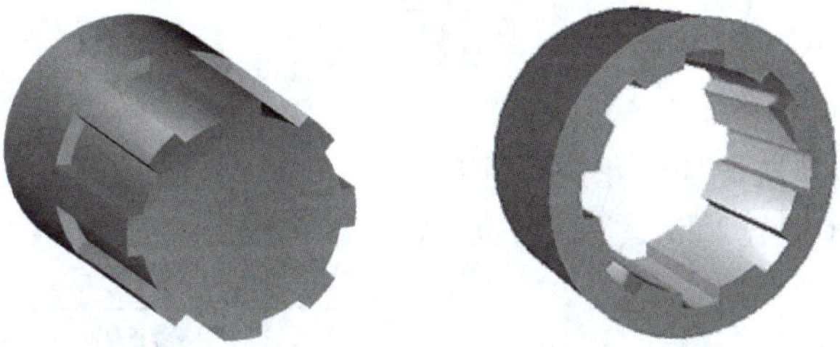

（a）外花键　　（b）内花键

图 7-21　花键连接

1. 外花键的画法

花键轴称为外花键，在投影为非圆的外形视图中，大径用粗实线绘制，小径用细实线绘制，并画入倒角内；花键工作长度终止线和尾部末端均用细实线绘制，尾部画成与轴线成 30°的斜线；在剖视图中，小径也画成粗实线。在垂直于轴线的视图或断面图中，可画出部分或全部齿形，也可只画出表示大径的粗实线圆和表示小径的细实线圆，倒角圆省略不画，如图 7-22，图 7-23 所示。

2. 内花键的画法

花键孔称为内花键，在投影为非圆的剖视图中，大径、小径均用粗实线绘制。在投影为圆的视图中，可画出部分或全部齿形，如图 7-24 所示。

3. 花键连接的画法

花键连接用剖视表示时，其连接部分按外花键的画法绘制，如图 7-25 所示。

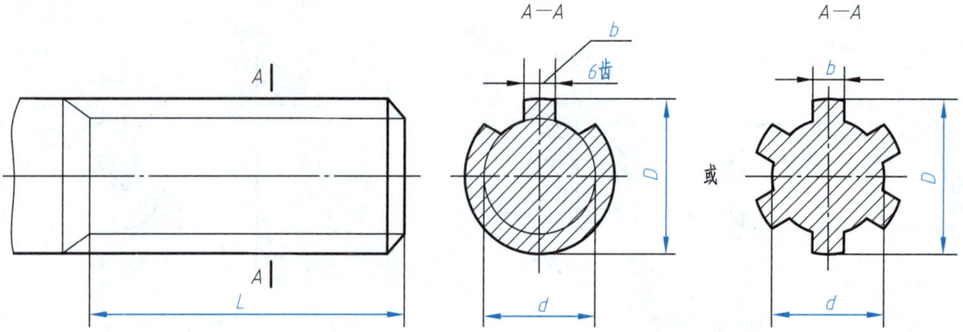

图 7-22　外花键的画法

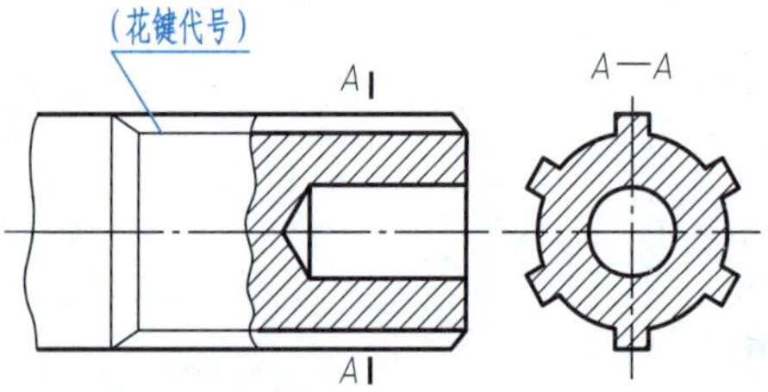

图 7-23　外花键的标注

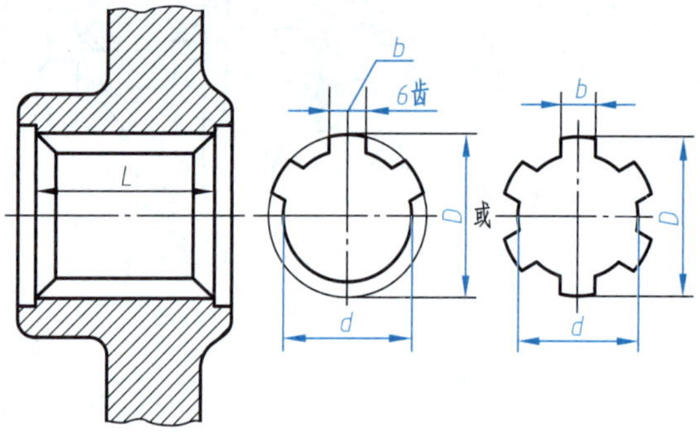

图 7-24　内花键的画法及标注

4. 花键的尺寸标注

花键的标注方法有两种：

一种是在图中注出外花键和内花键公称尺寸 D（大径）、d（小径）、b（键宽）和 z（齿数）等，如图 7-22、图 7-24 所示。

另一种是用指引线注出花键代号，如图 7-23、图 7-25 所示。矩形花键的代号形式表示为 $z-D\times d\times b$，如 $6-26\times23\times6$，表示 6 个齿，大径为 26 mm，小径为 23 mm，键宽为 6 mm 的矩形花键。

无论采用哪种注法，花键的工作长度 L 都要在图上注出。

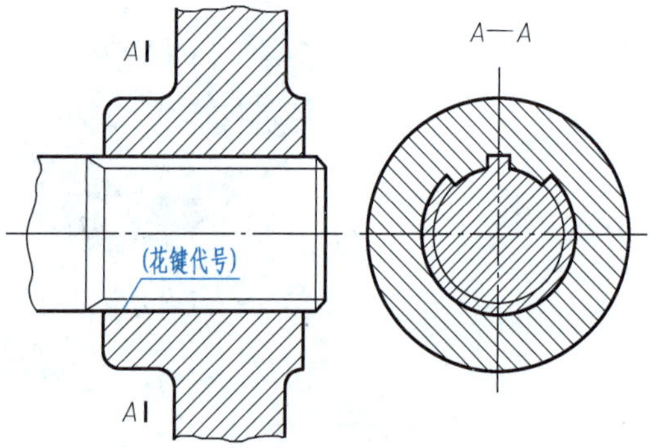

图 7-25　花键连接的画法

7.4　销

7.4.1　销的种类和标记

机器上，销常用于零件间的定位或连接，如图 7-26、图 7-27 所示。常用的销有圆柱销、圆锥销和开口销，见表 7-4。圆柱销和圆锥销通常用于零件间的连接或定位，而开口销常与槽型螺母配合使用，起防松作用。

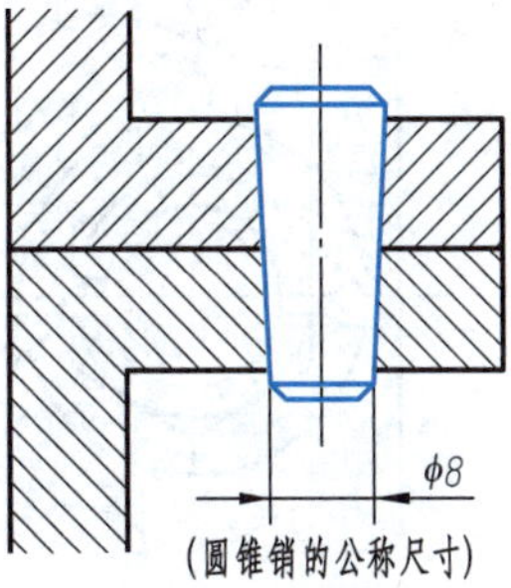

图 7-26　定位销

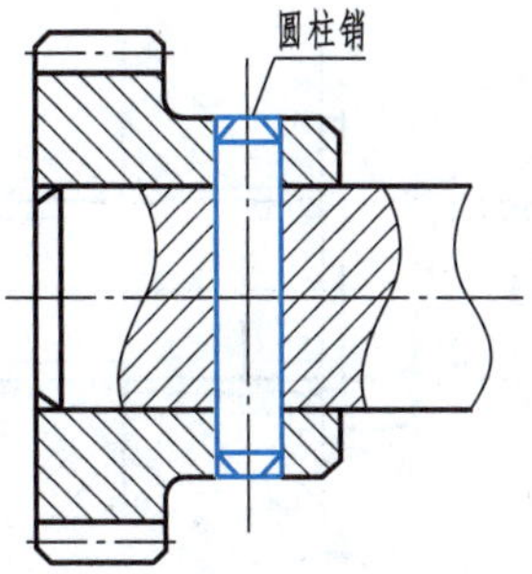

图 7-27　连接销

销是标准件。其形式、标准、画法及标记见表 7-4。

表 7-4　销的标准号、简图和标记示例

名　　称	图　　例	标 记 示 例
圆柱销 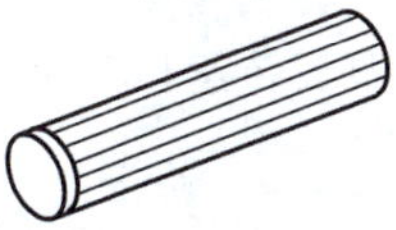	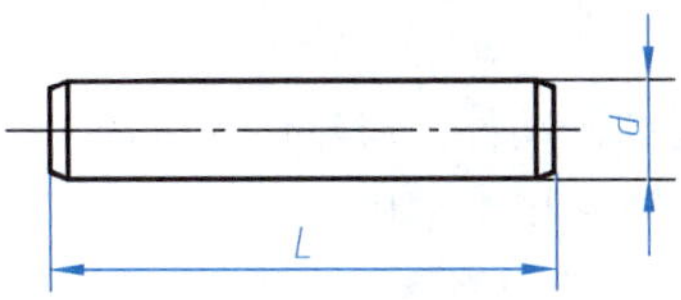	圆柱销 GB/T 119.1—2000 10m6 × 40 表示公称直径 $d = 10$ mm，公差为 m6，公称长度 $L = 40$ mm 的圆柱销
圆锥销 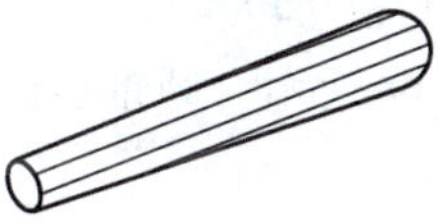	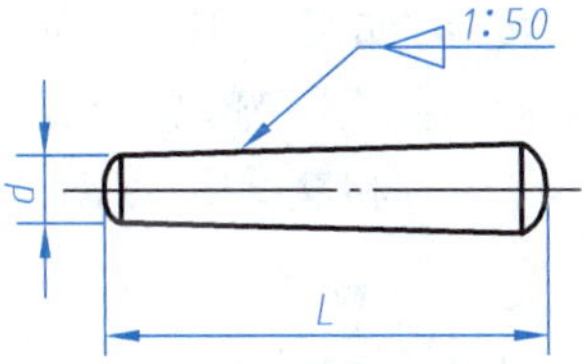	圆锥销 GB/T 117—2000　10 × 60 表示公称直径 $d = 10$ mm，公称长度 $L = 60$ mm 的 A 型圆锥销
开口销 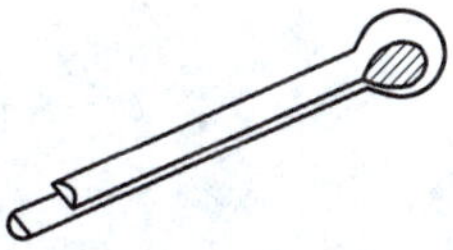	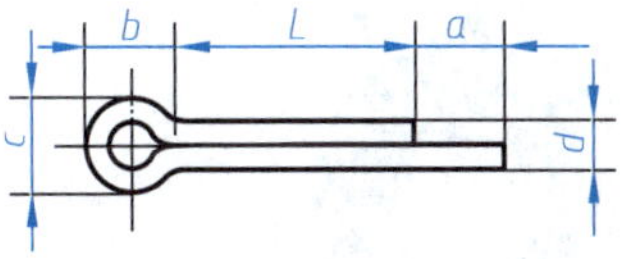	开口销 GB/T 91—2000　5 × 50 表示公称直径 $d = 5$ mm，公称长度 $L = 50$ mm 的开口销

7.4.2　销连接的装配图画法

图 7-26、图 7-27 所示为圆柱销和圆锥销连接的画法，在剖视图中，当剖切平面通过销的轴线时，销按不剖绘制；若垂直于销的轴线时，被剖切的销应画出剖面线。

圆柱销和圆锥销用于连接和定位时，有较高的装配要求，所以在加工销孔时，一般把有关零件装配在一起加工，这个要求必须在零件图上注明，如图 7-28、图 7-29 所示。圆锥孔的尺寸应引出标注，∅6 是所配圆锥销的公称直径，即它的小端直径。图 7-30 所示为开口销装配图的画法。

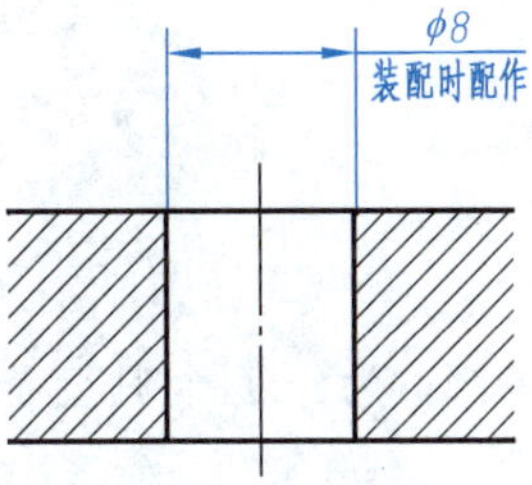

图 7-28　销孔的尺寸注法(一)

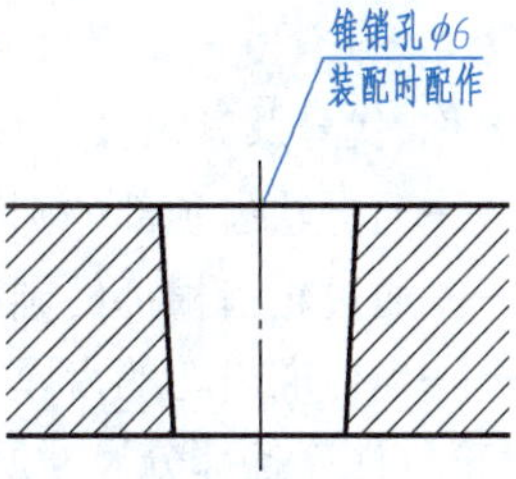

图 7-29　销孔的尺寸注法(二)

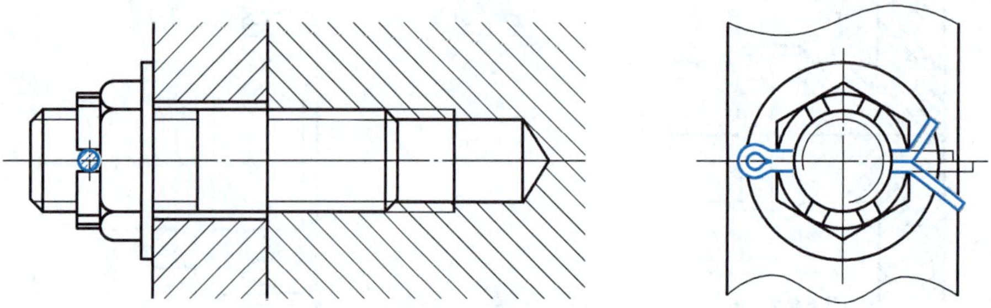

图 7-30 开口销连接装配图

7.5 齿 轮

齿轮是机械传动中应用最为广泛的传动件。齿轮传动可用于传递动力、改变转速和转向。齿轮的参数中模数、压力角已标准化。因此，它属于常用件。

常用的齿轮传动有如下三类。

(1)圆柱齿轮传动：用于两平行轴间传动，如图 7-31(a)所示。圆柱齿轮传动又分为直齿轮传动、斜齿轮传动、人字齿轮传动及齿轮齿条传动(用于旋转运动与直线运动的相互转换)。

(2)圆锥齿轮传动：用于两相交轴间(通常相交 90°)传动，如图 7-31(b)所示。圆锥齿轮有直齿、斜齿和曲齿。

(3)蜗轮蜗杆传动：用于两垂直交叉轴间传动，如图 7-31(c)所示。

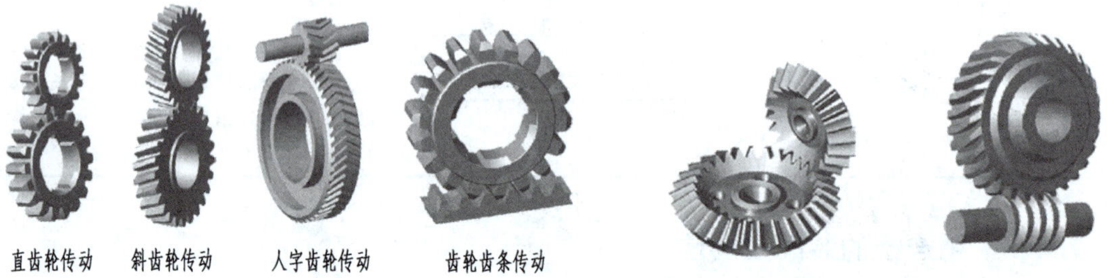

(a) 圆柱齿轮传动　　(b) 圆锥齿轮传动　　(c) 蜗轮蜗杆传动

图 7-31 常用的齿轮传动

本教材仅介绍圆柱齿轮。

圆柱齿轮的轮齿加工在圆柱面上。圆柱齿轮的轮齿有直齿、斜齿和人字齿三种。本节主要介绍直齿圆柱齿轮的几何要素名称、代号、尺寸计算及规定画法。

1. 几何要素名称、代号及其尺寸计算

几何要素名称、代号及其尺寸计算如图 7-32、图 7-33 所示。

①齿顶圆——通过轮齿顶部的圆称为齿顶圆，其直径用 d_a 表示。

②齿根圆——通过轮齿根部的圆称为齿根圆，其直径用 d_f 表示。

③分度圆——当标准齿轮的齿厚与齿间相等时所在位置的圆称为分度圆，其直径用 d 表示。它是设计、制造齿轮时计算各部分尺寸所依据的圆，也是分齿的圆。

④节圆——如图 7-32 所示，两轮连心线 O_1O_2 上两相切的圆称为节圆，其直径用 d'_1 和 d'_2 表示。

当齿轮传动时，可以假想是这两个圆在作无滑动的纯滚动。

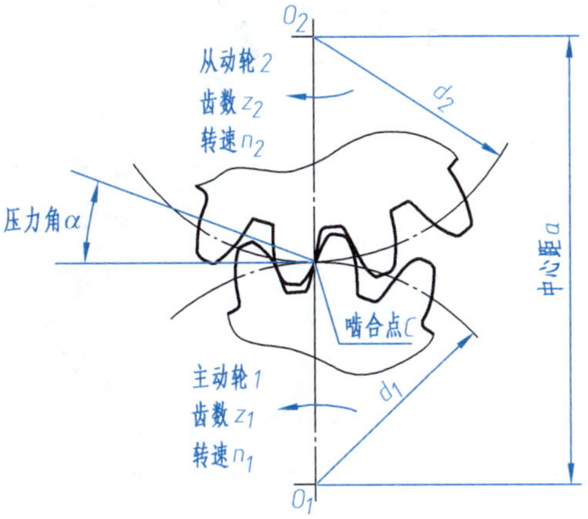

图 7-32 啮合的圆柱齿轮示意图

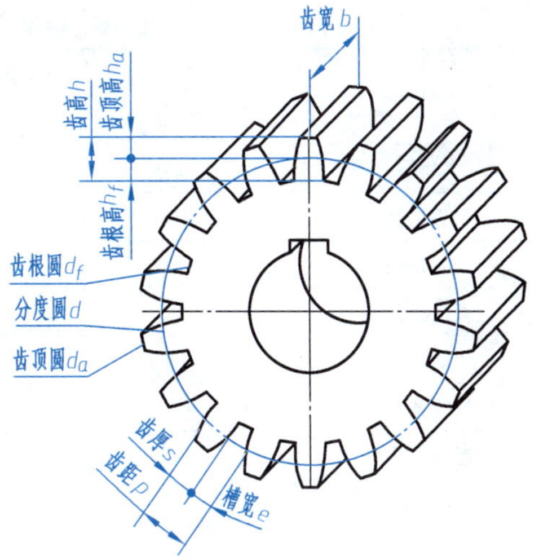

图 7-33 直齿圆柱齿轮各部分名称及其代号

两标准齿轮正确啮合时，分度圆 d 与节圆 d''重合。

⑤齿高——齿顶圆与齿根圆之间的径向距离称为齿高，用 h 表示。分度圆将轮齿分为两个不等的部分。齿顶圆与分度圆之间的径向距离称为齿顶高，用 h_a 表示。分度圆与齿根圆之间的径向距离称为齿根高，用 h_f 表示。齿高是齿顶高和齿根高之和，即 $h = h_a + h_f$。

⑥齿距——分度圆上相邻两齿对应点之间的弧长称为齿距，用 p 表示。一个轮齿在分度圆上齿廓间的弧长称为齿厚，用 s 表示。一个齿槽在分度圆上槽间的弧长称为槽宽，用 e 表示。在标准齿轮中，$s = e$，$p = s + e$。

⑦压力角——两相啮合轮齿齿廓在节点 P 的公法线与两节圆的公切线所夹的锐角称为啮合角，也称为压力角。我国标准齿轮的压力角为20°。

⑧传动比——主动齿轮转速 n_1（转/分）与从动齿轮转速 n_2（转/分）之比用 i 表示。$i = n_1/n_2$。由于转速与齿数成反比，因此传动比也等于从动齿轮齿数与主动齿轮齿数之比，即 $i = n_1/n_2 = z_2/z_1$。

⑨模数——若齿轮的齿数为 z，则齿轮分度圆周长为：$zp = \pi d$，故

$$d = zp/\pi$$

令

$$p/\pi = m$$

那么

$$d = mz$$

式中 m——齿轮的模数。两相互啮合的齿轮必须模数 m 和压力角 α 都相等，才能正确啮合。

模数 m 是设计和制造齿轮的重要参数，模数增大，则齿距也增大，即齿厚增大，因而齿轮承载能力也增大。制造齿轮时，齿轮刀具也是根据模数而定。为了便于设计和加工，模数的数值已系列化（标准化）。设计者只有选择标准数值，才能用系列齿轮刀具加工齿轮。模数标准系列见表7-5。

表 7-5 标准模数（GB/T 1357—2008） （mm）

第一系列	1,1.25,1.5,2,2.5,3,4,5,6,8,10,12,16,20,25,32,40,50
第二系列	1.75,2.25,2.75,(3.25),3.5,(3.75),4.5,5.5,(6.5),7,9,(11),14,18,22,28,36,45

注：选用模数时，应优先选用第一系列，其次选用第二系列，括号内的模数尽可能不用。

设计齿轮时，先要确定模数和齿数，其他各部分尺寸都可由模数和齿数计算出来。我国标准直

齿齿轮各基本尺寸的计算公式参见表7-6。

表7-6　标准直齿圆柱齿轮的计算公式

基本参数：模数 m、齿数 z		
名　称	符号	计　算　公　式
齿距	p	$P=\pi m$
齿顶高	h_a	$h_a=m$
齿根高	h_f	$h_f=1.25m$
齿高	h	$h=2.25m$
分度圆直径	d	$d=mz$
齿顶圆直径	d_a	$d_a=m(z+2)$
齿根圆直径	d_f	$d_f=m(z-2.5)$
中心距	a	$a=m(z_1+z_2)/2$

2. 圆柱齿轮的规定画法

齿轮的轮齿不需画出其真实投影，机械制图国家标准《机械制图　齿轮表示法》GB/T 4459.2—2003 规定了它的画法，简介如下。

（1）单个直齿轮的画法

单个齿轮一般用两个视图表示，如图7-34（a）所示。除轮齿部分外，齿轮上的其他部分按照真实投影绘制。

①齿顶圆和齿顶线用粗实线绘制。

②分度圆和分度线用细点画线绘制（左视图中分度线应超出轮廓线2～3 mm）。

③齿根圆和齿根线在视图中用细实线绘制，也可省略不画，如图7-34（a）所示。

④通常，齿轮都用过齿轮轴线剖切的剖视图来表示。规定轮齿部分按不剖绘制，其齿根线画成粗实线，如图7-34（b）所示。当需要表示斜齿与人字齿的齿线形状时，可用3条与齿线方向一致的细实线表示，如图7-34（c）、图7-34（d）所示。

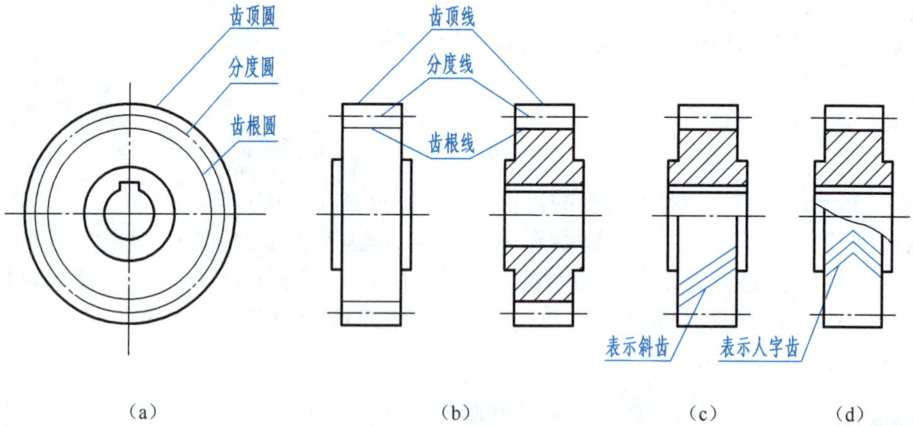

图7-34　单个圆柱齿轮的画法

（2）圆柱齿轮的啮合画法

①在投影为圆的视图中，两相啮合齿轮的两节圆必须相切，啮合区内的齿顶圆仍用粗实线绘制，如图7-35（a）所示；也可省略不画，如图7-35（b）所示。

②在平行轴线的剖视图中，两齿轮的节线重合，用点画线绘制；可设想两啮合轮齿中有一为可见，按轮齿不剖的规定画出；另一个轮齿部分被遮挡则齿顶线画成虚线或省略不画，如图7-35(a)所示；必须注意一个齿轮的齿顶到另一个齿轮的齿根之间应有0.25m的间隙。

③在平行轴线的外形视图中，啮合区内的齿顶线、齿根线不需画出，节线用粗实线绘制，如图7-35(b)所示。

视频
齿轮的画法

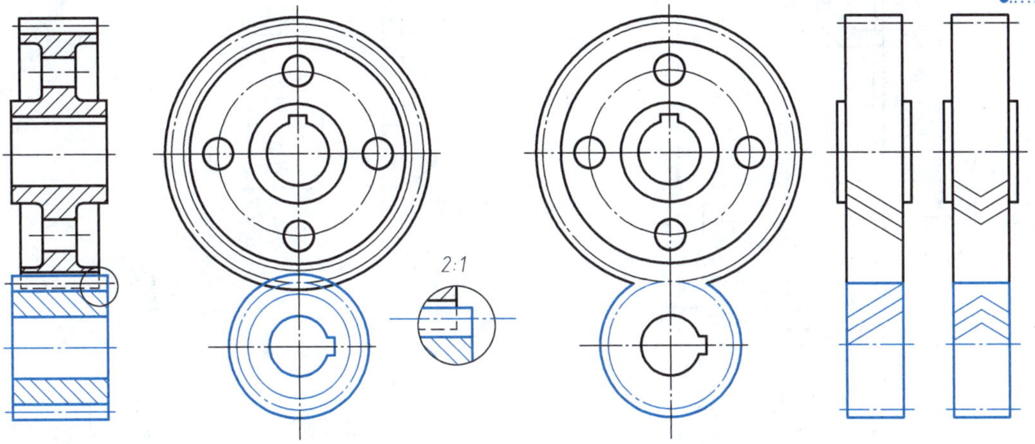

(a)　　　　(b)

图7-35　直齿圆柱齿轮的啮合画法

(3)齿轮与齿条啮合的画法

当齿轮的直径无限大时，齿轮就成为齿条。此时，齿顶圆、分度圆、齿根圆和齿廓曲线都成为直线。

齿轮和齿条啮合时，齿轮旋转，齿条作直线运动。齿轮和齿条啮合的画法与两圆柱齿轮啮合的画法基本相同，这时齿轮的节圆与齿条的节线相切。在剖视图中，应将啮合区内齿顶线之一画成粗实线，另一轮齿被遮挡的齿顶线画成虚线或省略不画，如图7-36所示。

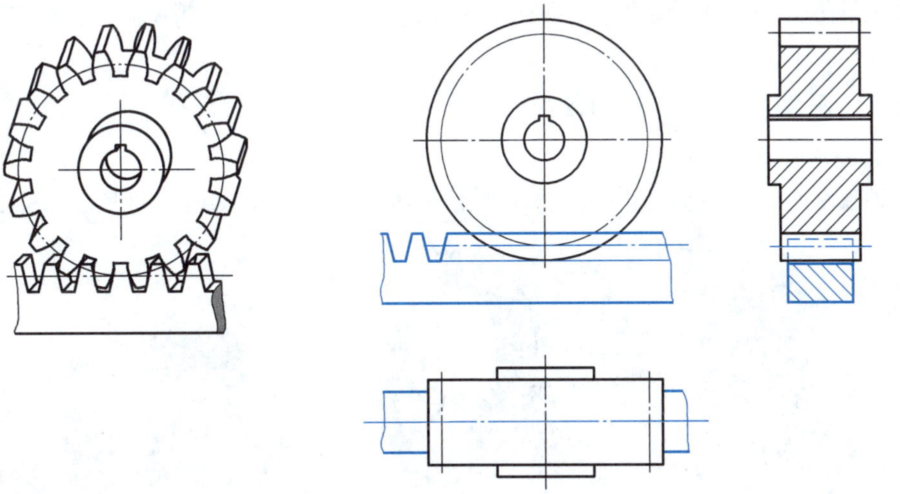

图7-36　齿轮与齿条啮合

3. 直齿圆柱齿轮的零件图

图7-37所示是一个直齿轮的零件图。它包括一组视图，一组完整的尺寸，必要的技术要求及标题栏等内容。在齿轮零件图中，齿顶圆直径、分度圆直径及有关齿轮的基本尺寸必须直接注出，齿根圆直径规定不注，并在图样右上角的参数表中，注写模数、齿数等基本参数。

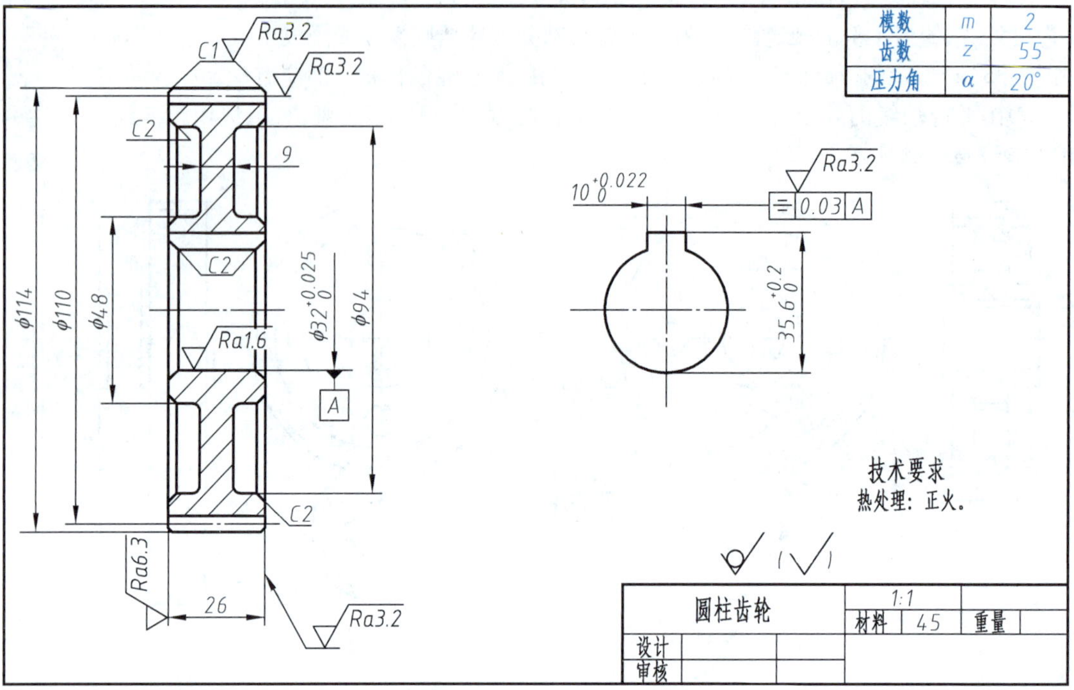

图 7-37　直齿轮零件图

7.6　滚动轴承

滚动轴承是用来支承轴的部件，它具有摩擦阻力小、结构紧凑，旋转精度高等特点，是应用极为广泛的标准件。

7.6.1　滚动轴承的结构和分类

1. 滚动轴承的结构

滚动轴承由外圈（或座圈）、内圈（或轴圈）、滚动体、保持架组成，如图 7-38 所示。

（a）向心轴承　（b）向心推力轴承　（c）推力轴承

图 7-38　滚动轴承的结构

2. 滚动轴承的分类

按国家标准规定，滚动轴承的结构类型按承受载荷可分为：

(1)向心轴承:主要用于承受径向载荷,如深沟球轴承。

(2)推力轴承:主要用于承受轴向载荷,如推力球轴承。

(3)向心推力轴承:同时承受径向和轴向载荷,如圆锥滚子轴承。

3. 滚动轴承的代号和标记

滚动轴承的标记由名称、轴承代号及国标代号组成。

①名称:用“滚动轴承”表示。

②轴承代号包括:基本代号、前置代号、后置代号。其中基本代号是滚动轴承代号的基础,用以表示滚动轴承的基本类型、结构和尺寸;前置代号、后置代号是轴承在结构形状、尺寸、公差、技术要求等有改变时,在其基本代号左右添加的补充代号。

基本代号由类型代号、尺寸系列代号和内径代号组成。

③国标代号是指该滚动轴承所参照的国家标准。

以上所述滚动轴承标记的组成可参见图7-39,滚动轴承基本代号的组成和编号的含义参见表7-7。

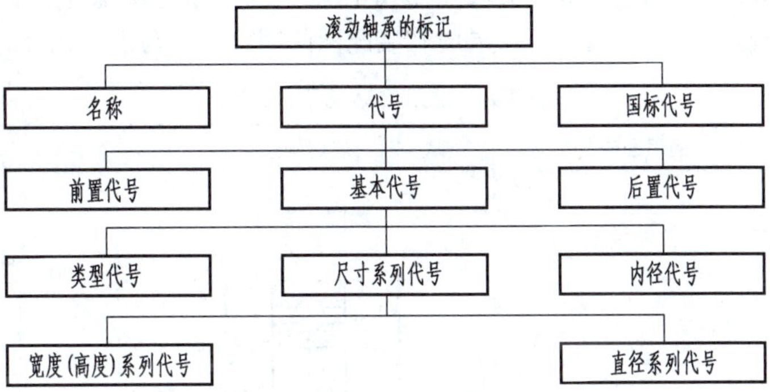

图7-39　滚动轴承的标记和代号

表7-7　滚动轴承基本代号中数字所代表的意义

<table>
<tr><th colspan="2">类型代号</th><th colspan="2">尺寸系列代号</th><th colspan="2">内径代号</th></tr>
<tr><th>代号数字</th><th>轴　承　类　型</th><th>宽度系列</th><th>直径系列代号</th><th>代号数字</th><th>轴承的内径</th></tr>
<tr><td>0</td><td>双列角接触球轴承</td><td colspan="2" rowspan="13">由两位数组成,个位代表直径系列代号,十位代表宽(高)度系列代号</td><td>1到9</td><td>内径=代号数字</td></tr>
<tr><td>1</td><td>调心球轴承</td><td rowspan="3">00
01
02
03</td><td rowspan="3">00——内径=10 mm
01——内径=12 mm
02——内径=15 mm
03——内径=17 mm</td></tr>
<tr><td>2</td><td>调心滚子轴承和推力调心滚子轴承</td></tr>
<tr><td>3</td><td>圆锥滚子轴承</td></tr>
<tr><td>4</td><td>双列深沟球轴承</td><td rowspan="8">04
以上</td><td rowspan="8">内径=代号数字×5(内径为22 mm、28 mm、32 mm或480 mm以上的除外)</td></tr>
<tr><td>5</td><td>推力球轴承</td></tr>
<tr><td>6</td><td>深沟球轴承</td></tr>
<tr><td>7</td><td>角接触球轴承</td></tr>
<tr><td>8</td><td>推力圆柱滚子轴承</td></tr>
<tr><td>N</td><td>圆柱滚子轴承</td></tr>
<tr><td>U</td><td>外球面球轴承</td></tr>
<tr><td>QJ</td><td>四点接触球轴承</td></tr>
</table>

下面举例说明滚动轴承代号标记:

①滚动轴承　6202　GB/T 276—2013

6——类型代号,深沟球轴承;

2——尺寸系列代号(02),宽度系列代号0省略,直径系列代号为2;

02——内径代号，内径为 15 mm。

②滚动轴承 30204　GB/T 297—2015

3——类型代号，圆锥滚子轴承；

02——尺寸系列代号，宽度系列代号 0 不省略，直径系列代号为 2；

04——内径代号，内径 $d = 4 \times 5 = 20$ mm。

③滚动轴承 51203　GB/T 297—2015

5——类型代号，推力球轴承；

12——尺寸系列代号，宽度系列代号为 1，直径系列代号为 2；

03——内径代号，内径为 17 mm。

7.6.2　滚动轴承的画法

滚动轴承是标准部件，不需要画零件图。在装配图中，也不必完全按其真实形状画出，而是根据轴承代号查出外径 D、内径 d、宽度等有关尺寸，决定出轴承的实际轮廓，然后在此轮廓内采用通用画法、特征画法或规定画法表示，见表 7-8。同时在装配图的明细栏中写出其代号。

表 7-8　常用滚动轴承的画法

轴承类型	通用画法	规定画法	特征画法
深沟球轴承 60000 型 GB/T 276—2013		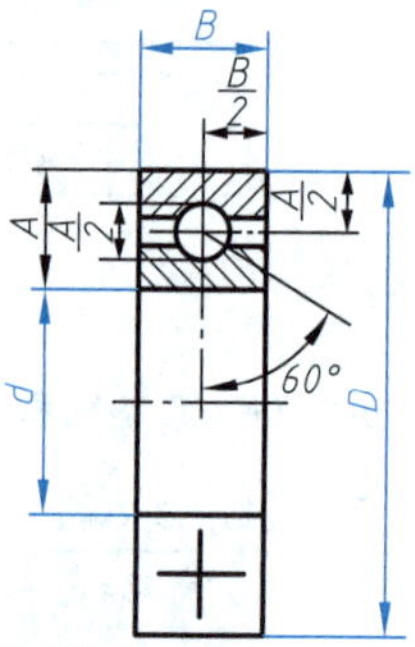	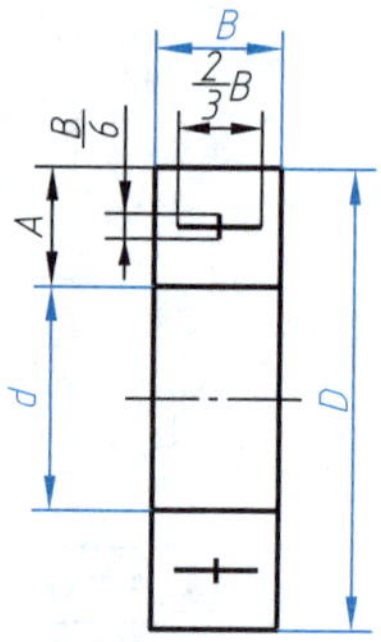
圆锥滚子 轴承 30000 型 GB/T 296—2013	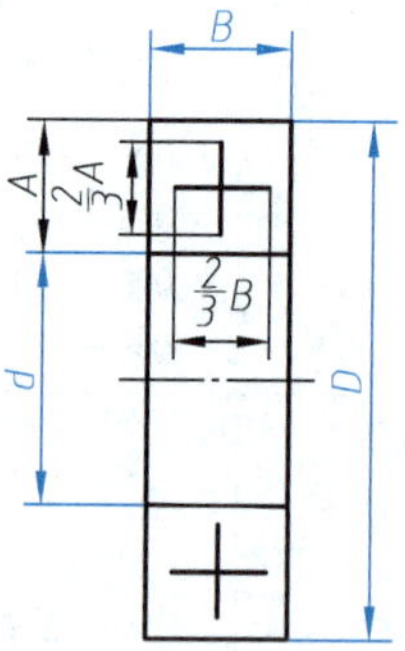	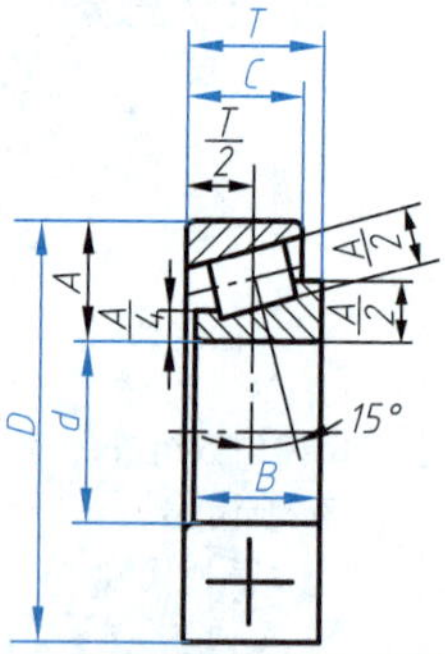	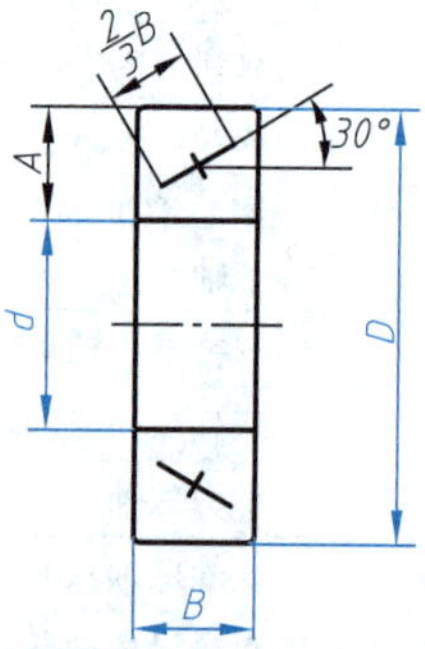
平底推力球轴承 51000 型 GB/T 301—2015		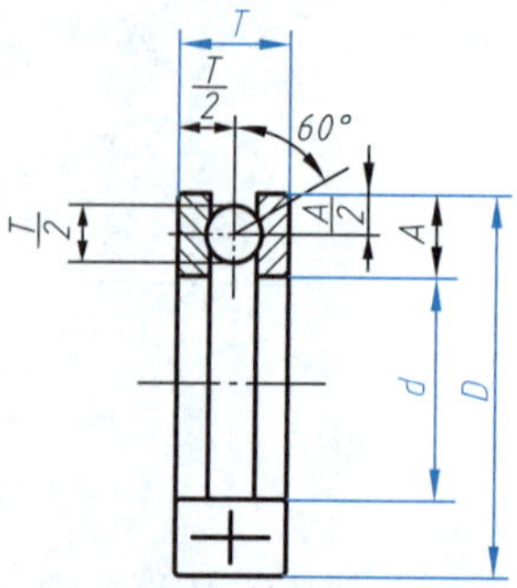	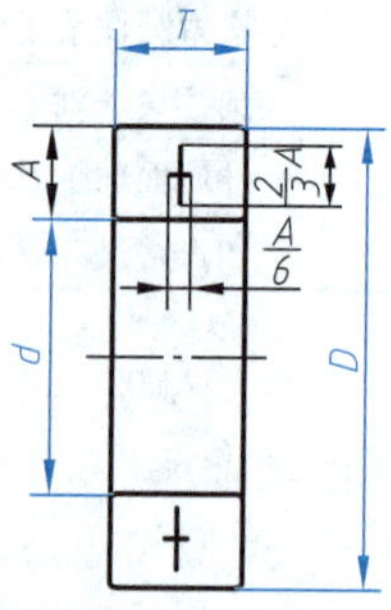

通用画法是指在剖视图中，当不需要确切地表示滚动轴承的外形轮廓、载荷特征、结构特征时，用矩形线框及位于线框中央的十字形符号表示，见表 7-8。

特征画法是指在剖视图中，如需要较形象地表示滚动轴承的载荷特征时，可采用矩形线框内画出其结构要素的方法表示，即轴承的特征视图，见表 7-8。

规定画法是指根据外径、内径、宽度等几个主要尺寸，按比例画法近似地画出它的结构特征。规定画法一般绘制在轴的一侧，另一侧按通用画法绘制，如表 7-8。

7.7 弹　簧

弹簧的用途很广，它可以用来减震、夹紧、承受冲击、储存能量和测力等。其特点是在外力去掉后能立即恢复原状。

弹簧的种类很多，按弹簧的形状可分为圆柱螺旋弹簧、截锥螺旋压缩弹簧、平面蜗卷弹簧、碟形弹簧和板弹簧。按受力方向不同，圆柱螺旋弹簧分为圆柱螺旋压缩弹簧、圆柱螺旋拉伸弹簧及圆柱螺旋扭转弹簧，如图 7-40 所示。

各类弹簧的术语、规格尺寸、材料及标记等均已系列化和标准化。国家标准《机械制图 弹簧表示法》GB/T 4459.4—2003 对弹簧的画法作了具体的规定。现主要介绍圆柱螺旋压缩弹簧的画法。

7.7.1 圆柱螺旋压缩弹簧的参数及尺寸计算

圆柱螺旋压缩弹簧术语、各部分名称及尺寸关系，如图 7-41 所示。

(a) 压缩弹簧　(b) 拉伸弹簧　(c) 扭转弹簧

图 7-40 圆柱螺旋弹簧

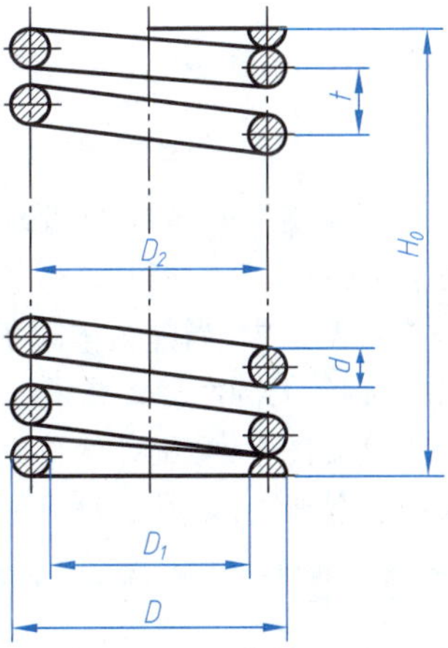

图 7-41 圆柱螺旋压缩弹簧各部分尺寸

弹簧各部分的名称及尺寸关系：

(1) d：簧丝直径。

(2) D：弹簧外径，弹簧最大直径。有 $D = D_2 + d$。

(3) D_1：弹簧内径，弹簧最小直径。有 $D_1 = D_2 - d$。

(4) D_2：弹簧中径。簧丝中心位置所在直径。

(5) t：弹簧节距。

(6) n:有效圈数,保持节距相等参加工作的圈数（计算弹簧刚度时的圈数）。

(7) n_2:支承圈数,弹簧端部用于支承或固定的圈数(常见的支撑圈有1.5圈,2圈,2.5圈三种,其中2.5圈用得最多)。

(8)总圈数(n_1):有效圈数与支撑圈数之和。$n_1 = n + n_2$。

(9)自由高度(H_0):弹簧无负荷时的高度 $H_0 = nt + (n_2 - 0.5)d$。

(10)弹簧丝展开长度:$L \approx n_1\sqrt{(\pi D_2)^2 + t^2}$。

7.7.2 圆柱螺旋压缩弹簧的规定画法

弹簧的真实投影很复杂,根据GB/T 4459.4—2003,螺旋弹簧的规定画法如下:

(1)在平行于螺旋弹簧轴线的投影面上的视图中,各圈的轮廓应画成直线,如图7-42所示。

(2)螺旋弹簧均可画成右旋。左旋螺旋弹簧不论画成左旋或右旋,在图上均需加注"左旋"。

(3)有效圈数在4圈以上的螺旋弹簧可只画出两端的1~2圈(支承圈不算在内),中间只需用通过弹簧丝断面中心的细点画线连起来,并允许适当缩短图形的长度,如图7-42所示。

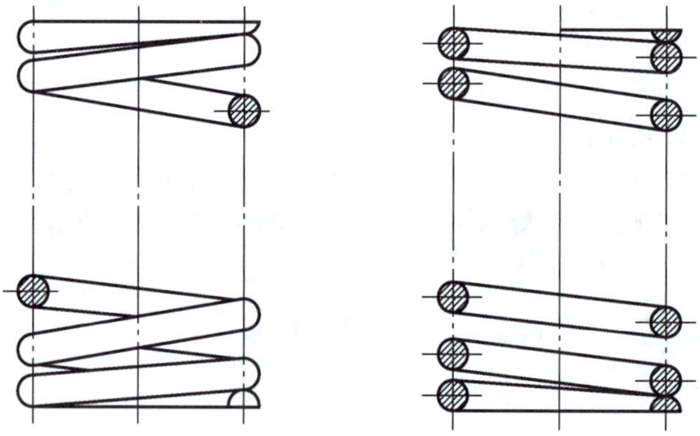

(a)视图　　(b)剖视图

图7-42　圆柱螺旋压缩弹簧画法

(4)对于螺旋压缩弹簧,如要求两端并紧且磨平时,不论支承圈的圈数多少和末端贴紧情况如何,均可按图7-42(有效圈是整数,支承圈为2.5圈)的形式绘制。

(5)在装配图中,当弹簧中间各圈采用省略画法时,弹簧后边被挡住的结构不必画出,可见部分只画到弹簧钢丝的剖面轮廓或中心线处,如图7-43(a)、图7-43(b)所示。

(6)在装配图中,螺旋弹簧被剖切时,簧丝直径在图形上等于或小于2 mm时,簧丝断面全部涂黑,或采用示意画法,如图7-43(b)、图7-43(c)所示。

7.7.3 圆柱螺旋压缩弹簧的画图步骤

假设弹簧的簧丝直径 d、弹簧外径 D、节距 t、有效圈数 n 均为已知,且该弹簧是右旋。

画图之前先进行计算,即求出弹簧中径 D_2 及自由高度 H_0,然后再作图,作图步骤如图7-44所示。

①根据 D_2 及 H_0 画出矩形 $ABCD$,如图7-44(a)所示。

②画出支承圈部分(不论支承圈数为多少,均按2.5圈绘制),如图7-44(b)所示。

③画出有效圈数部分,如图7-44(c)所示。

④按右旋方向画簧丝断面的公切线及剖面线,并描深,如图7-44(d)所示。

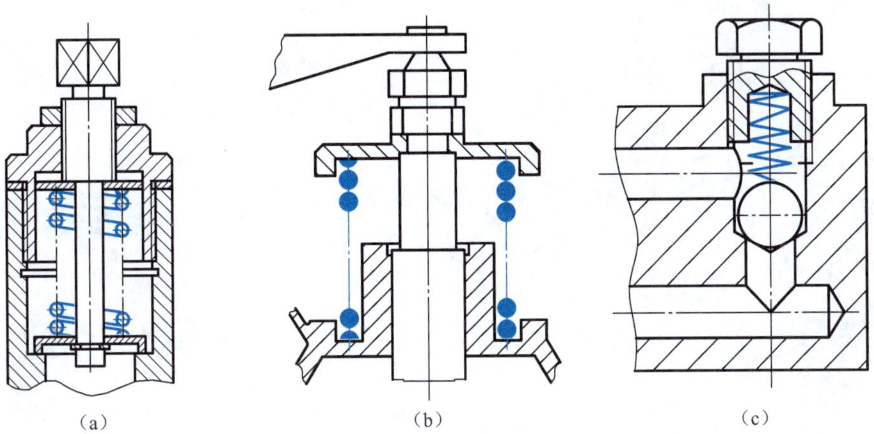

（a）　　（b）　　（c）

图 7-43　装配图中弹簧画法

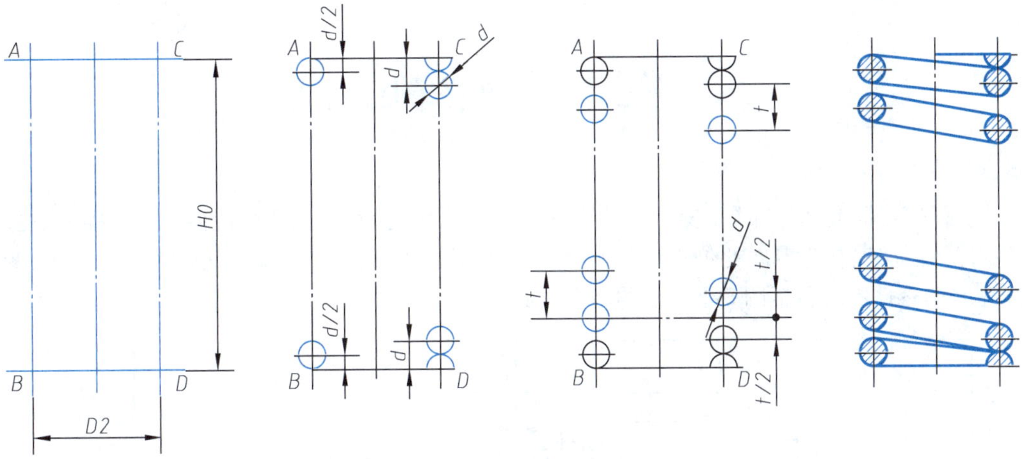

（a）　　（b）　　（c）　　（d）

图 7-44　圆柱螺旋压缩弹簧的画图步骤

视频

圆柱压缩弹簧的画法

7.7.4　螺旋压缩弹簧的标记（GB/T 2089—2009）

圆柱螺旋压缩弹簧的标记形式如下：

弹簧代号 类型 $d\times D_2\times H_0$ - 精度代号 旋向代号 标准号

材料牌号 - 表面处理

其中螺旋压缩弹簧代号为“Y”；形式代号为“A”或“B”；2 级精度制造应注明“2”，3 级不标注；左旋应注明“左”，右旋不标注；表面处理一般不标注。如要求镀锌、镀铬、磷化等金属镀层及化学处理时，应在标记中注明。

例如，A 型螺旋压缩弹簧，簧丝直径 $d=1.2$ mm，中径 $D_2=8$ mm，自由高度 $H_0=40$ mm，刚度、外径、自由高度的精度为 2 级，左旋，材料为碳素弹簧钢丝 B 级，表面镀锌处理的弹簧，其标记为：

YA 1.2×8×40－2 左　GB/T 2089—2009　B 级－D－Z_n

第8章 零件图

视频

零件图的作用与内容

8.1 零件图的内容

任何机器或部件都是由若干个零件按一定要求装配而成的。制造机器时，必须先制造零件。而加工制造零件的依据是零件图。零件图是表示零件结构、大小及技术要求的图样。一张完整的零件图应包括图8-1所示的四个方面内容：

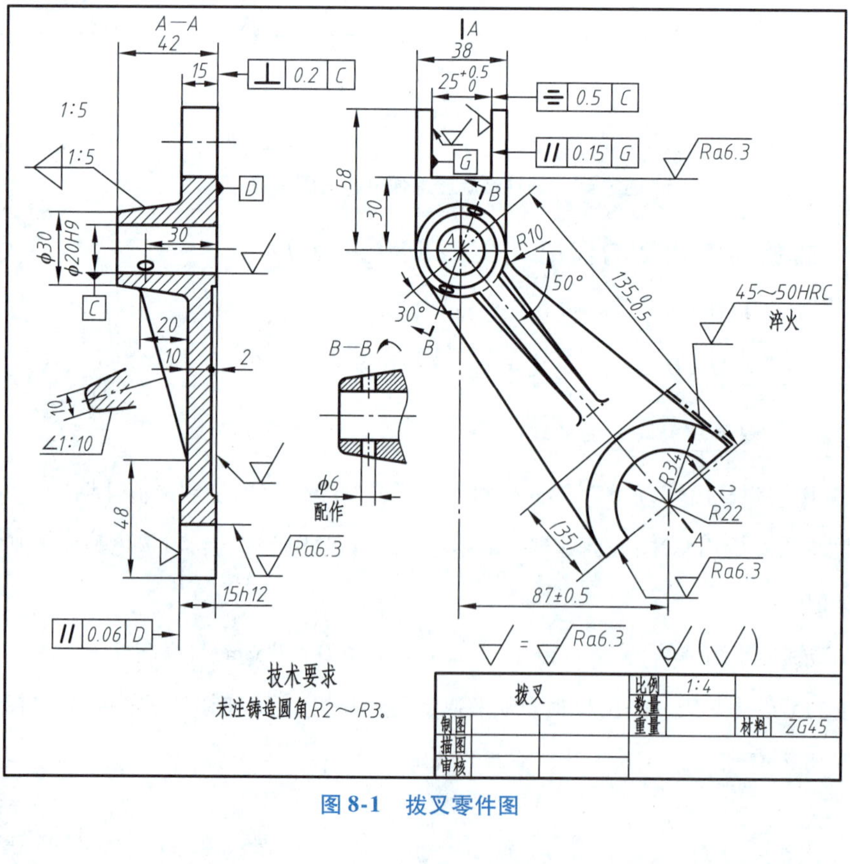

图8-1 拨叉零件图

(1)一组视图

利用视图、剖视图、断面图等画法,完整、清晰地表达零件各部分的结构形状。

(2)完整的尺寸

零件制造和检验所需的全部尺寸。

(3)技术要求

用文字或符号说明零件在制造、检验过程中应达到的一些要求,如表面结构、几何公差和热处理要求等。

(4)标题栏

说明零件的名称、材料、数量、绘图比例、图号及必要签署等内容。

8.2 零件的视图选择

8.2.1 零件表达方案的选择

为满足生产的需要,零件图的一组视图应视零件的功用及结构形状的不同而采用不同的视图及表达方法。

1. 零件表达方案选择的原则

零件表达方案选择的原则是,选择一组视图,把零件的形状结构表达得完整、确切、清晰。

完整:零件各部分的结构、形状及其相对位置表达完整、清楚。

确切:零件各部分的结构、形状及其相对位置唯一确定。

清晰:所画图形要清晰易懂。要便于看图,力求制图简便。

2. 零件表达方案选择的一般步骤

(1)分析零件

了解该零件在机器上的作用、安放位置和加工方法。对零件进行形体分析和结构分析。了解零件的形状与功用有关。

(2)选择主视图

选择主视图时,首先考虑按零件的加工位置或工作位置摆放,其次是选择最能反映零件的形状特征和零件各部分相互位置的方向作为主视图的投射方向。

(3)选择其他视图

在主视图中还没有表达清楚的部分,要选择其他视图表示。所选视图应有其重点表达内容,并尽量避免重复。

总之,在选择视图时,要目的明确、重点突出,使所选择视图完整、清晰、数目恰当。一般用基本视图表达零件的主要结构,用局部视图、斜视图结合基本视图表达其次要结构。零件的表达方案确定后,可以从两个方面进行检查:一是用形体分析的方法,检查所选视图是否足够,即检查零件的每一组成部分及其相对位置是否唯一确定;二是检查所选的视图是否清晰、便于画图和看图,每一视图是否起着其他视图所不能代替的作用。

8.2.2 典型零件表达方案的选择

对于机器上的一般零件,在生产中都要画出其零件图。常见的一般零件可大致分为:轴套类零件;盘盖类零件;叉架类零件;箱体类零件,如图 8-2 所示。它们的表达方案的选择都有一定的特点。

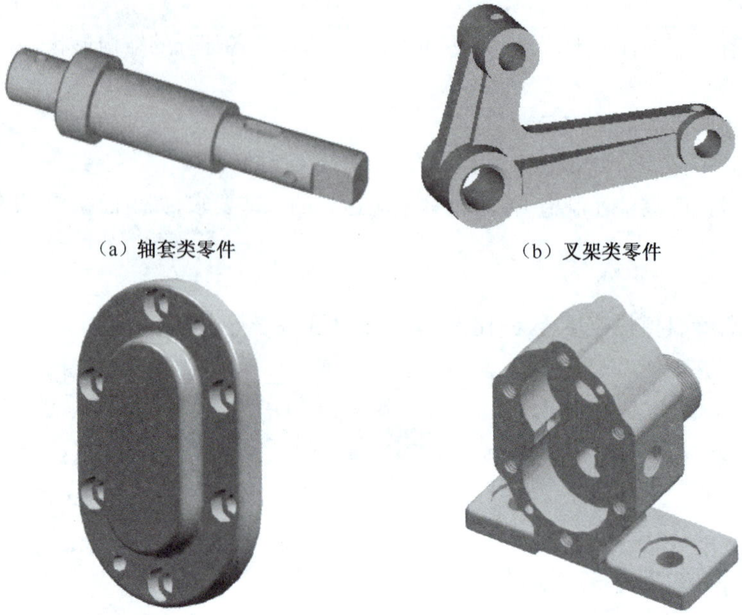

（a）轴套类零件　（b）叉架类零件

（c）盘盖类零件　（d）箱体类零件

图 8-2　四类典型零件

1. 轴套类零件

轴、套类零件在机器上应用很广，其形状特点一般是由共轴线的回转体组成。

轴、套类零件主要是在车床或磨床上加工。

在车削时，为便于看图，轴套类零件（见图 8-3）的主视图均按加工位置放置（即轴线水平）。一般只用一个基本视图即可将各部分相对位置表达清楚。

对于传动轴，通常要加工出键槽、销孔、退刀槽等结构。这些结构采用断面图、局部剖视图及局部放大图表示。

视频

轴类零件的视图选择

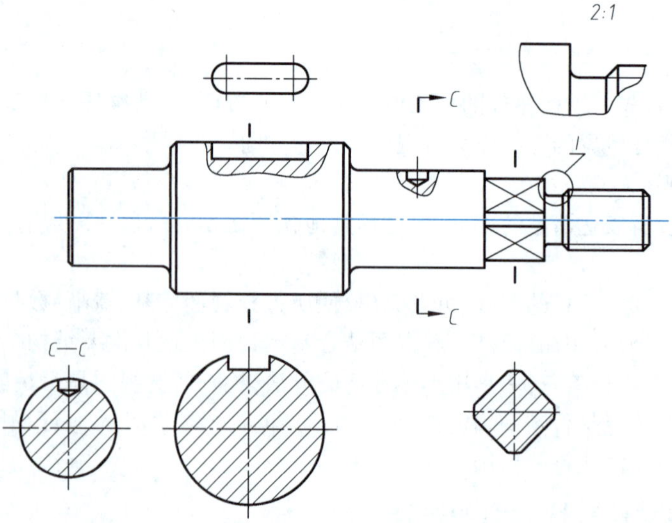

图 8-3　输出轴的零件图

2. 盘盖类零件

盘盖类零件主要包括各种手轮、齿轮、带轮、法兰盘及端盖等。它们的主要部分一般是由共轴线的回转体组成，但轴向长度较短，如图 8-4、图 8-5 所示。

视频

盘盖类零件的视图选择

盘盖类零件的主要加工面通常是在车床或磨床上加工的。

选择盘盖类零件的主视图时，一般应按加工位置，将轴线放成水平，并取适当剖视，以表达某些结构。

盘盖类零件的其他视图：盘盖类零件上常有沿圆周分布的孔、槽和轮辐等，故还需选取左视图或右视图，以表达这些结构的形状和分布情况。

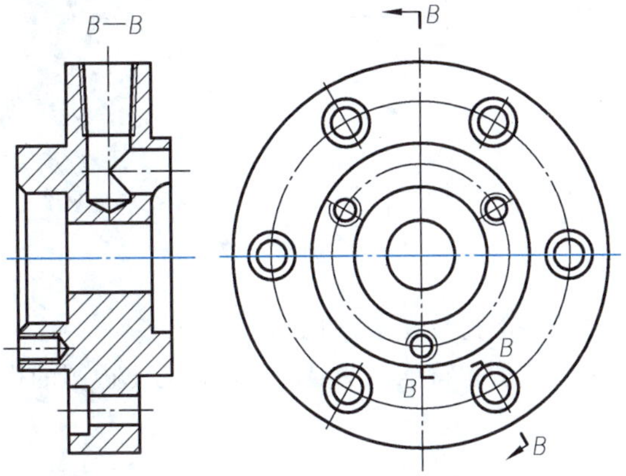

图 8-4 端盖的视图选择

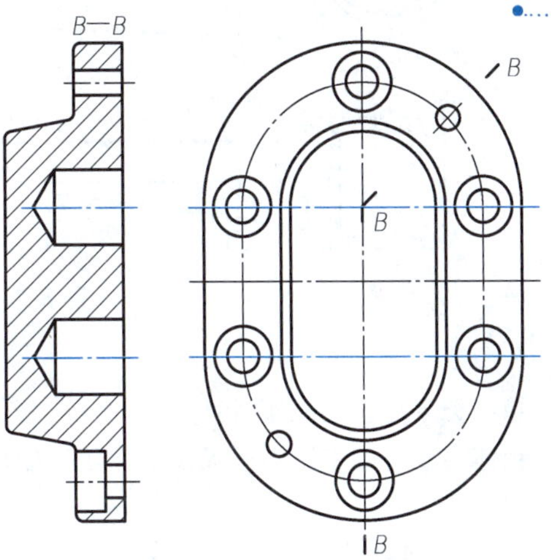

图 8-5 泵盖的视图选择

3. 叉架类零件

视频

叉架类零件视图选择

叉架类零件包括杠杆、连杆、拨叉、支架等。图 8-6 所示为压砖机上的杠杆。

叉架类零件的结构形状有的比较复杂，还常有倾斜或弯曲的结构，有时工作位置亦不固定，因此除考虑按工作位置摆放外，还考虑画图简便，一般选择最能反映其形状特征的视图作为主视图。其他视图根据需要选择。

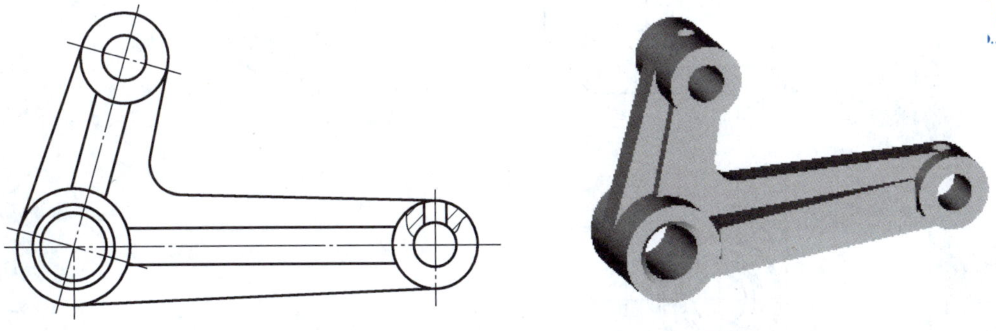

(a) (b)

图 8-6 压砖机杠杆主视图的选择

图 8-7 为杠杆的一种表达方案。俯视图选取了局部剖视图，将倾斜部分剖去，表达水平臂内外形体的真实形状；单一斜剖的全剖视图 *A—A* 及移出断面图表达了斜臂上部孔的深度、位置及肋板的形状。

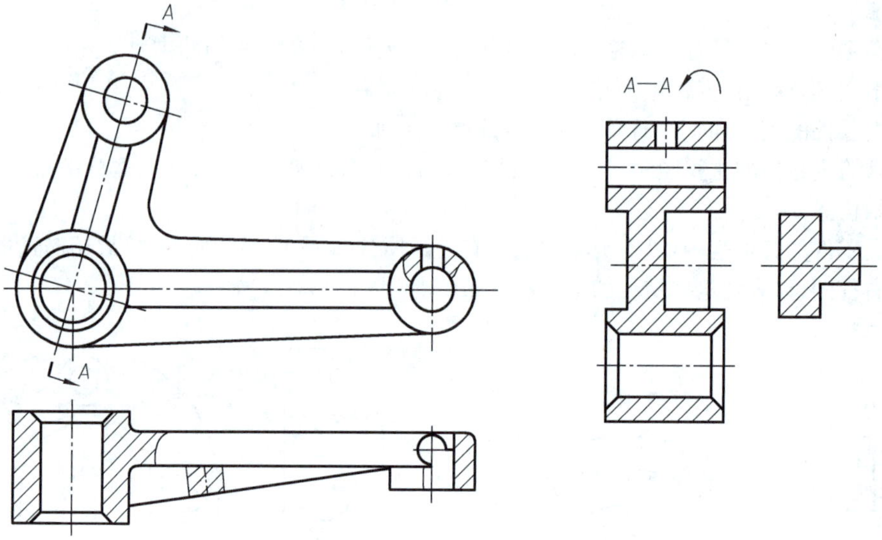

图 8-7　杠杆的视图方案

4. 箱体类零件

箱体类零件包括机座、箱体或机壳等。此类零件结构一般比较复杂，加工工序亦较多。

箱体类零件的主视图一般按工作位置摆放，并以反映其形状特征最明显的方向作为主视图的投射方向。

图 8-8 是球阀阀体的表达方案。

视频

箱体类零件的视图选择

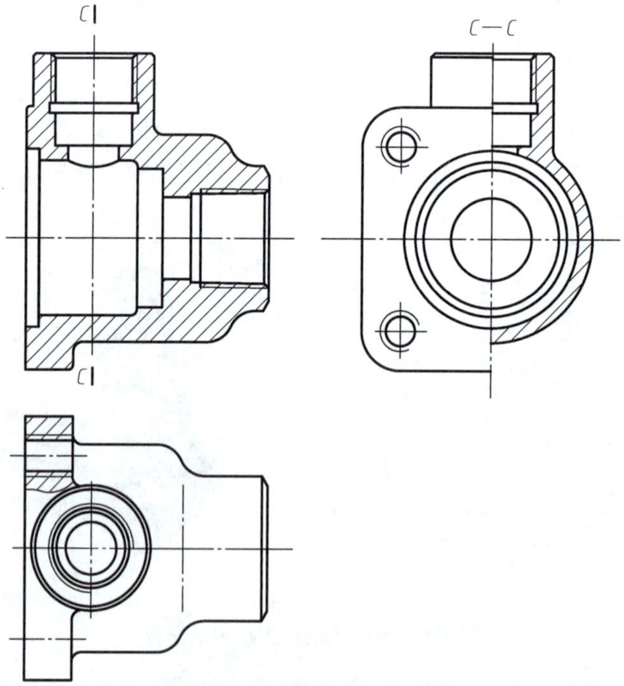

图 8-8　球阀阀体的表达方案

5. 小结

(1)轴套类零件的主视图按加工位置使轴线水平放置，一般只需一个基本视图，另加断面图及局部放大图等。

(2)盘盖类零件的主视图也按加工位置使轴线水平放置,一般需要两个基本视图。

(3)叉架类零件倾斜、弯曲的较多,一般以最能反映其形状特征的视图作为主视图,常需要两个或两个以上的基本视图。

(4)箱体类零件较复杂,主视图的摆放要符合其在机器上的工作位置,一般需要3个或更多的基本视图。

对于同一零件,通常可有几种表达方案,且往往各有优缺点,需全面地分析、比较。

总之,选择视图时,各视图要有明确的表达重点,所选的视图既表达清楚、完整,又便于看图。

8.3 零件上常见的工艺结构

零件的结构形状,除了满足设计要求外,还需满足制造工艺要求,即具有合理的工艺结构。下面介绍常见的工艺结构及其绘制方法。

视频

零件上常见的工艺结构

8.3.1 铸件结构

1. 拔模斜度

铸件在造型时,为便于取出木模,沿脱模方向做出1:20的拔模斜度(约3°)。浇铸后这一斜度留在铸件表面上,如图8-9(a)所示。铸造斜度在画图时,一般不画出,必要时可在技术要求中注明。

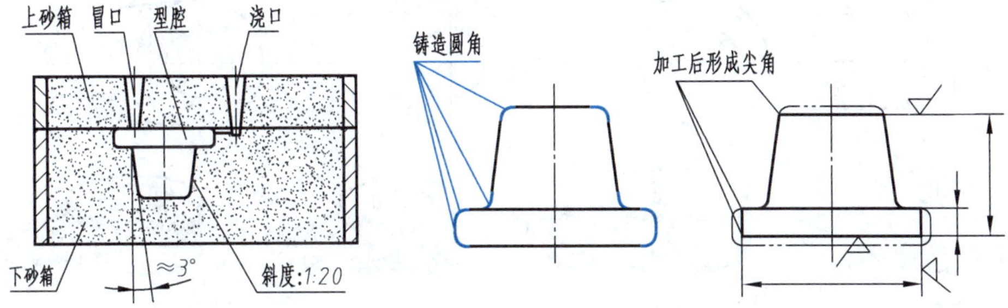

(a) (b) (c)

图8-9 铸造斜度和铸造圆角

2. 铸造圆角

为了便于取模和防止浇铸时金属溶液冲坏砂型以及冷却时转角处产生裂纹,铸件表面的相交处应制成过渡的圆弧面,画图时这些相交处应画成圆角——铸造圆角[见图8-9(b)]。

两相交的铸造表面,如果有一个表面经切削加工,则应画成尖角[见图8-9(c)]。

铸造圆角的半径值在2~5 mm之间,视图中一般不标注,而是集中注写在技术要求里,如“未注明铸造圆角 $R2 \sim R5$”。

由于有铸造圆角,在画图时,这些交线用细实线按无圆角时的情况画出,只是交线的起讫处与圆角的轮廓线断开(画至理论尖点处),这样的线称为过渡线。常见铸件的过渡线画法有:

①两曲面相交时的过渡线画法如图8-10(a)所示。

②平面与平面、平面与曲面的过渡线画法如图8-10(b)所示。

③不同断面形状的肋板与圆柱组合时过渡线画法如图8-10(c)所示。

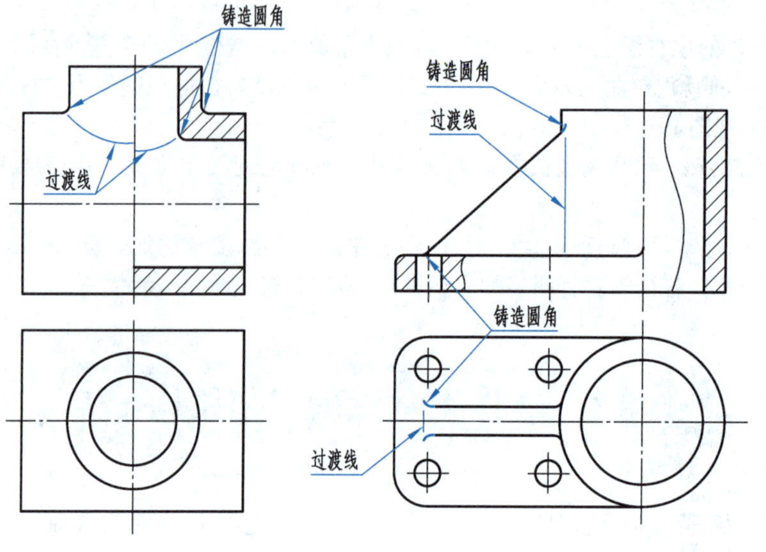

（a）　　　　（b）

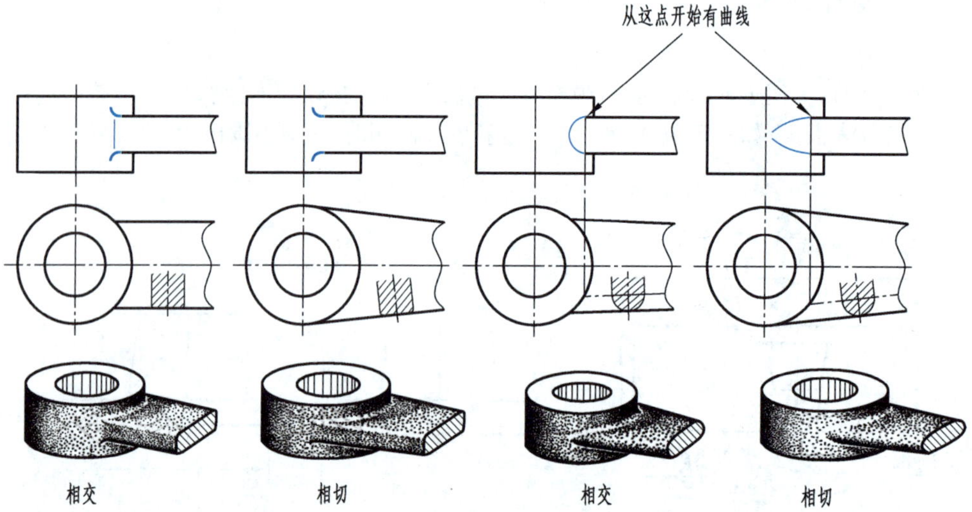

（c）

图 8-10　过渡线的画法

3. 铸件的壁厚

铸件的壁厚应尽量保持一致，如不能一致，应使其逐渐均匀地变化。铸件的壁厚如不能一致，容易在冷却时因冷却速度不同而在壁厚处形成缩孔和裂纹，如图 8-11 所示。

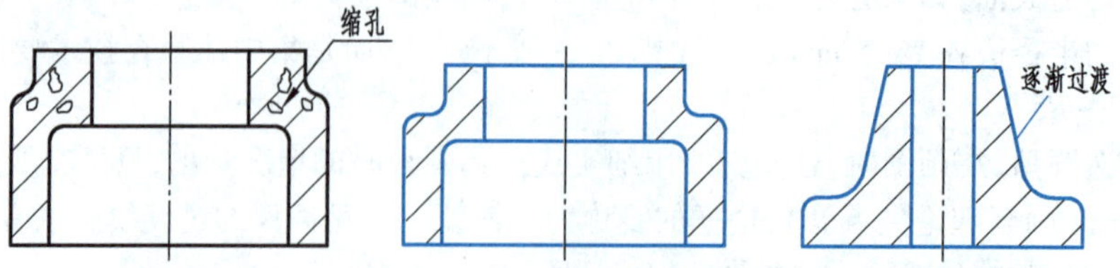

（a）壁厚不均匀　　（b）壁厚均匀　　（c）壁厚逐渐过渡

图 8-11　铸件的壁厚

8.3.2 零件机械加工常见工艺结构

1. 凸台与凹坑

零件上与其他零件接触或配合的表面一般应切削加工。为了保证两零件表面良好的接触，同时减少加工面积，以降低制造费用，常在零件接触面处设计出凸台或凹坑。

同一平面上的凸台、凹坑应尽量同高，以便于加工，如图8-12所示。

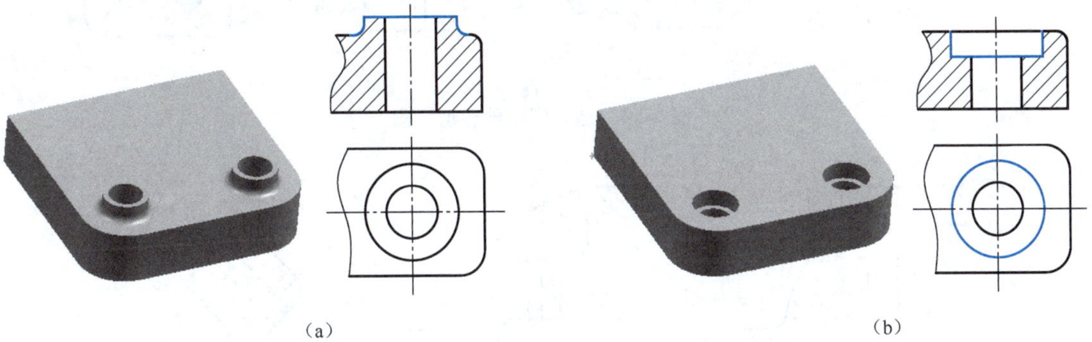

图8-12 凸台与凹坑

2. 倒角与圆角

为了去除毛刺、锐边、以防止伤人和便于装配，在轴和孔的端部常加工出倒角，即用一锥顶角为45°的圆锥刀头切除其端部锐边。常见倒角为45°，也有30°或60°的倒角。倒角为45°时，可与轴向尺寸连注，C表示45°的倒角，n表示倒角的轴向长度，如$C1$、$C2$等。倒角不是45°时，尺寸应分开标注，如图8-13所示。

为避免阶梯轴轴肩的根部因应力集中而容易断裂，故在轴肩根部加工成圆弧过渡，即圆角。

倒角与圆角的画法如图8-13所示。倒角与圆角的尺寸可由机械设计手册查阅。

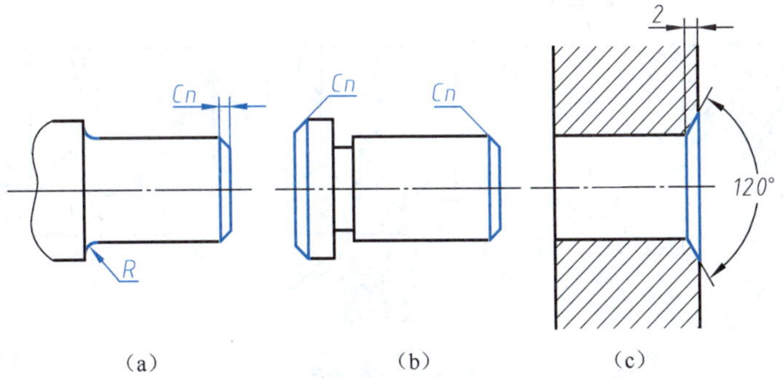

图8-13 倒角及圆角

3. 退刀槽和砂轮越程槽

在车削螺纹时，为便于退出刀具，常在待加工面末端先切出退刀槽。

退刀槽的尺寸注成："宽度×深度"($b\times a$)或"宽度×直径"($b\times \varnothing$)。

为使相配的零件在装配时表面良好接触，零件表面需要磨削加工。加工时，为了使砂轮能稍微超过磨削部位，需要预先切出砂轮越程槽，如图8-14所示。

4. 钻孔结构

钻孔时，要求钻头轴线尽量垂直于孔的端面，以保证钻孔准确和避免钻头折断，对斜孔、曲面上的孔，应先制成与钻头垂直的凸台或凹坑，如图8-15所示。

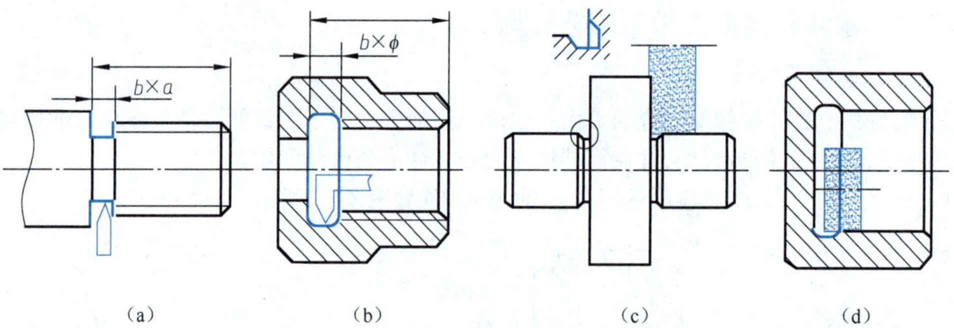

图 8-14　退刀槽和砂轮越程槽

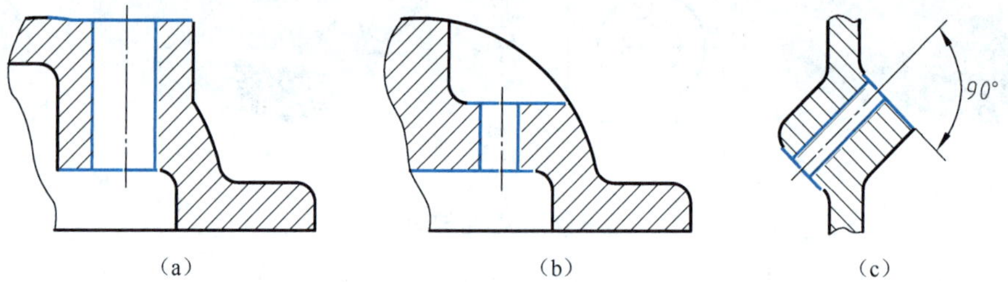

图 8-15　钻孔端面

用钻头加工的盲孔，在孔的底部有120°的锥角，画图时必须画出。但在标注尺寸时，一般不需要标注120°。标注孔的深度尺寸只注圆柱部分的深度。如果阶梯孔的大孔也采用钻孔加工，则在两孔之间亦应画出120°的圆锥台部分，如图8-16所示。

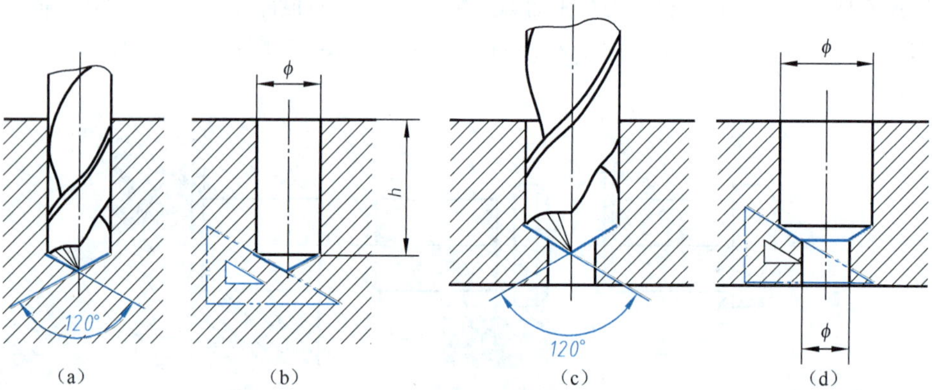

图 8-16　钻孔的画法

8.4　零件的尺寸标注

零件图的尺寸是制造零件时加工和检验的依据。因此，零件图上标注的尺寸除应正确、完整、清晰外，还应尽可能合理，即所注尺寸应满足设计要求和便于加工测量。

8.4.1　尺寸基准

尺寸基准一般分为设计基准（设计时用以确定零件结构位置）和工艺基准（制造时用以定位、加工和检验）。零件上的对称面、底面、端面、轴线及圆心等都可以作为基准，如图 8-17 所示。

视频
零件图尺寸标注

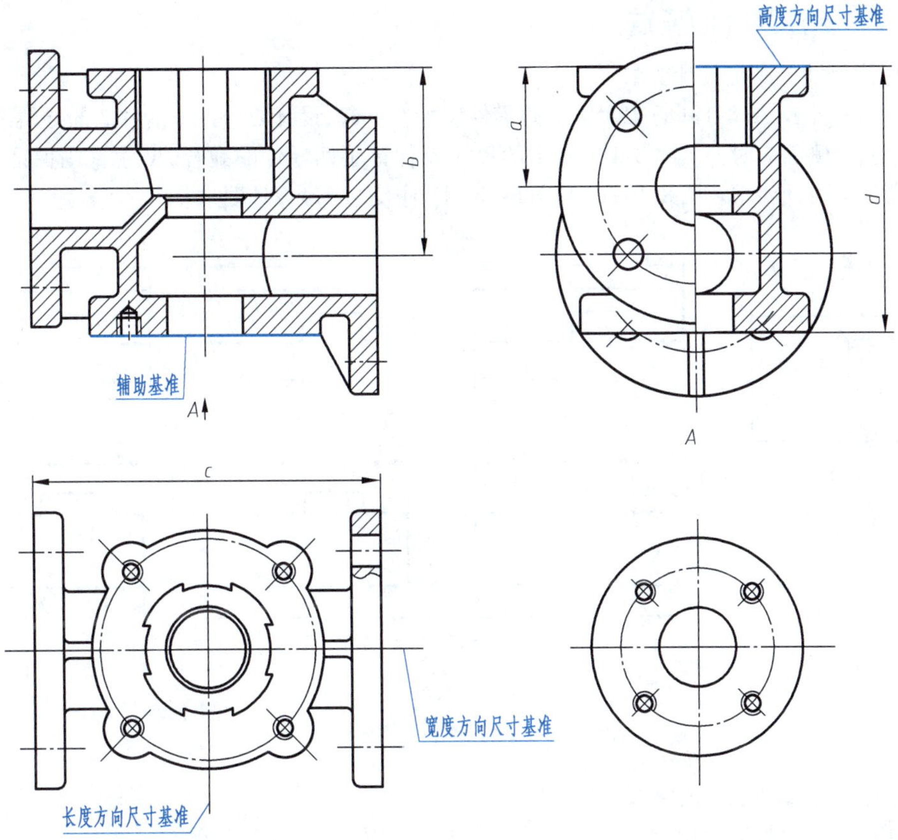

（a）

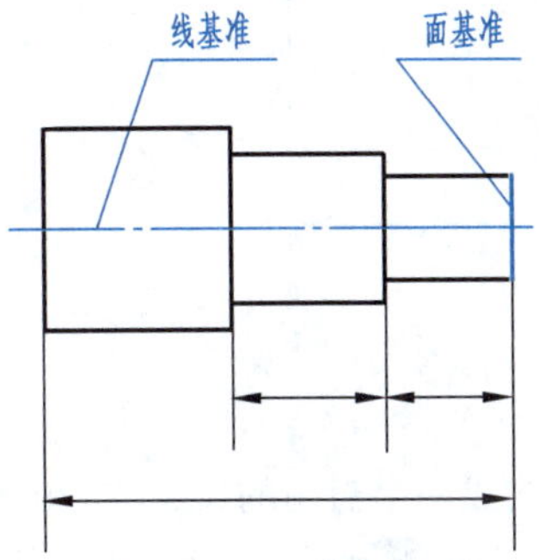

（b）

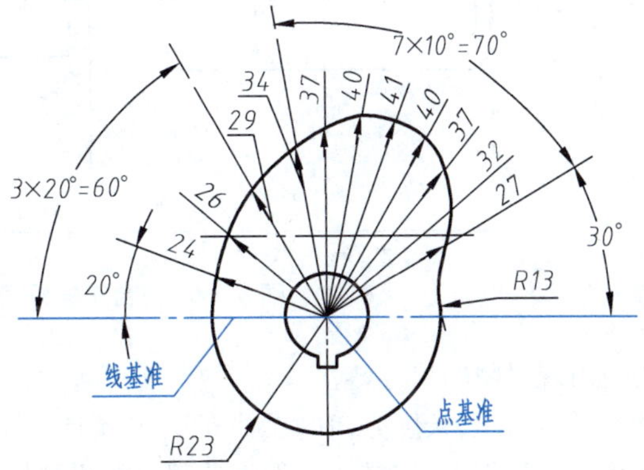

（c）

图 8-17　尺寸基准

尺寸基准又分为主要基准和辅助基准。一般在长、宽、高三个方向各选一个设计基准为主要基准,它们决定零件的主要尺寸。这些主要尺寸影响零件在机器中的工作性能、装配精度,因此,主要尺寸要从主要基准直接注出,如图 8-17(a)中的尺寸 a、b、c。除主要基准之外的其余尺寸基准则为辅助基准,以便于加工和测量。辅助基准都有尺寸与主要基准相联系,如图 8-17(a)中的尺寸 d。

8.4.2 标注尺寸的要点

(1)标注尺寸要满足设计要求

如图 8-18 所示,图 8-18(a)表示 1、2 两零件装配在一起,设计要求件 1 沿件 2 的导轨滑动时,左右不能松动、右侧面应对齐。图 8-18(b)中的尺寸 B 保证了两零件的配合,尺寸 C 则保证从同一基准出发,满足了设计要求。图 8-18(c)和图 8-18(d)则不能满足设计要求。

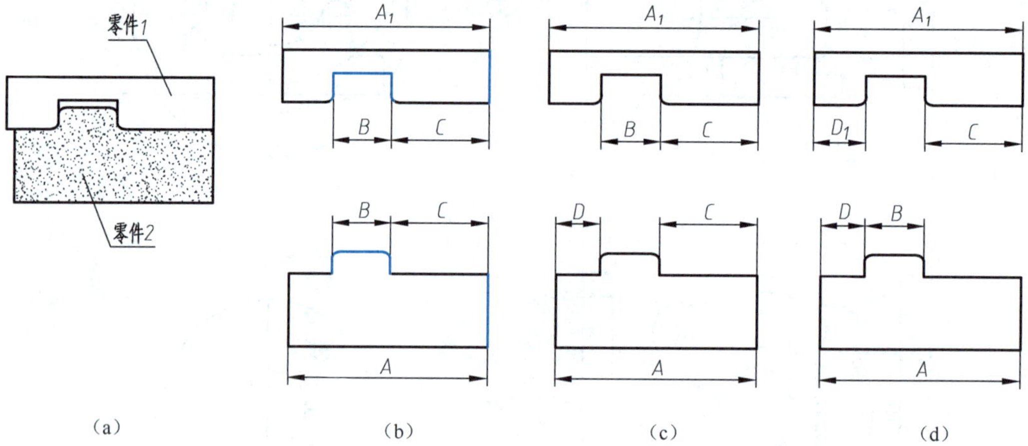

图 8-18 结合设计要求注写尺寸

(2)标注尺寸要符合工艺要求

图 8-19 为一小轴的尺寸标注,所注尺寸符合加工顺序,便于加工测量。

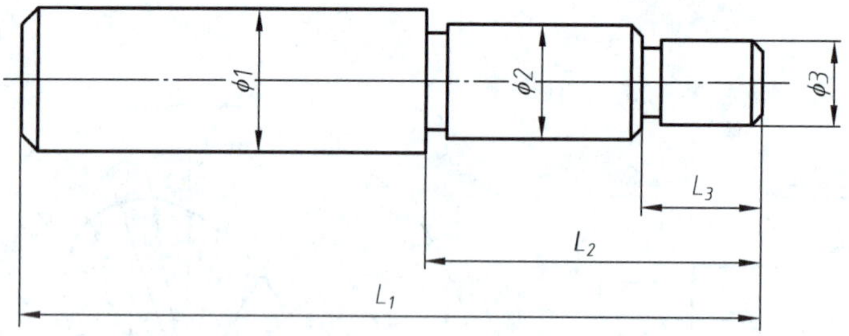

图 8-19 符合工艺需要的尺寸

(3)避免出现封闭的尺寸链

如图 8-20(a)所示,长度方向的尺寸 b、c、e 、d 首尾相接,构成一个封闭的尺寸链。由于加工时,尺寸 c、d、e 都会产生误差,这样所有的误差都会积累到尺寸 b 上,不能保证尺寸 b 的精度要求。常将不重要的尺寸不标注,形成开环,如图 8-20(b)所示。

(4)尺寸标注应考虑测量方便,如图 8-21 所示。

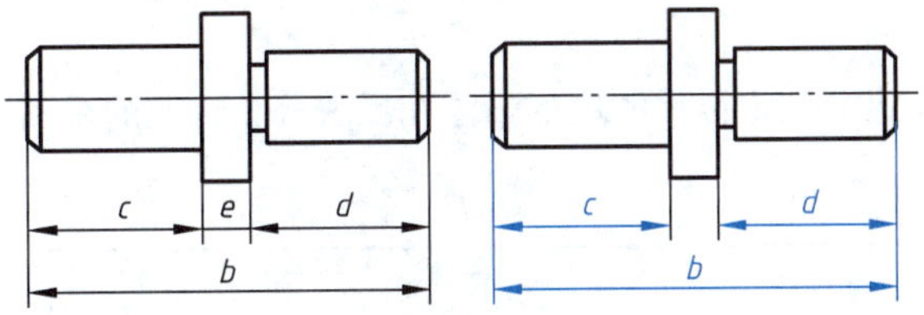

（a） （b）

图 8-20 避免出现封闭的尺寸链

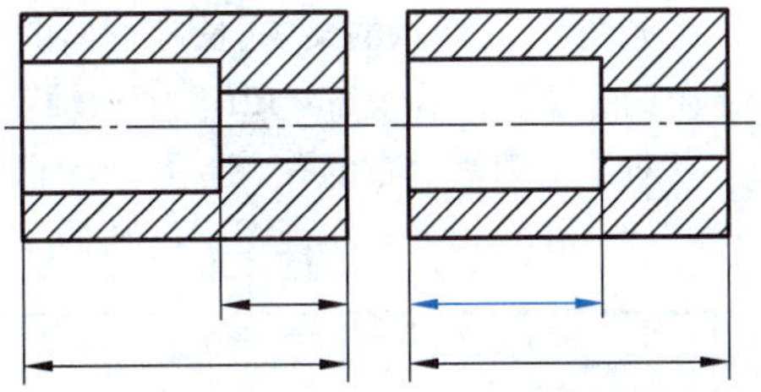
（a）不便于测量 （b）便于测量

图 8-21 尺寸标注应便于测量

8.4.3 四类典型零件的尺寸注法

1. 轴套类零件

这类零件一般要注出表示直径大小的径向尺寸和表示各线段长度的轴向尺寸。径向尺寸以轴线为基准。轴向尺寸的基准根据零件的作用和装配要求确定。

如图 8-22 中的输出轴，其径向尺寸的主要基准是轴线，而轴向尺寸的主要基准是∅40n6 的右端轴肩，轴的右端面作为辅助基准。

标注时应尽量将不同工序所需要的尺寸分开标注。

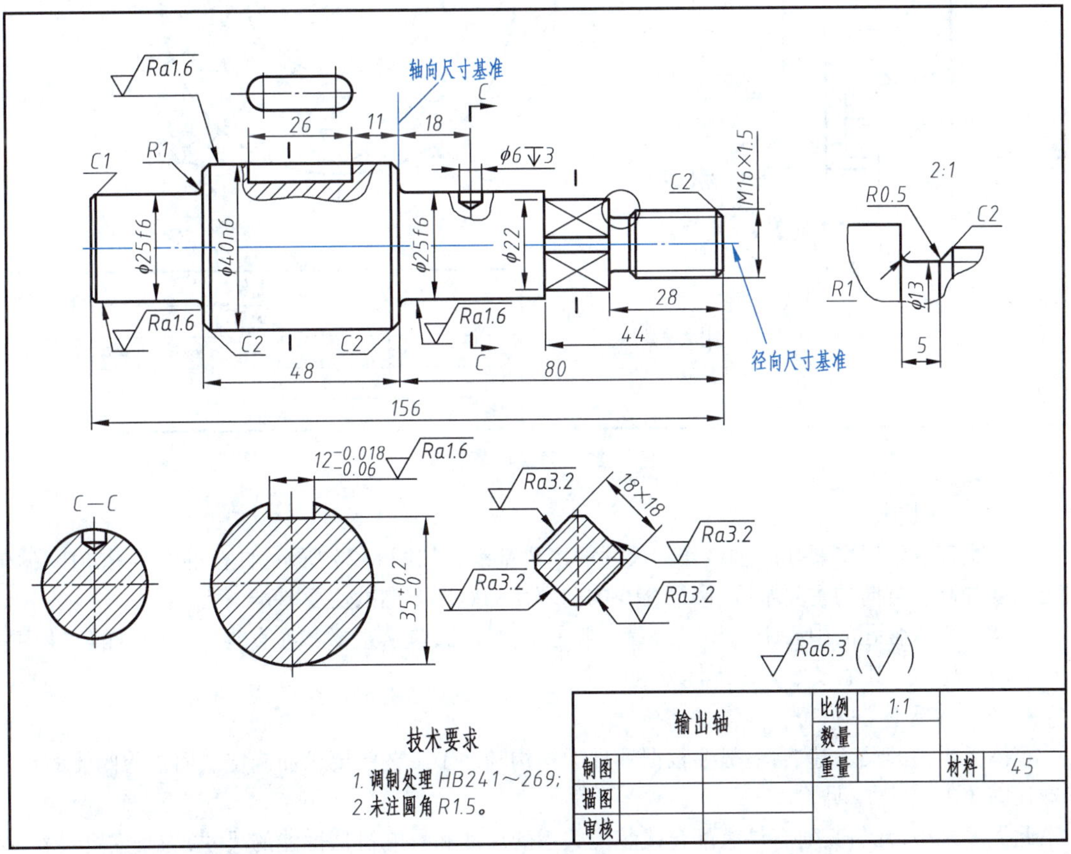

图 8-22 输出轴的零件图

2. 盘盖类零件

这类零件径向尺寸的主要基准为主要孔的轴线。轴向尺寸的主要基准为端面。

如图 8-23 所示的泵盖，长度方向的主要基准为右端面；宽度方向的主要基准为对称平面；高度方向的主要基准为上部∅12H8 主动轴孔的轴线。

对于呈圆周分布的孔、键、肋及轮辐等结构，其定形和定位尺寸应尽量注在反映分布情况的视图中，以便读图，如泵盖左视图中沉孔的尺寸。

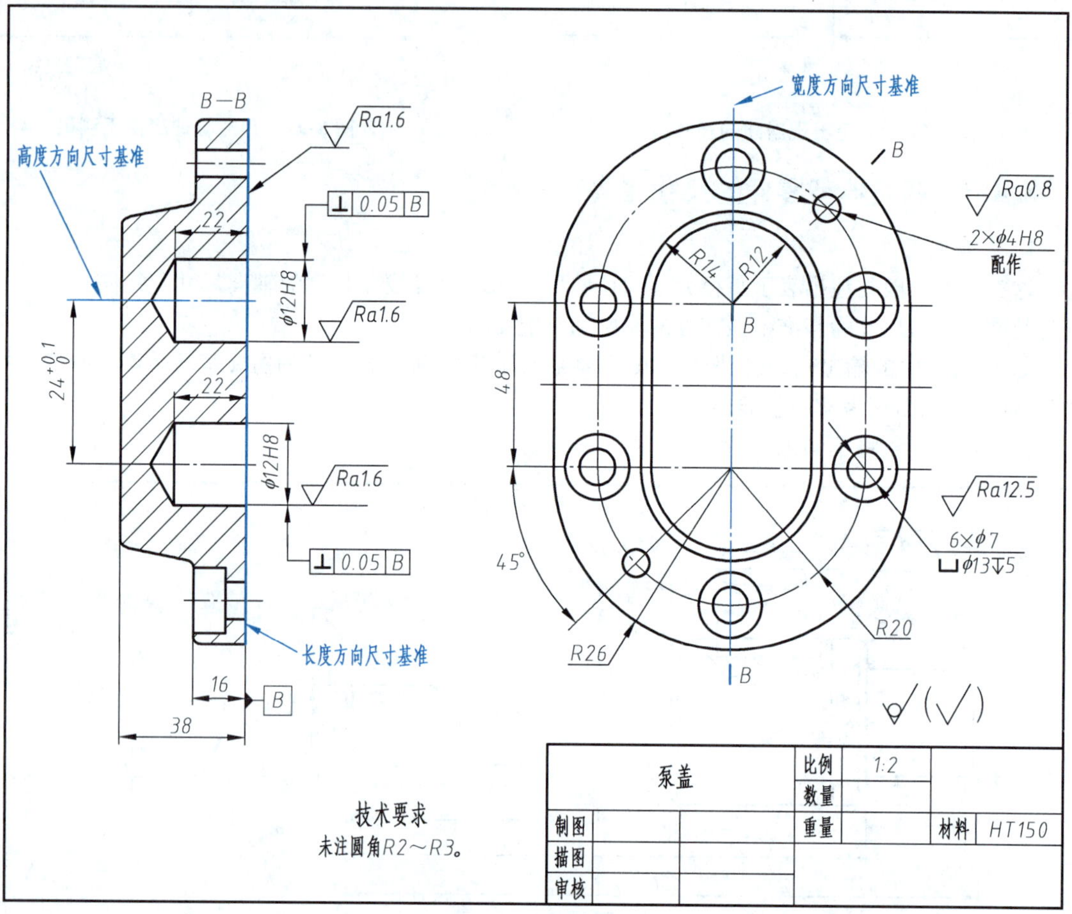

图 8-23　泵盖的零件图

3. 叉架类零件

叉架类零件常以主要孔的轴线作为尺寸的主要基准。如图 8-24 所示，杠杆的左端孔∅H9 的轴线为长度和高度方向的主要基准；圆筒∅16 的前端面为宽度方向的主要基准。

叉架类零件各孔的中心距和相对位置一般是主要尺寸，应从主要基准直接注出。如图 8-24 中的 25、48、75°等尺寸，其他尺寸应按形体分别注出。

4. 箱体类零件

箱体类零件的尺寸基准，一般要根据零件的结构和加工工艺的要求而确定。回油阀阀体的尺寸基准在图 8-25 中已注明。

此类零件中，凡与其他零件有配合或装配关系的尺寸和影响机器性能的尺寸，均属主要尺寸，必须注意与其他零件的一致性，并直接从基准注出。如图 8-25 中的 61、96、180 等尺寸，而底面螺孔 4 × M12 的深度尺寸 12，则从辅助基准注出并测量。

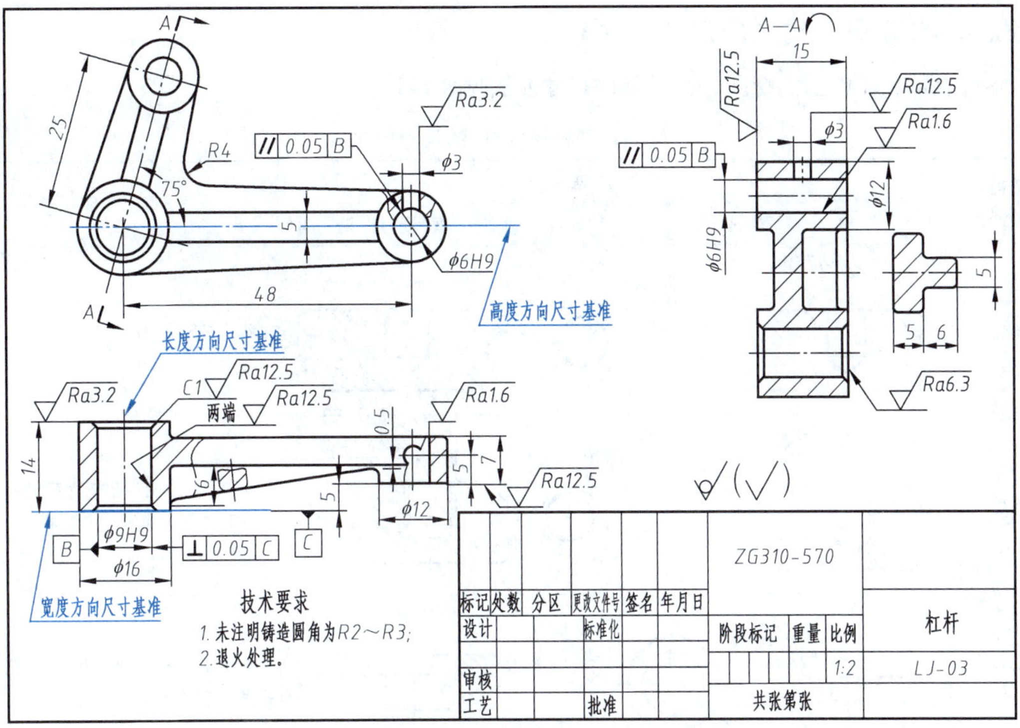

图 8-24　杠杆的零件图

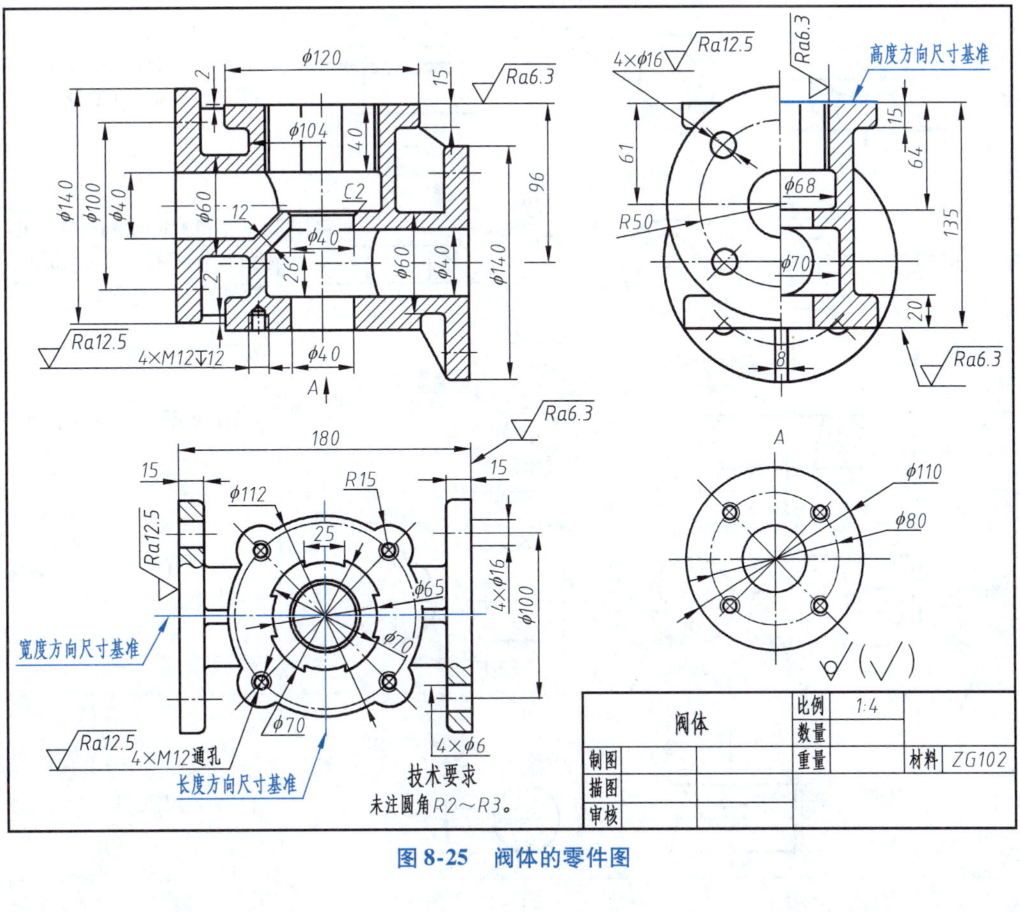

图 8-25　阀体的零件图

8.4.4 常见孔结构的尺寸标注

零件上常见孔(光孔、螺孔、沉孔等)的尺寸注法见表8-1。

表8-1 常见孔结构的尺寸标注

结构类型	标注方法			说明
	旁注法		普通注法	
光孔	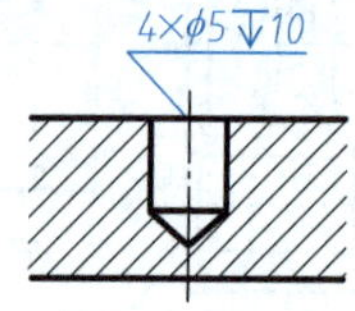	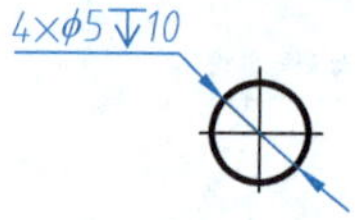	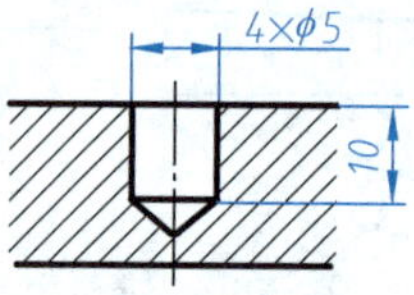	4个∅5深10的孔
螺孔	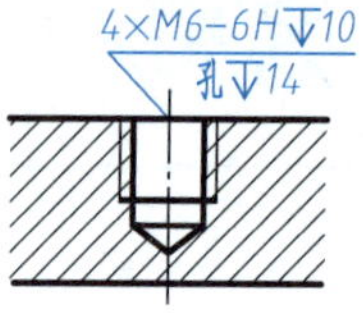	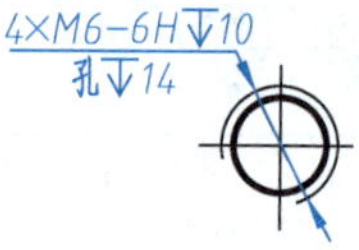	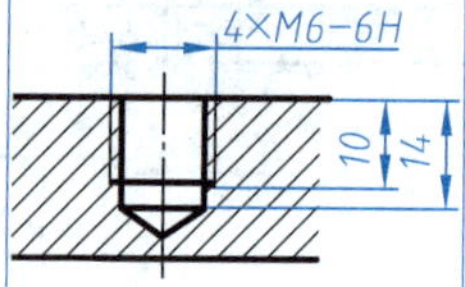	4个M6-6H的螺纹孔,螺纹孔深10,作螺纹前钻孔深14
柱形沉孔	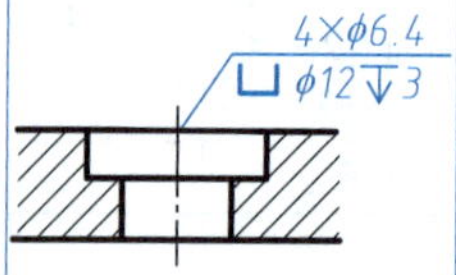	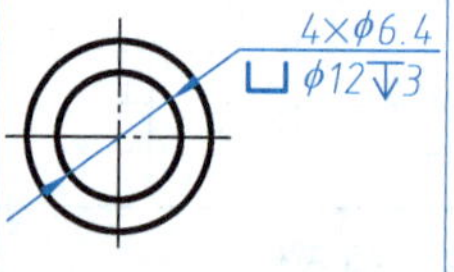	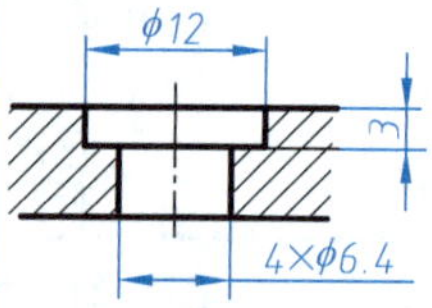	4个∅6.4带圆柱形沉头孔,沉孔为直径12,深3的孔
锥形沉孔	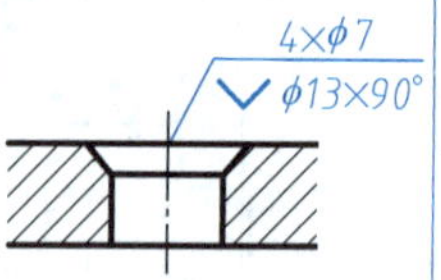	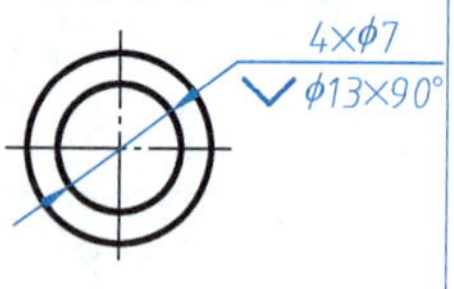	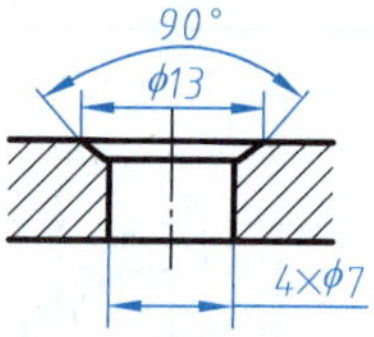	4个∅7带锥形埋头孔,锥孔口直径13,锥面顶角为90°
锪孔	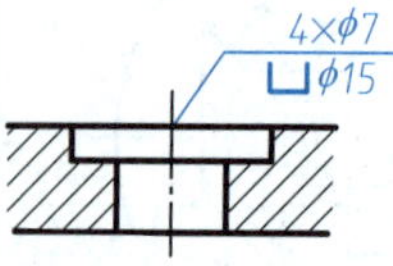	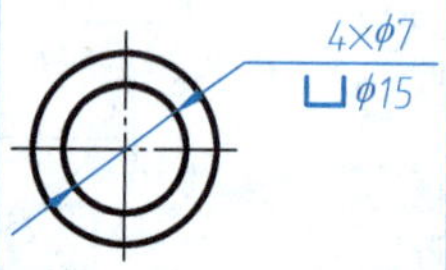	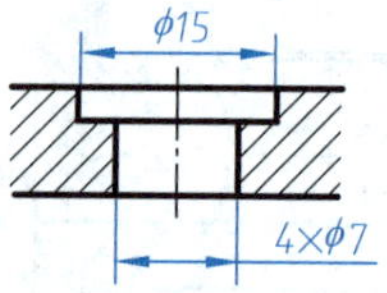	4个∅7带锪平孔,锪平孔直径为15。锪平孔不需标注深度,一般锪平到不见毛面为止
锥销孔	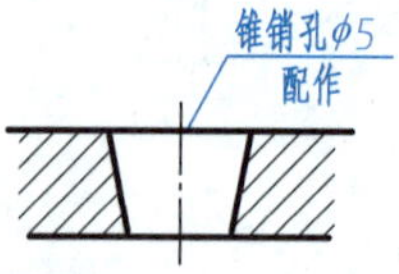		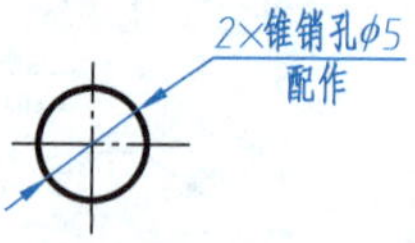	∅5为圆锥销的小头直径
平键键槽	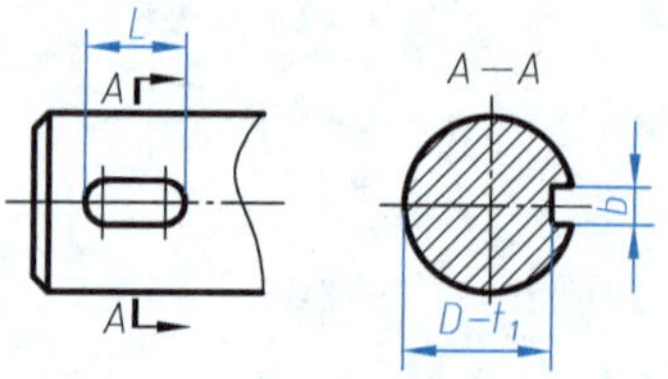		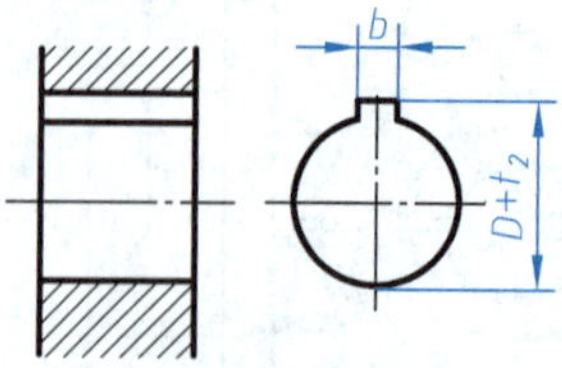	这样标注便于测量
半圆键键槽	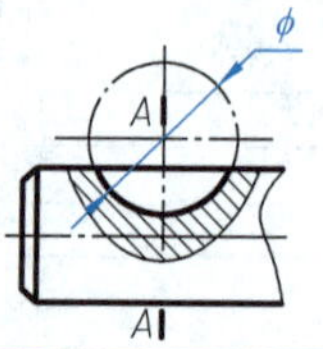		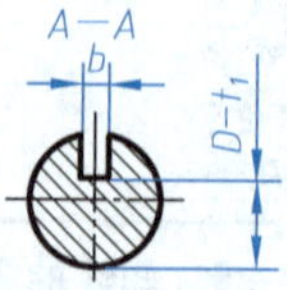	这样标注便于选择铣刀(铣刀直径为∅)及测量

续上表

结构类型	标注方法：旁注法	标注方法：普通注法	说　明
退刀槽及越程槽	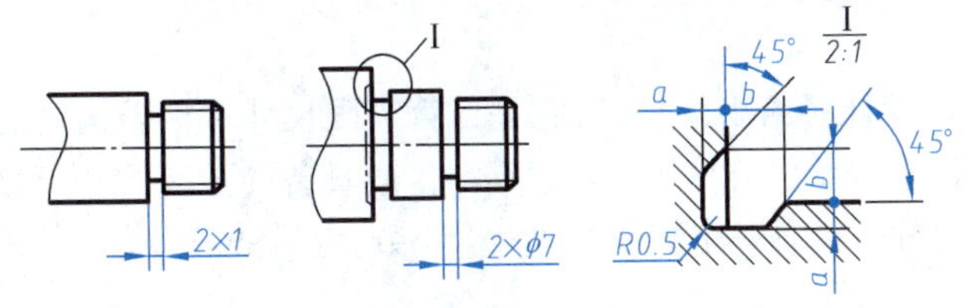		退刀槽一般可以按"槽宽×直径"或"槽宽×槽深"的形式标注，砂轮越程槽一般用局部放大图表示，尺寸从零件手册中查
倒角	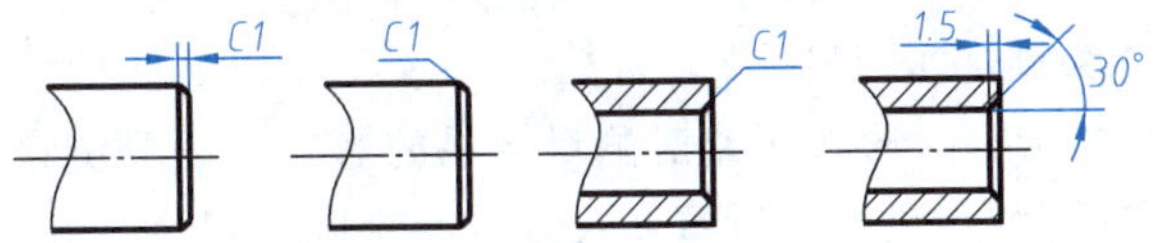		当倒角为45°，可以在倒角距离前加符号"C"；当倒角非45°，则分别标注
中心孔	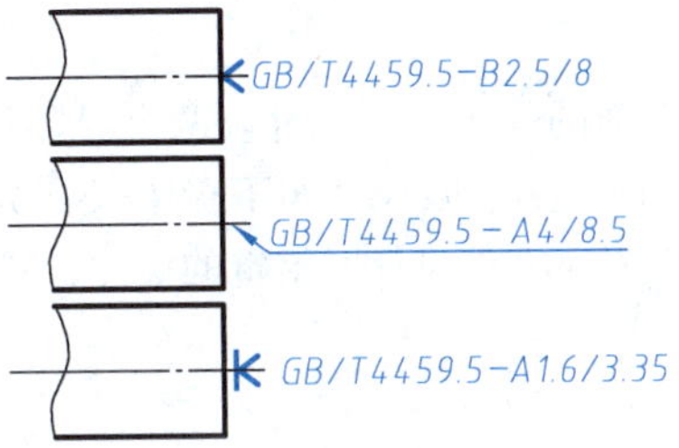		上图表示B型中心孔，完工后在零件上保留。中图表示A型中心孔，完工后在零件上保留与否都可以。 下图表示A型中心孔，完工后在零件上不允许保留

8.5 公差与配合（GB/T 1800.1—2020，GB/T 1800.2—2020，GB/T 1801—2020）

零件图中除了视图和尺寸外，还应具备加工和检验零件的技术要求。技术要求主要包括零件的表面结构要求、公差与配合、几何公差、材料及材料热处理、零件加工与质量检验要求等项目。这些技术要求，有的用规定的符号和代号直接标注在视图上，有的则以简明的文字注写在图样下方的空白处。

公差与配合是一项重要的技术要求，它的提出基于以下三个方面的原因：

①零件加工制造时必须给尺寸一个允许变动的范围。

②零件之间在装配中要求有一定的松紧配合，这种要求需要由零件的尺寸偏差来满足。

③零件互换性的要求，在同种规格的零件中任取其中一个，不经挑选和修配，就能装到机器中去，并满足机器性能的要求，即为零件的互换性。零件具有互换性，不仅能组织大规模的专业化生产，而且可以提高产品质量、降低成本并便于维修。

在设计中选择极限与配合时，要使零件在制造与装配中既经济、又便于制造，这样所确定的公差与配合才是合理的。

8.5.1 极限与尺寸公差

为了使尺寸公差标注有效，这里参考图8-26所示示例介绍相关术语。

1. 有关尺寸的术语

(1)尺寸

尺寸是指用特定单位表示线性尺寸值的数值。在技术图样中或在一定范围内，已注明共同单位（如在尺寸标注中以 mm 为通用单位）时，均可只写数字，不写单位。

(2)公称尺寸

公称尺寸也称为基本尺寸，是设计时给定的尺寸，它是计算极限尺寸和极限偏差的起始尺寸。如图 8-26 所示，孔用 D 表示，轴用 d 表示。公称尺寸是根据零件应具备的强度、刚度和结构等要求计算，并经圆整而得到的。公称尺寸可以是一个整数值或一个小数，应尽量采用优先数系中的数值。

视频

尺寸公差

(3)实际尺寸

实际尺寸是用两点法测得的尺寸。由于零件存在着形状误差，所以不同部位的实际尺寸不尽相同，故往往把它称为局部实际尺寸。

用两点法测量的目的在于排除形状误差对测量结果的影响。因为测量误差的存在，实际尺寸不可能等于真实尺寸，它只是接近真实尺寸的一个随机尺寸。孔和轴的实际尺寸分别用 D_a 和 d_a 来表示。

(4) 极限尺寸

如图 8-26 所示，极限尺寸是允许尺寸变动的两个界限尺寸。两个界限尺寸中较大的一个称为上极限尺寸，较小的称为下极限尺寸。孔和轴的上极限尺寸与下极限尺寸分别用 D_{max}、d_{max} 与 D_{min}、d_{min} 表示。实际尺寸的大小由加工决定，而极限尺寸是设计时给定的尺寸，不随加工而变化。

2. 有关偏差、公差的术语

(1)尺寸偏差

尺寸偏差简称为偏差，是指某一尺寸（实际尺寸、极限尺寸）减去其公称尺寸所得的代数差。孔用 E 表示，轴用 e 表示。偏差可能为正或负，亦可为零。

尺寸偏差分为极限偏差和实际偏差。上极限尺寸与公称尺寸的代数差称为上极限偏差，孔和轴的上极限偏差分别用 ES 和 es 表示；下极限尺寸与公称尺寸的代数差称为下极限偏差，孔和轴的下极限偏差分别用 EI 和 ei 表示。上极限偏差与下极限偏差统称为极限偏差。实际尺寸与公称尺寸的代数差称为实际偏差，孔和轴的实际偏差分别用 Δ_a 和 δ_a 表示。各种偏差的计算公式为

$$\left.\begin{array}{l} \mathrm{ES} = D_{max} - D, \mathrm{EI} = D_{min} - D \\ \mathrm{es} = d_{max} - d, \mathrm{ei} = d_{min} - d \\ \Delta_a = D_a - D, \delta_a = d_a - d \end{array}\right\}$$

上、下极限偏差可以为正、负或零。偏差值除零外，前面必须冠以正负号。极限偏差用于控制实际偏差。实际偏差若介于上极限偏差与下极限偏差之间，则该尺寸合格。

(2)尺寸公差

尺寸公差是上极限尺寸与下极限尺寸之差，或上极限偏差与下极限偏差之差。它是允许尺寸的变动量，是一个没有符号的绝对值。

孔和轴的公差分别用 T_D 和 T_d 表示。公差与极限尺寸和极限偏差的关系为

$$\left.\begin{array}{l} T_D = D_{max} - D_{min} = \mathrm{ES} - \mathrm{EI} \\ T_d = d_{max} - d_{min} = \mathrm{es} - \mathrm{ei} \end{array}\right\}$$

(3)零线

在尺寸、偏差与公差的关系图中，存在一条表示公称尺寸的直线，该直线称为零线，并以其为基准确定偏差的位置。通常，零线沿水平方向绘制，如图 8-26 所示。

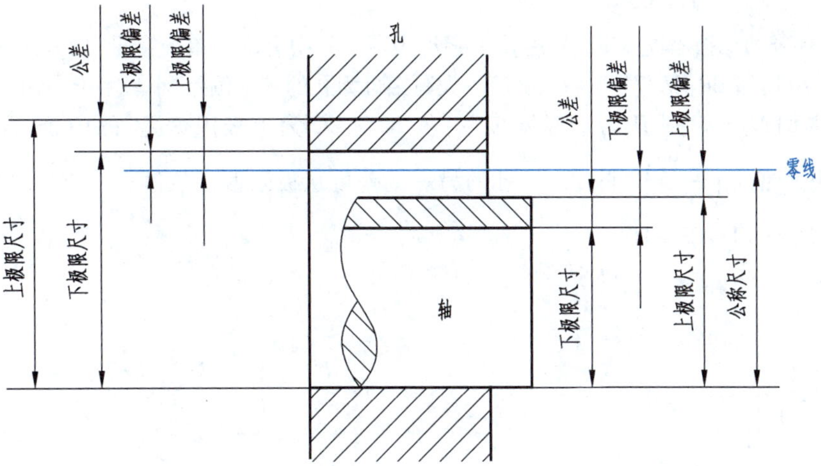

图 8-26 各种尺寸、偏差与公差的关系

(4)公差带及公差带图

公差带是由上、下极限偏差所确定的一个允许尺寸变动的区域。为了说明公称尺寸、极限偏差和公差三者之间的关系,需要画出公差带图,如图 8-27 所示。

公差的大小即公差值的大小,它是指沿垂直于零线方向度量的公差带宽度。沿零线方向的宽度是画图时任意确定的,不具有特定含义。

8.5.2 标准公差与基本偏差

为了便于生产,实现零件的互换性及满足各种配合的要求,国家标准规定了公差带的大小及其相对于零线的位置。这就是标准公差和基本偏差,如图 8-28 所示。

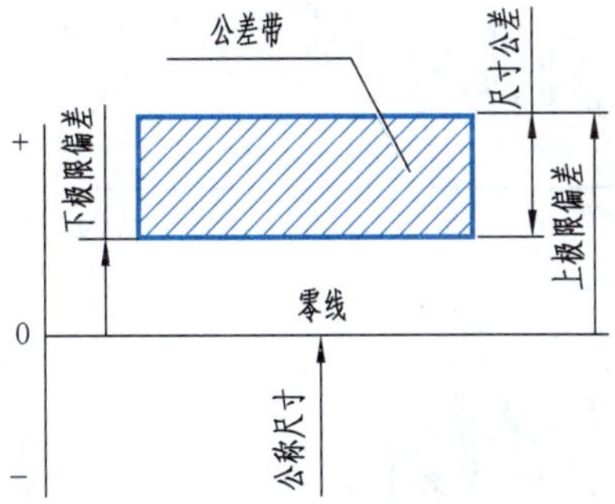

图 8-27 公差带示意图

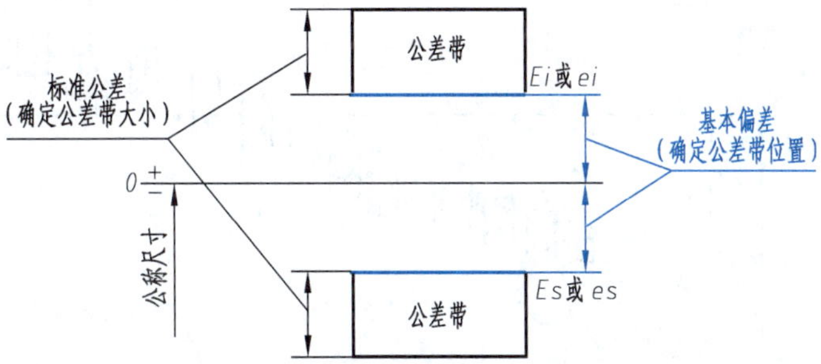

图 8-28 标准公差与基本偏差

1. 标准公差

国家标准极限与配合制度中所规定的任一公差,称为标准公差,用字母 IT 表示。它确定公差带的大小。标准公差等级是确定尺寸精确程度的等级,其代号用阿拉伯数字表示。在公称尺寸 500 内规定了 IT01、IT0、IT1、. . . 、IT18 共 20 个等级。在公称尺寸 500 ~ 3 150 mm 内规定了 IT1 至 IT18 共 18 个等级。从 IT01 至 IT18 等级依次降低,公差逐渐增大。同一公差等级对所有基本尺寸的一组公差被认为具有同等精度程度。

2. 基本偏差

国家标准极限与配合制中确定公差带相对零线位置的极限偏差称为基本偏差。它确定公差带的位置。它可以是上极限偏差或下极限偏差,一般为靠近零线的偏差。当公差带在零线上方时,基本偏差为下极限偏差;当公差带在零线下方时,基本偏差为上极限偏差,如图 8-28 所示。

①孔的基本偏差（见图8-29）

孔、轴各有28个基本偏差，其代号用拉丁字母表示。其中有的用单个字母，如A、B、C、D、a、b、c、d等，有的用双字母，如EF、ZA、ZB、cd、ef、fg等。大写字母为孔的基本偏差，小写字母为轴的基本偏差。

孔的基本偏差从A到H为下极限偏差，从K到ZC为上极限偏差，图中JS为上极限偏差$\left(+\frac{IT}{2}\right)$或下极限偏差$\left(-\frac{IT}{2}\right)$。除JS外，孔的另一偏差可从极限偏差数值表中查出，也可按下式计算：ES = EI + IT 或 EI = ES − IT 。

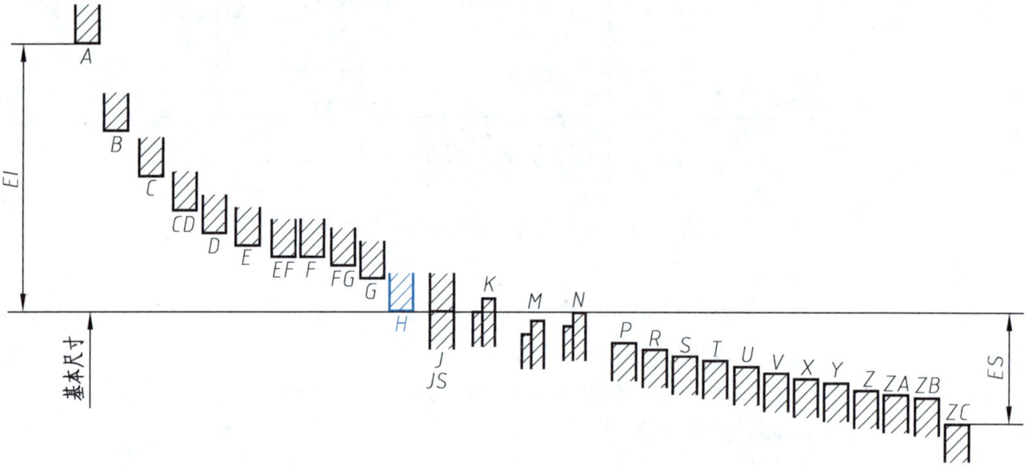

图8-29　孔的基本偏差系列

②轴的基本偏差（见图8-30）

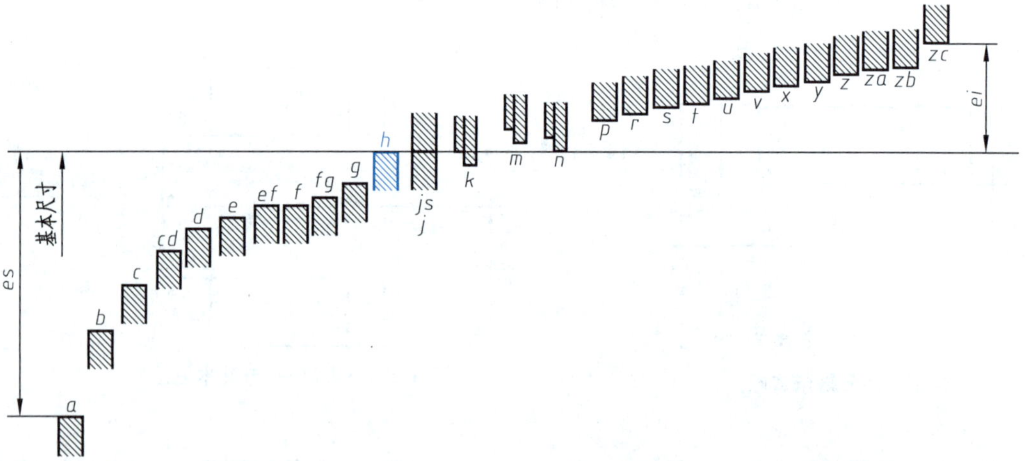

图8-30　轴的基本偏差系列

轴的基本偏差从a到h为上极限偏差，从k到zc为下极限偏差，图中js为上极限偏差$\left(+\frac{IT}{2}\right)$或下极限偏差$\left(-\frac{IT}{2}\right)$。除js外，轴的另一偏差可从极限偏差数值表中查出，也可按下式计算：es = ei + IT 或 ei = es − IT 。

③公差带代号

公差带由标准公差和基本偏差组成，其公差带代号由基本偏差代号和公差等级代号组成，如：

H8、f7 等。公差带代号应用同一号字体书写。假设有一标注为∅50H7，其中∅50 为公称尺寸，H 为基本偏差代号，7 表示公差等级为 IT7。查书后附录 G 可得$\varnothing 50H7 = \varnothing 50^{+0.025}_{0}$。

8.5.3 配合

基本尺寸相同，相互结合的孔和轴的一种松紧程度的关系称为配合。根据机器的设计和工艺要求，国家标准将配合分为三类：

1. 间隙配合

保证具有间隙（包括最小间隙是零）的配合。此时孔的实际尺寸大于（或等于）轴的实际尺寸，即孔的公差带在轴的公差带之上，如图 8-31、图 8-32 所示。主要用于两配合表面具有相对运动的地方。

2. 过盈配合

保证具有过盈（包括最小过盈是零）的配合。此时孔的实际尺寸小于（或等于）轴的实际尺寸，即孔的公差带在轴的公差带之下，如图 8-31、图 8-32 所示。主要用于两配合表面要求紧固连接的场合。

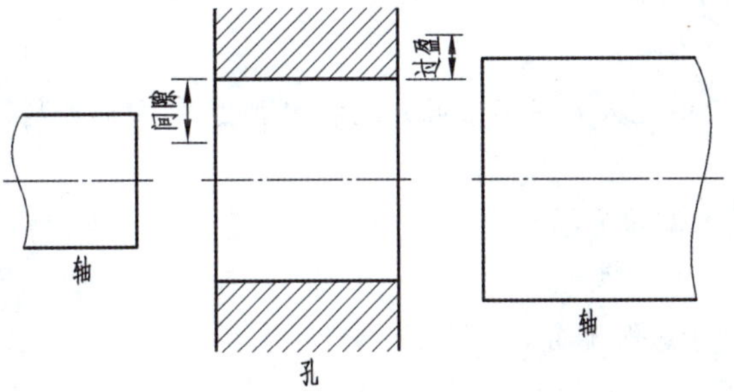

图 8-31 间隙和过盈

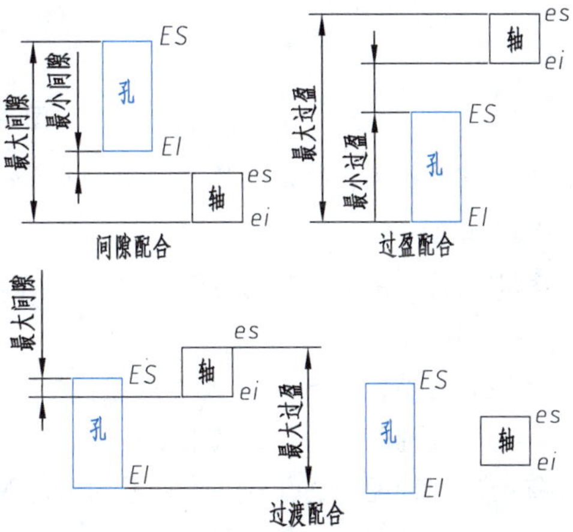

图 8-32 配合种类

3. 过渡配合

可能具有间隙或过盈的配合。此时孔的公差带与轴的公差带有重叠部分，如图 8-32 所示。主要用于要求对中性较好的情况。

8.5.4 基准制

为了方便生产，国家标准规定了两种基准制，即基孔制和基轴制。采用基准制的目的是统一基准件的极限偏差，以达到减少定位刀具和量具规格的数量，获得最大的经济效益。国家标准还规定，一般情况下，优先选用基孔制。

1. 基孔制

基本偏差为一定的孔的公差带，与不同基本偏差的轴公差带形成各种配合的制度称为基孔制，如图 8-33(a)所示。

基孔制的孔为基准孔，其基本偏差代号为 H，其下极限偏差为零。

①与基准孔配合的轴的基本偏差为 a ~ h 时用于间隙配合。

②与基准孔配合的轴的基本偏差为 js ~ n 时用于过渡配合。

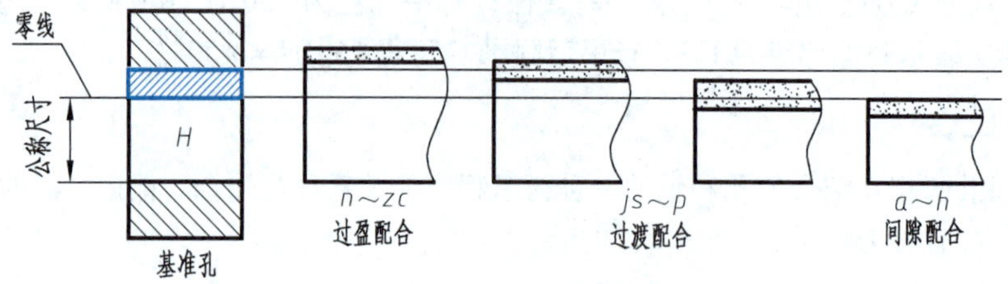

（a）基孔制

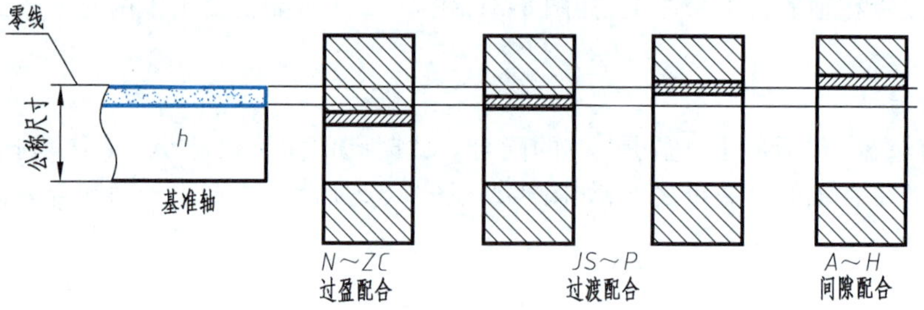

（b）基轴制

图 8-33　基准制

③与基准孔配合的轴的基本偏差为 p ~ zc 时用于过盈配合。

2. 基轴制

基本偏差为一定的轴的公差带，与不同基本偏差的孔公差带形成各种配合的制度，称为基轴制，如图 8-33（b）所示。

基轴制的轴为基准轴，其基本偏差代号为 h，其上偏差为零。

①与基准轴配合的孔的基本偏差为 A ~ H 时用于间隙配合。

②与基准轴配合的孔的基本偏差为 JS ~ N 时用于过渡配合。

③与基准轴配合的孔的基本偏差为 P ~ ZC 时用于过盈配合。

8.5.5　极限与配合在图样中的标注

（1）在装配图中标注（见图 8-34）

在装配图中标注时，应在公称尺寸的右边标注配合代号。例如：

①基孔制

$$公称尺寸\frac{基准孔(H)、公差等级代号}{轴的基本偏差代号、公差等级代号}$$

②基轴制

$$公称尺寸\frac{孔的基本偏差代号、公差等级代号}{基准轴(h)、公差等级代号}$$

当标注标准件、外购件与一般零件（轴与孔）的配合代号时，可以仅标注相配零件的公差的代号，如图 8-35 所示。

（2）在零件图中标注（见图 8-36）

在零件图中标注公差有三种形式，即在公称尺寸的右边注出公差带代号或极限偏差数值或两者同时注出。当上、下极限偏差数值相同时，还可以这样标注：$\varnothing 50 \pm 0.008$。

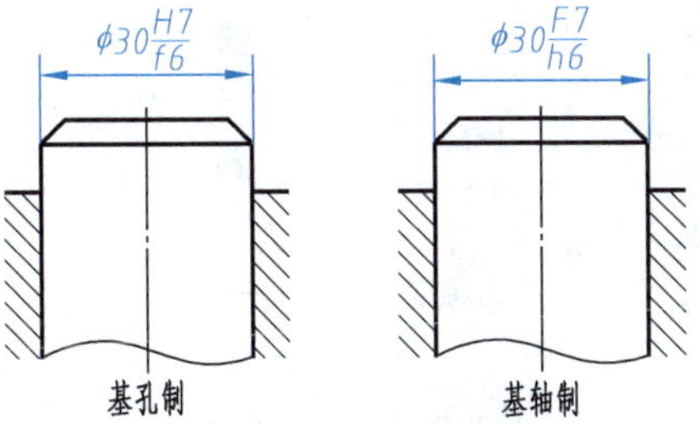

图 8-34 在装配图中标注

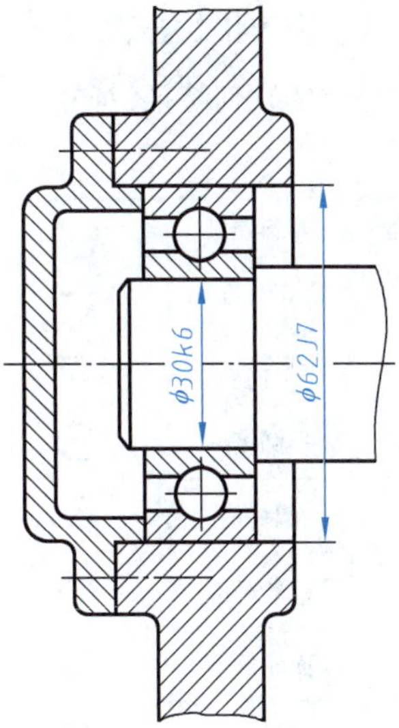

图 8-35 与滚动轴承配合的孔、轴的标注

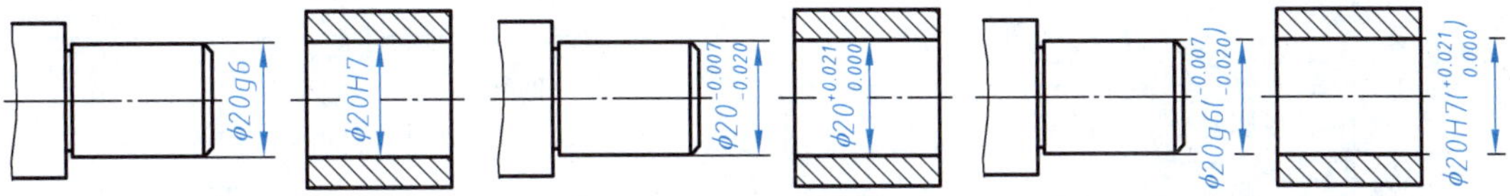

(a) 注公差带代号 (b) 注上下极限偏差 (c) 注公差带代号和上下极限偏差

图 8-36 在零件图中的标注

8.6 几何公差(GB/T 1182—2018)

几何公差是指零件的实际形状、实际方向和实际位置等对理想形状、理想方向和理想位置等的允许变动量。几何公差分为形状公差、位置公差、方向公差和跳动公差。几何公差代替了旧标准中的“形状和位置公差”。合理确定零件的几何公差才能满足零件的使用性能与装配要求,它同尺寸公差、表面粗糙度一样,是评定零件质量的一项重要指标。

如图 8-37(a)所示的圆柱体,由于加工误差的原因,应该是直线的母线实际加工成了曲线,这就形成了圆柱体母线的形状误差。此外,直线、平面、圆、轮廓线和轮廓面偏离理想形状的情况,也形成形状误差。

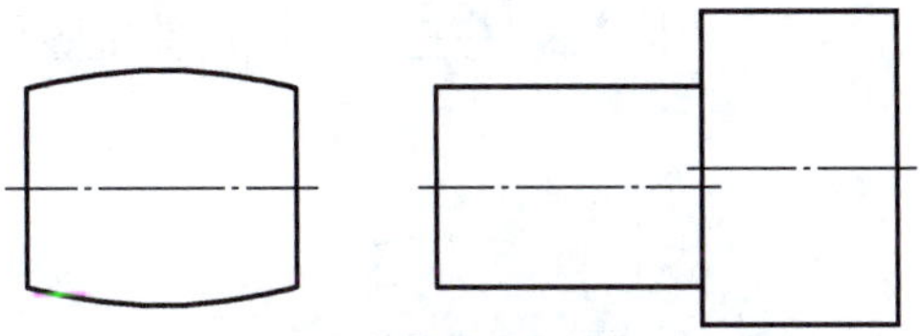

(a) (b)

图 8-37 形状和位置误差

如图 8-37(b)所示的阶梯轴,由于加工误差的原因,出现了两段圆柱体的轴线不在同一直线上的情况,这就形成了轴线的实际位置与理想位置的位置误差。此外,零件上各几何要素的相互位置、同心、对称、轮廓线和轮廓面等偏离理想位置的情况,也形成了位置误差。

在通常情况下,零件的几何误差可以由尺寸公差、加工零件的机床精度和加工工艺来限制,从而获得质量保证。几何公差只是用于零件上某些有较高要求的部分。

8.6.1 几何公差的符号

几何公差的几何特征、符号见表8-2。

表8-2 几何公差的几何特征与符号

公差类型	几何特征	符号	有无基准
形状公差	直线度	—	无
	平面度	▱	无
	圆度	○	无
	圆柱度	⌭	无
	线轮廓度	⌒	无
	面轮廓度	⌓	无
方向公差	平行度	//	有
	垂直度	⊥	有
	倾斜度	∠	有
	线轮廓度	⌒	有
	面轮廓度	⌓	有

公差类型	几何特征	符号	有无基准
位置公差	位置度	⌖	有或无
	同心度（用于中心点）	◎	有
	同轴度（用于轴线）	◎	有
	对称度	⌯	有
	线轮廓度	⌒	有
	面轮廓度	⌓	有
跳动公差	圆跳动	↗	有
	全跳动	⌰	有

视频

几何公差的标注

8.6.2 公差框格

1. 公差框格

用公差框格标注几何公差时，公差要求注写在划分成两格或多格的矩形框格内。如图8-38(a)至图8-38(e)所示，自左至右在框格内顺序标注以下内容：

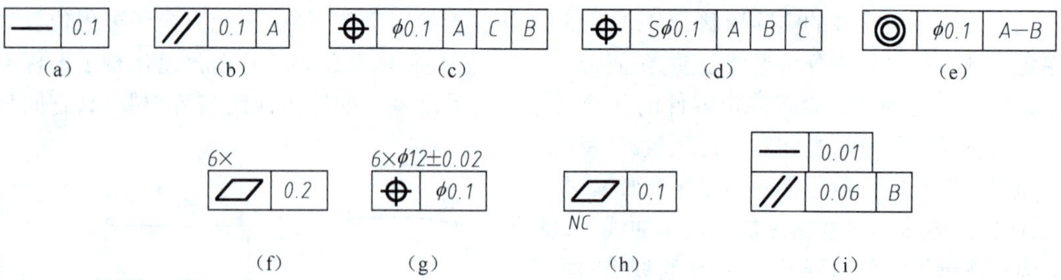

图8-38 公差框格形式及标注内容

第一格，标注几何特征符号。

第二格，标注公差值，以线性尺寸单位表示的量值。如果公差带为圆形或圆柱形，公差值前应加注符号“ϕ”；如果公差带为圆球形，公差值前应加注符号“Sϕ”；框格中的数字与图中尺寸的数字同高。

第三格及以后各格，标注基准，用一个字母表示单个基准或用几个字母表示基准体系或公共基准。

公差框格图形采用细实线绘制，框格高度为图中文字高度的两倍，一般水平放置。

①当某项公差应用于几个相同要素时，应在公差框格的上方被测要素的尺寸之前注明要素的个数，并在两者之间加上符号“×”，如图8-38(f)和图8-38(g)所示。

②如果需要限制被测要素在公差带内的形状,应在公差框格的下方注明。如图 8-38(h)中所示的 NC 表示不凸起。

③如果需要就某个要素给出几种几何特征的公差,可将一个公差框格放在另一个的下面,如图 8-38(i)所示。

2. 被测要素

用指引线连接被测要素和公差框格。指引线引自框格的任意一侧,终端带一箭头。

①被测要素为组成要素,即当公差涉及轮廓线或轮廓面时,箭头指向该要素的轮廓线或其延长线,并且应与尺寸线明显错开如图 8-39(a)、图 8-39(b)所示;箭头也可指向引出线的水平线,引出线引自被测面,如图 8-39(c)所示。

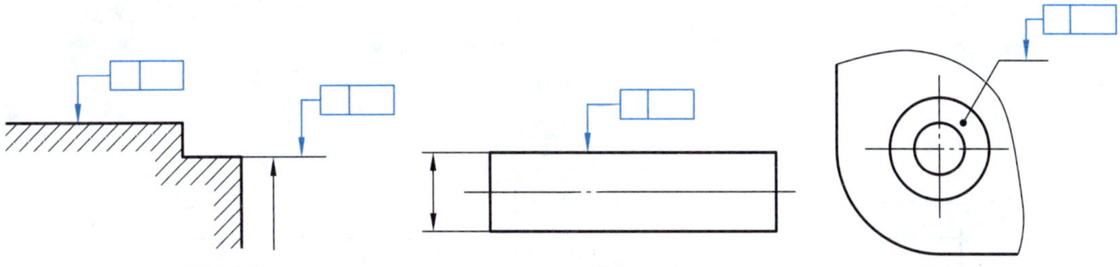

图 8-39 被测要素的标注(一)

②被测要素为导出要素,即当公差涉及要素的中心线、中心面或中心点时,指引线箭头应位于相应尺寸线的延长线上,如图 8-40 所示。

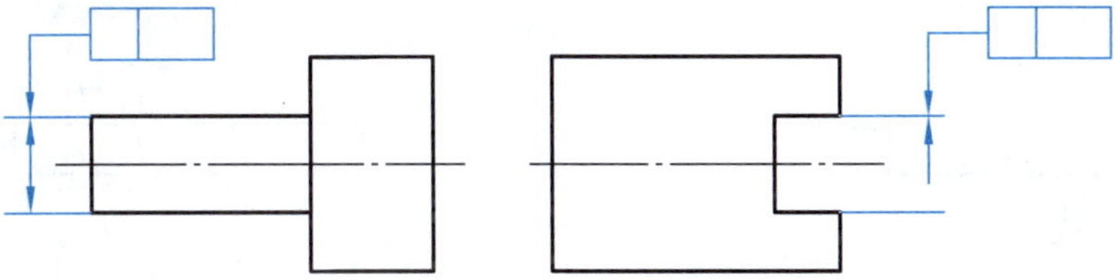

图 8-40 被测要素的标注(二)

3. 基准要素

基准要素通过基准符号来表现。基准符号包括基准方框与一个涂黑的或空白的基准三角形相连所构成,涂黑的或空白的基准三角形含义相同。基准符号采用细实线绘制,基准方框画为 2 倍字高的正方形,如图 8-41 所示。

与被测要素相关的基准用一个大写字母表示。字母须标注在基准方框内,同时表示基准的字母还应标注在公差框格第三格及后续框格内。

①当基准要素是轮廓线或轮廓面时,基准三角形放置在要素的轮廓线或其延长线上,且与尺寸线明显地错开,如图 8-42(a)所示;基准三角形也可放置在该轮廓面引出线的水平线上,如图 8-42(b)所示。

②当基准是尺寸要素确定的轴线、中心平面或中心点时,基准三角形应放置在该尺寸线的延长线上,如图 8-43(a)、图 8-43(b)、图 8-43(c)所示。如果没有足够的位置标注基准要素尺寸的两个箭头,则其中一个箭头可用基准三角形代替,如图 8-43(b)和图 8-43(c)所示。

③如果只以要素的某一局部作基准,则应用粗点画线表示出该部分并加注尺寸,如图 8-44 所示。

④以单个要素作基准时,在公差框格内用一个大写字母表示,如图 8-45(a)所示。以两个要素建立公共基准时,用中间加连字符的两个大写字母表示,如图 8-45(b)所示。以两个或三个基准建

立基准体系（即采用多基准）时，表示基准的大写字母按基准的优先顺序自左至右填写在各框格内，如图 8-45（c）所示。

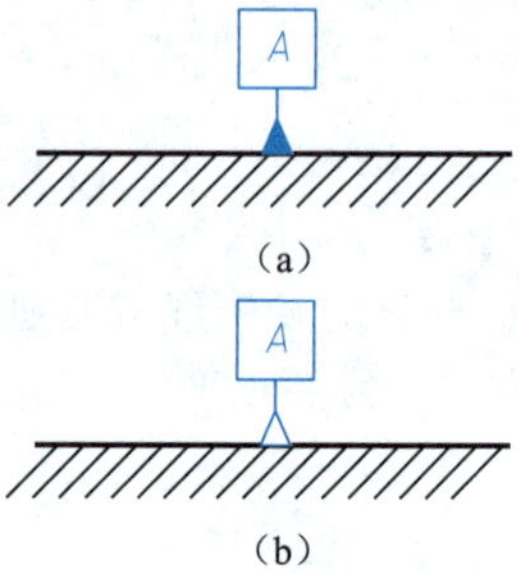

图 8-41　基准符号

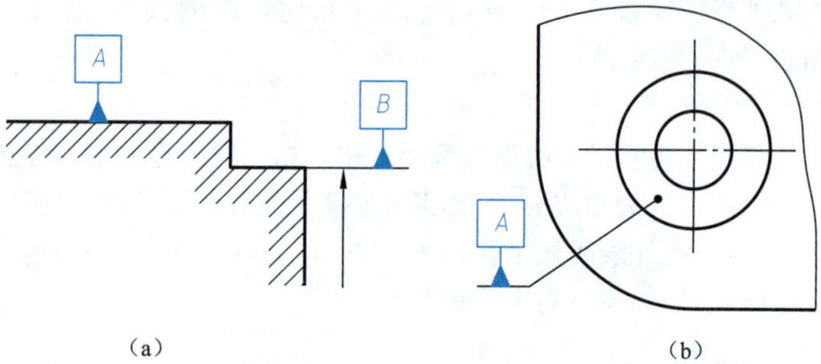

图 8-42　基准的标注（一）

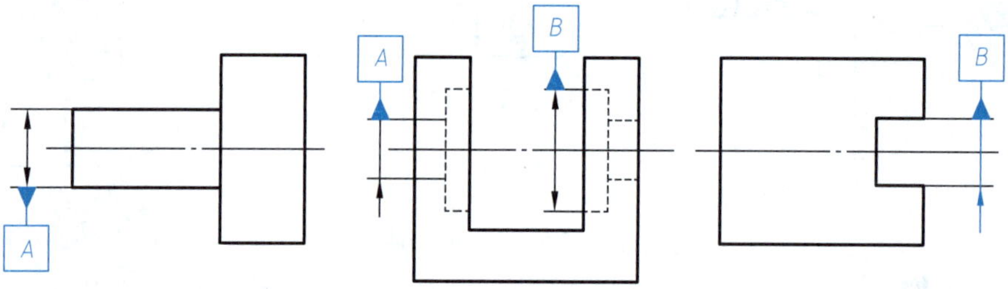

（a）　（b）　（c）

图 8-43　基准的标注（二）

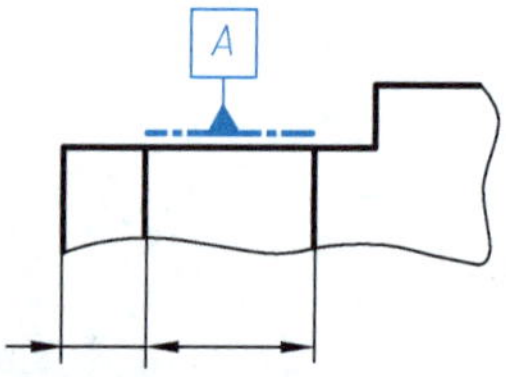

图 8-44　基准的标注（三）

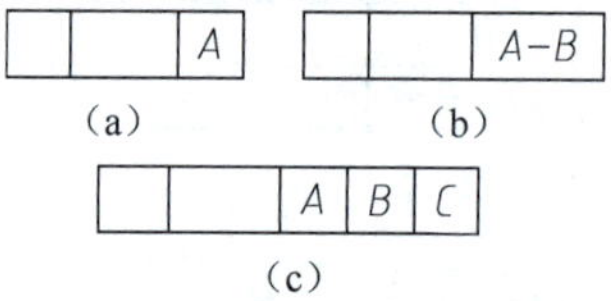

图 8-45　公差框格中基准标注

8.6.3　几何公差标注实例（见图 8-46）

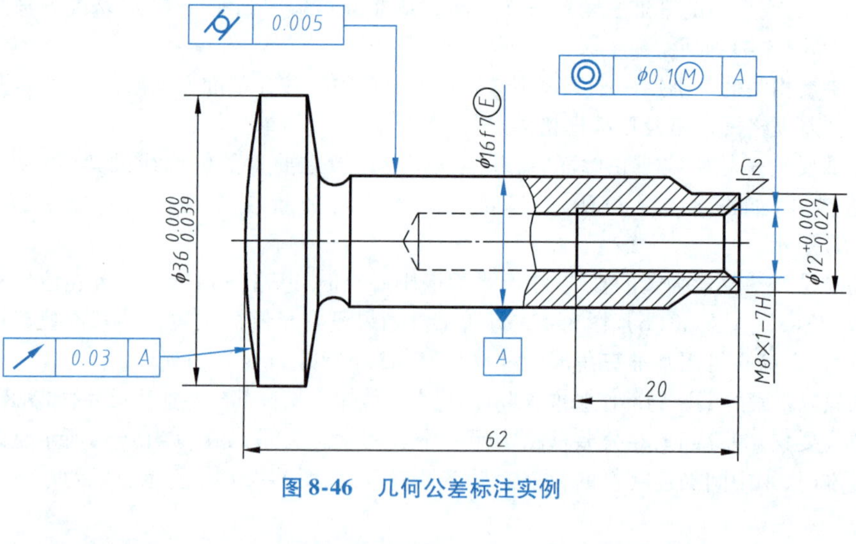

图 8-46　几何公差标注实例

8.7 零件表面结构的表示法（GB/T 131—2006/ISO 1302：2002）

8.7.1 表面粗糙度的概念

表面结构要求是表面组糙度、表面波纹度、表面缺陷、表面纹理和表面几何形状的总称。这里主要介绍表面粗糙度。

表面粗糙度是表示零件表面质量的重要指标之一。零件经过加工以后，其表面看似光滑，但如果用放大镜观察．就会看到凸凹不平的峰谷，如图 8-47 所示。零件表面所具有的这种微观几何形状误差特性称为表面粗糙度。它是由于刀具与加工表面的摩擦、挤压，以及加工时高频振动等产生的。表面粗糙度对零件的工作精度、耐磨性、密封性乃至零件间的配合都有直接的影响。因此，恰当地选择零件的表面粗糙度，对提高零件的工作性能和降低生产成本都将具有重要的意义。

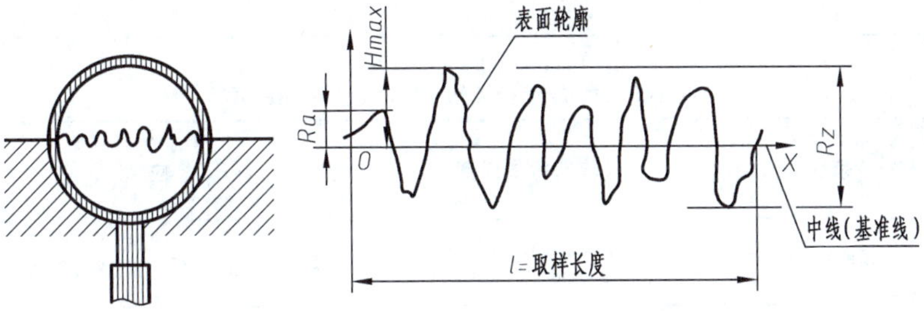

（a）表面放大图　　（b）表面粗糙度的定义

图 8-47　表面粗糙度

视频

表面结构概念

由加工振动在零件的表面所形成的间距比粗糙度大得多的表面不平度称为表面波纹度。表面粗糙度、表面波纹度及表面几何形状同时生成在同一表面上，加上表面缺陷、表面纹理，它们都是影响零件使用寿命和引起振动的重要因素。本节主要介绍常用的表面粗糙度表示法。

8.7.2 表面粗糙度的主要参数

GB/T 3505—2009 中规定了评定表面粗糙度的轮廓参数，其中较常用的是两种高度参数 Ra（轮廓算术平均偏差）和 Rz（轮廓最大高度）。

Ra 参数定义：在一个取样长度内，Ra 为轮廓偏距（Z 方向上轮廓线上的点与基准线之间的距离）绝对值的算术平均值，图 8-47（b）所示。显然，Ra 数值大的表面较粗糙，Ra 数值小的表面较光滑。测量 Ra 的取样长度推荐值列于表 8-3 中。

Rz 参数定义：在一个取样长度内，Rz 为最大轮廓峰高和最大轮廓峰谷之和的高度，如图 8-47（b）所示。

表 8-3　Ra 取样长度 l 的推荐值

Ra/μm	l/mm
≥0.008～0.02	0.08
>0.02～0.1	0.25
>0.1～2.0	0.8
>2.0～10.0	2.5
>10.0～80.0	8.0

在实际应用中，以 Ra 用得更多，其数值规定见表 8-4。表面粗糙度获得方法及应用举例见表 8-5。

表 8-4　*Ra* 数值系列

基本系列	补充系列	基本系列	补充系列	基本系列	补充系列	基本系列	补充系列
—	0.008	—	0.125	—	2.0	—	32
—	0.010	—	0.160	—	2.5	—	40
0.012	—	0.2	—	3.2	—	50	—
—	0.016	—	0.25	—	4.0	—	63
—	0.020	—	0.32	—	5.0	—	80
0.025	—	0.4	—	6.3	—	100	—
—	0.032	—	0.50	—	8.0	—	—
—	0.040	—	0.63	—	10.0	—	—
0.050	—	0.8	—	12.5	—	—	—
—	0.063	—	1.00	—	16.0	—	—
—	0.080	—	1.25	—	20	—	—
0.1	—	1.6	—	25	—	—	—

表 8-5　表面粗糙度获得方法及应用举例

表面粗糙度		表面外观情况	获得方法举例	应用举例
Ra/μm	名称			
—	毛面	除净毛口	铸、锻、轧制等经清理的表面	如机床床身、主轴箱、溜板箱、尾架体等未加工表面
50,100	粗面	明显可见刀痕	经粗车、粗刨、粗铣等加工方法所获得的表面	没有要求的自由表面、粗糙度要求很低的加工面，如螺钉孔、倒角、机座底面等
25		可见刀痕		
12.5		微见刀痕		
6.3	半光面	可见加工痕迹	精车、精刨、精铣、刮研和粗磨	支架、箱体和盖等的非配合表面，一般螺栓支承面
3.2		微见加工痕迹		箱、盖、套筒要求紧贴的表面，键和键槽的工作表面
1.6		看不见加工痕迹		要求有不精确定心及配合特性的表面，如轴承的配合表面，锥孔等
0.8	光面	可辨加工痕迹方向	金刚石车刀精车、精铰、拉刀和压刀加工、精磨、珩磨、研磨、抛光	要求保证定心及配合特性的表面，如支承孔、衬套、胶带轮的工作面
0.4		微辨加工痕迹方向		要求能长期保证规定的配合特性的，公差等级为 7 级的孔和 6 级的轴
0.2		不可辨加工痕迹方向		主轴的定位锥孔，$d < 20$ mm 淬火的精确轴的配合表面

8.7.3　表面结构要求的图形符号及代号（GB/T 131—2006）

表面结构基本图形符号的画法如图 8-48 所示，符号的各部分尺寸与字体大小有关，并有多种规格。对于 3.5 号字，有 $H_1 = 5$ mm，$H_2 = 11$ mm，符号线宽 = 0.35 mm，见表 8-6。

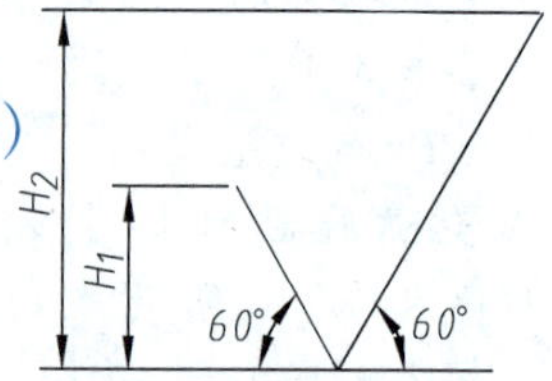

图 8-48　表面结构基本图形符号的画法

表面结构要求的图形符号及意义，见表 8-7。

表面结构要求代号的填写格式如图 8-49 所示。

(1)基本符号的尖角必须指向并接触零件表面。

(2)a、b 为表面结构要求参数允许值(μm),其中 a 为第一表面结构要求;b 为第二表面结构要求。

视频

表面结构图形符号

表 8-6 基本符合的各部分尺寸

数字与字母高度	2.5	3.5	5	7	10
符号的线宽	0.25	0.35	0.5	0.7	1
高度 H_1	3.5	5	7	10	14
高度 H_2	8	11	15	21	30

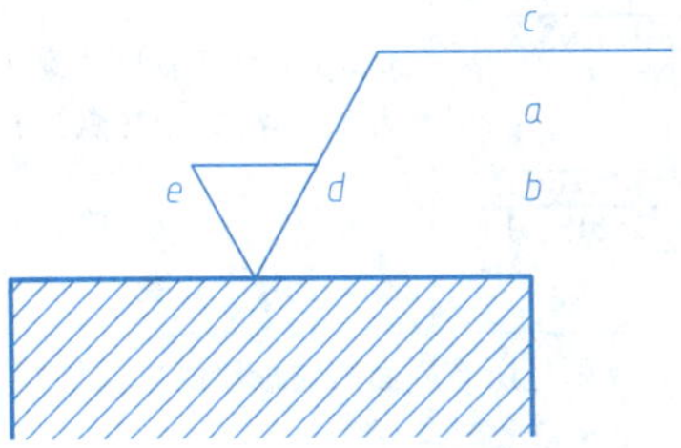

图 8-49 表面结构要求代号填写格式

(3)c 为加工方法,如车、磨、镀等;

(4)d 为加工表面纹理的方向符号,如“=”、“X”、“M”;

(5)e 为加工余量(mm)。

表 8-7 表面结构要求的图形符号及意义

符 号	意 义
	基本符号仅用于简化代号的标注,单独使用这个符号是没有意义的
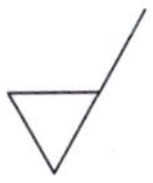	基本符号上加一短画,表示表面特征是用去除材料的方法获得的,如车、铣、钻、磨、抛光、腐蚀、电火花加工等
	基本符号上加一小圆,表示表面特征是用不去除材料的方法获得的,如铸锻、冲压、热轧、冷轧、粉末冶金等,用于保持原供应状况的表面
 (a) (b) (c)	在以上各种符号的长边上加一横线,以便注写对表面结构特征的补充信息 (a)允许任何工艺,用文字表达图形符号为 APA; (b)去除材料,用文字表达图形符号为 MRR; (c)不去除材料,用文字表达图形符号为 NMR

表 8-8 列出了几种表面结构代号的意义及说明。

表 8-8 表面结构代号的意义及说明

符 号	意义及说明
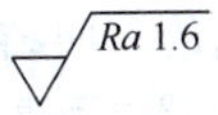	表示去除材料,单向上限值,默认传输带,R 轮廓,算术平均偏差 1.6 μm,评定长度为 5 个取样长度(默认),16% 规则(默认)
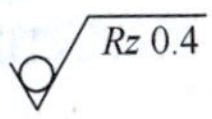	表示不允许去除材料,单向上限值,默认传输带,R 轮廓,粗糙度的最大高度 0.4 μm,评定长度为 5 个取样长度(默认),16% 规则(默认)
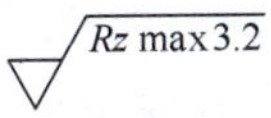	表示去除材料,单向上限值,默认传输带,R 轮廓,粗糙度最大高度 3.2 μm,评定长度为 5 个取样长度(默认),“最大规则”

续上表

符　　号	意义及说明
0.008−0.8/*Ra* 3.2	表示去除材料,单向上限值,传输带 0.008 ~ 0.8 mm,R 轮廓,算术平均偏差 3.2 μm,评定长度为 5 个取样长度(默认),“16% 规则”(默认)
URa max 3.2 *LRa* 0.8	表示不允许去除材料,双向极限值,两极限值均使用默认传输带,R 轮廓,上限值:算术平均偏差 3.2 μm,评定长度为 5 个取样长度(默认),“最大规则”;下限值:算术平均偏差 0.8 μm,评定长度为 5 个取样长度(默认),“16% 规则”(默认)
0.8−25/*Wz* 3 10	表示去除材料,单向上限值,传输带 0.8 ~ 25 mm,W 轮廓,波纹度最大高度 10 μm,评定长度包含 3 个取样长度,“16% 规则”(默认)

注:16% 规则是所有表面结构标注的默认规则,最大规则应用于表面结构要求时,参数代号中应加上“max”。

8.7.4　表面结构要求在图样上的注法

视频

表面结构的标注

①表面结构要求对每一表面一般只标注一次,并尽可能注在相应的尺寸及其公差的同一视图上。

②表面结构的注写和读取方向与尺寸注写和读取方向一致,如图 8-50 所示。

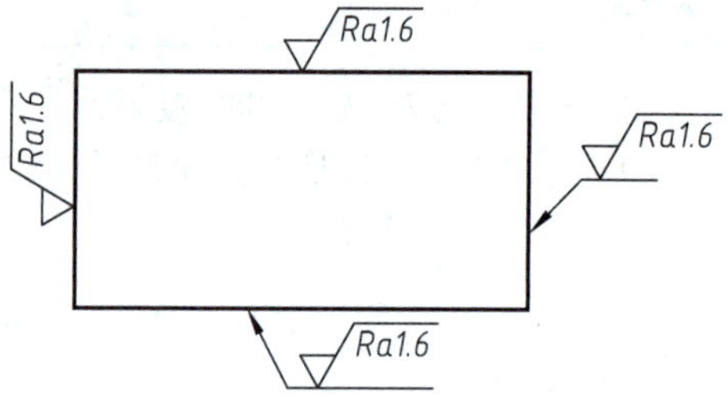

图 8-50　表面结构的注写和读取方向与尺寸方向一致

③表面结构要求可标注在轮廓线上,其符号应从材料外部指向零件表面。必要时,表面结构符号也可用带箭头或黑点的指引线引出标注,如图 8-51 所示。

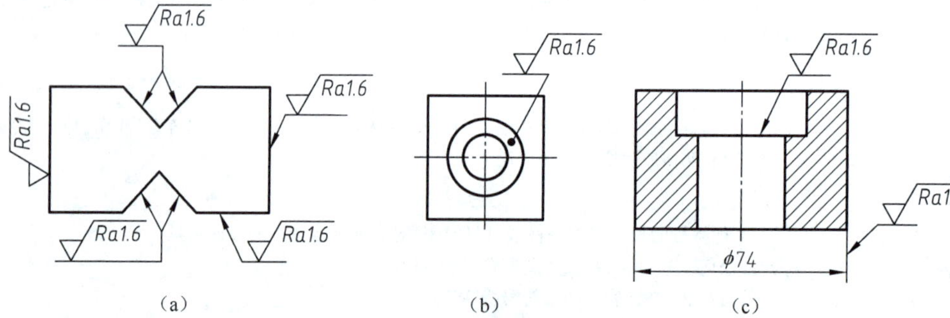

图 8-51　表面结构要求可标注在轮廓线上

④在不致引起误解的时候,表面结构要求可以标注在给定的尺寸线上或几何公差框格的上方,如图 8-52 所示。

⑤圆柱和棱柱表面的表面结构要求只标注一次,如图 8-53 所示,如果每个棱柱表面有不同的表面结构要求,则应分别单独标注。

⑥有相同表面结构要求的简化注法。如果在工件的多数(包括全部)表面有相同的表面结构要求,则其表面结构要求可统一标注在图样的标题栏附近。表面结构要求的符号后面应有以下两种情况:在圆括号内给出无任何其他标注的基本符号,如图 8-54 所示;在圆括号内给出不同的表面结构要求,如图 8-55 所示。

⑦当多个表面具有相同的表面结构要求或图纸空间有限时,可以采用简化注法。

a. 可用带字母的完整符号,以等式的形式在图形或标题栏附近,对有相同表面结构要求的表面进行简化标注,如图 8-56 所示。

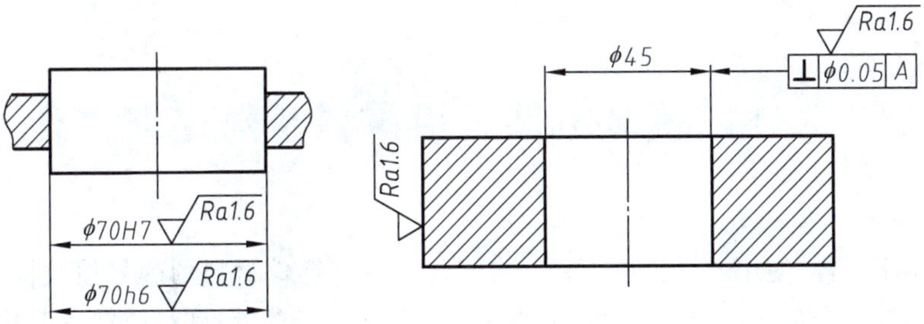

（a）　　　　　　（b）

图 8-52　表面结构要求可以标注在给定的尺寸线上或几何公差框格的上方

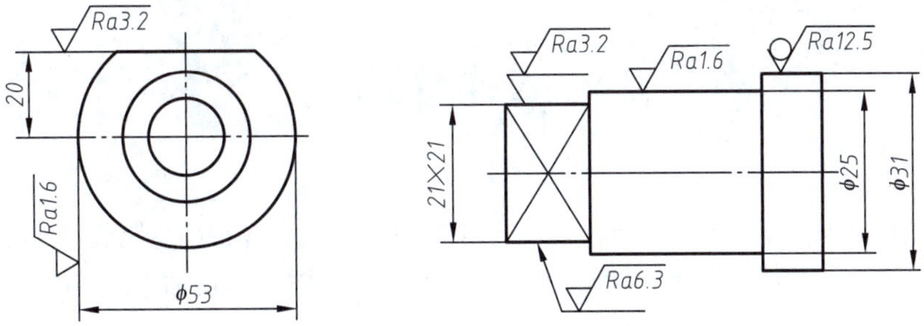

（a）　　　　　　（b）

图 8-53　圆柱和棱柱表面的表面结构要求只标注一次

b. 可用表 8-6 的表面结构符号，以等式的形式给出对多个表面共同的表面结构要求，如图 8-57 所示。

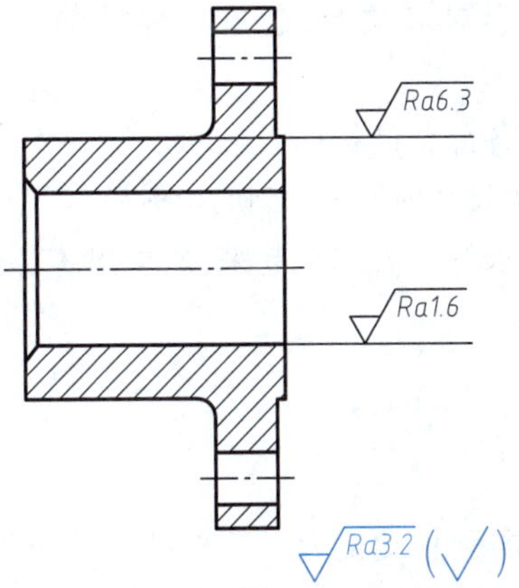

图 8-54　在圆括号内给出无任何其他标注的基本符号

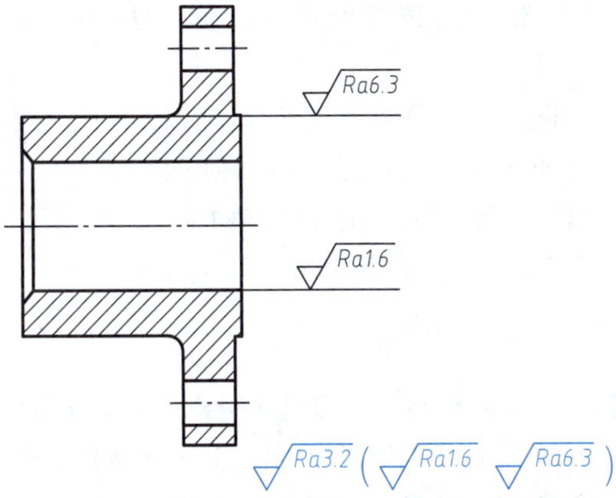

图 8-55　在圆括号内给出不同的表面结构要求

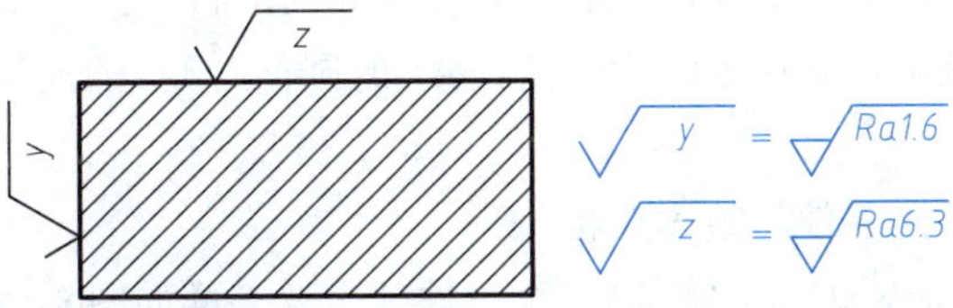

图 8-56　用带字母的符号以等式的形式的表面结构简化注法

图 8-57　只用表面结构符号的简化注法

8.8 机械零件常用材料及热处理

零件的作用不一样,使用的材料也不同。在零件图中将零件材料的牌号填入标题的“材料”栏中。热处理是用来改变金属性能的一种工艺方法。零件需进行热处理时,应在技术要求中说明。常用的材料及热处理见附录F。

8.9 零件图的阅读

设计零件时,经常需要参考同类机器零件的图样,这就需要看零件图。制造零件时,也需要看懂零件图,想像出零件的结构和形状,了解各部分尺寸及技术要求等,以便加工出零件。

8.9.1 读零件图的方法和步骤

(1)概括了解:从零件图的标题栏了解零件的名称、材料、绘图比例等。

(2)分析视图、读懂零件的结构和形状:分析零件图采用的表达方法,如选用的视图、剖切面位置及投射方向等,按照形体分析等方法,利用各视图的投影对应关系,想象出零件的结构和形状。

(3)分析尺寸、了解技术要求:确定各方向的尺寸基准,了解各部分结构的定形和定位尺寸;了解各配合表面的尺寸公差、有关的几何公差、各表面的粗糙度要求及其他要求达到的指标等。

(4)综合想象:将看懂的零件结构、形状、所注尺寸及技术要求等内容综合起来,想象出零件的全貌,这样就看懂了一张零件图。

8.9.2 读图举例

例8-1 以图8-58所示弯臂为例说明读零件图的步骤。

(1)概括了解:从标题栏中可知,此图名称是弯臂,属于叉架类零件,比例为1:2,材料是HT200。

(2)分析视图、读懂结构和形状:该弯臂采用主视、俯视、*A*向斜视图及重合断面图来表示。主视图采用两处局部剖表达孔的内部结构;俯视图也采用了两处局部剖表达轴孔的内部结构;*A*向斜视图表达了倾斜的连接脚的外形;重合断面图表达弯臂截面的形状。

从这些视图可看出,该零件是由$\varnothing 80$的圆筒、$\varnothing 45$的圆筒、倾斜的连接脚、弯臂和左边凸台五部分组成的叉架类零件。

通过以上分析,想像出该零件的整体形状。

(3)分析尺寸、了解技术要求:长、宽、高三个方向的主要基准如图8-58所示。各主要尺寸(如长度尺寸44、宽度尺寸25、高度尺寸*R*180、30°等)分别从三个基准直接注出。

图8-58中还注出了各表面粗糙度的要求、相关的尺寸公差要求等。

(4)综合想象:把以上各项内容进行综合,就得到该零件的总体情况。

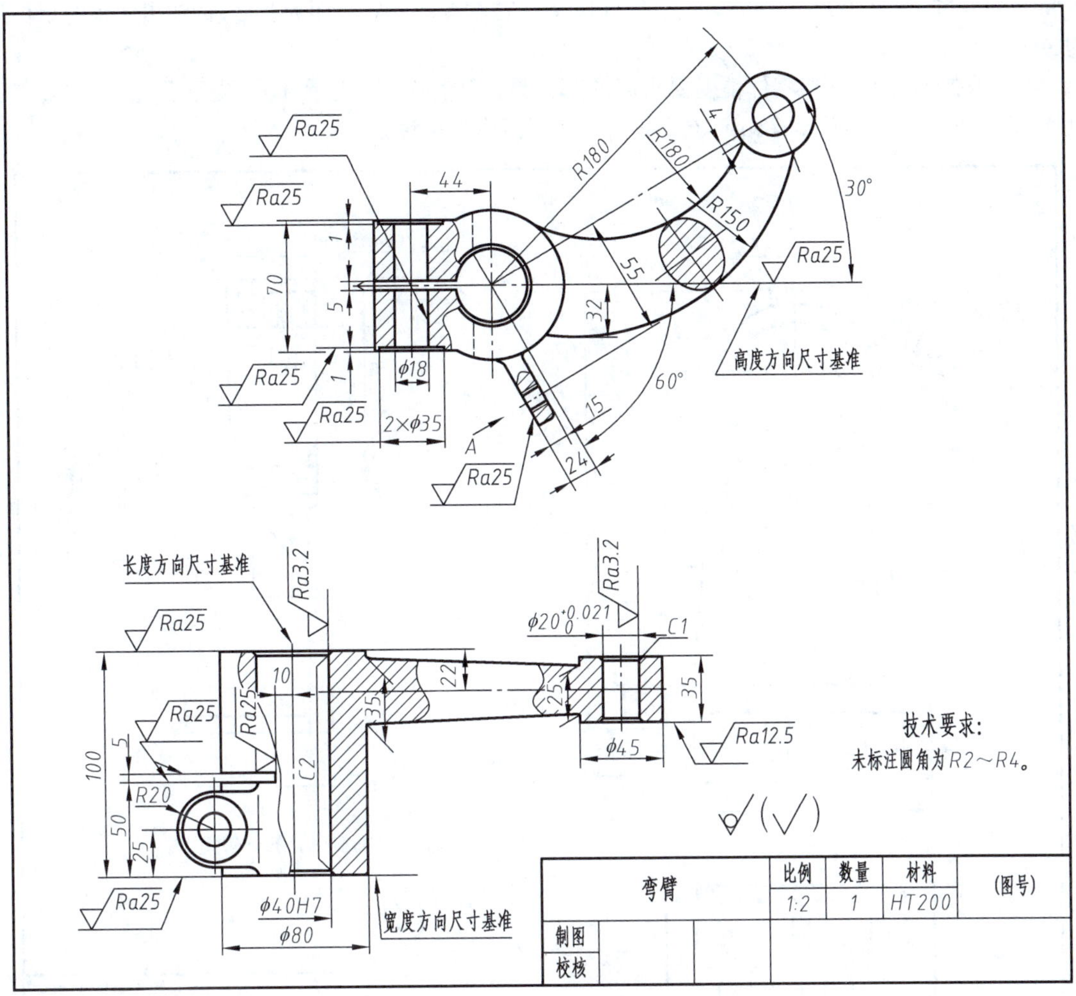

图 8-58 弯臂零件图

例8-2 读支架零件图(见图8-60)

(1)看标题栏:由标题栏可知零件名称为支架;材料是代号为HT150的灰口铸铁;绘图比例为1∶2;支架是支承零件;主要加工方法是车削。

(2)看视图:叉架类零件需经过多种机械加工。为此,它的主视图应按工作位置和形状结构特征原则来选择。叉架类零件图一般都用三个基本视图表达,分别显示三个组成部分的形状特征。由零件图可知,以图8-59所示的K向作为主视图投射方向,配合全剖视的左视图,表达了支承、连接部分的相互位置关系和零件的大部分结构形状。俯视图突出了肋板的断面形状和底板形状,顶部凸台用C向局部视图表示。要注意左视图中肋板的规定画法。

(3)看尺寸:支架的底面为装配基准面,它是高度方向的尺寸基准,标注出支承部位的中心高尺寸170±0.1。支架结构左右对称,即选对称面为长度方向的尺寸基准,标注出安装

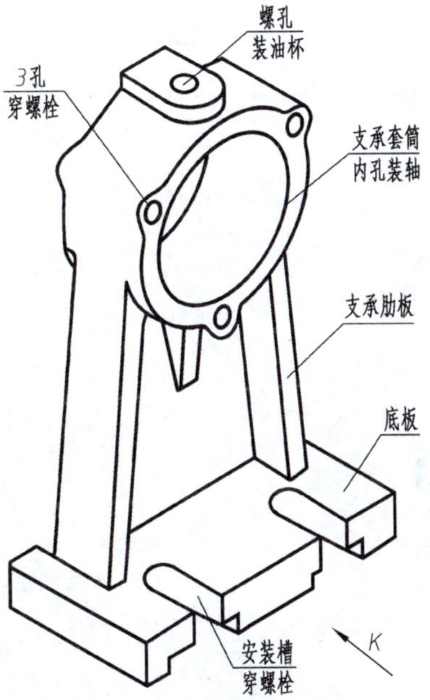

图 8-59 支架的结构分析

槽的定位尺寸 70，还有尺寸 24、82、12、110、140 等。宽度方向以后端面为基准，标注出肋板的定位尺寸 4。

（4）看技术要求：支架零件精度要求高的部位是工作部分，即支承部分，支承孔为∅72H8，表面粗糙度 *Ra* 的上限值分别为 25 μm、6.3 μm，这些平面均为接触面。

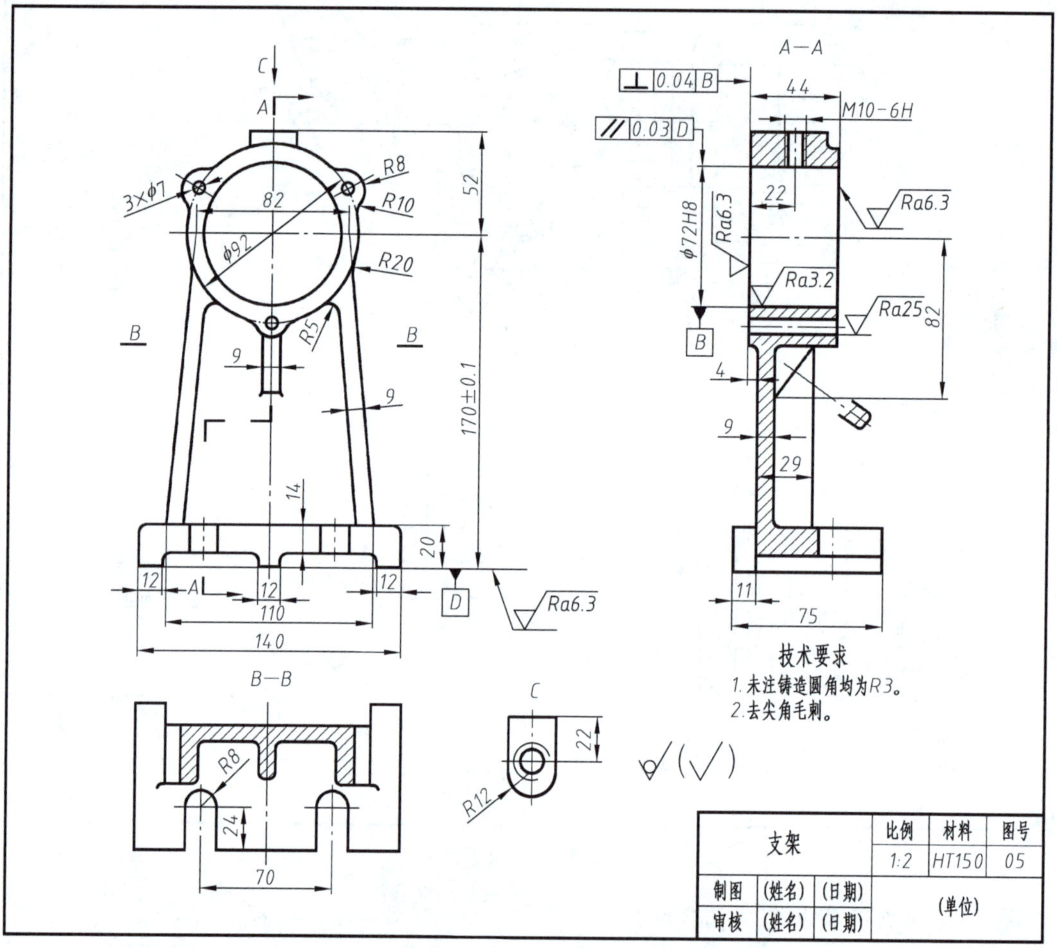

图 8-60　支架零件图

第9章 装配图

9.1 装配图的作用和内容

表达机器或部件的工作原理、零件的连接方式、装配关系以及主要零件主要结构的图样称为装配图。图 9-1 所示是一台微动机构的轴测图，图 9-2 所示是微动机构的装配图。一般把表达整台机器的图样称为总装图；而把表达其部件的图样称为部件装配图。

视频

装配图的作用与内容

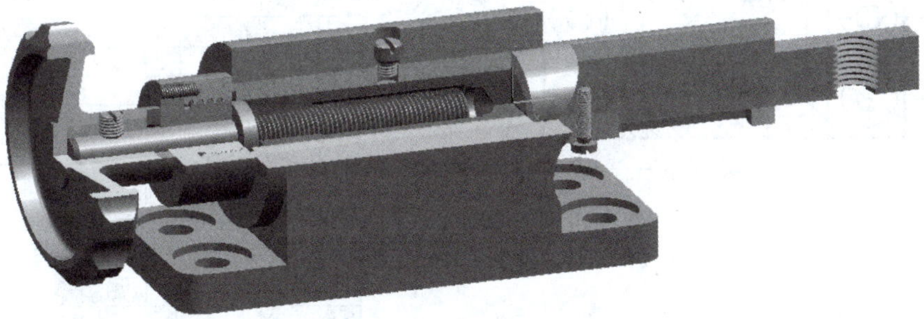

图 9-1　微动机构的轴测图

9.1.1　装配图的作用

装配图是了解机器结构、分析机器工作原理和功能的技术文件，也是制定工艺规程，进行机器装配、检验、安装和维修的依据。

在机器或部件的设计过程中，一般是先设计画出装配图，然后再根据装配图进行零件设计，画出零件图；在机器或部件的制造过程中，先根据零件图进行零件加工和检验，再依据装配图所制定的装配工艺规程将零件装配成机器或部件；在机器或部件的使用、维护及维修过程中，也要通过装配图来了解产品或部件的工作原理及构造。

装配图是表达设计思想、指导零部件装配和进行技术交流的重要技术文件。

9.1.2　装配图的内容

图 9-1 的微动机构的工作过程是通过转动手轮，从而带动螺杆转动，利用螺杆和导杆间的螺纹

连接关系，将旋转运动转变成导杆的直线运动。

图 9-2 是微动机构的装配图，一张完整的装配图应包含如下内容：

（1）一组视图

根据机器或部件的具体结构，选用适当的表达方法，用一组视图正确、完整、清晰地表达产品或部件的工作原理、各组成零件间的相互位置和装配关系、传动路线及主要零件的结构形状等。

图 9-2 中微动机构的装配图采用了以下一组视图：主视图采用全剖视，主要表示微动机构的工作原理和零件间的装配关系；左视图采用半剖视图，主要表达手轮 1 和支座 8 的结构形状；俯视图采用 *C—C* 剖视，主要表达微动机构安装基面的形状和安装孔的情况；*B—B* 断面图表示键 12 与导杆 10 等的连接方式。

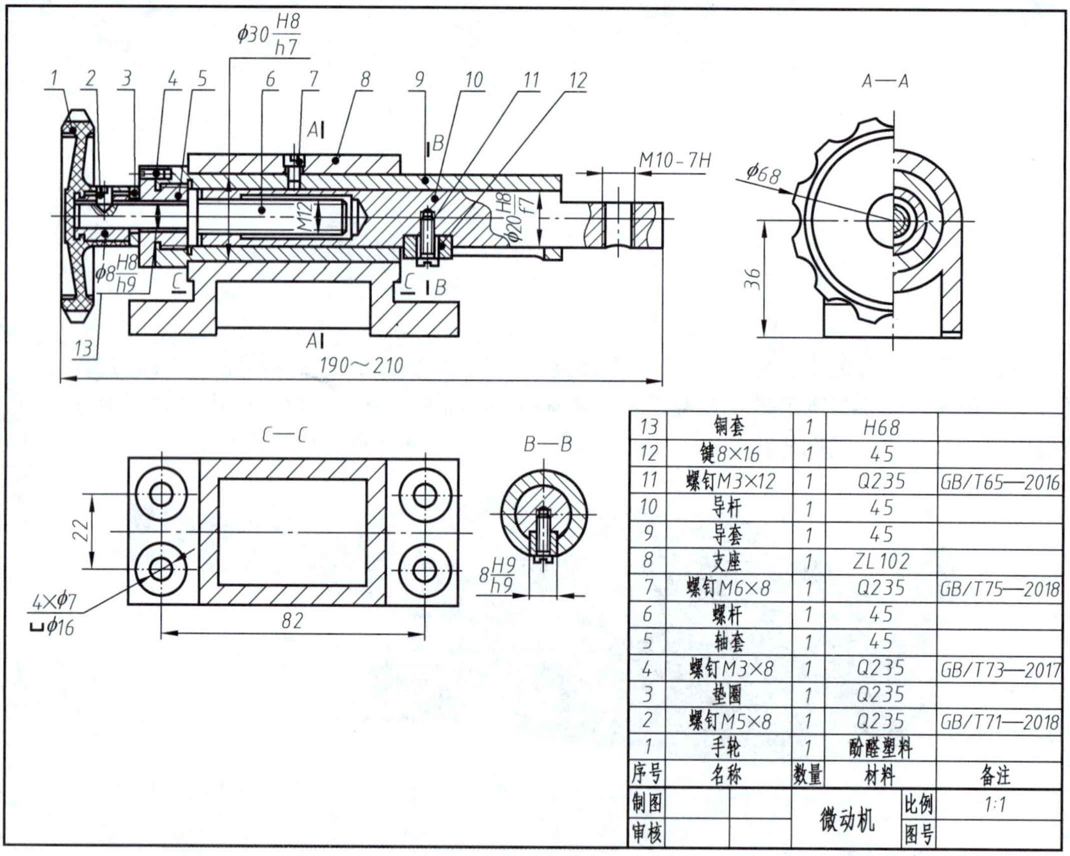

序号	名称	数量	材料	备注
13	铜套	1	H68	
12	键8×16	1	45	
11	螺钉M3×12	1	Q235	GB/T65—2016
10	导杆	1	45	
9	导套	1	45	
8	支座	1	ZL102	
7	螺钉M6×8	1	Q235	GB/T75—2018
6	螺杆	1	45	
5	轴套	1	45	
4	螺钉M3×8	1	Q235	GB/T73—2017
3	垫圈	1	Q235	
2	螺钉M5×8	1	Q235	GB/T71—2018
1	手轮	1	酚醛塑料	

制图		微动机	比例	1:1
审核			图号	

图 9-2　微动机构装配图

（2）必要的尺寸

装配图中必须标注反映机器或部件的性能规格、外形、装配、安装等所需的必要尺寸，另外，在设计过程中经过计算而确定的重要尺寸也必须标注。如图 9-2 微动机构装配图中所标注的 M12，M16，∅20H8/f 7，32，82 等。

（3）技术要求

在装配图中用文字或国家标准规定的符号注写出该装配体的性能、装配要求、验收条件、检验、使用等方面的要求。

（4）零、部件序号、标题栏和明细栏

按国家标准规定的格式绘制标题栏和明细栏，并按一定格式将零、部件进行编号并将相应的名称、数量、材料等内容填写在明细栏内，同时在标题栏中填写产品名称、比例等内容，如图 9-2 所示。

9.2　装配图的表达方法

视频

装配图的表达方法

装配图的表达方法和零件图几乎相同，第 7 章介绍的各种视图、剖视图等表达方法均适用于装配图。但它们也有不同点，装配图要将机器或部件总体情况、工作原理和零件间的装配关系正确、清晰地表示清楚；而零件图仅需表达零件的结构形状。针对装配图的特点为了清晰简洁地表达出机器或部件的结构，国家标准《机械制图》对装配图还有一些规定画法和特殊的表达方法。

9.2.1　规定画法

(1)零件间接触面、配合面的画法

相邻两个零件的接触面和基本尺寸相同的配合面，只画一条轮廓线；不接触表面之间无论间隙大小，均要画成两条轮廓线，如图 9-3 所示。

(2)装配图中剖面符号的画法

装配图中相邻两个金属零件的剖面线，必须以不同方向或不同的间隔画出，若有 3 个以上零件相邻，还应使用剖面线间隔不等来区别不同零件，如图 9-3 所示。

在装配图中，所有剖视、断面图中同一零件的剖面线方向、间隔须完全一致。

断面厚度在 2 mm 以下的图形零件允许以涂黑来代替剖面符号，如图 9-3 中的垫片。

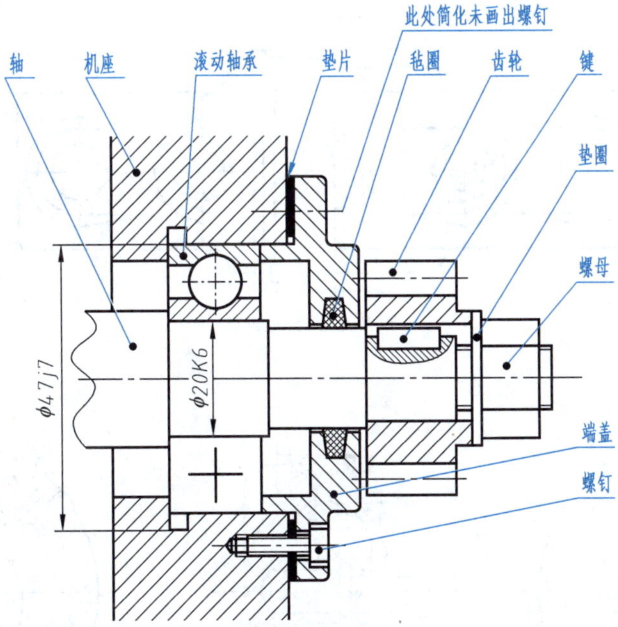

图 9-3　规定画法

(3)在装配图中，对于紧固件以及轴、球、手柄、键、连杆等实心零件，若沿纵向剖切且剖切平面通过其对称平面或轴线时，这些零件均按不剖绘制。如需表明零件的凹槽、键槽、销孔等结构，可用局部剖视表示。如图 9-3 中所示的轴、螺钉和键均按不剖绘制。为表示轴和齿轮间的键连接关系，采用局部剖视。

9.2.2 特殊表达方法

(1)拆卸画法

在装配图的某一视图中,为表达一些重要零件的内、外部形状,可假想拆去一个或几个零件后绘制该视图,并在视图上方标注“拆去××等”。如图9-4滑动轴承装配图的俯视图所示。

(2)沿零件结合面剖切画法

为了表达机器或部件的内部结构,可以假想在某些零件的结合面处进行剖切,然后画出相应的剖视图。此时零件的结合面不画剖面线,被剖断的其他零件应画剖面线,如图9-4所示的俯视图以及图9-5所示的*A—A*剖视图。

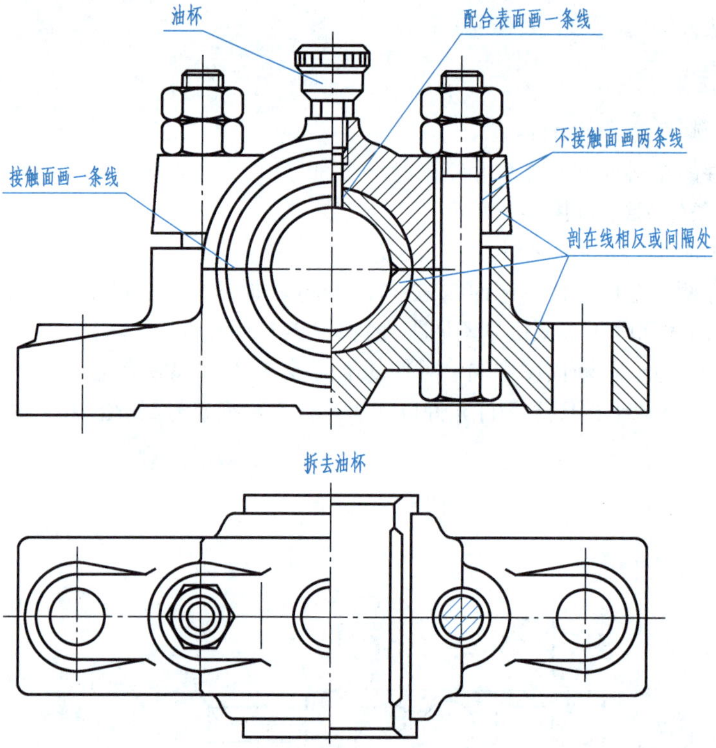

图9-4 滑动轴承

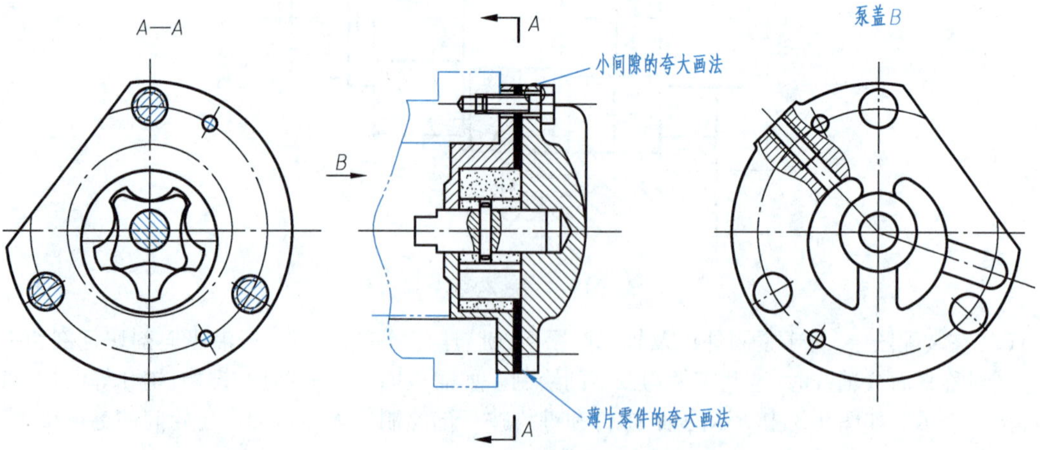

图9-5 转子油泵

(3)假想画法

①在装配图中,为了表达与本部件存在装配关系但又不属于本部件的相邻零、部件时,可用双点画线画出相邻零、部件的部分轮廓。如图 9-5 中的主视图,与转子油泵相邻的零件即是用双点画线画出的。

②在装配图中,当需要表达运动零件的运动范围或极限位置时,可用双点画线画出该零件在极限位置处的轮廓,如图 9-6 车床三星齿轮机构的锁紧手柄的运动极限位置。

(4)单独表达某个零件的画法

在装配图中,当某个零件的主要结构在其他视图中未能表示清楚,而该零件的形状对部件的工作原理和装配关系的理解起着十分重要的作用时,可单独画出该零件的某一视图,如图 9-5 转子油泵的 *B* 向视图。注意,这种表达方法要在所画视图上方注出该零件及其视图的名称。

(5)夸大画法

在装配图中,如绘制直径或厚度小于 2 mm 的孔或薄片以及较小的斜度和锥度,允许该部分不按比例而夸大画出,如图 9-3 中的垫片。

(6)展开画法

为了表达传动机构的传动路线和零件间的装配关系,可假想按传动顺序沿轴线剖切,然后依次展开在同一平面上画出其剖视图,这种画法称为展开画法,如图 9-6 所示为车床上三星齿轮传动机构的展开图。

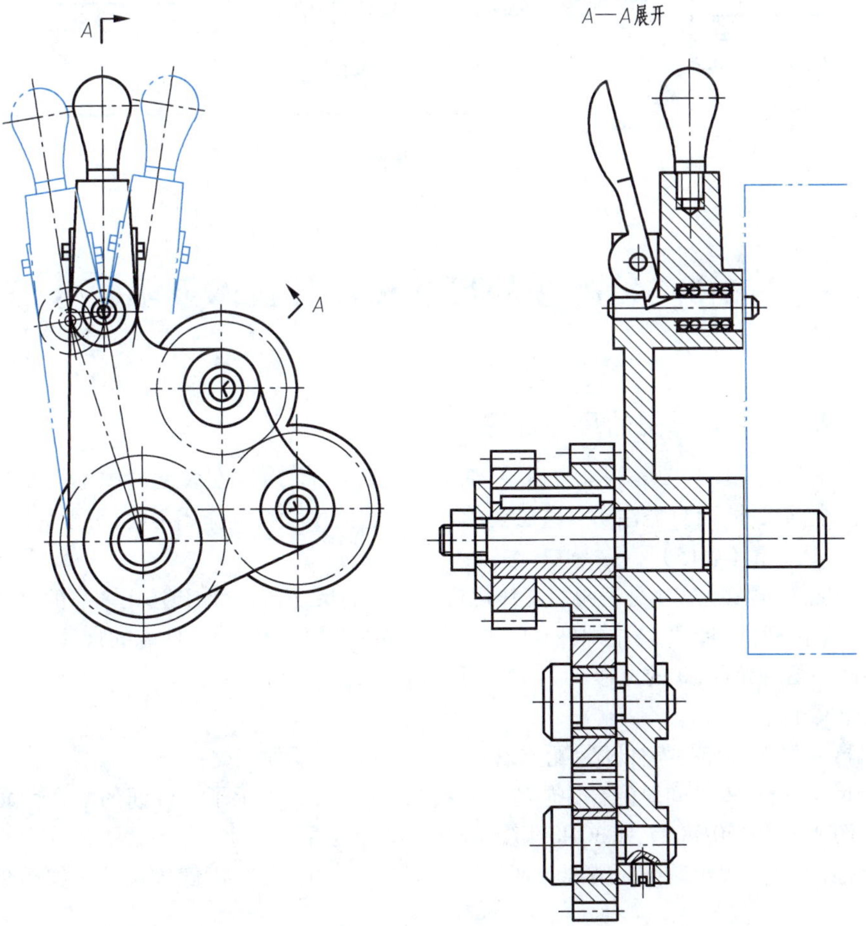

图 9-6 车床三星齿轮传动机构

9.2.3 简化画法

①在装配图中，若干相同的零、部件组，可详细地画出一组，其余只需用点画线表示其位置即可。如图 9-3 中的螺钉连接。

②在装配图中，零件的工艺结构，如倒角、圆角、退刀槽、拔模斜度、滚花等均可不画，如图 9-3 中的轴。

③在装配图中，当剖切平面通过某些标准产品的组合件，或该组合件已在其他视图中表达清楚时，可以只画其外形图，如图 9-4 所示的油杯。

④对于滚动轴承，在剖视图中可以一半用规定画法画出，另一半用通用画法表达，如图 9-7 所示。

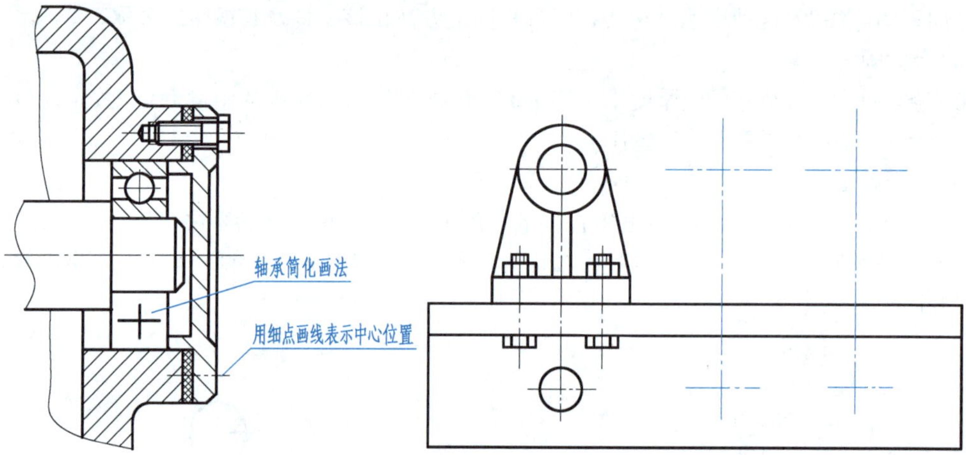

图 9-7 简化画法

9.3 装配图的尺寸标注和技术要求

9.3.1 装配图的尺寸标注

视频 装配图的尺寸和技术要求

由于装配图主要是用来表达零、部件装配关系的，所以在装配图中不需要注出每个零件的全部尺寸，而只需注出一些必要的尺寸。这些尺寸按其作用不同，可分为以下五类。

(1) 性能（规格）尺寸

性能（规格）尺寸是表明装配体规格和性能的尺寸，是设计和选用产品的主要依据。如图 9-2 微动机构装配图中螺杆 6 的螺纹尺寸 M12 是微动机构的性能的尺寸，它决定了手轮转动一圈后导杆 10 的位移量。

(2) 装配尺寸

表示机器或部件上有关零件间装配关系的尺寸。一般分下列三类：

①配合尺寸：所有零件间对配合性质有特别要求的尺寸，它表示了零件间的配合性质和相对运动情况。如图 9-2 中 $\varnothing$20H8/f7，$\varnothing$30H8/k7，$\varnothing$8H8/h7 均为配合尺寸。

②相对位置尺寸：表示装配时需要保证的零件间较重要的距离、间隙等尺寸。如图 9-2 所示的中心高 56。

③装配时加工尺寸：如有些零件装配在一起后才能进行加工，此时装配图上要标注装配时加工尺寸。

(3)安装尺寸

安装尺寸是机器或部件安装到基座或其他工作位置时所需的尺寸。如图9-2中的82,32,4×∅7孔均为安装尺寸。

(4)外形尺寸

外形尺寸是指反映装配体总长、总宽、总高的外形轮廓尺寸。如图9-2中的190~210,36,∅68。

(5)其他重要尺寸

在设计过程中经过计算而确定的尺寸和主要零件的主要尺寸以及在装配或使用中必须说明的尺寸。如图9-2中的尺寸190~210,它不仅表示了微动机构的总长,而且表示了运动零件导杆10的运动范围。非标准零件上的螺纹标记,如图9-2中的M12、M16在装配图中要注明。

以上五类尺寸,并非每张装配图上都需全部标注,有时同一个尺寸,可同时兼有几种含义。所以装配图上的尺寸标注,要根据具体的装配体情况来确定。

9.3.2 装配图的技术要求

装配图的技术要求,主要是指对机器或部件的性能、装配、安装、调试、检测、使用和维修等方面的要求,一般用文字注写在图样下方的空白处。技术要求因装配体的不同,其具体的内容有很大不同,但技术要求一般应包括以下几个方面。

(1)装配要求

装配要求是指装配过程中的注意事项以及装配后必须保证的精度要求等。

(2)检验要求

检验要求是指装配过程中及装配后必须保证其精度的各种检验、验收方法的说明。

(3)使用要求

使用要求是对装配体的基本性能、维护、保养、使用时注意事项的说明。

如图9-17齿轮泵装配图中的技术要求。

9.4 装配图的零、部件编号与明细栏

装配图上所有的零、部件都必须编注序号。并在明细栏中填写各个零、部件的相关信息,以便统计零、部件数量,进行生产的准备工作。同时,在看装配图时,也是根据序号查阅明细栏了解零件的名称、材料和数量等,它有助于看图和图样管理。

视频

装配图的零、部件编号和明细栏

9.4.1 零、部件编号(GB/T 4457.2—2003、GB/T 4458.2—2003)

1. 编排方法

(1)装配图中编写零、部件序号的常用方法有三种,如图9-8(a)所示。但同一装配图中编写零、部件序号的形式应一致。

(2)指引线应自所指部分的可见轮廓引出,用细实线绘制,并在轮廓内的一端画一小圆点,如图9-8(a)所示。若所指部分轮廓内不便画圆点时,可在指引线末端画一箭头,并指向该部分的轮廓,如图9-8(b)所示。

(3)指引线相互不能交叉,当通过有剖面线的区域时,指引线不应与剖面线平行。必要时指引

线允许画成折线，但只可曲折一次，如图 9-8(c)所示。

(4)一组紧固件以及装配关系清楚的零件组，可以采用公共指引线，如图 9-8(d)与图 9-9 所示。

(5)零、部件的序号应标注在视图外面。其序号应沿水平或垂直方向按顺时针或逆时针方向排列，序号间隔应尽可能相等。在整个图上无法连接时，可只在每个水平或垂直方向顺序排列，如图 9-2 微动机构装配图中所示。

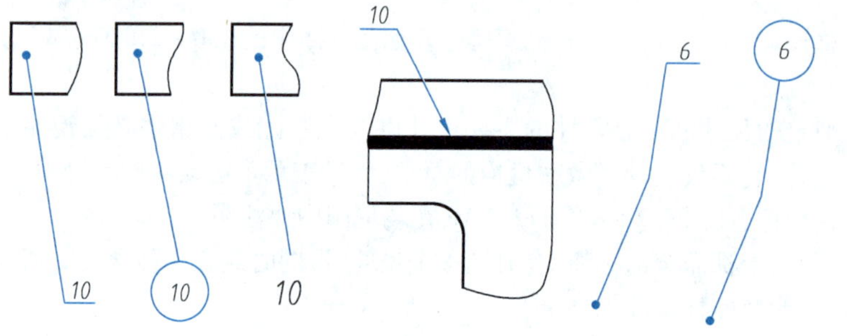

(a) 一般标注方式　(b) 特殊标注方式　(c) 指引线允许弯折一次

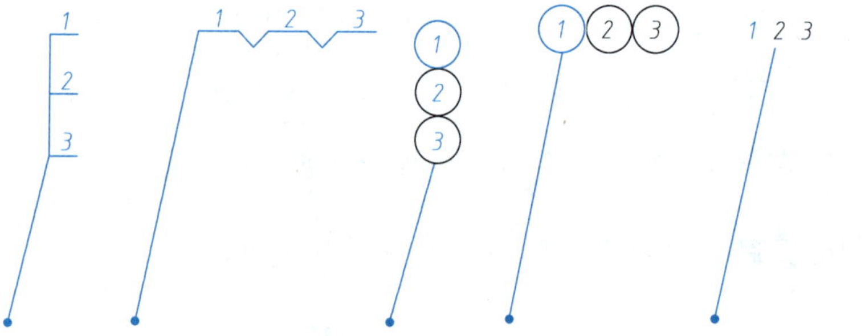

(d) 公用指引线标注方式

图 9-8　序号的编写方式与画法

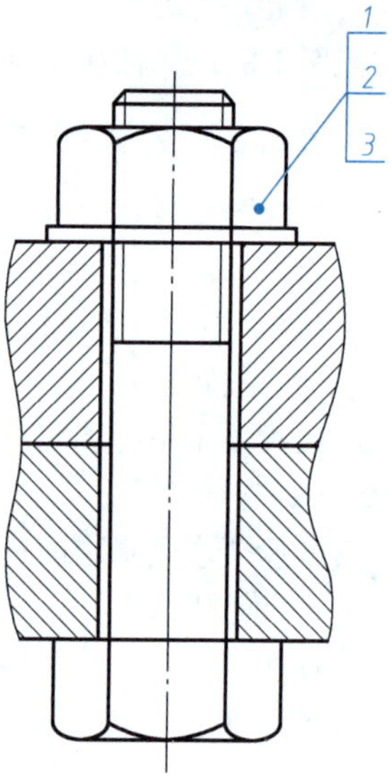

图 9-9　公共指引线

2. 一般规定

(1)装配图中所有的零、部件都必须编写序号。

(2)装配图中一个部件可以只编写一个序号；同一装配图中相同的零、部件只标注一次。

(3)装配图中零、部件序号，要与明细栏中的序号一致。

9.4.2　装配图中的标题栏及明细栏

装配图中的标题栏与零件图的标题栏类似，如图 9-2 所示。标题栏及明细栏的格式国家标准都有统一规定，参见第 1 章“图幅”中有关内容。

标题栏(GB/T 10609.1—2008)：装配图中标题栏格式如图 9-2 所示。

明细栏(GB/T 10609.2—2009)：明细栏按 GB/T 10609.2—2009 规定绘制，如图 9-10 所示。填写明细栏时要注意以下问题。

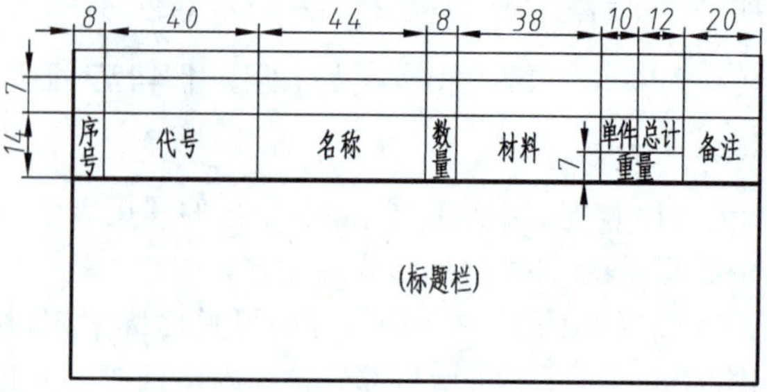

图 9-10　标题栏与明细栏

①明细栏画在紧邻标题栏上方,如向上延伸位置不够,可在标题栏紧靠左边自下而上延续。

②序号按从小到大的顺序自下而上填写。

③对于标准件,应在标题栏内填写出规定标记及主要参数,并在代号栏内写明所依据的标准代号,如图9-2所示。

如果明细栏直接绘在标题栏上方有困难。也可以在另外的纸上单独编写,称为明细表。

9.5 装配结构合理性

视频

装配结构的合理性

在设计和绘制装配图时,应考虑装配结构的合理性,以保证机器或部件的使用性能及零件的加工、装拆方便。

1. 接触面与配合面的结构

(1)两个零件接触时,在同一方向只能有一对接触面,这种设计既可满足装配要求,同时制造也很方便,如图9-11所示。

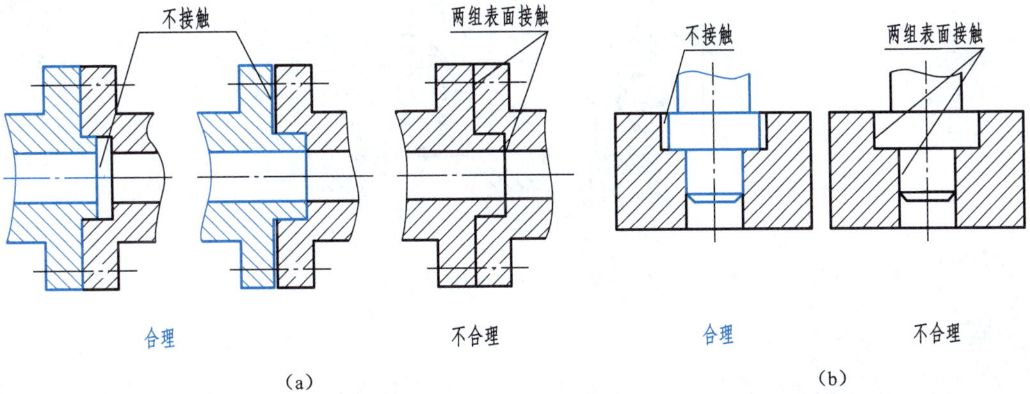

图9-11 两零件间的接触面

(2)轴颈和孔配合时,应在孔的接触端面制作倒角或在轴肩根部切槽,以保证零件间接触良好,如图9-12所示。

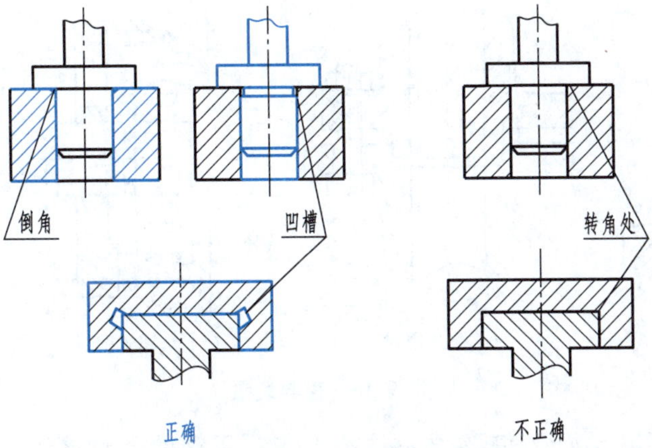

图9-12 接触面转角处的结构

2. 便于装拆的合理结构

（1）滚动轴承的内、外圈在进行轴向定位设计时，必须要考虑到拆卸的方便，如图9-13所示。

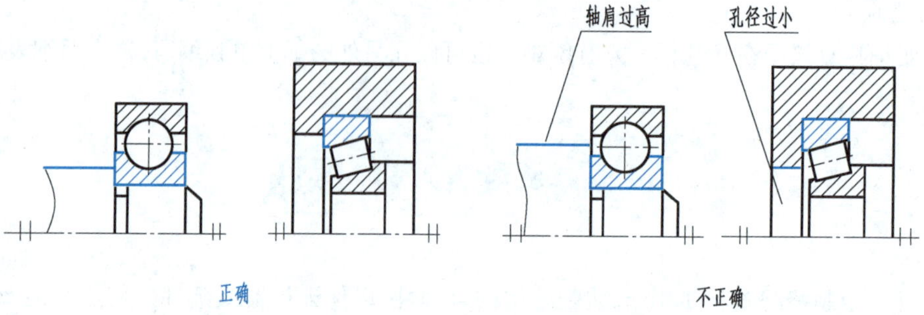

图9-13　滚动轴承端面接触的结构

（2）用螺纹紧固件连接时，要考虑到安装和拆卸紧固件是否方便，如图9-14所示。

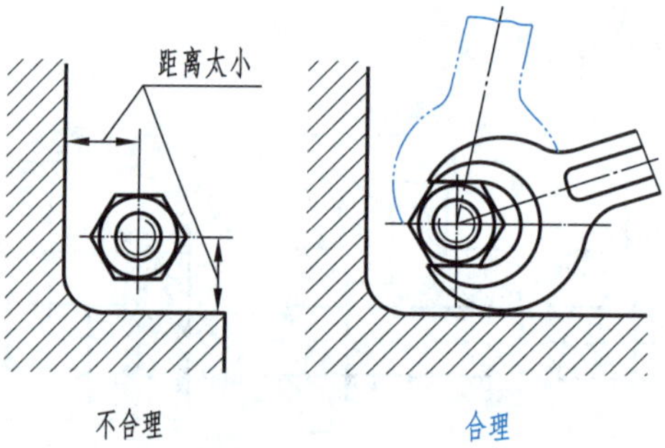

图9-14　留出扳手活动空间

3. 密封装置和防松装置

密封装置是为了防止机器中油的外溢或阀门、管路中气体、液体的泄漏，通常采用的密封装置如图9-15所示。其中在油泵、阀门等部件中常采用填料盒密封装置，图9-15（a）中为常见的一种用填料密封的装置；图9-15（b）中是管道中的管子接口处用垫片密封的密封装置；图9-15（c）中和图9-15（d）中表示的是滚动轴承的常用密封装置。

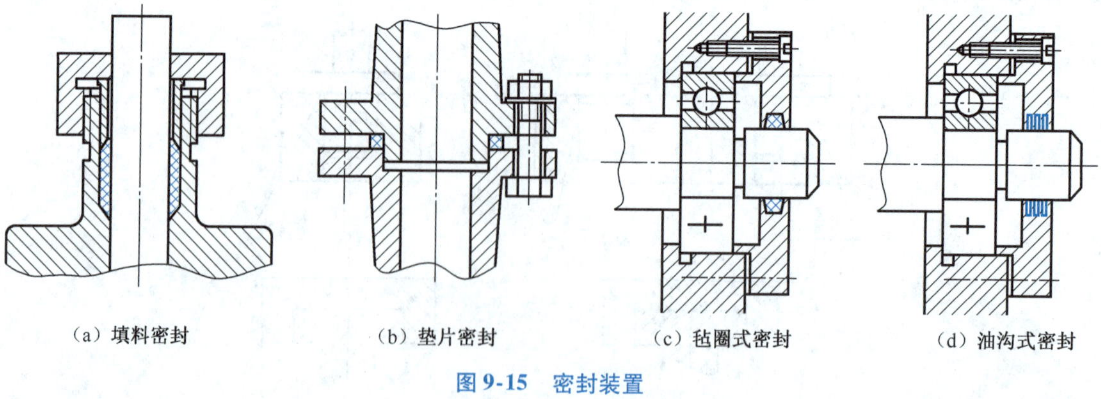

（a）填料密封　（b）垫片密封　（c）毡圈式密封　（d）油沟式密封

图9-15　密封装置

为防止机器因工作震动而致使螺纹紧固件松开，常采用双螺母、弹簧垫圈、止动垫圈、开口销等防松装置，如图9-16所示。

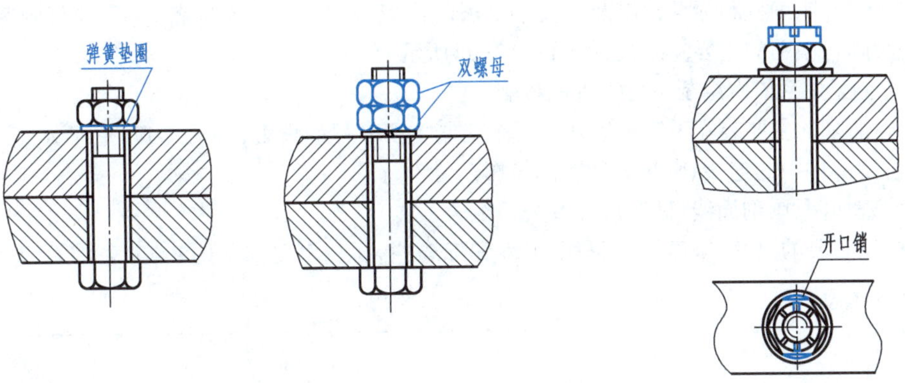

（a）摩擦防松　　（b）机械防松

图 9-16　防松装置

螺纹连接的防松按原理不同,可分为摩擦防松与机械防松。如采用双螺母、弹簧垫圈的防松装置属于摩擦防松装置;采用开口销、止动垫圈的防松装置属于机械防松装置。

9.6　由零件图画装配图

机器或部件由零件组成,根据它们的零件图和装配示意图(以简单线条示意性地画出部件或机器的图样,一般在部件测绘时绘制),可以画出机器或部件的装配图。

视频

由零件图画装配图

9.6.1　了解机器或部件的装配关系和工作原理

在绘制装配图前,必须对所表达的机器或部件的功用、工作原理、零件之间的装配关系及技术要求等进行分析,以便于考虑装配图的表达方案。

9.6.2　确定表达方案

1. 选择主视图

画装配图时,部件大多按工作位置放置。主视图方向应选择反映部件主要装配关系及工作原理的方位,为详细地表达零件间的装配关系,主视图的表达多采用剖视的方法。

齿轮油泵如图 9-17(c)的主视图采用沿主要装配干线的全剖视的表达方法,从而将齿轮油泵中主要零件的相互位置及装配关系等表达出来。为了表达齿轮间的啮合关系,又采用了两个局部剖视。

2. 选择其他视图

其他视图的选择以进一步准确、完整、简捷地表达各零件间的结构形状及装配关系为原则,因此多采用局部剖、拆去某些零件后的视图、断面图等表达方法。

齿轮油泵在主视图采用全剖视的基础上,由于油泵结构对称,左视图采用沿结合面剖切的半剖视图,这样既清楚地表达了油泵的工作原理,同时也清楚地表明了连接泵盖和泵体的螺钉的分布情况及泵盖和泵体的内外结构。另外,为表达吸油口及安装孔的形状,左视图还采用了两个局部剖视。完整的表达方案如图 9-17(c)所示。

9.6.3　装配图画图步骤

(1)选比例、定图幅、布图

按照部件的复杂程度和表达方案,选取装配图的绘图比例和图纸幅面。布图时,要注意留出标注尺寸、编序号、明细栏和标题栏以及写技术要求的位置。在以上工作准备好后,即可画图框、标题栏、明细栏,画各视图的主要基准线,如图9-17(a)所示。

(2)按装配关系依次绘制主要零件的投影

按齿轮油泵的主要装配干线由里往外逐个绘制主要零件的投影,如图9-17(b)所示。

(3)绘制部件中的连接、密封等装置的投影。

(4)检查加深,画剖面线,标注尺寸及公差配合。

(5)标注必要的尺寸、编序号、填写明细表和标题栏,写技术要求。图9-17(c)所示为最后完成的装配图。

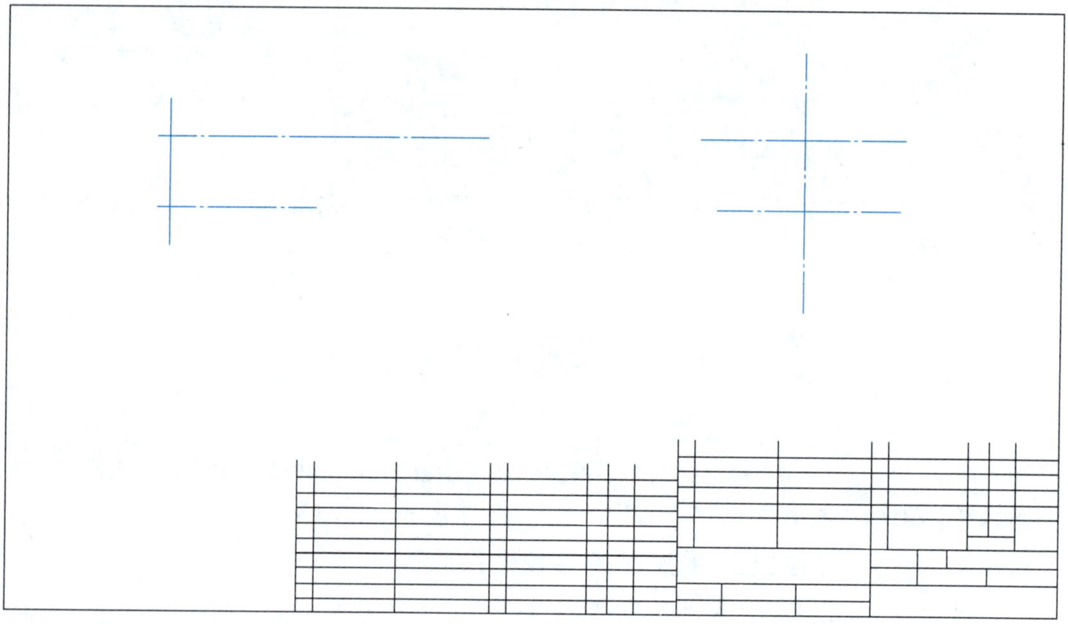

(a)

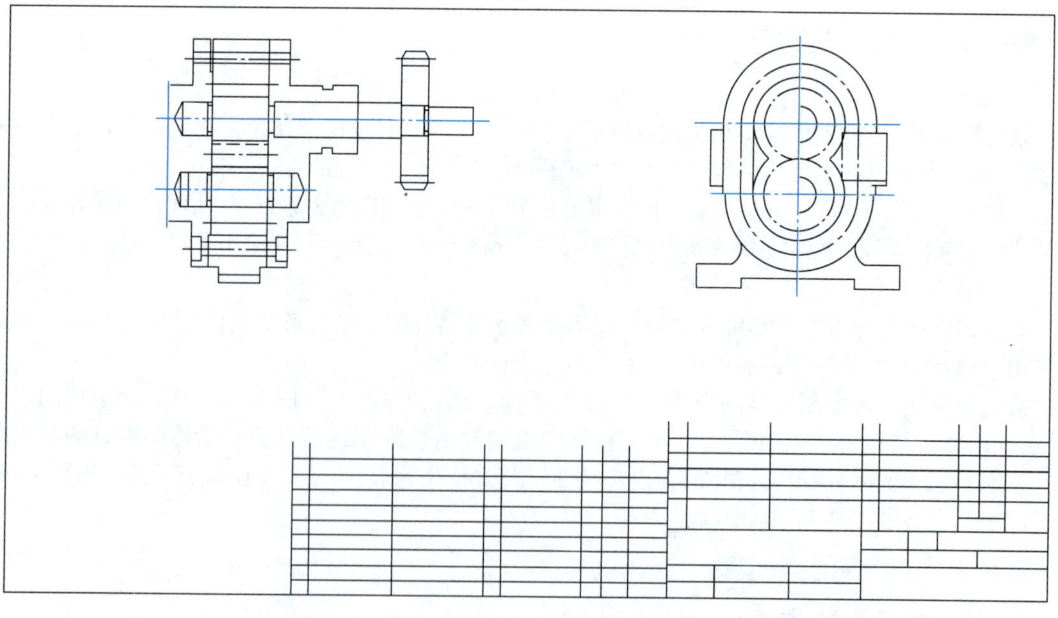

(b)

图9-17 齿轮油泵作图步骤

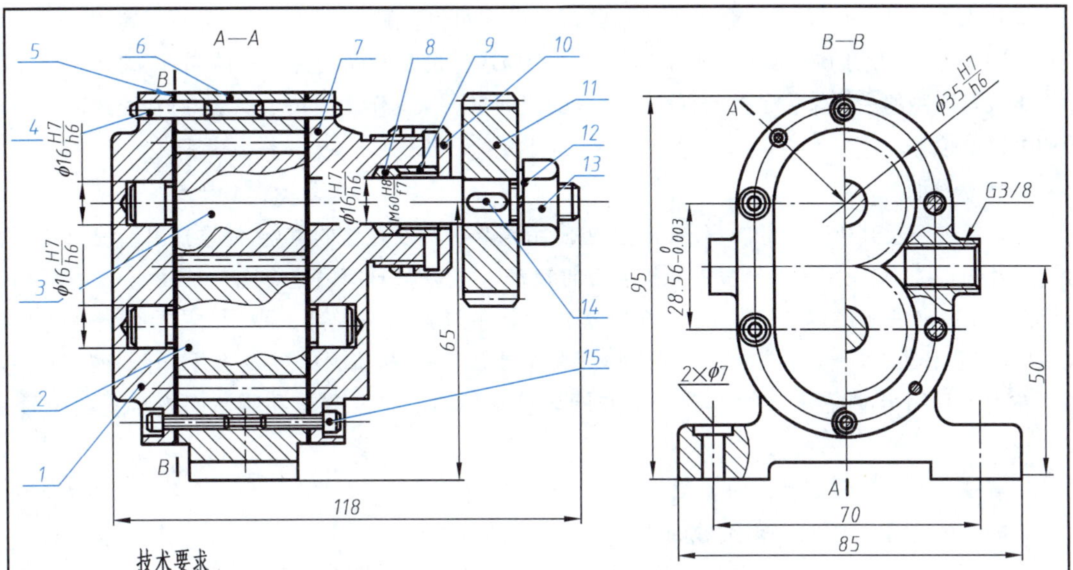

技术要求

1. 齿轮安装后，用手转动传动齿轮时应灵活旋转。

2. 两齿轮轮齿的啮合面占齿长的3/4以上。

序号	名称	件数	材料	备注
15	螺钉M6×16	12		GB/T 70.1—2008
14	键5×10	1		GB/T 1096—2003
13	螺母M12×1.5	1		GB/T 41—2016
12	垫圈12	1		GB 93—1987
11	传动齿轮	1	45	
10	压紧螺母	1	Q235	
9	填料压盖	1	45	
8	密封圈	1	聚四氯乙烯	
7	右端盖	1	HT150	
6	泵体	1	HT150	
5	垫片	2	橡胶石棉板	
4	销A5×18	4		GB/T 119.1—2000
3	传动齿轮轴	1	45	
2	齿轮轴	1	45	
1	左端盖	1	HT150	

齿轮油泵		比例	2:1
		重量	
制图			
审核			

(c)

图 9-17 齿轮油泵作图步骤(续)

9.7 读装配图和拆画零件图

在设计、生产实践和技术交流中，都需要读装配图，因此能熟练地读懂装配图是工程技术人员应掌握的一项基本功。读装配图的基本要求如下：

视频 读装配图和拆画零件图

①了解部件的名称、用途、性能和工作原理。

②弄清各零件间的相对位置、装配关系和装拆顺序。

③弄懂各零件的结构形状及作用。

④了解其他系统，如润滑系统、密封系统等的原理和结构。

9.7.1 读装配图的方法和步骤

下面以图 9-18(a)所示球阀为例说明读装配图的一般方法和步骤。

1. 概括了解

由标题栏、明细栏了解部件的名称、用途以及各组成零件的名称、数量、材料等，从这些信息中就能初步判断装配体及其组成零件的作用和制造方法。对于有些复杂的部件或机器还需查看说明书和有关技术资料，以便对部件或机器的工作原理和零件间的装配关系做深入的分析了解。

由图9-18(a)所示的标题栏、明细栏可知，该图所表达的是管路附件——球阀，该阀共由十二种零件组成。球阀的主要作用是控制管路中流体的流通量。从其作用及技术要求可知，密封结构是该阀的关键部位。

2. 表达分析

分析各视图及其所表达的内容，找出主视图，弄清各视图所表达的重点，注意找出剖视图的剖切位置以及向视图、斜视图和局部视图的投射方向和表达部位等，理解表达意图。

图9-18(a)所示的球阀，共采用三个基本视图。主视图采用局部剖视图，主要反映该阀的组成、结构和工作原理。俯视图采用局部剖视图，主要反映阀盖和阀体以及扳手和阀杆的连接关系。左视图采用半剖视图，主要反映阀盖和阀体等零件的形状及阀盖和阀体间连接孔的位置和尺寸等。

3. 弄懂工作原理和零件间的装配关系

概括了解之后，还要进一步细致阅读装配图。一般方法是：

(1)从主视图入手，根据各装配干线，对照零件在各视图中的投影关系。

(2)由各零件剖面线的不同方向和间隔，分清零件轮廓的范围。

(3)由装配图上所标注的配合代号，了解零件间的配合关系。

(4)根据常见结构的表达方法，来识别零件，如油环、轴承、密封结构等。

(5)根据零件序号对照明细表，找出零件数量、材料、规格，帮助了解零件作用和确定零件在装配图中的位置和范围。

(6)利用一般零件结构有对称性的特点，以及相互连接两零件的接触面应大致相同的特点，帮助想象零件的结构形状。有时甚至还要借助于阅读有关的零件图，才能彻底读懂，同时要了解机器(或部件)的工作原理、装配关系及各零件的功用和结构特点。

图9-18(a)所示的球阀，有两条装配线。从主视图看，一条是水平方向，另一条是垂直方向。其装配关系是：阀盖和阀体用四个双头螺柱和螺母连接，并用合适的调整垫调节阀芯与密封圈之间的松紧程度。阀体垂直方向上装配有阀杆，阀杆下部的凸块嵌入到阀芯上的凹槽内。为防止流体泄漏，在此处装有环、填料、并旋入填料压紧套将填料压紧。

球阀的工作原理：扳手在主视图中的位置时，阀门为全部开启，管路中流体的流通量最大。当扳手顺时针旋转到俯视图中双点画线所示的位置时，阀门为全部关闭，管路中流体的流通量为零。当扳手处在这两个极限位置之间时，管路中流体的流通量随扳手的位置而改变。

4. 分析零件

在弄懂部件工作原理和零件间的装配关系后，分析零件的结构形状，可有助于进一步了解部件结构特点。一台机器(或部件)上有标准件、常用件和一般零件。对于标准件、常用件一般容易弄懂，但一般零件有简有繁，它们的作用和地位又各不相同，应先从主要零件开始分析，运用上述第3点所述方法确定零件的范围、结构、形状、功用和装配关系。

分析某一零件的结构形状时，首先要在装配图中找出反映该零件形状特征的投影轮廓。接着可按视图间的投影关系、同一零件在各剖视图中的剖面线方向、间隔必须一致的画法规定，将该零件的相应投影从装配图中分离出来。然后根据分离出的投影，按形体分析和结构分析的方法，弄清零件的结构形状。

球阀轴测图如图9-18 (b)所示。

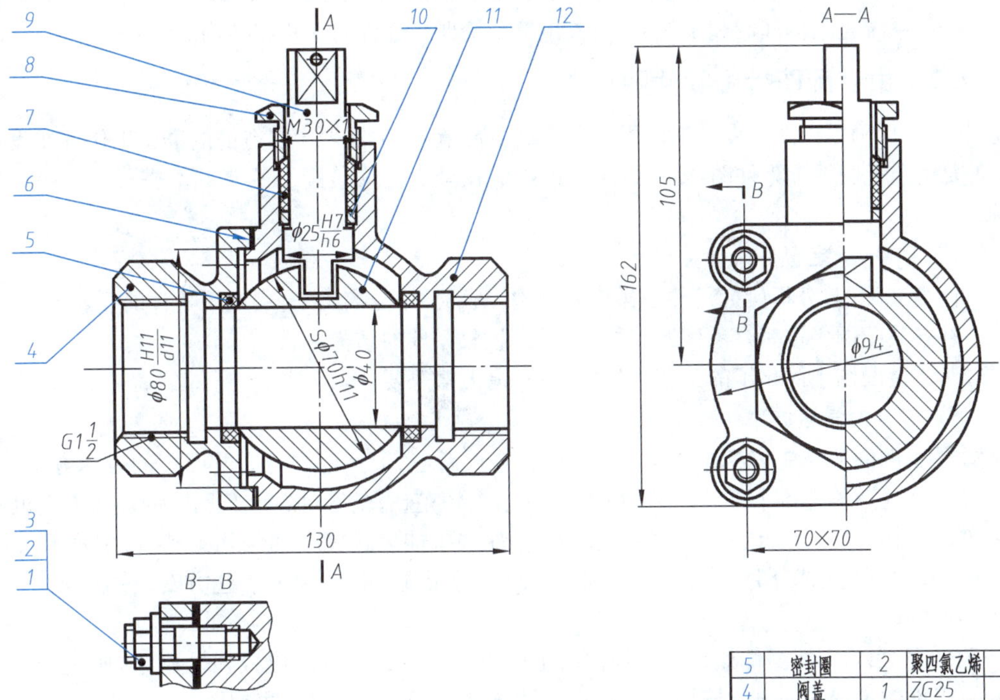

技术要求

1. 全部零件在装配前，皆应清除污秽、毛刺和不平坦处。
2. 装配后阀杆、球塞的旋转应灵活，不得有倾斜或卡阻现象，并当介质流动方向改变时，具有良好的密封性。
3. 其他技术要求应符合JB790-65的规定。

序号	名称	数量	材料	备注
12	阀体	1	ZG25	
11	球塞	1	45	
10	环	1	LY13	
9	阀杆	1	Q235	
8	压盖	1	ZGSn6-6-3	
7	填料		聚四氟	
6	垫圈	1	乙烯	
5	密封圈	2	聚四氯乙烯	
4	阀盖	1	ZG25	
3	螺柱M10×30	4	Q235	
2	垫圈	4	Q235	
1	螺母	4	Q235	

球　阀		比例		
		重量		
制图			(校　名)	
审核			专业　班	

（a）

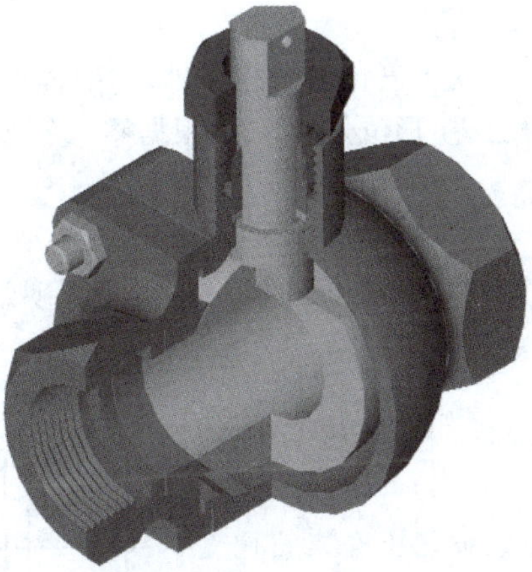

（b）

图 9-18　球阀轴测图

5. 归纳总结

在对装配图关系和主要零件的结构进行分析的基础上，还要对技术要求、全部尺寸进行研究，进一步了解机器或部件的设计意图和装配工艺性。最后归纳总结:装配和拆卸顺序、运动是怎样在零件间传递的、系统是怎样润滑和密封的,想象出整个机器或部件的形状和结构。

9.7.2 由装配图拆画零件图

由装配图拆画零件图是设计工作中的一个重要环节,是机器生产制造前的准备工作。在设计过程中,需要由装配图拆画零件图,简称拆图。拆图应在全面读懂装配图的基础上进行。一般可按以下步骤:

1. 分离零件,确定零件的结构形状

(1)读懂装配图,分析所拆零件的作用和结构,从部件中分离出来,确定该零件的投影轮廓。

(2)补齐装配图中被其余零件遮挡的轮廓线,想象零件的结构形状。

(3)对于装配图中简化了的工艺结构如倒角、退刀槽等要补画出来。

2. 确定零件的表达方案

对零件视图的选择应按零件本身的结构形状特点而定,不一定要与装配图中的表达方法一样。在装配图上往往不能把每个零件的结构形状完全表达清楚,有的零件在装配图中的表达方案也不符合该零件的结构特点。因此,在拆画零件图时,对那些未能表达完全的结构形状,应根据零件的作用、装配关系和工艺要求予以确定并表达清楚。此外对所画零件的视图表达方案,一般不应简单地按装配图照抄。

一般来讲,大的主要零件如箱体类零件的主视图多与装配图中的位置和投射方向的选择一致;而轴套类零件的主视图一般应按加工位置放置(即轴线水平放置)确定主视图。

3. 确定并标注零件尺寸

根据机器(或部件)的工作性能和使用要求,分析零件各部分尺寸的作用及其对机器或部件的影响,首先确定主要尺寸和选择尺寸基准。由于装配图上对零件的尺寸标注不完全,因此在拆画零件图时,除装配图上已有的尺寸外,与该零件有关的其余尺寸也要直接注在零件图上。

与标准件或标准结构有关的尺寸(如螺纹、销孔、键槽等)可从明细栏及相应国家标准中查阅来确定,有些尺寸需要计算来确定(如齿轮的分度圆、齿顶圆等)。

其余尺寸可按比例从装配图上量取,一般取整数。

4. 确定零件的技术要求

零件的技术要求除在装配图上已标出的(如极限与配合)可直接应用到零件图上外,其他的技术要求,如表面粗糙度、尺寸公差、形位公差等,应根据零件在装配体中的作用,参考同类产品及有关资料确定。

5. 标题栏

标题栏中所填写的零件名称、材料和数量等要与装配图明细表中的内容一致。

9.7.3 实例

例9-1 以图9-18所示球阀中的阀盖为例,介绍拆画零件图的一般步骤。

(1)确定表达方案。由装配图上分离出阀盖的轮廓,如图9-19所示。

根据端盖类零件的表达特点,决定主视图采用沿对称面的全剖,侧视图采用视图。

(2)尺寸标注。对于装配图上已有的与该零件有关的尺寸要直接照搬,其余尺寸可按比例从

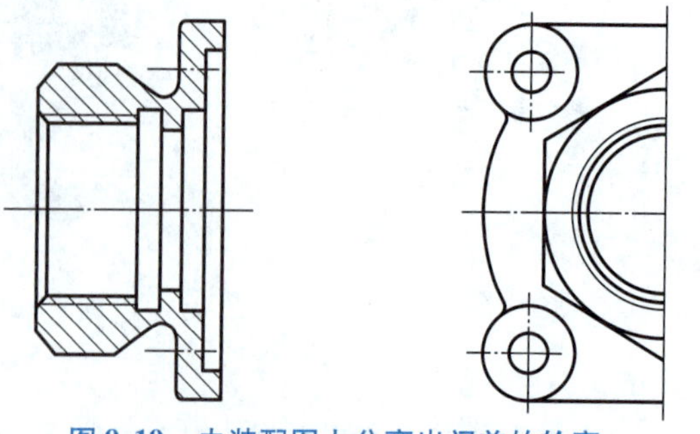

图9-19 由装配图上分离出阀盖的轮廓

装配图上量取。标准结构和工艺结构,可查阅相关国家标准确定,标注阀盖的尺寸。

(3)技术要求标注。根据阀盖在装配体中的作用,参考同类产品的有关资料,标注表面粗糙度、尺寸公差、形位公差等,并注写技术要求。

(4)填写标题栏,核对检查,完成后的全图如9-20所示。

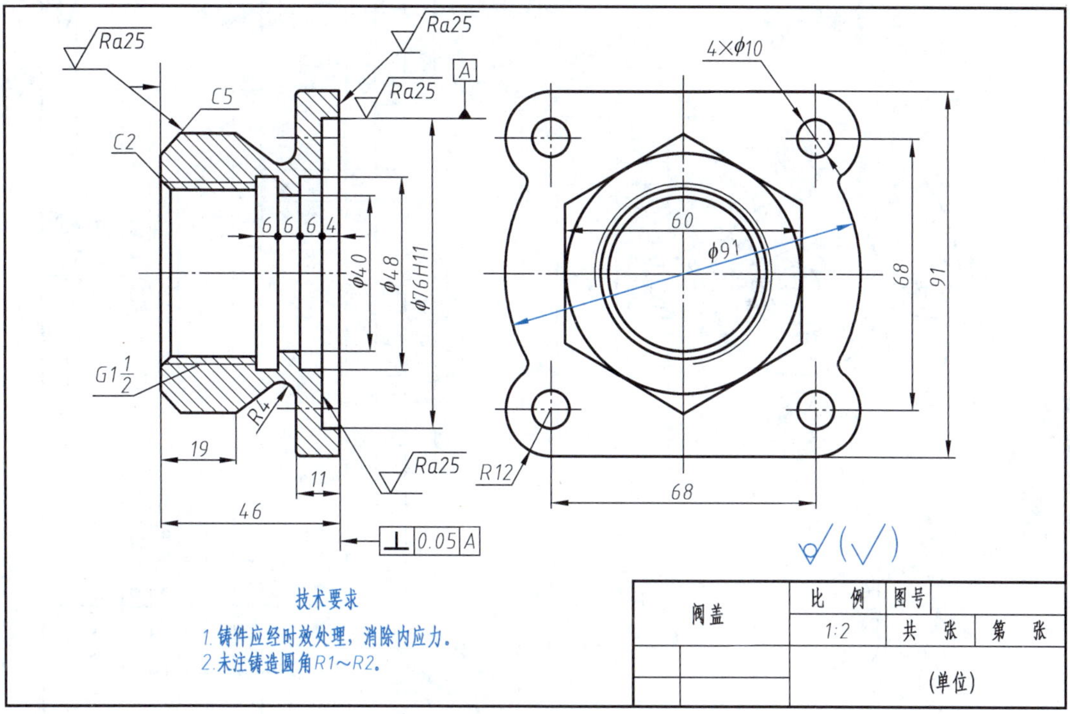

图 9-20 阀盖零件图

例9-2 读气缸盖装配图并拆画零件图,如图9-21所示。

(1)概括了解。由标题栏、明细表以及其他有关专业知识可知:气缸是由一定压力的气体推动活塞使活塞杆作直线运动,从而带动与之相连的工作装置进行工作的,该气缸共由13种零件组成,其中4种为标准件,其余为非标准件,主要零件是缸体、缸盖、活塞、活塞杆等。

(2)了解零件、部件的作用及工作原理。气缸装配图采用两个基本视图、两个局部视图和一个斜视图组成。其中主视图为沿气缸主线(主装配线)的旋转剖视图。此图基本上清楚地表达了各零件装配关系和连接方式,即可以看出缸体5通过螺钉12分别与前盖3和后盖11相连形成一封闭的圆柱形空腔。在空腔中活塞杆1通过螺母10与活塞8连接在一起。左视图主要表达了气缸的形状特征及连接螺钉的分布情况。*C*向和*D*向局部视图分别反映了安装槽的形状;*B*向斜视图主要反映了进气口(出气口)的形状。

(3)了解零、部件的作用及工作原理。从主视图中可以看出:当压缩空气从左侧缸盖3的气口进入,活塞8就会带动活塞杆1向右移动,同时空气从后盖的气口排出。这里7号零件(密封圈)密封活塞左右两侧高低压腔,而4号(垫片)和2号(密封圈)零件密封活塞左右两侧。活塞杆1与活塞通过9号零件和10号零件连接,而活塞杆通过螺纹孔M12×1.5 7H与工作装置(图中没有画出)相连,从而将活塞杆的运动传递给工作装置。

(4)分析零件的结构形状,拆画零件图。下面以缸盖3为例,分析其结构形状并画出零件图。

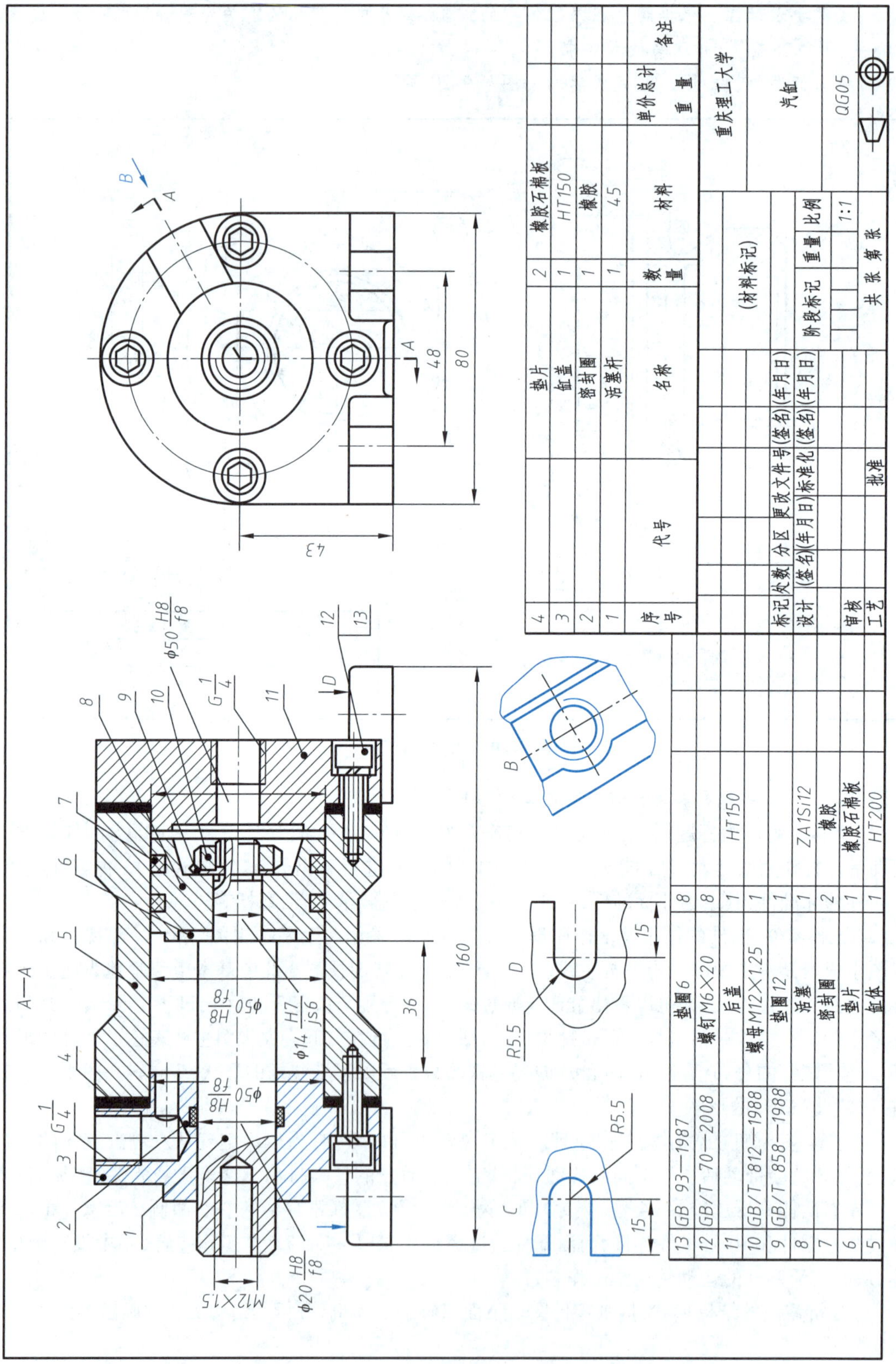
A—A
13 GB 93—1987 垫圈6 8
12 GB/T 70—2008 螺钉M6×20 8
11 后盖 1 HT150
10 GB/T 812—1988 螺母M12×1.25 1
9 GB/T 858—1988 垫圈12 1
8 活塞 1 ZA1Si12
7 密封圈 2 橡胶
6 垫片 1 橡胶石棉板
5 缸体 1 HT200
4 垫片 2 橡胶石棉板
3 缸盖 1 HT150
2 密封圈 1 橡胶
1 活塞杆 1 45
序号 代号 名称 数量 材料 单件 总计 重量 备注
重庆理工大学
汽缸
QG05
(材料标记)
标记 处数 分区 更改文件号 (签名) (年月日)
设计 (签名) (年月日) 标准化 (签名) (年月日)
阶段标记 重量 比例 1:1
审核
工艺 批准 共 张 第 张

图 9-21 汽缸

从气缸装配图的主视图中，根据剖面线方向及相邻零件的关系分离出表达缸盖的部分，同时要注意与左视图的投影关系。而在左视图中，除去螺钉 12 和活塞杆 1 的部分就是缸盖的外形特征。分离出的缸盖的主视图和左视图如图 9-22 所示。由此可以看出缸盖的主要形状为一上圆下方的结构，左右各有一个圆柱凸台，中间为通孔，左下方前后各有一连接底板，底板上有连接用的半圆头长槽，形状如局部视图 *C* 所示，前上方有一气体通路（注意主视图的剖切平面），其入口加工有管螺纹以便与外部管道相连，另外为了形成此通路，在缸盖外部一些凸起，具体形状如局部视图 *B* 所示。

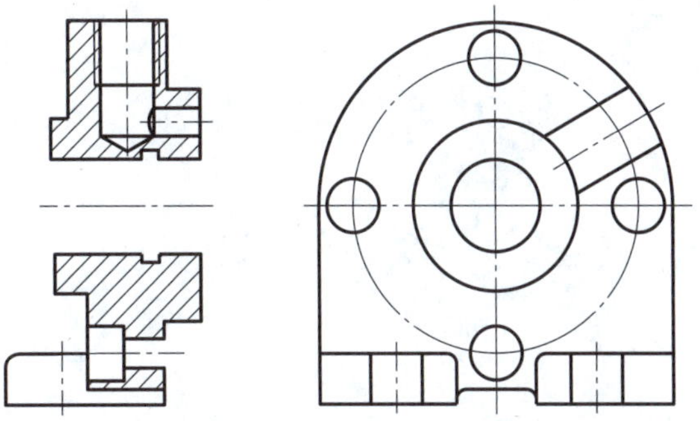

图 9-22　分离出的气缸盖轮廓

根据以上分析，已经了解了缸盖的形状结构。虽然名称为缸盖，但它更符合箱体类零件的特征，故其主视图与装配图类似，除主视图外，同样还有左视图以及 *B* 向斜视图和 *C* 向局部视图。

如图 9-22 所示分离出来的缸盖的视图轮廓还不是一幅完整的图形。根据前面的分析，可补画出图中所缺少的图线。最后按零件图的要求标注完整的尺寸、技术要求等形成缸盖完整的零件图，如图 9-23 所示。

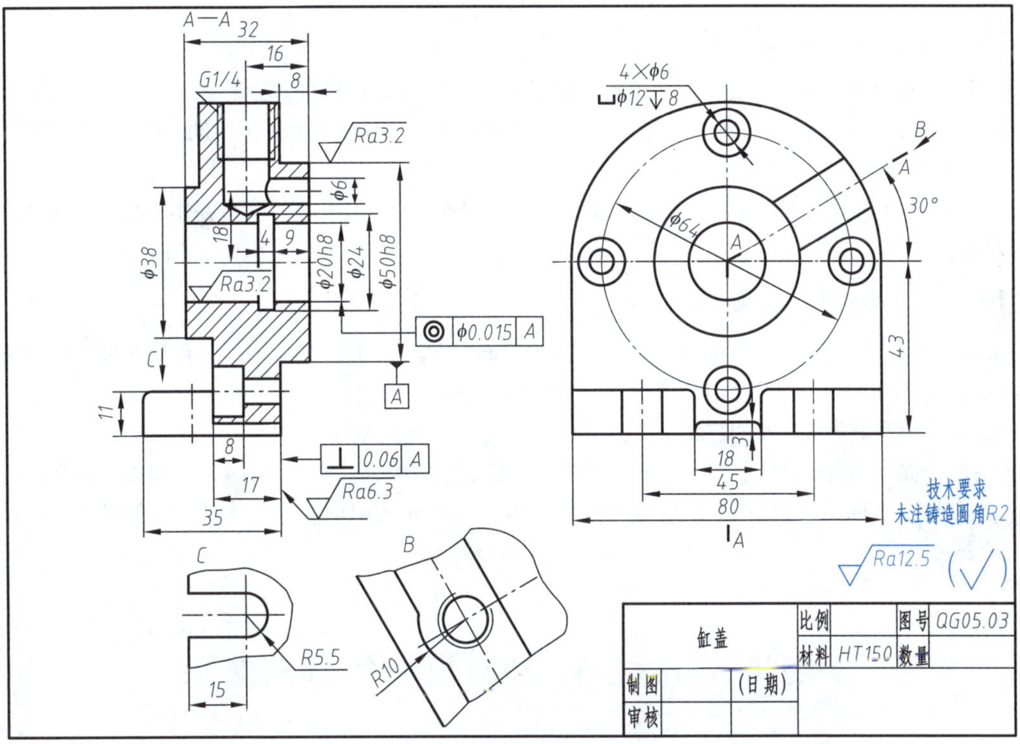

图 9-23　气缸盖零件图

第10章 计算机二维绘图基础

10.1 计算机辅助绘图的基本介绍

10.1.1 CAD的基本概念及其应用

CAD(computer aided design,计算机辅助设计)是一种用计算机硬、软件系统帮助人们对产品或工程进行设计的方法与技术,包括设计、绘图、工程分析和文档制作等设计活动,它是一门多学科综合应用的新技术,是一种现代设计方法。

CAD技术在机械、汽车、船舶、航空、航天、电子、服装、建筑等领域广泛应用并取得了显著的成果和效益。

10.1.2 AutoCAD简介

AutoCAD是由美国Autodesk公司首次于1982年为在微机上应用CAD技术而开发的绘图程序软件包,经过不断的完善,现已经成为国际上广为流行的绘图工具。

AutoCAD可以绘制任意的二维和三维图形,并且同传统的手工绘图相比,用AutoCAD绘图速度更快、精度更高,它已经在航空航天、造船、建筑、机械、电子、化工、美工、轻纺等很多领域得到了广泛应用,并取得了丰硕的成果和巨大的经济效益。本书以AutoCAD 2021版本为例,介绍AutoCAD的使用方法。

10.2 AutoCAD 2021操作的基础知识

10.2.1 AutoCAD 2021的主界面

1. *软件启动*

AutoCAD 2021软件安装完成后,可通过以下几种方式启动该软件:

(1)双击Windows桌面上的图标,启动AutoCAD 2021软件。

(2)从 → AutoCAD 2021 - 简体中文 (Simplified Chinese) → AutoCAD 2021 - 简体中文 (Simplified Chinese) 启动 AutoCAD 2021 软件。

(3) 双击已有的 AutoCAD 图形文件(*. dwg 格式,但应为 AutoCAD 2021 以下或兼容版本的文件),启动 AutoCAD 2021 软件。

2. 工作空间的转换

中文版 AutoCAD 2021 提供了“草图与注释”、“三维建模”和“三维基础”3 种工作空间模式。

要在 3 种工作空间模式中进行切换,则单击桌面右下方的“切换工作空间”按钮,弹出“切换工作空间”菜单,根据需要或操作习惯进行选择。如选择【草图与注释】就会出现图 10-1 所示的界面。

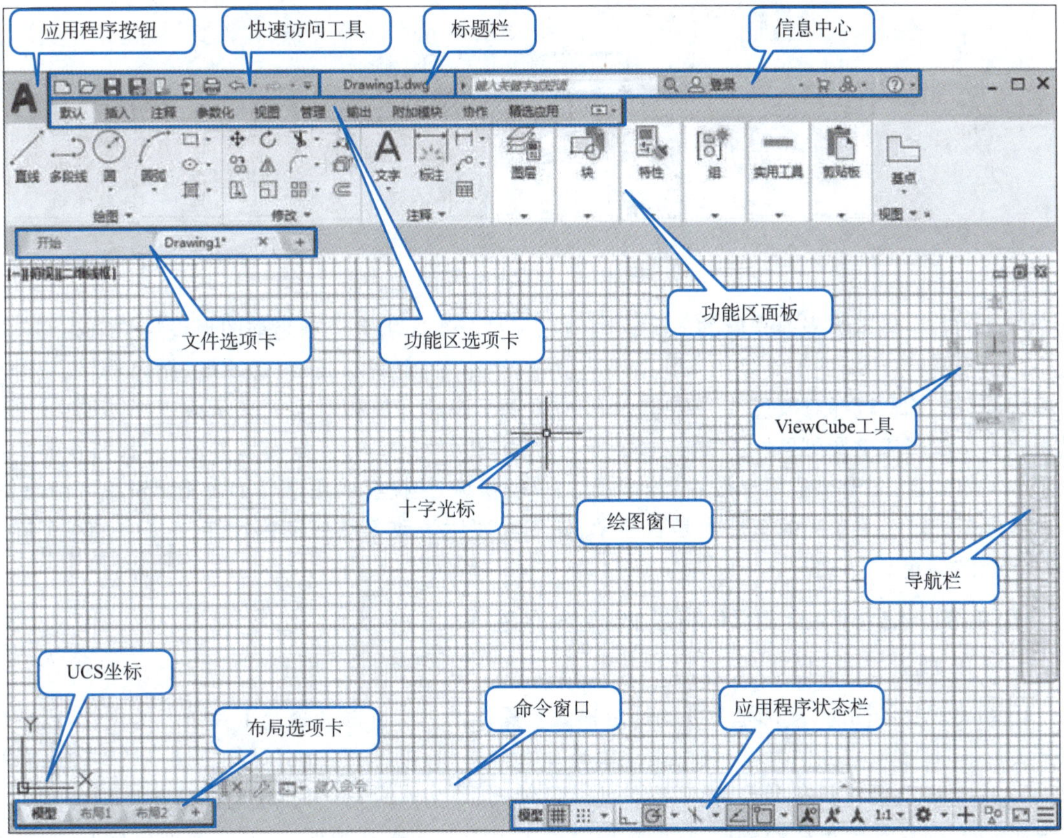

图 10-1　AutoCAD 的“草图与注释”主界面

本书将【草图与注释】主界面作为操作学习及实例训练的主要参照界面。

3. 操作主界面介绍

标题栏:位于主界面最上方,包含了“应用程序”按钮、快速访问工具栏、文件名称、信息中心等。

功能区:功能区由许多面板组成。它为与当前工作空间相关的命令提供了一个单一、简洁的放置区域。功能区包含了设计绘图的绝大多数命令,用户只要单击面板上的按钮就可以激活相应命令。切换功能区选项卡上不同的标签,AutoCAD 显示不同的面板,如图 10-2 所示。

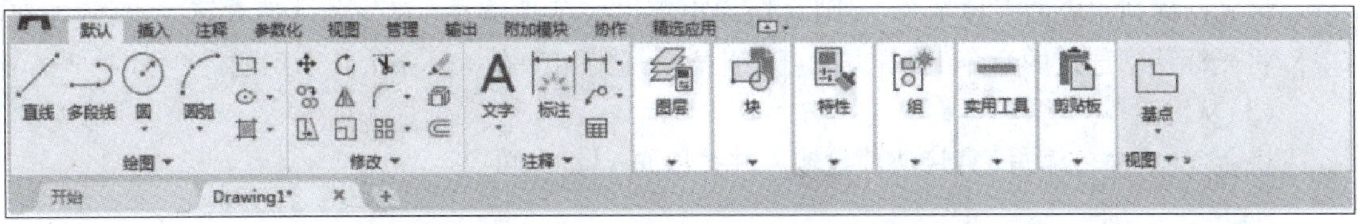

图 10-2　功能区面板

绘图窗口：功能区下方的大片空白区域是绘图窗口，是一切绘图及建模操作的区域。

命令输入及显示窗口：可通过键盘输入命令，同时显示正在进行的操作及命令，并显示出相应的操作提示，是十分重要的人机对话窗口和操作过程记录窗口，如图 10-3 所示。

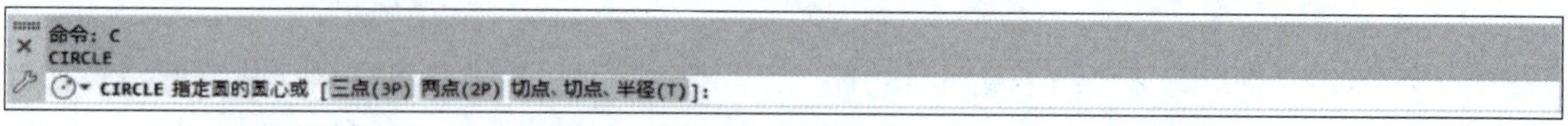

图 10-3　命令行窗口

状态栏：命令窗口下面有一个反映操作状态的应用程序状态栏，如图 10-4 所示。

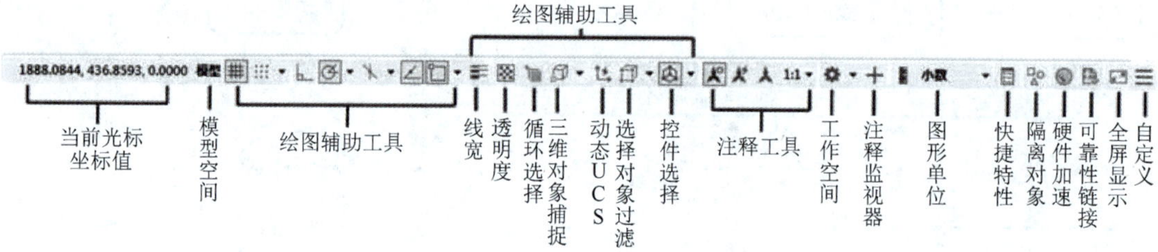

图 10-4　状态栏的功能

左侧的数字显示为当前光标的 x、y、z 坐标值；模型与布局用来控制当前图形设计是在模型空间还是布局空间；绘图辅助工具是用来帮助快速、精确地作图；中间的线宽、透明度、循环选择、三维对象捕捉、动态 UCS、选择对象过滤、控件选择等均是用于快速开关相对应的显示或选择功能；注释工具可以显示注释比例及可见性；工作空间菜单方便用户切换不同的工作环境界面；注释监视器用于显示或关闭注释；图形单位用于设置当前图形的单位量级；快捷特性用于显示或关闭对象特性信息；隔离对象是控制对象在当前图形上是否显示；硬件加速用于改善软件使用性能；最右侧是“全屏显示”按钮和“自定义”按钮。

10.2.2　AutoCAD 2021 的基本操作方法

1. 鼠标的操作

用 AutoCAD 绘图时，鼠标是主要的命令输入及操作工具。点选命令及工具条上的图标、设置状态开关、确定屏幕上点的位置、拾取操作对象等，均按鼠标的左键；而查询对象属性、确认选择结束、弹出屏幕对话框、设置状态参数等，则按右键。同时，滑动鼠标滚轮，可实现绘图区中图形的实时缩放观察，按住鼠标滚轮再移动鼠标，则可实现绘图区中图形的平移观察。因此，掌握鼠标左、右键的配合及滚轮的使用，可大大提高作图的效率。

2. 输入命令的方法

在命令输入及显示窗口出现“命令：”状态时，表明 AutoCAD 已处于接受命令状态，可采用下列任一方法输入命令。

（1）从工具条输入

将光标移到工具条相应的图标上，单击鼠标左键即可。

（2）从下拉菜单输入

将光标移到相应的下拉菜单上，则自动弹出第二级下拉菜单（部分命令还有第三级、第四级菜单），将光标移到选定的命令上，单击即可。此方法通常用于在工具条上找不到的命令。

（3）从键盘输入

将命令（或命令缩写）直接从键盘输入并按【Enter】键即可。

(4)重复输入

如需重复前一命令，可在下一个“命令：”提示符出现时，通过按【Space】键或按【Enter】键来实现；也可按右键弹出屏幕对话框，再选“重复 x”（x 为上一命令名）来实现。

(5)终止当前命令

按【Esc】键可终止或退出当前命令，或者直接从下拉菜单或图标按钮选择其他新命令，即可中止当前命令，执行新命令。

(6)取消上一命令

按工具栏上的图标后，可取消上一次执行的命令。

3. 输入数据的方法

当调用一条命令时，通常还需要输入某些参数或坐标值等，这时 AutoCAD 会在命令输入及显示窗口显示提示信息，用户可根据提示信息从键盘输入相应的参数或坐标值。

当提示为“指定下一点：”时，表明要求输入点的坐标，这时可从键盘输入相应的坐标，也可将光标移至相应位置后单击来确定。坐标值的定位有如下几种形式：

(1)绝对直角坐标(x,y,z)

绘图窗口一般以屏幕左下角为坐标原点，从左向右为 x 坐标的正向，从下向上为 y 坐标的正向，进行二维作图时，z 坐标可不输入。如输入点 $x = 420$ mm、$y = 297$ mm，则从键盘输入 420,297 ↙即可。

(2)绝对极坐标(距离 < 角度)

如过坐标原点画一条距原点 50 且与 x 轴正向成逆时针 30°夹角的直线，则可先输入 0,0↙，再输入 50 < 30 ↙即可。

(3)相对直角坐标(@ dx,dy)

如新输入点在前一点的左方 50、上方 20 处，则键入(@ −50,20)↙即可。

(4)相对极坐标(@距离 < 角度)

如新输入点到前一点的距离为 40 且与 x 轴正向成逆时针 60°夹角的直线，则键入@ 40 < 60 ↙即可。

(5)方向距离输入法

当第一点的位置确定后，开启正交或极轴追踪状态，移动光标到下一点的方向上，再从键盘直接输入到下一点的距离。

(6)动态输入法

开启状态栏上的按钮，选择绘图命令后，在光标处将直接显示出坐标、长度、角度等信息，选定需要的方向后，从键盘输入到前一点的距离即可；也可用【Tab】键切换距离与角度的输入（输入距离后，不按【Enter】键，接着按【Tab】键，输入角度后再按【Enter】键）。

注意：在使用键盘输入数据时，必须使输入法处于“英文”状态。

4. 操作对象的选择

在绘图操作中，随时都会用到对象选择。选择对象主要有三种方式：

(1)点选：直接单击需要选择的对象，如图 10-5(a)所示。

(2)框选：将光标移到需选择对象的左上方，向右下方拖动，直到形成的方框完全框住待选对象，则框内对象被选中，如图 10-5(b)所示。

(3)交叉框选：将光标移到需选择对象的右下方，向左上方拖动，当形成的方框接触到待选对象时，即被选中，如图 10-5(c)所示。

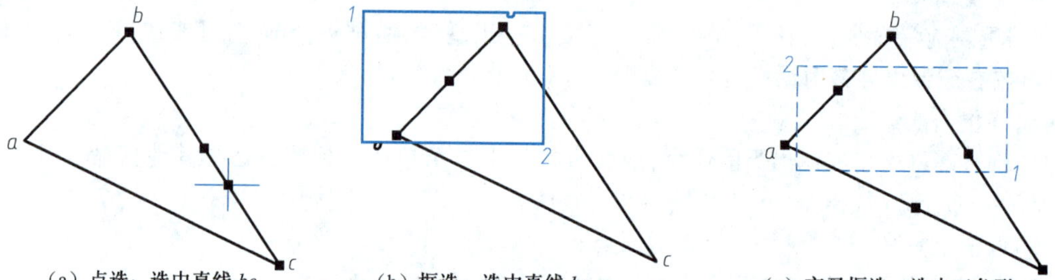

（a）点选：选中直线 *bc*　　（b）框选：选中直线 *bc*　　（c）交叉框选：选中三角形 *abc*

图 10-5　操作对象的选择方式

5. 图形显示的控制

屏幕上的绘图窗口大小是确定的，而所绘对象则可大可小，为了准确作图，也为了方便对图形的观察，随时都会用到图形缩放、平移等图形显示的控制。其操作方式如下：

（1）运用鼠标中键：滑动鼠标滚轮，可实现绘图区中图形的实时缩、放观察，按住鼠标滚轮再移动鼠标，则可实现绘图区中图形的平移观察。

（2）运用绘图区右侧的图形控制工具实现平移、缩放等。

（3）运用键盘输入缩放命令：ZOOM↙，“命令输入及显示窗口”中的提示如下：

命令：zoom

指定窗口的角点，输入比例因子（nX 或 nXP），或者[全部(A)/ 中心(C)/ 动态(D)/ 范围(E)/ 上一个(P)/ 比例(S)/ 窗口(W)/ 对象(O)]〈实时〉：

根据提示，输入相应参数。如输入 A↙，则以最大比例显示全图。

10.3　绘图环境的设置

10.3.1　设置绘图单位

功能：该命令确定绘图时的长度单位、角度单位和精度以及极坐标方向等。

调用命令：

· 选择菜单：“格式”→“单位(U)……”

· 在命令行输入：UNITS ↙

操作：

（1）调用命令后，弹出“图形单位”对话框，设置如图 10-6 所示。

注意：“顺时针”复选框被选中时，表示角度的测量方向为顺时针，通常情况下采用逆时针方向。

（2）单击“方向”按钮，弹出“方向控制”对话框，如图 10-7 所示。图中所示即为系统设置的缺省状态，即以“东”方向为起始角（0°角）的方向。

10.3.2　设置绘图界限

功能：设置绘图区域，即确定图纸大小，选图幅。

调用命令：

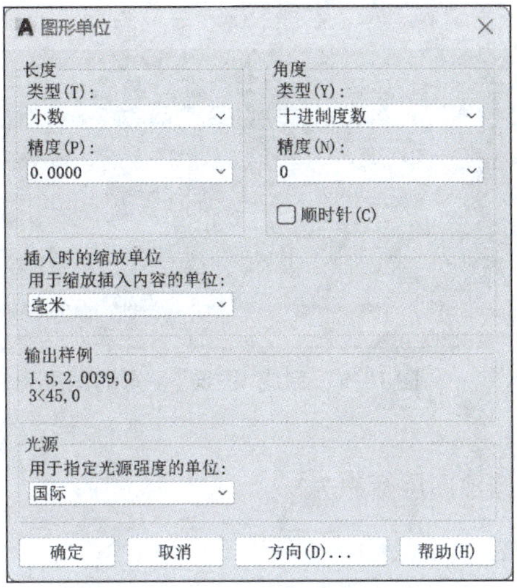

图 10-6　“图形单位”对话框

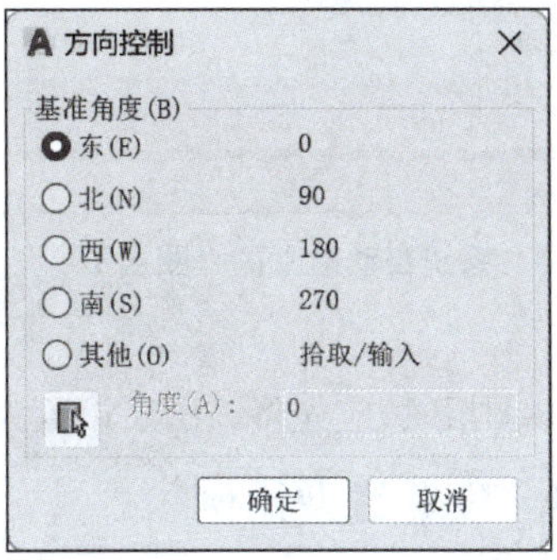

图 10-7　“方向控制”对话框

· 选择菜单:“格式”→“图形界限(I)”
· 在命令行输入:LIMITS↙

操作:调用命令后,AutoCAD 命令行提示如下:

指定左下角点或[开(ON)/关(OFF)]<0.00,0.00>:↙

指定右下角点<420.00,297.00)>:↙

命令提示中的“开”或“关”选项用于决定是否可以在图形界限之外指定一点。如果选择“开”选项,则打开图形界限;如果选择“关”选项,则不使用图形界限功能。

10.3.3　图层

1. 图层的概念

绘制图样时,通常需要多种线型,如粗实线、细实线、中心线、点画线、虚线等,不同线型还有不同线宽的要求,在 AutoCAD 中可以,通过图层来实现图线的这些要求。

视频
图层的设置

形象地说,图层可以看成是一层没有厚度的透明纸片,同一种作用的图线绘制在同一层上,同一图层中的图线默认情况下都有相同的线型、颜色、线宽,有多少种作用的图线相应地就要建立多少图层。另外,每个图层都有其控制开关,可以很方便地单独控制其显示、打印和修改等,为绘图提供方便。

2. 图层的创建

(1)调用“图层特性管理器”的方法有以下三种:

①单击“图层”面板上的“图层特性管理器”图标。

②选择菜单:“格式”→“图层(L)”。

③在命令行输入:LAYER↙。

(2)图层创建步骤:

①单击图标进入“图层特性管理器”对话框,如图 10-8 所示。系统默认有一个图层,名称为“0”,颜色为“白色”,线型为“Continuous(实线)”,线宽为“默认”值。“0”不能被删除和重命名。

②单击按钮可新建图层,在图层的颜色、线型、线宽处单击可对其修改。创建如图 10-9 所示常用的图层。

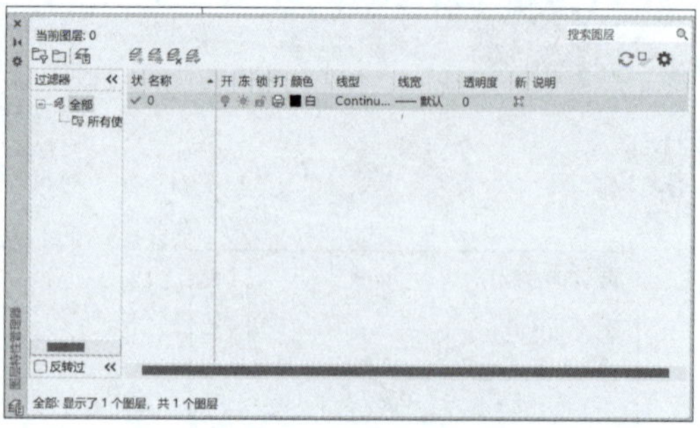

图 10-8　系统自动建立的“图层 1”

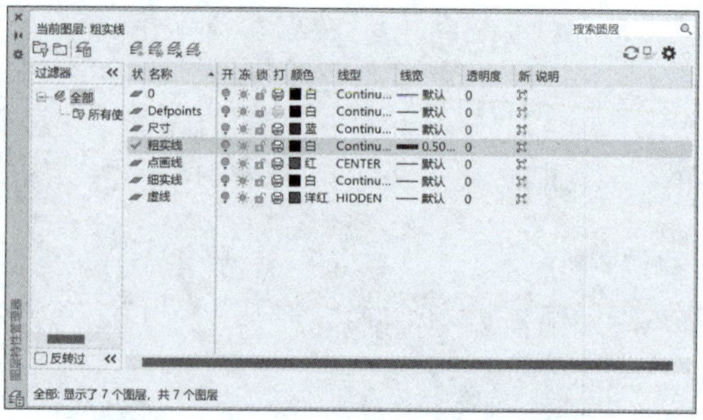

图 10-9　完成“图层”设置的图层列表

需要用某图层时，应先将该图层设置为当前层，当前图层标识为√。

10.3.4　设置线型比例

非连续线段（如虚线、中心线等）是由短直线、空隙等构成的，其中短直线、空隙大小是由线型比例来控制的。用户作图时常常遇到这种情况：绘制的是虚线、中心线，但显示出来的是连续线。原因是线型比例设置不合理，可以通过设置线型比例来调整。

单击“格式”→“线型……”按钮，弹出“线型管理器”对话框，重新输入“全局比例因子”或“当前对象缩放比例”即可。

“全局比例因子”控制图样中所有非连续线型的外观；而“当前对象缩放比例”这一项重新设置后，在此之后所绘制的所有非连续线型的外观都会受到影响。

通常可以设“全局比例因子”为 0.3 ~ 0.5 之间，“当前对象缩放比例”仍取 1，如图 10-10 所示。

10.3.5　文字

1. 新建文字样式

视频

文字样式的设置

按照国家技术制图标准规定，各种专业图样中文字的字体、字宽、字高都有一定的标准。为了达到国家标准要求，在输入文字前，首先设置文字样式或者调用已经设置好的文字样式。文字样式定义了文本所用的字体、字高、宽度比例、倾斜角度等文字特征。

调用命令：

· “默认”面板：单击“注释”工具栏旁下三角符号，再单击“文字样式”图标按钮。

· 下拉菜单：单击“格式”→“文字样式”。

· 命令行：输入 STYLE ↙。

在“文字样式”对话框中可设置文字的高度、宽度因子、倾斜角度，并可以更改和新建文字样式，如图 10-11 所示。

2. 文字输入

AutoCAD 提供了单行文字命令和多行文字命令两种文字输入方式，对简短的输入项多使用单行文字，对带有多种格式的较长输入项建议使用多行文字。

（1）创建单行文本

使用单行文字创建单行或多行文字，按【Enter】键结束每行。每行文字都是独立的对象，可以重新定位、调整格式或进行其他修改。

调用命令：

· “默认”面板：单击“注释”工具栏中“文字”图标按钮底下三角符号，选择“单行文字”命令。

· 下拉菜单：单击“绘图”→“文字”→“单行文字”命令。

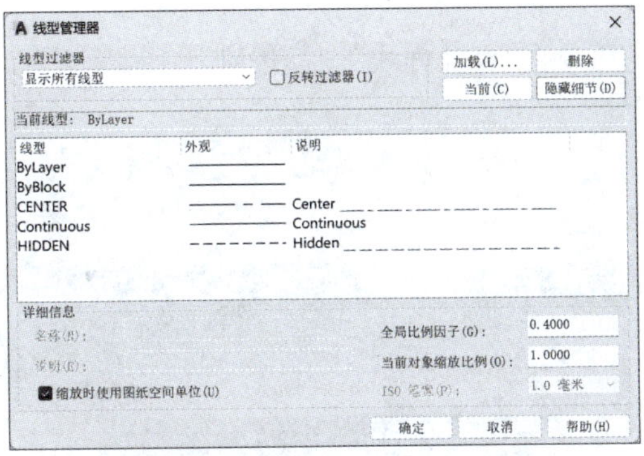

图 10-10　“线型管理器”对话框

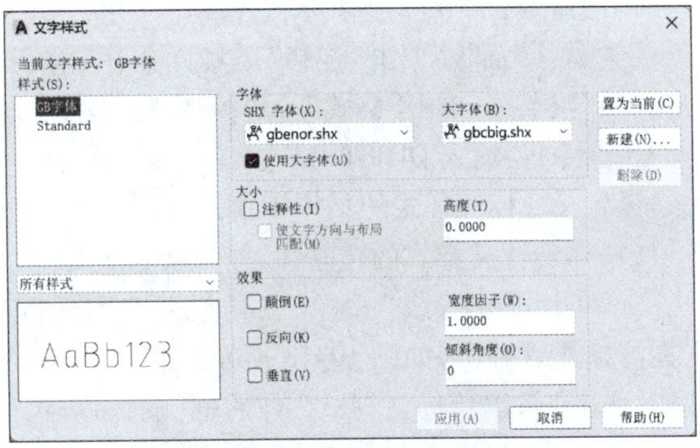

图 10-11　国标文字样式设置内容

· 命令行：输入 TEXT ↙。

由于在工程图中用到的许多特殊符号不能通过标准键盘直接输入，如文字的下划线、直径代号、角度符号等，必须输入相应的控制码，才能创建出所需的特殊字符，这些特殊符号的控制码见表 10-1。

表 10-1　AutoCAD 特殊符号代码及其含义

控 制 代 码	特 殊 字 符
%%O	上划线
%%u	下划线
%%d	度数(°)
%%p	正负号(±)
%%c	直径符号(∅)

(2)创建多行文本

“多行文字”又称段落文字，它可以由两行以上的文字组成一个对象整体选择、编辑。

调用命令：

· “默认”面板：单击“注释”工具栏中“文字”图标按钮旁下三角符号，选择“多行文字”命令。

· 下拉菜单：单击“绘图” →“文字”→“多行文字”命令。

· 命令行：输入 MTEXT ↙。

执行多行文字命令后，在绘图窗口中指定矩形对角点，将显示图 10-12 所示的“多行文字”对话框，可以在多行文字编辑器中创建或修改多行文字对象。

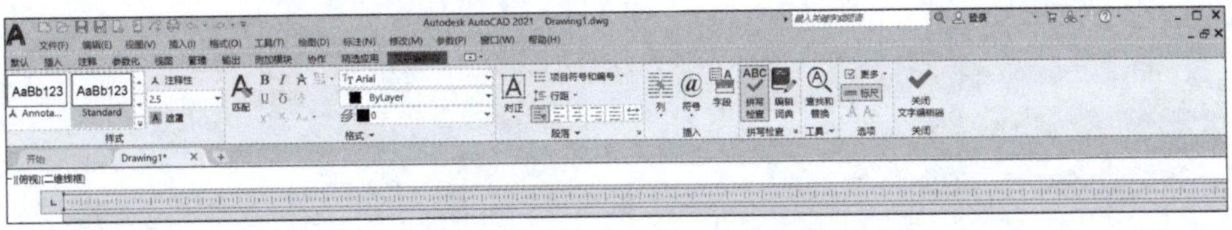

图 10-12　“多行文字”对话框

10.3.6　尺寸标注样式设置

机械图中的尺寸标注必须严格遵守国家标准的有关规定，AutoCAD 提供了“标注样式管理器”，用于控制尺寸标注的格式和外观，用户可以用它来创建新的尺寸标注样式或修改已有的尺寸标注样式。默认尺寸标注样式为 ISO－25。

视 频

标注样式的设置

调用命令：

· “默认”面板：单击“注释”工具栏旁下三角符号，再单击“标注样式”图标按钮。

· 下拉菜单：单击“格式” →“标注样式”命令。

· 命令行：输入 DIMSTYLE ↙。

设置尺寸标注样式的具体步骤：

（1）本标注父样式的建立

① 单击“标注”或“式样”工具栏上的图标，进入标注样式管理器，如图 10-13 所示。单击“新建”按钮，弹出“创建新标注样式”对话框，输入新样式名“GB－35”，单击“继续”按钮，弹出“新建标注样式”对话框。

② 在“线”选项作如图 10-14（a）所示设置。

③ 在“符号和箭头”选项作如图 10-14（b）所示设置。

④ 在“文字”选项作如图 10-14（c）所示设置。

⑤ 在“主单位”选项作如图 10-14（d）所示设置。

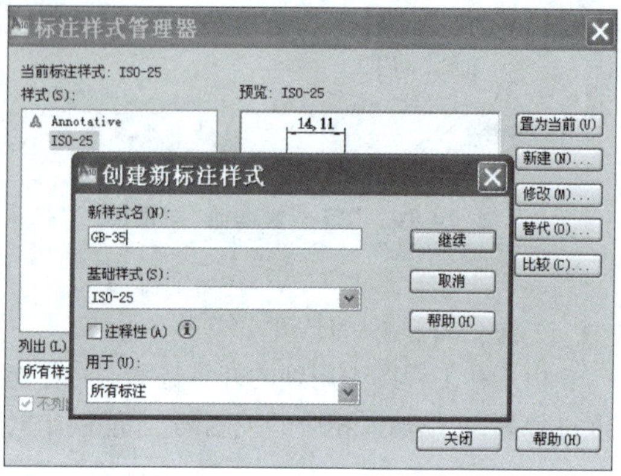

图 10-13　新建“GB－35”尺寸父样式

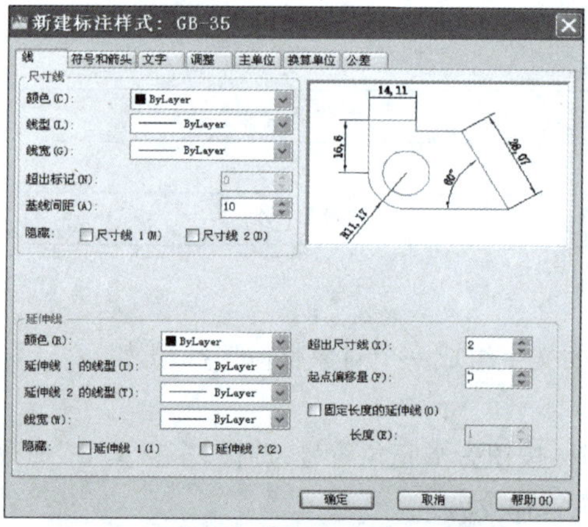

（a）“线”选项的设置

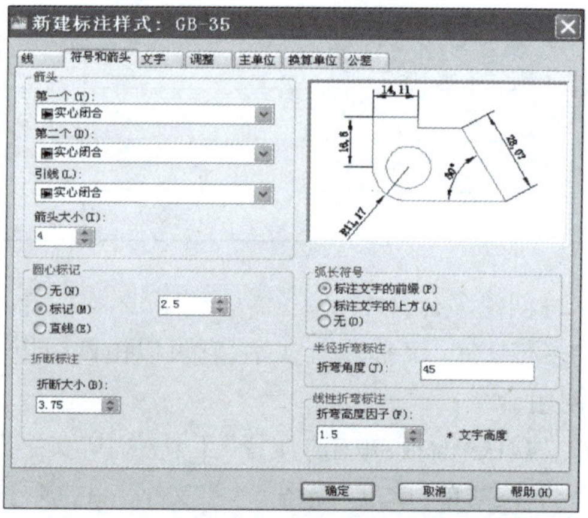

（b）“符号和箭头”选项的设置

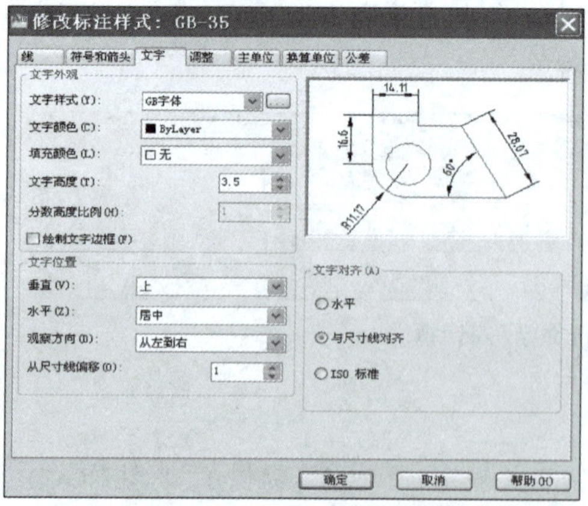

（c）“文字”选项的设置

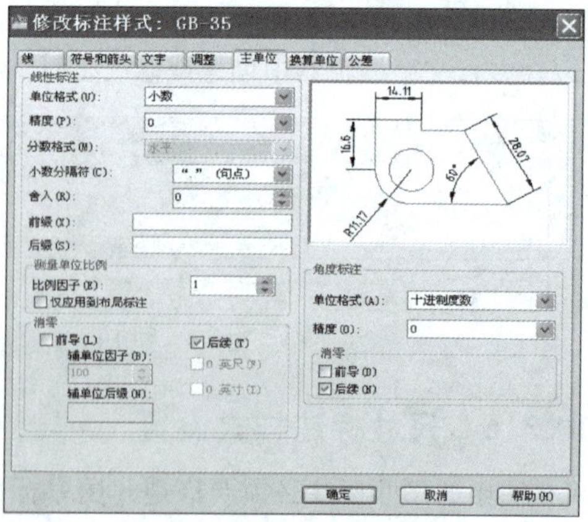

（d）“主单位”选项的设置

图 10-14　“GB－35”尺寸父样式的设置

(2)同标注类型的子样式的建立

①"角度"子样式的建立:在"标注样式管理器"中单击"新建(N)"按钮,弹出"创建新标注样式"对话框,在"用于(u)"中选择"角度标注",如图 10-15 (a)所示,单击"继续"按钮,弹出"新建标注样式"对话框,在"文字"选项作如图 10-15 (b)所示设置。

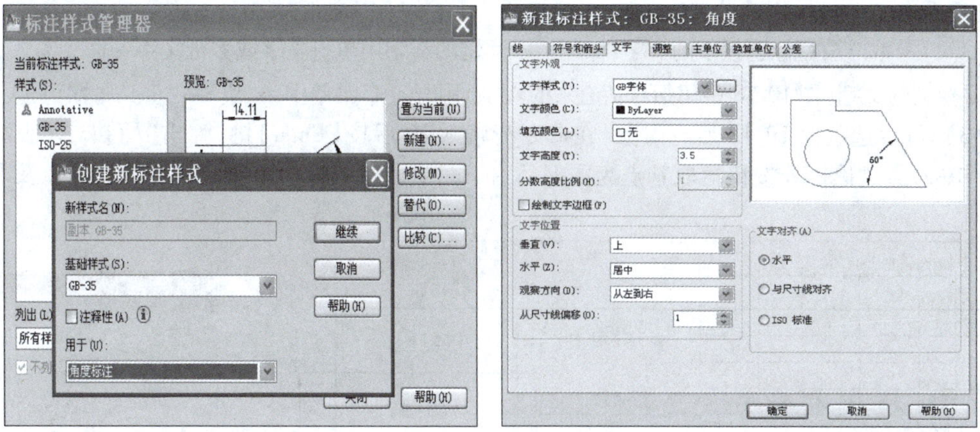

(a)　　　　　　　　(b)

图 10-15 "角度"子样式的建立

②"直径"子样式的建立:在"标注样式管理器"中单击"新建(N)"按钮,弹出"创建新标注样式"对话框,在"用于(u)"中单击"直径标注"→"继续"按钮,弹出"新建标注样式"对话框,在"文字"选项中将"文字对齐(A)"选为"ISO 标准";在"调整"选项作如图 10-16 所示设置。

③"半径"子样式建立的各项设置与"直径"子样式相同。

(3)将新建的"GB－35"尺寸标注样式设置为当前样式

在"标注样式管理器"的"样式(S)"列表中选择"GB－35"选项,单击"置为当前(N)"按钮,如图 10-17 所示。

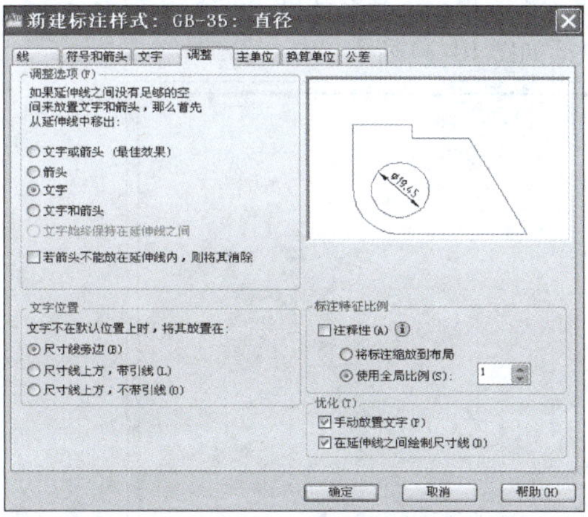

图 10-16 "直径"子样式中"调整"选项

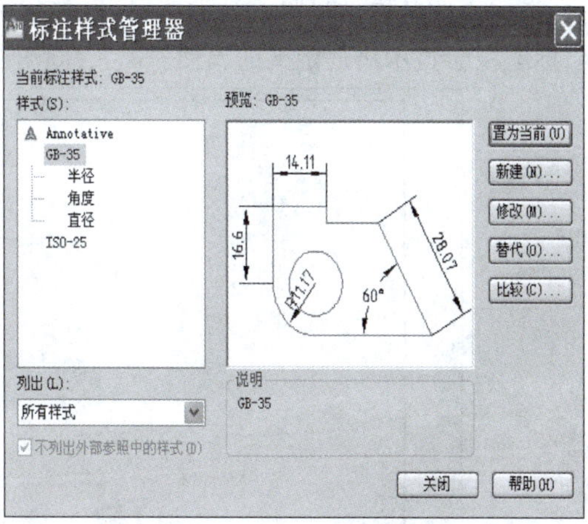

图 10-17 将新建的"GB－35"设置为当前样式

10.3.7 绘制图框和标题栏

1. 绘制图框

在细实线层绘制图纸边框线,粗实线层绘制图框线。将细实线层作为当前层→单击画矩形命令

视频

标题栏块的制作

→键入0,0↙→420,297↙;将粗实线层作为当前层→单击画矩形命令→键入25,5↙→415,292↙,完成。

2. 制作带属性的标题栏块

(1)绘制标题栏:使用“直线”“偏移”“修剪”等命令,按照标题栏尺寸绘制图线,如图10-18所示。

(2)填写标题栏中的文字:标题栏中固定的文字用单行文字或多行文字的命令写入;标题栏中要变动的文字(图10-18中用括号括起来的文字)用“绘图”菜单中→“块”→“定义属性”写入。

(3)写块:选中图10-18所有对象,在命令行输入W后按【Enter】键,弹出“写块”对话框(见图10-19),通过黑框处按钮拾取基点为图框的右下角点。在目标栏里指定块存放的路径及名称。

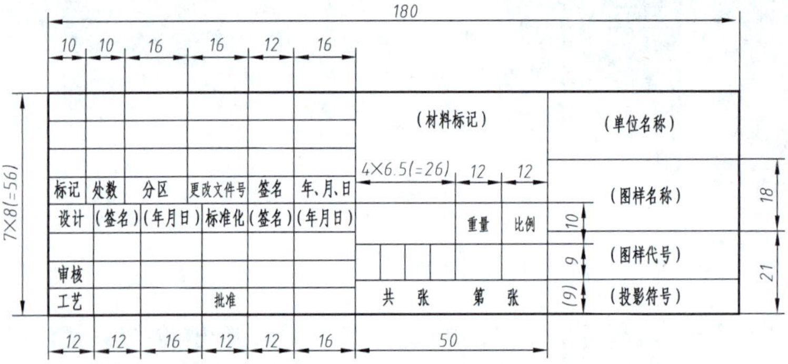

图10-18 GB标题栏

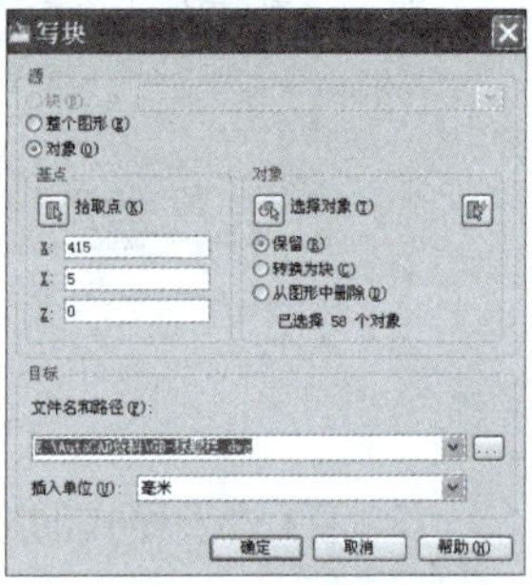

图10-19 “写块”对话框

3. 在图框中插入标题栏

单击“绘图”工具栏“块插入”按钮,弹出“插入图块”对话框,选择从“文件”插入并找到上面做好的标题栏文件,插入基点即定义的标题栏右下角点,拾取图框的右下角点便可插入。这时命令行会提示属性名称,如“单位名称:”,只需在命令行输入自己单位的名称即可,如“某某精密仪器厂”等,标题栏会显示用户定义的属性。插入标题栏的图框如图10-20所示。

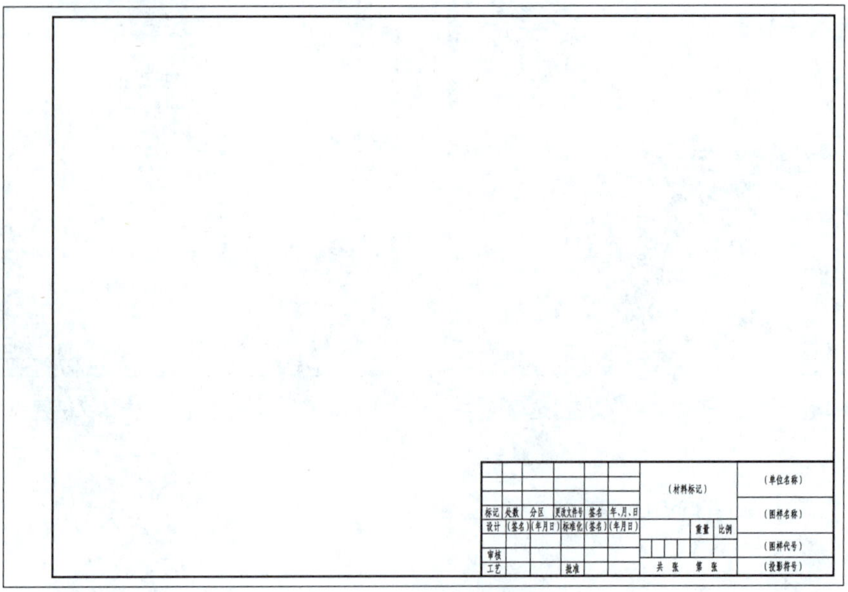

图10-20 A3图框及标题栏

如果要对已插入的标题栏属性进行修改,双击标题栏,选择欲改属性的标题栏图块,弹出“编辑图块属性”对话框(见图 10-21)。选中高亮显示要修改的项,在数值框内填入新的属性后单击“应用(A)”按钮。

10.3.8 保存样板文件

单击“文件” →“另存为”命令,弹出“图形另存为”对话框,在“文件类型”下拉列表中选择“AutoCAD图形样板(＊.dwt)”选项,修改“文件名”为“GB - A3(横放)”,单击“保存”按钮,如图 10-22所示。

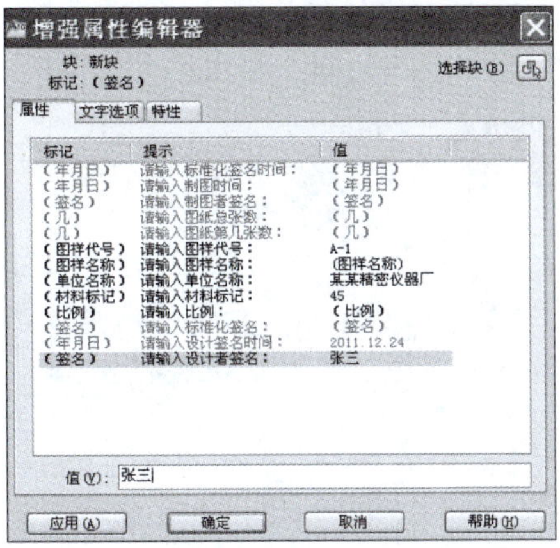

图 10-21 编辑标题栏图块属性对话框

图 10-22 保存样板文件的路径文件类型和文件名

10.4 用AutoCAD绘制剖视图

在绘制剖视图时,断面上的剖面线可以用 AutoCAD 的图案填充命令绘制,剖切符号可以用多段线命令绘制,局部剖视的波浪线可以用样条线命令绘制。

10.4.1 剖面线的填充

图案填充是以某种图案填充封闭的图形区域,在工程图样中可以用来绘制剖面线。

· 命令:输入 Bhatch

· 绘图工具栏:单击工具栏按钮

图案填充命令执行后将弹出“图案填充和渐变色”对话框,如图 10-23 所示。绘制剖面线只要操作“图案填充”选项卡中各选项。

1. 图案(剖面线)“类型”

在“图案”工具栏中选择需要的填充图案,如选择“ANSI31”(一般金属材料)或“ANSI37”(非金属材料)。

2. 设置图案填充比例和填充角度

(1)通过在“角度”编辑框内输入相应的数值,可以使图案旋转相应的角度。(默认角度为0°,即为45 °斜线)

(2)通过在“填充图案比例”编辑框内输入相应的数值,可以放大或缩小预定义的图案中线条的距离。

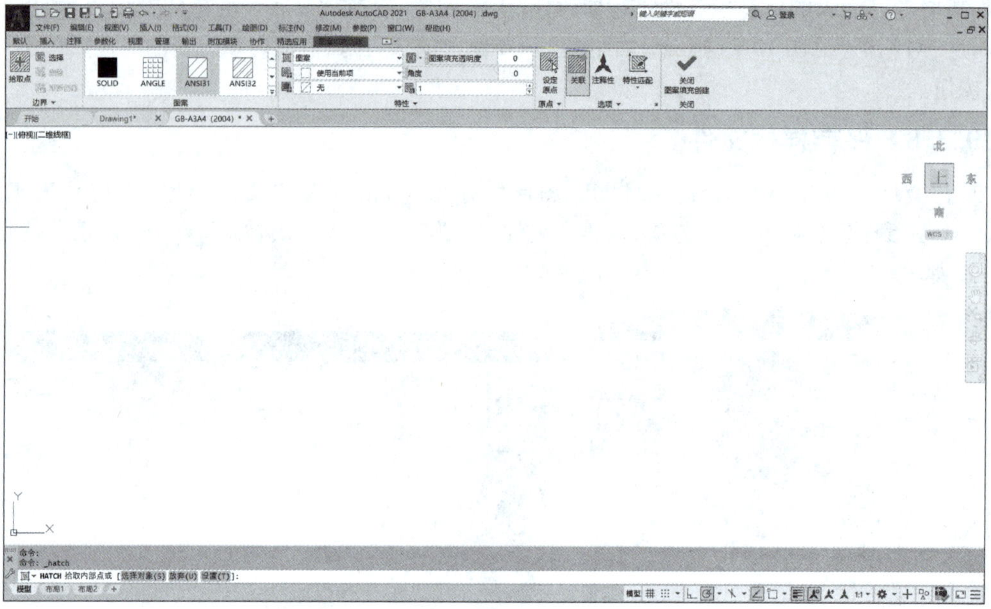

图 10-23 “图案填充和渐变色”对话框

3. 选择填充剖面线的区域

有两种方式选择剖面线填充的区域：

(1)拾取点

单击“边界”工具栏“拾取点”按钮，系统提示：

选择内部点：

此时用户可用鼠标在希望画剖面线的封闭区域内任意拾取一点，如图 10-24(a)所示，在俯视图中的区域 a 中拾取一点，该区域自动填充上图案，再在区域 b 中拾取一点。拾取点时，务必注意所选区域必须封闭。

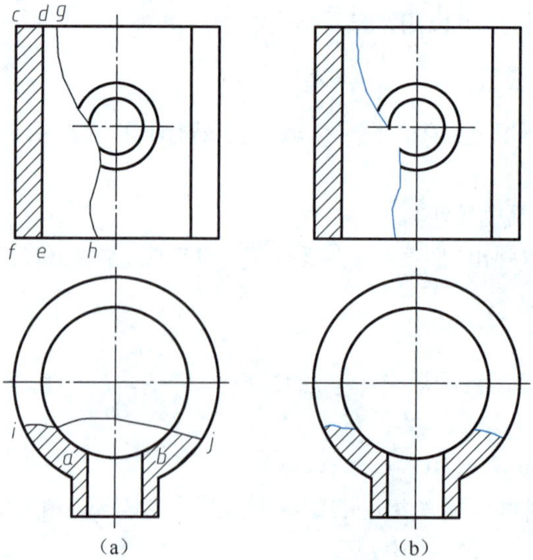

图 10-24 剖面线填充区域选择

(2)选择对象

单击“边界”工具栏中的“选择对象”按钮，系统提示：

选择对象：

在图10-24(a)的主视图中分别选择cdef区域的各条边，注意 *cd* 和 *ef* 边必须是独立的直线段，完成剖面线，如图10-24(b)所示。

10.4.2 波浪线的绘制

局部视图和局部剖视图上的波浪线可以用样条曲线(Spline)命令绘制或先用多段线(Pline)命令画一条折线，再用多段线编辑(Pedit)命令的“样条曲线(S)”选项将折线拟合为样条曲线。

例10-1 用样条曲线命令绘制如图10-24(a)所示主视图中的波浪线。

(1)设定“最近点”对象捕捉，以保证起点和结束点在直线上；

(2) 执行样条曲线命令：

命令：_spline

指定第一个点或[对象(O)]:g(注意捕捉到直线上)

指定下一点：(任取适当点)

指定下一点或[闭合(C)/拟合公差(F)]<起点切向>：(任取适当点)

……

指定下一点或[闭合(C)/拟合公差(F)]<起点切向>:h(波浪线终点，注意捕捉到直线上)

指定下一点或[闭合(C)/拟合公差(F2-69(a))]<起点切向>：(回车)

指定起点切向：(任取适当点，使曲线适当)

指定端点切向：(任取适当点，使曲线适当)

(3)用修剪(trim)命令剪掉不需要的一段，如图10-24(b)所示。

10.4.3 剖切符号的画法

例10-2 剖切(或转折)符号可以利用多段线(Pline)命令绘制，绘制如图10-25所示的剖切符号。

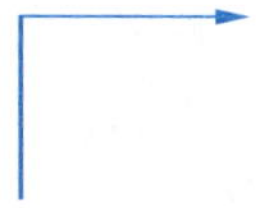

图10-25 剖切符号

命令：_pline

指定起点：(指定适当的起点)

当前线宽为0.0000

指定下一个点或[圆弧(A)/半宽(H)/长度(L)/放弃(U)/宽度(W)]:W↙

指定起点宽度<0.0000>:1↙

指定端点宽度<1.0000>:↙(取缺省值1)

指定下一个点或[圆弧(A)/半宽(H)/长度(L)/放弃(U)/宽度(W)]:@0,5↙

指定下一点或[圆弧(A)/闭合(C)/半宽(H)/长度(L)/放弃(U)/宽度(W)]:W↙

指定起点宽度<1.0000>:0↙

指定端点宽度<0.0000>:↙

指定下一点或[圆弧(A)/闭合(C)/半宽(H)/长度(L)/放弃(U)/宽度(W)]:@5,0↙

指定下一点或[圆弧(A)/闭合(C)/半宽(H)/长度(L)/放弃(U)/宽度(W)]:W↙
指定起点宽度<0.0000>:1↙
指定端点宽度<1.0000>:0↙
指定下一点或[圆弧(A)/闭合(C)/半宽(H)/长度(L)/放弃(U)/宽度(W)]:@4,0↙
指定下一点或[圆弧(A)/闭合(C)/半宽(H)/长度(L)/放弃(U)/宽度(W)]:↙

10.5 AutoCAD绘制零件图

零件图除了图样还有诸如表面粗糙度、尺寸公差、形位公差等内容的标注。

10.5.1 表面粗糙度符号的标注

视频 粗糙度标注

表面粗糙度符号可以利用AutoCAD创建带有属性的图块,然后插入到零件图中。

1. 创建表面粗糙度符号块

下面结合粗糙度符号块的创建来说明图块及其属性的创建。

(1)按尺寸画好粗糙度符号图形,如图10-26(a)所示;

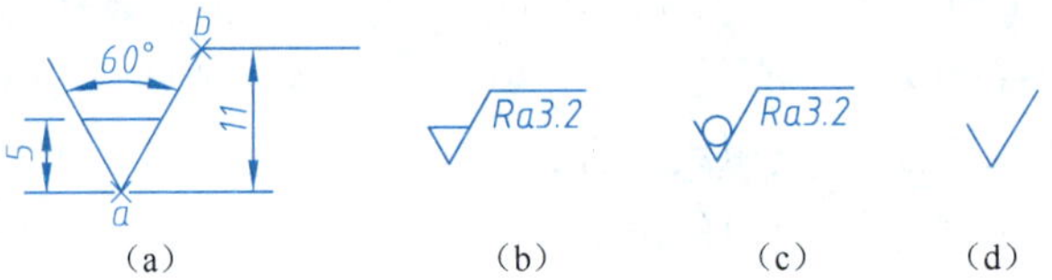

图10-26 粗糙度

(2)定义粗糙度的属性值 *Ra*:

· 命令:输入attdef。
· 下拉菜单单击"绘图"→"块"→"定义属性"命令。
· 单击"块"工具栏旁下三角符号,选择"定义属性"命令。

执行"定义属性"(ATTDEF)命令后,将弹出"属性定义"对话框,如图10-27所示。

①在属性的"标记"编辑框中输入"Ra3.2";

②在属性的"提示"编辑框中输入"粗糙度值:";

③在属性的"值"编辑框中输入"Ra3.2",作为常用的粗糙度 *Ra* 的缺省值;

④在属性文字的"对正"列表框中选择"左上"对齐方式,然后单击"拾取点",指定图10-28中 *B* 点为属性文本的对齐点;

⑤在属性的"文字高度"编辑框中输入"3.5";

其他内容不变,单击"确定"按钮,完成属性定义如图10-26(b)所示。

(3)创建粗糙度块(Wblock):

其创建块的方式同前面标题栏制作块的方式一样,这里不再叙述。

2. 插入表面粗糙度

用"插入"块(Insert)命令插入已定义的块。标注图10-28所示的 *A* 面的粗糙度,其操作步骤如下:

(1)设定"最近点"对象捕捉。

(2)执行块插入命令。

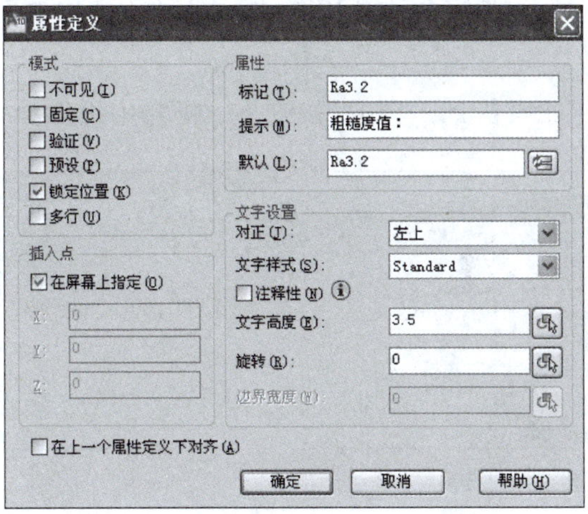

图 10-27　“属性定义”对话框

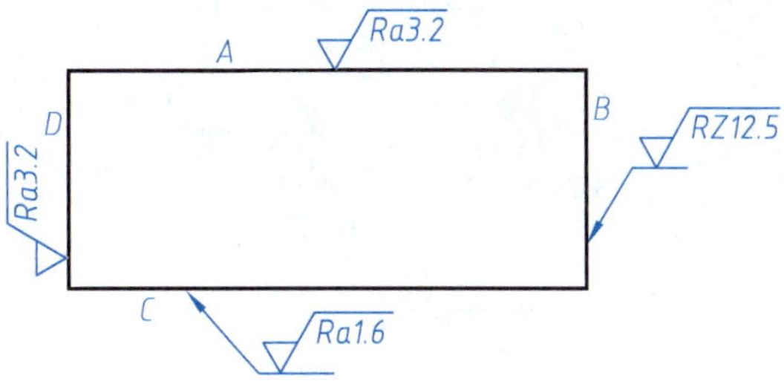

图 10-28　标注粗糙度

命令:单击“块”工具栏上“插入”命令旁下三角,选择“库中的块”。

执行后将弹出“插入”对话框,如图 10-29(a)所示。

单击“打开块库”命令,选择存储的块打开,如图 10-29(b)(c)所示,用鼠标在屏幕上单击想要插入的位置,即可将创建好的块插入到图中。

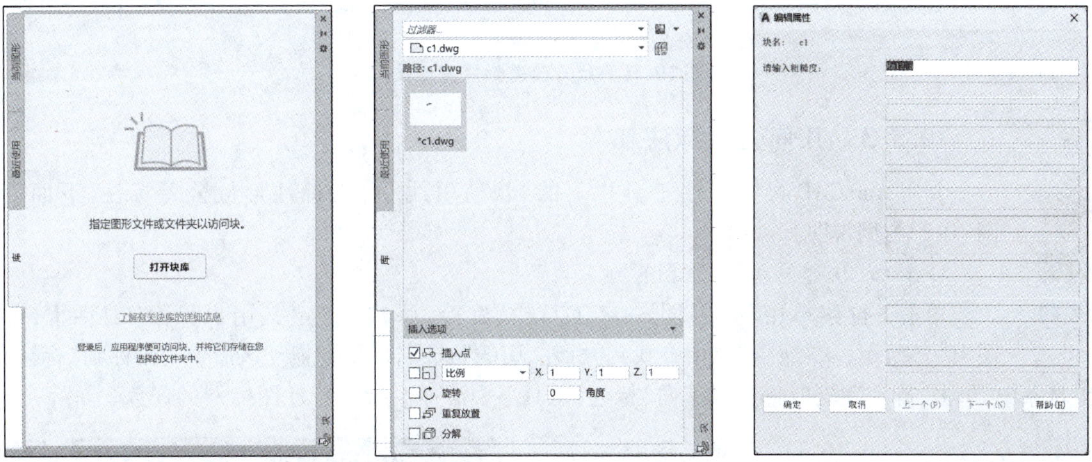

(a)　　　　(b)　　　　(c)

图 10-29　“插入”对话框

标注 *D* 面的粗糙度,除指定旋转角度 <0>:90 和粗糙度数值 <*Ra*3.2>:*Rz*3.2 修改外,其他操作和 *A* 面一样。标注面和 *C* 面的粗糙度,要先画出指引线,然后再插入粗糙度块。

10.5.2　尺寸公差的标注

视频

尺寸公差的标注

根据前面创建的“GB-35”标注样式,符合国家标准的尺寸公差的标注方法如下(例如线性尺寸 $\varnothing 50^{-0.010}_{-0.031}$ 的标注):

利用 AutoCAD“多行文字编辑器”对话框的文字堆叠功能添加公差文字

(1)单击“线性”标注命令,依次捕捉尺寸的起点和终点;

(2)键盘输入“M”,弹出“文字格式”对话框;

指定尺寸线位置或[多行文字(M)/文字(T)/角度(A)/水平(H)/垂直(V)/旋转(R)]:M

（3）在文本窗口中默认的标注值前面输入“%%c”，后面输入“-0.010^ -0.031”（注意上、下偏差用“^”隔开）；

（4）选中“-0.010^-0.031”，再单击“文字格式”工具条上的“堆叠”按钮，如图10-30所示；

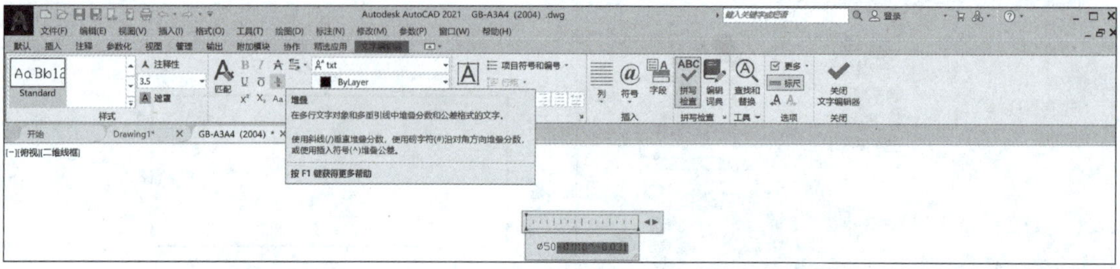

图10-30 文字格式对话框

（5）在绘图界面中指定尺寸标注的位置，完成该尺寸公差标注。标注效果如图10-31所示。

注意：图10-31尺寸公差标注范例采用此方法标注时，如某一极限偏差值为“0”，则需在“0”前加一空格后执行堆叠，以保证上、下偏差中最左边的“0”对齐。

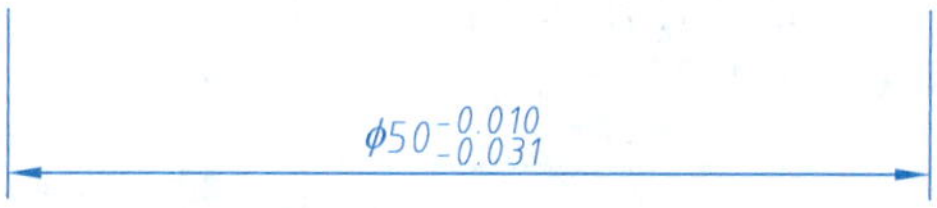

图10-31 尺寸公差标注完成图

10.5.3 几何公差标注

视频

形位公差的标注

利用AutoCAD尺寸标注工具栏上的“快速引线”可以标注形位公差标注，下面以图10-32为例说明其操作。

1. 添加“快速引线”标注图标到工具条中

单击下拉菜单中的“视图”→“工具栏”命令，弹出“自定义用户界面”对话框，如图10-33所示，从“命令”栏中查找到“标注，引线”选项，用鼠标拖动该命令的图标到“标注”工具条中，单击“确定”按钮，即完成了向“标注”工具条中添加“引线”标注图标的任务。

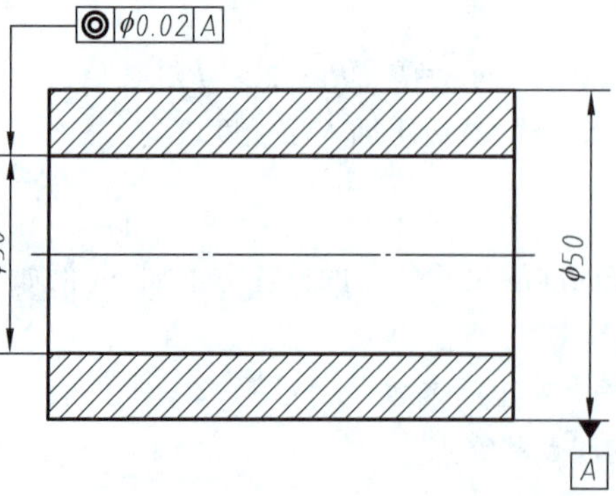

图10-32 形位公差标注

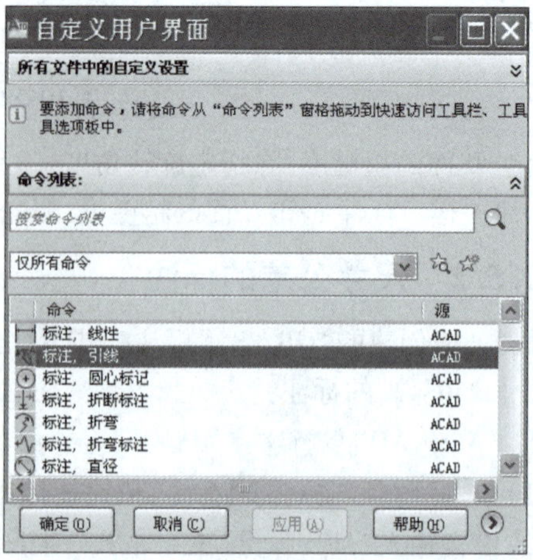

图10-33 添加“引线”标注图标

2. 标注基准符号

单击“快速引线”标注命令→键入 s↙(设置)→弹出“引线设置”对话框,如图 10-34 所示,选择“箭头”形式为“实心基准三角形”,单击“确定”按钮,完成引线标注的“箭头”设置;用鼠标选择标注基准三角形的第一个引线点→指定下一引线点→按【Esc】键,实现基准引线的标注;选择“形位公差标注”命令,弹出“形位公差”对话框,如图 10-33 所示,在“基准 1”下方的方框中键入基准名称 A(大写字母),单击“确定”按钮在绘图窗口中对准前面绘制的基准引线位置单击鼠标,即完成基准符号的标注。也可创建成参数“块”,在使用时直接调用。

3. 标注形位公差代号(见图 10-32)

①执行标注工具栏的“快速引线”按钮或命令行输入 Qleader 命令。

命令: _qleader

指定第一个引线点或[设置(S)]<设置>:↙(弹出如图 10-35 所示“引线设置”对话框)

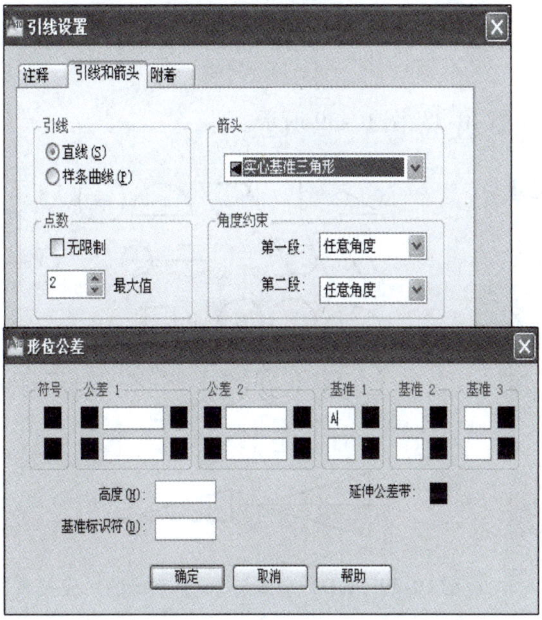

图 10-34　“基准符号”的标注

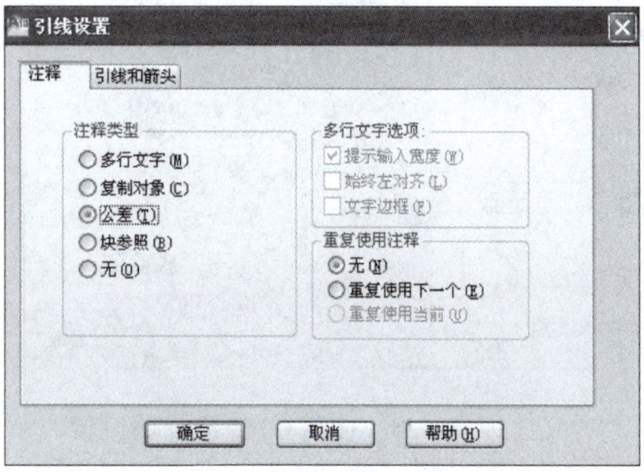

图 10-35　“引线设置”对话框

②在“引线设置”对话框的“注释”标签下选中“公差”项,单击“确定”按钮退出对话框,返回命令行:

指定第一个引线点或[设置(S)]<设置>:A

指定下一点:B

指定下一点:C(指定 C 点后,弹出如图 10-36 所示的“形位公差”对话框)

③点击“形位公差”对话框中“符号”分栏内小方框,弹出如图 10-37 所示形位公差特征项目符号,选取“◎”符号即可。

④点击“公差 1”分栏内左边第一方框,可出现一个符号“⌀”(公差带为圆柱时使用)。

⑤在“公差 1”分栏内第二方框中输入公差值“0.02”。

⑥在“基准 1”分栏的左第一格内输入基准字母“A”。

⑦单击“确定”按钮,完成标注。

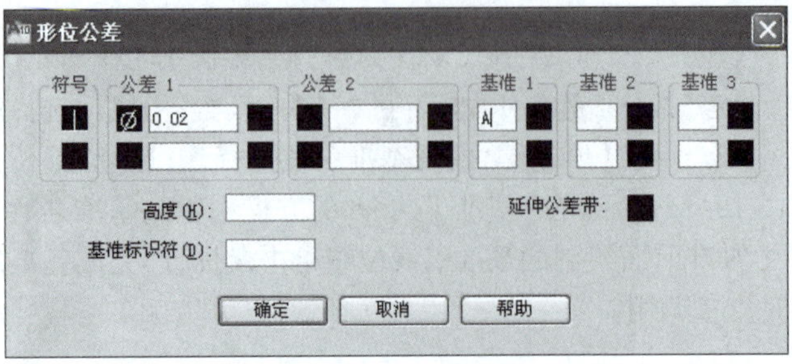

图 10-36 “形位公差”对话框

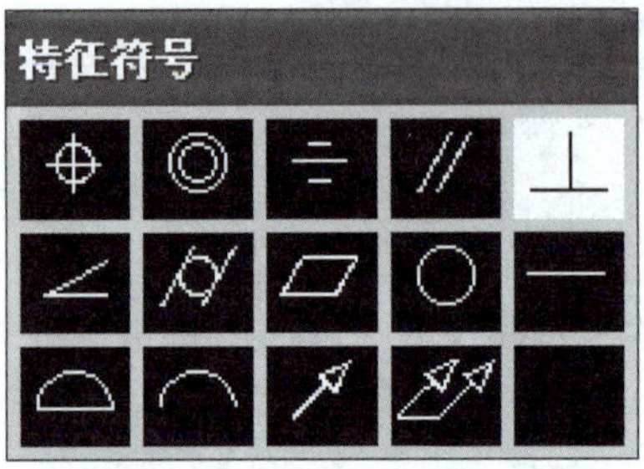

图 10-37 特征符号表

再次标注形位公差，执行“快速引线”命令后，就不需要设置，而直接进行②～⑦步。

10.5.4 沉孔、孔深等特殊字符的输入

X 键对应↧；V 键对应⌴；W 键对应⌵。

注意：输入时键盘输入必须是小写状态。

其中 GDT 字体设置及其与字母间的对应关系如图 10-38、图 10-39 所示。

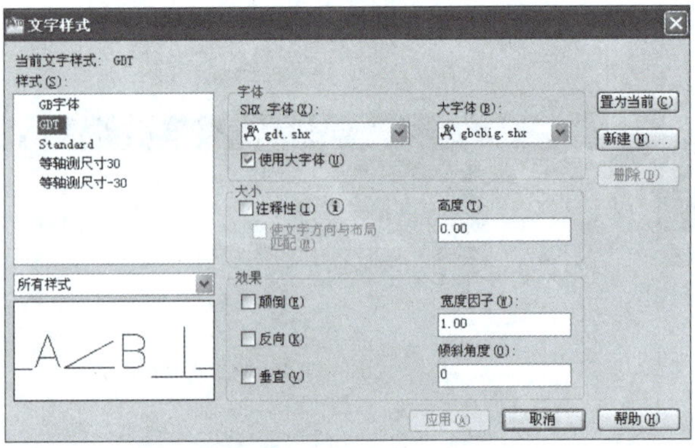

图 10-38 使用 GDT 字体的设置

图 10-39 GDT 字体与 26 个字母的对应关系

10.6 用AutoCAD画装配图

10.6.1 装配图的绘制方法

装配图是一般加工生产中最常用的技术文件，对于较复杂的机器，装配图还分为部件装配图和总装配图两种。装配图的绘制一般采用以下两种方式。

（1）采用绘制零件图的方法画装配图

先绘制出基准线、中心线，再绘制已知线段、圆弧或曲线等，再进行编辑、修改，最后再标注尺寸、编写序号、书写文字和技术要求。

（2）根据已有的零件图画装配图

可以采用插入块、外部参照以及复制、粘贴、分解等工具，按一定的装配关系采用搭积木的方法进行拼凑，然后再对对象进行编辑、修改、标注尺寸、书写文字（标题栏、明细表、技术要求等）。

一般情况下，装配图是在零件图的基础上产生的，本节利用第二种方法绘制装配图。

10.6.2 配合尺寸的注写

装配图中的尺寸，是指装配体的性能规格尺寸、配合尺寸、外形尺寸、安装尺寸和其他重要尺寸等。尺寸注写与前面所讲的零件图上的尺寸标注一样，只是在标注配合尺寸时，略有不同。例如标注如图 10-40 所示的配合尺寸，下面具体介绍操作方法。

视频 配合尺寸的标注

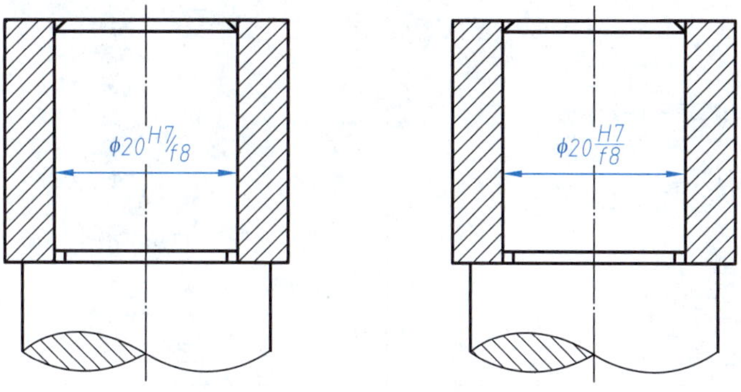

（a）平齐标注　　（b）上下标注

图 10-40 配合代号的标注

命令:_dimlinear(按$\varnothing 20\frac{H7}{f8}$标注)

指定第一条延伸线原点或 <选择对象>:

指定第二条延伸线原点:

指定尺寸线位置或[多行文字(M)/文字(T)/角度(A)/水平(H)/垂直(V)/旋转(R)]:M↙

弹出如图 10-41 所示"文字格式"编辑对话框，"H7/f8"为输入的配合代号，将其选择后，编辑为堆叠形式，单击"确定"按钮，指定尺寸线位置即可。

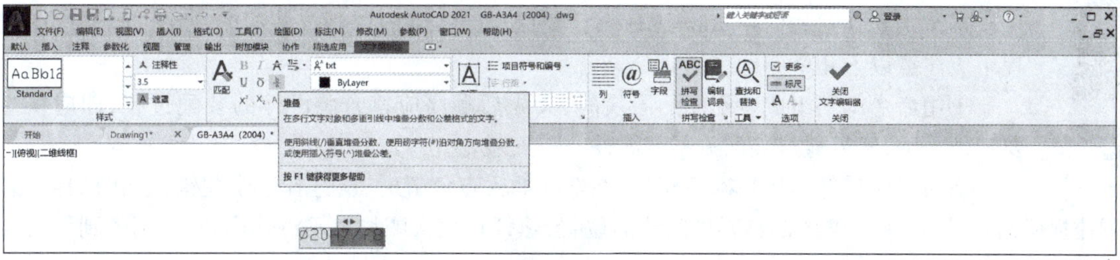

图 10-41 多行文本标注配合代号

∅20H7/f8 形式的标注，只需要将输入的配合代号改为"H7# f8"，其他操作一样。

10.6.3 指引线及序号编排

指引线及序号编排是装配图必不可少的内容，它说明了组成装配体的不同零件的个数，按顺时针或逆时针方向依次排列整齐。

视频 序号的标注

零件序号应用细实线的指引线从零件上引出，指引线绘制方法是利用"标注"工具栏"标注，引线"命令实现的。

单击"标注"工具栏中的图标，命令行中的提示如下：

命令:_qleader

指定第一个引线点或[设置(S)]<设置>：S↙

（弹出"引线设置"对话框，"引线和箭头"和"附着"选项设置分别如图 10-42 和图 10-43 所示。

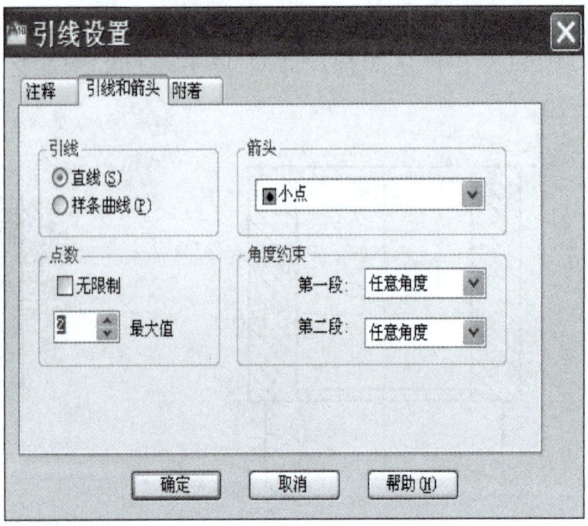

图 10-42 "引线和箭头"选项卡

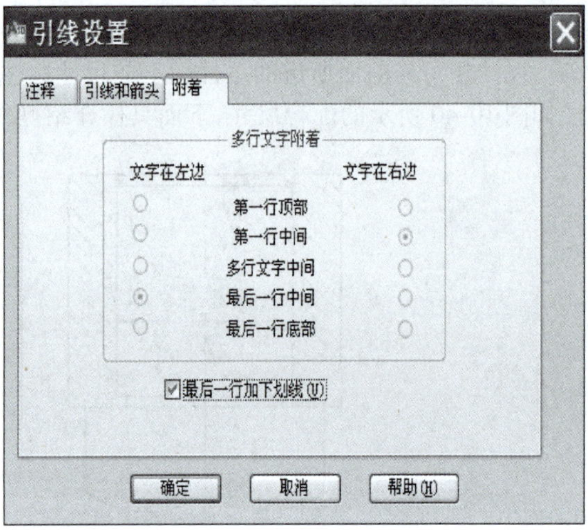

图 10-43 "附着"选项卡

设置好后确定，依照命令行提示进行如下操作。

指定第一个引线点或 [设置(S)] <设置>：

指定下一点：

指定文字宽度<0>：↙

输入注释文字的第一行<多行文字(M)>：6↙

输入注释文字的下一行：↙

操作完成后，结果如图 10-44 所示。

图 10-44 完成后的零件序号

视频 明细表的制作

10.6.4 实例演示

本节主要介绍如何用 AutoCAD 由已绘制成的零件图拼画成装配图。在拼画装配图过程中应注意以下几个问题。

①用命令调用组成装配图的图块时，其先后顺序应符合装配体的装配过程，即应从主要零件入手，然后通过装配关系将零件一一安装。

②为了使零件图块精确插到位，在选择插入点位置时，应选择装配关键点，在捕捉状态下捕捉所需点，同时为了整体调整零件图块的位置，建议在插入图块时不将其炸开，待调整到位后再炸开。

③拼装时统一各零件的绘图比例与所绘的装配图一致。

下面以图 10-45 所示的千斤顶为例，详细介绍绘制装配图的具体方法和步骤。

1. 绘制好千斤顶的各个零件

千斤顶包含的零件如图 10-46 所示。

2. 绘制装配图的步骤

①打开 AutoCAD，选择"文件"→"新建"命令，选择 A3 模板文件（文件名为 GB－A3. dwt），完成绘制装配图的初始设置，并另存为"千斤顶 . dwg"。

②打开"丝杆 . dwg"文件，选中全图，按【Ctrl＋C】组合键复制"丝杆的零件图"到"千斤顶 . dwg"文件中（可按【Ctrl＋V】组合键粘贴）；并用相同方法将组成"千斤顶"的 4 个零件的零件图全部复制到"千斤顶 . dwg"文件中。

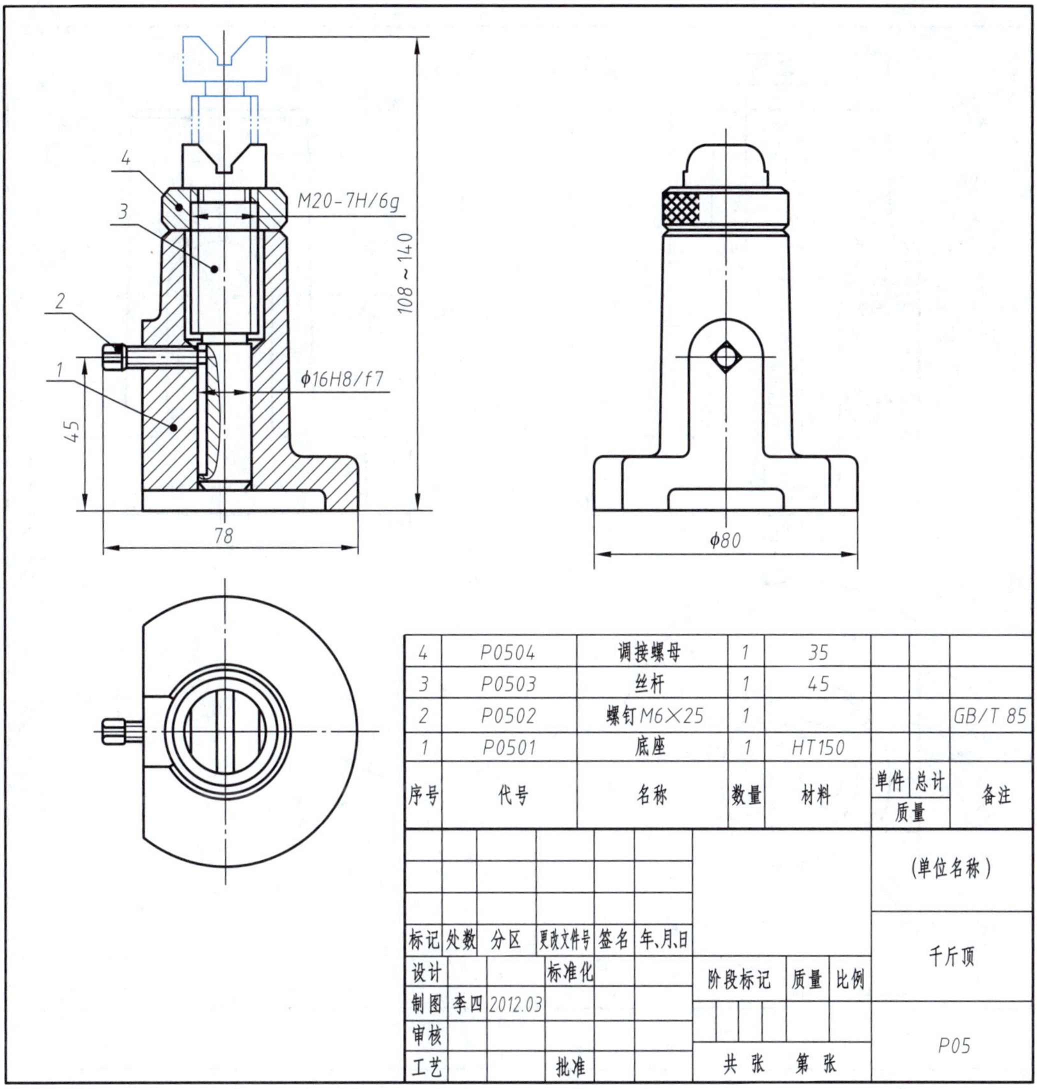

图 10-45　千斤顶装配图

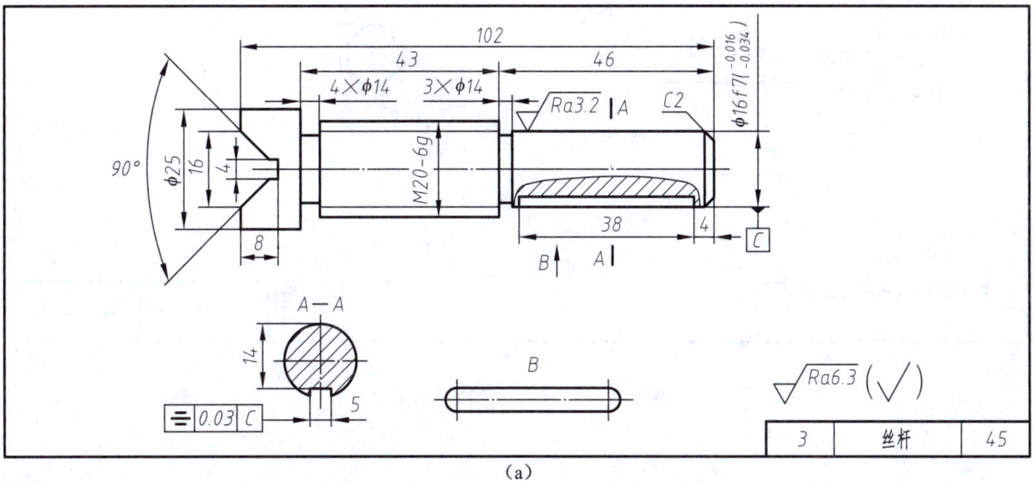

(a)

图 10-46　千斤顶的零件

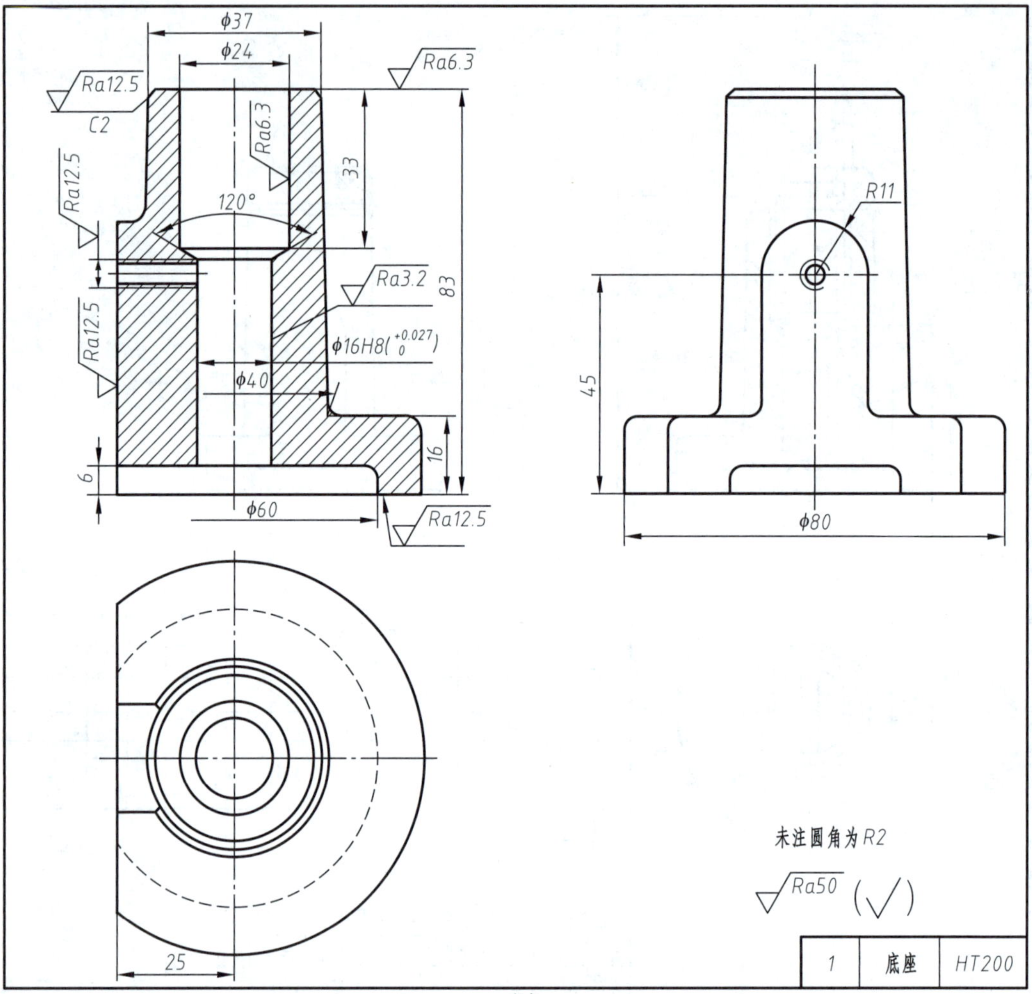

(b)

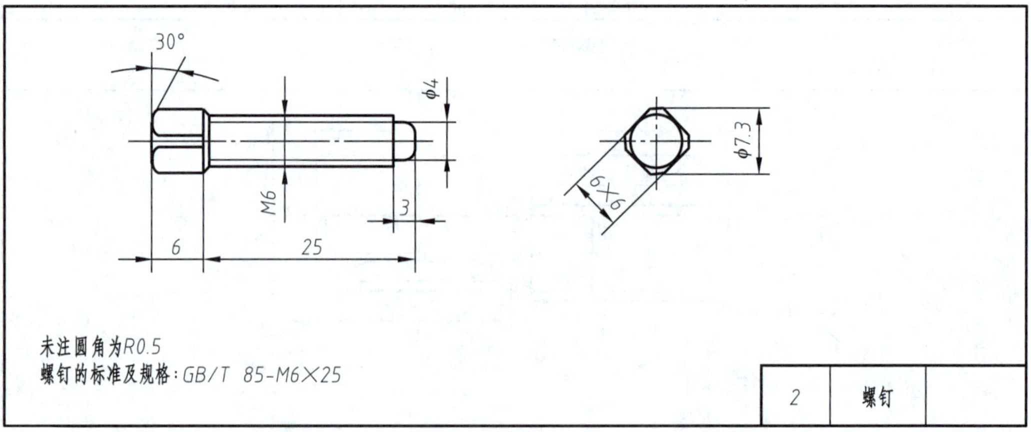

(c)

图 10-46　千斤顶的零件（续）

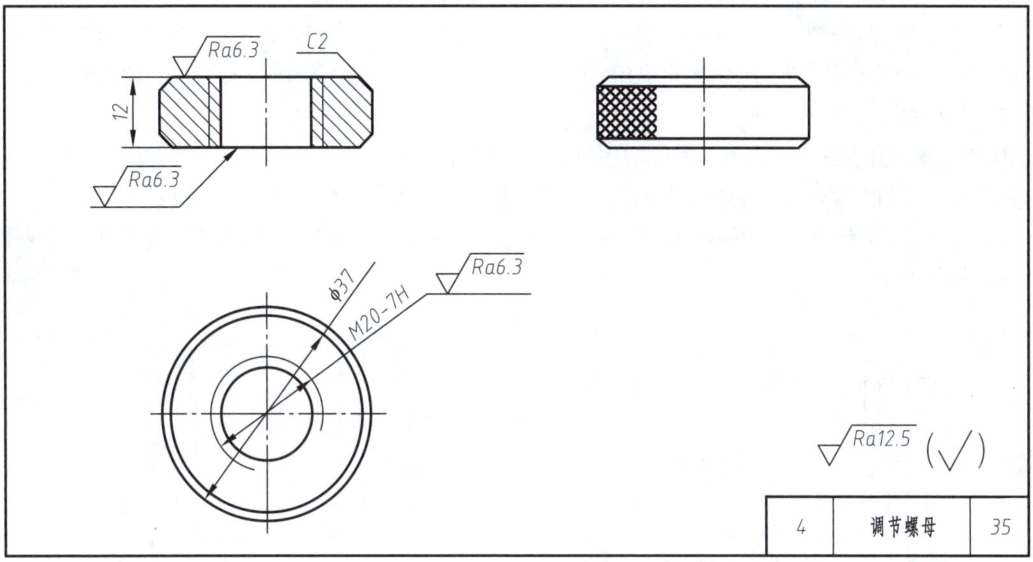

(d)

图 10-46　千斤顶的零件(续)

③单击“标注”层和“文字”层中的开关按钮,关闭该二图层。将螺钉、丝杆、调节螺母的零件图创建为“块”(不含变量的内部块),各图的“块”名及基点(图中小“ ×”处)如图 10-47 所示。

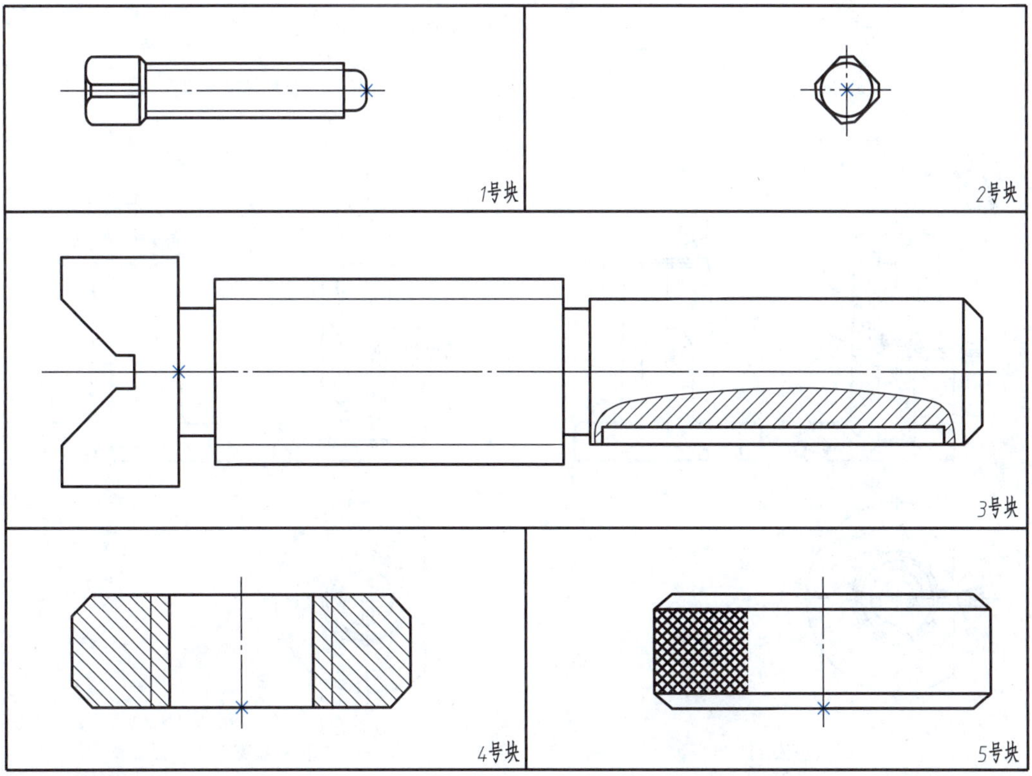

图 10-47　建立零件图“块”

④复制“底座”的零件图到 A3 装配图的图幅中，如图 10-48(a)所示。

⑤在“底座”的主视图中插入“4”号块(螺母的主视图)，操作为：选择“插入块”命令，弹出“插入”对话框，块名选“4”，单击“确定”按钮；同理，在“底座”的左视图中插入“5”号块(螺母的左视图)，如图 10-48(b)所示。

⑥在主视图中插入“3”号块(螺杆的主视图)，操作为：选择“插入块”命令，弹出“插入”对话框，块名选“3”，在“旋转”/“角度”中输入“ -90°”，单击“确定”按钮，如图 10-48(b)所示。

⑦在主视图中插入“1”号块(螺钉的主视图)，在左视图中插入“2”号块(螺钉的左视图)，如图 10-48(c)所示。

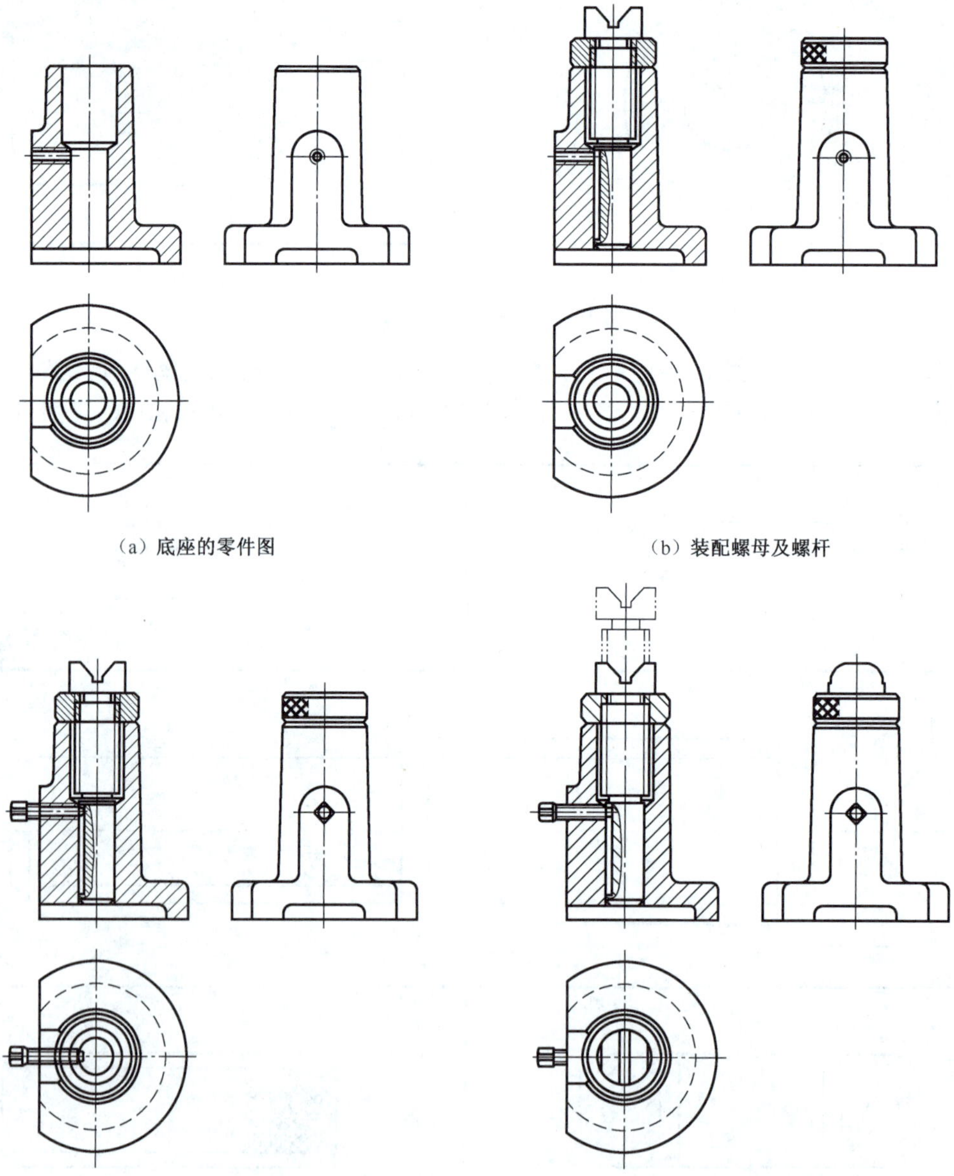

(a) 底座的零件图　(b) 装配螺母及螺杆

(c) 装配螺钉　(d) 分解、整理、填充

图 10-48　绘制千斤顶装配图的步骤

⑧以“分解”命令打散各块，编辑图形，补充三个视图中缺失的部分，剪掉被前面图形遮住的

线条,重新填充剖面线后,如图 10-48(d)所示。

⑨标注尺寸及零件编号,填写明细栏及标题栏,结果如图 10-45 所示。

10.7 零件图、装配图打印输出

10.7.1 将工程图样输出成图样

当工程图样绘制完成后,如需输出成图样,可通过以下两种方法完成:

方法一:选择“文件”→“输出”命令,可将文件输出为图元文件(*.wmf)、位图文件(*.bmp)、封装 PS 文件(*.eps)等。

方法二:直接拷贝屏幕或打印屏幕。

10.7.2 将工程图样打印成图纸

视频

图纸打印

要将工程图样打印成图纸,在计算机连接有打印机的情况下,可进行如下操作:从“文件”/“打印”(或单击“标准”工具条、“快速访问”工具条上的“打印”图标)进入“打印”输出设置对话框,如图 10-49 所示。在对话框中选择打印机的“名称”(应与所连接的打印机型号一致);设置打印“图纸尺寸”(应小于或等于打印机所能输出的最大图幅)、“图形方向”(纵向或横向)、“打印比例”(一般应设为 1:1或根据图形与图纸的大小确定),设置“打印区域”(一般选择“窗口”,这样便可直接通过窗口选择打印范围)。为了使不同颜色的图线都能通过黑色打印清楚,在“打印样式表”选择框中应选择“monochrome. ctb”(或选择所有需要打印的对象,在“特性”工具条将对象“颜色”改为“黑/白”色),为了保证所打印图形位于图纸中部,应在“打印偏移”中设置“居中打印”。

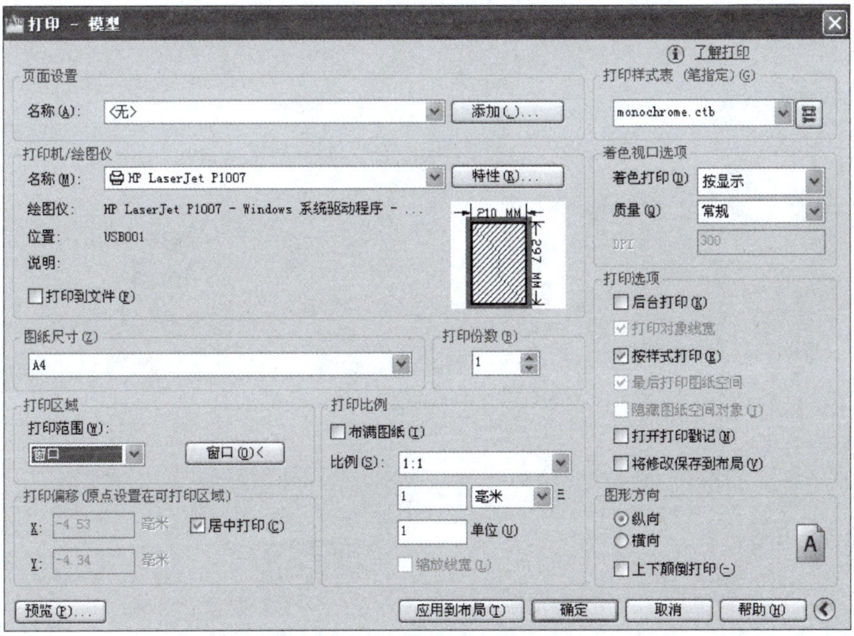

图 10-49 “打印”输出设置对话框

单击“窗口(O) <”按钮,系统切换到绘图窗口,用鼠标框选需打印的范围后,系统再回到“打印”设置对话框,单击“预览”按钮,可以看到打印效果的预览状况,单击鼠标右键预览效果满足要求,则选“打印”立即打印;如不满足要求,则单击“退出”按钮回到如图 10-49 所示的“打印”设置对话框,重新进行设置及打印范围选择。选择合适后,可单击图 10-49 中的“确定”按钮开始打印。

第11章 计算机三维造型

本章将学习三维设计软件相关基础知识，以 UG NX 1847 软件为例，介绍三维绘图软件建模原理、功能、建模流程以及草图绘制、实体建模、装配建模以及工程图等基本操作，初步掌握此软件的基本操作。

11.1 三维建模基础知识

11.1.1 三维建模技术发展史

三维绘图技术的发展与计算机技术的进步密不可分，其历程可概括为以下五次技术革命。

第一次革命：曲面造型系统（1960—1970）

早期的三维建模仅能通过线框模型表达几何形状，缺乏实体属性和表面细节。20 世纪 70 年代，法国达索公司开发的 CATIA 系统首次实现复杂曲面建模，解决了航空和汽车工业中自由曲面的设计难题，开启了三维技术的实用化进程。

第二次革命：实体建模技术（1980）

实体建模通过布尔运算和物性计算，解决了模型的完整性和无二义性问题。1979 年，美国 SDRC 公司推出 I-DEAS 软件，首次实现实体建模与有限元分析的结合，成为 CAD/CAE/CAM 集成的基石。

第三次革命：参数化技术（1980—1990）

参数化设计以“尺寸驱动”为核心，支持全数据关联和设计迭代。1988 年，PTC 公司推出的 Pro/ENGINEER（现 Creo）首次将参数化技术商业化，大幅提升设计效率。

第四次革命：变量化技术（1990—2000）

变量化技术在参数化基础上引入约束求解，支持更灵活的设计修改。1993 年，SDRC 公司发布的 I-DEAS Master Series 支持动态模型调整，成为复杂工程设计的里程碑。

第五次革命：智能化与集成化（2010 至今）

基于云计算、AI 和大数据的三维设计工具实现多学科协同与自动化。例如，波音 787 采用 MBD（基于模型的定义）技术，直接以三维模型指导制造，减少 90% 的物理原型。

11.1.2 三维建模的优势介绍

相较于传统二维制图，三维设计在机械工程中具有显著优势：

直观性与可视化　三维模型可动态展示装配关系与干涉检查，如UG NX的虚拟装配功能可提前发现80%的装配冲突，减少设计返工。

参数化与智能迭代　通过尺寸驱动和变量化技术，设计修改自动关联更新，如SolidWorks的参数化模块可将设计周期缩短30%，同时支持AI驱动的自动化优化。

集成制造与仿真分析　三维模型无缝对接数控加工（CAM）与有限元分析（CAE），如CATIA的集成环境支持从设计到生产的端到端流程，降低数据转换错误率。

协同与数据管理基于PDM/PLM系统实现跨部门协作，如达索系统的3DEXPERIENCE平台支持全球团队实时共享模型数据，提升协同效率。

11.1.3 三维建模软件的核心功能介绍

工业领域三维建模软件集工程设计（CAD）、加工制造（CAM）、模拟仿真（CAE）于一体，其核心特性包括同步建模技术、高阶曲面工具及深度集成的CAM数控编程模块，可为企业提供复杂曲面建模、全流程制造支持以及高端集成化CAD/CAM/CAE解决方案，实现“设计即制造”的一体化流程，广泛应用于汽车、航空航天、模具及精密制造领域。工业三维软件主要有以下几个方面的核心功能。

1. 三维建模与设计

参数化建模：通过尺寸、约束和历史树创建可编辑的精确模型。

曲面建模：构建复杂自由曲面（如汽车车身、消费电子产品外壳）。

直接建模：直接编辑几何体，无须依赖参数化历史。

钣金设计：生成钣金件并自动计算展开图（UG NX的钣金工具）。

焊件设计：创建焊接结构件并生成切割清单。

2. 装配设计

大型装配管理：支持数千组件的层级管理（UG NX的引用集优化性能）。

运动仿真：检查机械结构的运动干涉和自由度（如齿轮传动、连杆机构）。

爆炸视图：展示装配体拆解过程，用于维修手册或展示。

3. 工程图与制造输出

自动生成二维工程图：包括视图投影、剖视、局部放大图。

尺寸与公差标注：符合GB、ISO、ANSI等标准。

BOM表（物料清单）：统计零件数量、规格，支持导出到ERP系统。

4. 仿真与分析

结构分析（FEA）：验证强度、刚度、振动特性（如NX Nastran）。

流体分析（CFD）：模拟气流、液体流动（如散热分析、管道设计）。

热力学分析：预测温度分布和热应力。

拓扑优化：根据载荷条件自动生成轻量化结构（UG NX的生成式设计）。

5. 制造与加工

数控编程（CAM）：生成铣削、车削、多轴加工路径（UG NX深度集成CAM）。

模具设计：分模、模架库、冷却系统设计（UG NX的Mold Wizard模块）。

3D打印支持：导出STL文件并优化打印结构。

6. 渲染与可视化

照片级渲染：通过材质、灯光、环境设置生成逼真效果图（如NX Realize Shape）。

动画制作：展示产品装配过程、工作原理或营销视频。

7. 数据管理与协同

版本控制：管理设计变更记录（如 UG NX 的 Teamcenter 集成）。

多学科协同：支持机械、电子、电气一体化设计（如 UG NX 的机电协同）。

云协作：通过云端共享和评审模型。

8. 专业模块扩展

逆向工程：通过点云数据重建三维模型（如文物修复、车身扫描）。

管线设计：规划管道、线缆布局（如 UG NX 的 Routing 模块）。

复合材料设计：模拟层压板铺层和制造。

11.2　UG NX 1847基础

11.2.1　UG NX 1847 主界面

1. UG NX 1847 的启动

UG NX 1847 软件安装完成后，可通过以下几种方式启动该软件：

（1）双击电脑桌面上 UG NX 1847 的快捷方式图标 启动软件。

（2）选择电脑桌面“开始”→“所有程序”→“Siemens”→“ NX”命令启动软件。

（3）双击已有的 UG 文件（文件后缀名为 *. prt），也可以启动 UG NX 1847 系统。

启动后屏幕上出现图 11-1 所示的启动界面。

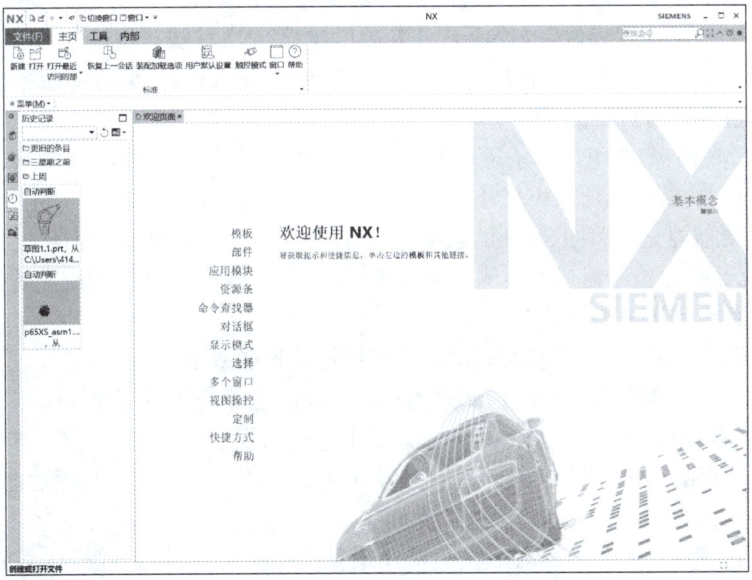

图 11-1　UG NX 1847 启动后界面

2. UG NX 1847 的工作界面

新建一个文件后，出现 UG NX 1847 的工作界面，其工作界面主要分为标题栏、菜单栏、工具栏、状态栏、绘图区、导航器、资源条、坐标系等几部分，如图 11-2 所示。

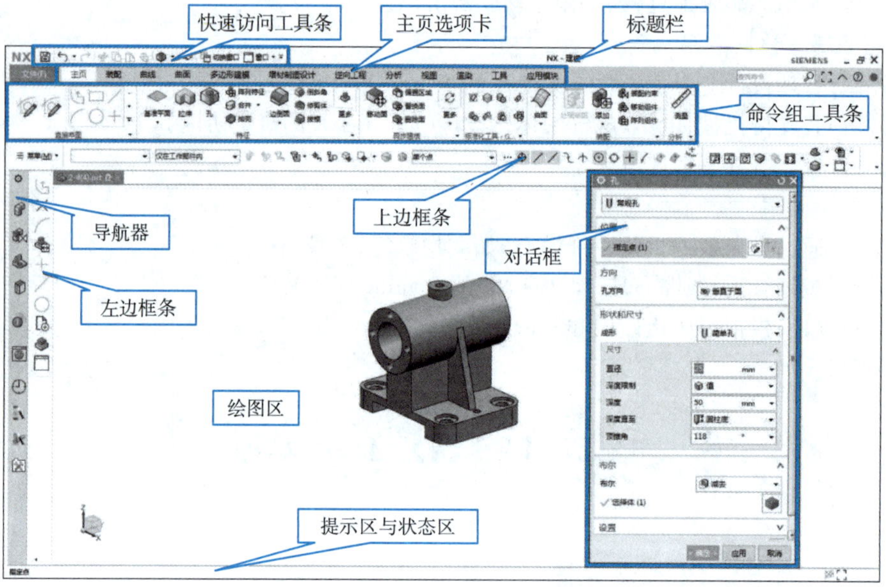

图 11-2　UG NX 1847 工作界面

各部分的主要功能如下。

（1）标题栏：NX 1847 的标题栏只显示软件的子模块，不再有版本号。

（2）快速访问工具条：快速访问工具条包含常用的命令，如保存、后退、剪切、复制等，可通过单击工具条最右侧的OBJ图标来显示或关闭快速访问工具条的内容。

（3）主页选项卡：主页选项卡包括了 NX 1847 的主要功能，直接显示在图形窗口顶部标题栏下，同时每个选项卡对应一个 NX 1847 的功能类别。主页选项卡默认显示的是“主页”“装配”“曲线”“分析”“视图”“工具”“应用模块”等选项卡，“多边形建模”“增材制造设计”“逆向工程”等选项卡可通过右击选择增加。每个选项卡都包含所有与该功能有关的命令。但有些命令在命令组工具条中并不显现，可通过右击打开或关闭。

（4）命令组工具条：命令组工具条是一组图标，每个图标代表一个功能，其内容与选项卡中的命令相对应，用户可到功能区选项组中打开或关闭相应的命令组工具条。

（5）导航器：导航器记录草图、特征的创建过程，用户可以查看和编辑该创建过程。导航器可以位于窗口的左侧，也可以位于窗口的右侧。单击导航器上的图标可以调用装配导航器、部件导航器、重用库、Internet、角色和历史纪录等。

（6）上边框条：上边框条包括过滤器、图形快速捕捉器和视图显示组。

（7）左边框条：左边框条是 NX 1847 新增的功能。除此之外，还有右边框条。

（8）提示区与状态区：提示区显示关于当前操作过程的提示信息，提示下一步应进行的操作。状态区默认在提示区的右侧，用于显示系统状态及功能执行情况。在执行某项功能时，其执行结果会显示在状态栏中。

（9）绘图区：绘图区即工作区，是创建、显示和编辑图形的区域，也是进行结果分析和模拟仿真的窗口。

11.2.2　UG NX 1847 文件管理

1. 创建文件

进入启动界面后，直接单击“新建”快捷图标，或者依次单击菜单栏“文件”→“新建”命令，系统将弹出“新建”对话框，如图 11-3 所示。在此对话框中，有模型、图纸、仿真、加工等模块可供选择，每个模块下又有若干子模块，比如模型模块下有模型、装配等子模块。用户需根据要完成的具体任务选择合适的子模块。对于本门课程初学者，主要使用模型、装配和图纸模块。

在“单位”下拉列表中选择合适单位，在“名称”文本框中输入文件名，在“文件夹”文本框中指定文件的存放位置，然后单击“确定”按钮，即可完成文件的创建。

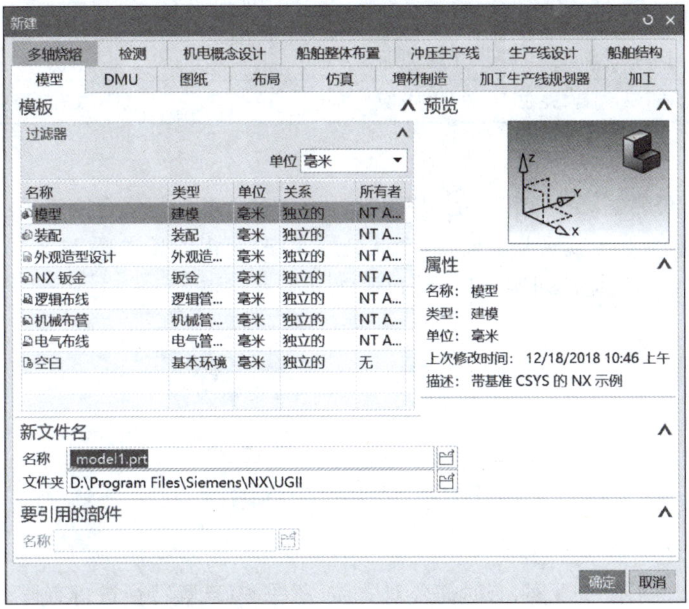

图 11-3 “新建”对话框

2. 打开文件

对已经存在的文件需要打开或进行编辑修改时，可以通过单击“打开”快捷图标，或者通过单击菜单栏“文件”→“打开”命令，弹出“打开”对话框，点击选取需要打开文件的路径和名称，即可打开已有的文件。

3. 保存和关闭文件

文件编辑过程中，应及时保存，可以通过单击“保存”快捷图标，或者通过单击菜单栏“文件”→“保存”命令，对文件进行保存。还可以通过单击“文件”→“另存为”命令，将当前文件更改名字或存放位置后进行保存。

当需要关闭文件退出 UG NX 1847 系统时，可以通过单击系统主界面右上角的“关闭”按钮，或者通过单击菜单栏“文件”→“退出”命令退出。在修改或进行新的操作后退出 UG NX 1847 系统时，若没有将所做的工作保存，系统将弹出“退出”对话框，询问是否需要将文件进行保存。

11.2.3 UG NX 1847 的基本操作

1. 鼠标和键盘的操作

UG 软件赋予了丰富的鼠标与键盘操作功能，键盘主要用于输入参数，鼠标则用来选择命令和对象，有时对于同一功能可分别用键盘或鼠标完成，有时则需要两者结合使用。三键鼠标包括左键、中键（滚轮）和右键，在 UG 软件中分别用 MB1、MB2 和 MB3 表示。

鼠标和键盘进行快捷操作的方法及对应功能见表 11-1。

表 11-1　鼠标、键盘常用快捷操作及功能

快捷按键	操作说明	可实现功能
MB1	单击鼠标左键	选择菜单、选取物体、选择相应的功能等
MB2	按下鼠标中键同时移动鼠标	旋转对象
MB3	单击鼠标右键	弹出快捷操作提示
【Ctrl】+MB2	同时按【Ctrl】键和鼠标中键，并上下移动鼠标	缩放对象，该操作也可以通过滚动鼠标中键滚轮实现
【Shift】+MB2	同时按【Shift】键和鼠标中键，并移动鼠标	平移对象
【Shift】+MB1	按【Shift】键，并在已经选择的对象上单击	取消选择对象

2. 视图操作

在设计过程中，经常需要改变模型的视图状态，例如对模型进行适合窗口显示，或对模型进行缩放、平移、旋转、透视等，或改变观察方向、改变渲染形式、改变背景样式等，这些视图操作均可以通过“视图”操作命令组上的快捷按钮实现，如图 11-4 所示。

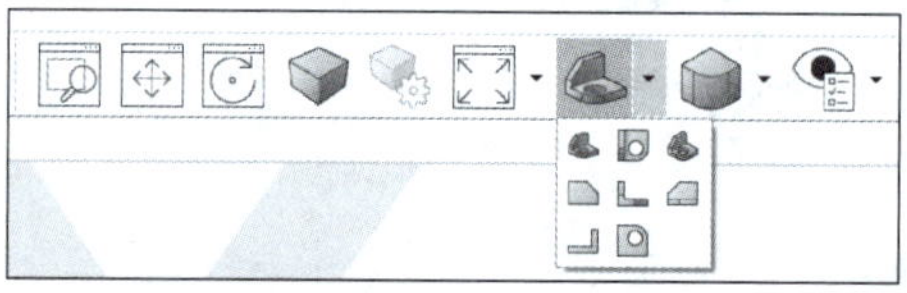

图 11-4　“视图”操作命令组

3. 对象的显示和隐藏

在设计过程中，为了便于观察，有时需要对立体、草图、基准等特征进行有选择地显示或隐藏，可以通过单击菜单栏“编辑”→“显示和隐藏”命令，或者单击图标进而选择相应的子菜单实现对象的显示或隐藏操作。

11.3　UG NX 1847草图绘制

草图绘制（简称草绘）是指在平面上创建点、线等二维图形的过程，草绘是进行三维设计的基础。主要包括绘制几何图形、编辑几何图形、添加约束等基本操作。

11.3.1　几何图形绘制工具

在新建或打开的零件文件中，通过单击“直接草图”或“在任务环境中绘制”命令，根据需要选择合适的基准面，即进入草图绘制界面。草图绘制操作中基本命令有直线、圆弧、圆、椭圆、矩形、曲线、多边形、倒角等，根据需求选择相应的功能按键，按照指引即可完成绘图操作。UG NX 1847 的几何图形绘制工具如图 11-5 所示。

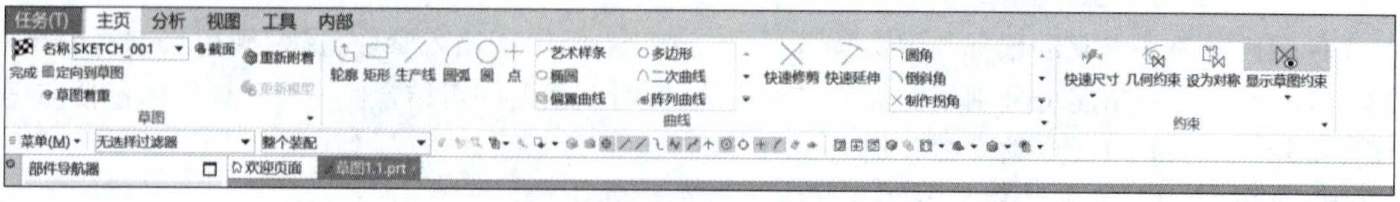

图 11-5　NX1847 草绘工具

11.3.2 几何图形编辑工具

草图编辑功能是三维软件数字化建模的核心基础，通过二维草图定义几何轮廓，为后续拉伸、旋转等特征操作提供精确支撑。典型编辑工具包括修剪、延伸、偏移等基本操作，以及镜像、阵列等对称性处理功能，部分软件还支持动态拖拽调整，实时可视化图形变化。高级功能如样条曲线控制点编辑、参数化方程式定义等，为复杂曲面设计提供支持。随着智能技术发展，草图编辑模块正朝着智能化、关联化方向演进，通过实时关联三维模型与工程图，显著提升设计迭代效率。NX 1847 软件中的几何编辑模块主要包含快速修剪、快速延伸、镜像曲线、阵列曲线、派生直线等命令，其主要实现功能见表 11-2。

表 11-2 其他常用曲线编辑命令

命令按钮	实现功能	输入或点选参数
快速修剪	对草图曲线按照边界进行修剪	原曲线、相交曲线
快速延伸	对草图曲线按照边界进行延长	原曲线、延伸目标曲线
镜像曲线	对草图曲线按照镜像中心线进行对称复制	原曲线、镜像中心线
偏置曲线	对曲线按一定距离进行复制偏置	原曲线、偏置距离、偏置方向、副本数量
阵列曲线	对曲线进行线性或圆形规律多重复制	原曲线、阵列方式、方向、数量、节距
派生直线	由一条或两条直线按照偏置、平分等方式派生其他直线	原直线、偏置距离；或原两条直线、长度

11.3.3 添加/编辑约束工具

草图约束功能是三维绘图软件构建精确参数化模型的核心支撑，通过尺寸约束与几何约束的双重控制，确保二维草图具备可预测的关联性和可修改性。UG NX 支持约束优先级设定，允许用户在复杂交叠关系中手动调整权重。

尺寸约束用来确定草图对象的长、宽、高、直径等大小和形状尺寸，也可以确定草图对象间的位置尺寸，在形式上与尺寸标注类似，但是尺寸约束可以驱动、限制和约束草图对象的尺寸和位置，以实现精准驱动图形形态。NX 1847 软件中的尺寸约束命令如图 11-6 所示。

几何约束用于定义草图对象的几何特征，如水平、垂直等，也可以用来确定草图对象之间的相互几何关系，如平行、相切、同心等，以消除自由绘图过程中产生的随机误差。在 UG NX 1847 中可以通过菜单栏中的几何约束命令，或直接通过图 11-7 所示的几何约束对话框添加约束。

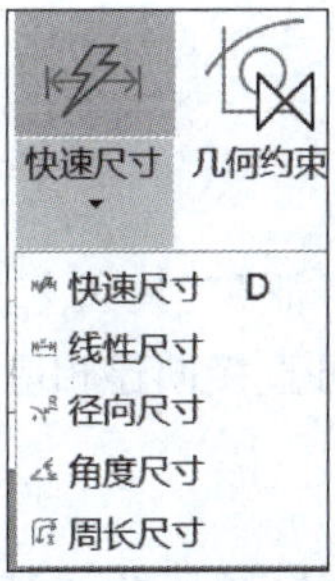

图 11-6 NX 1847 中的尺寸约束工具条

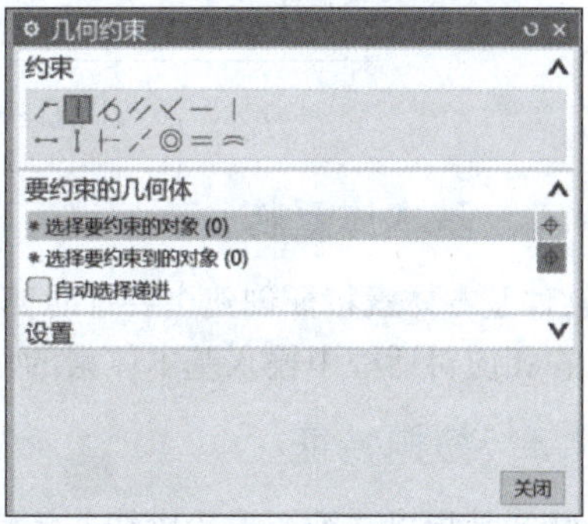

图 11-7 NX 1847 中的几何约束对话框

在 UG 中,系统提供了 20 种几何约束类型表 11-3 中列举了常见的几何约束类型。

表 11-3　常见的几何约束类型及作用

几何约束类型	作　用
水平	约束草图实体方向到坐标系 X 轴
竖直	约束草图实体方向到坐标系 Y 轴
重合	约束草图实体上的点到其他草图实体
固定	约束草图实体大小和位置
垂直	约束两个草图实体相互垂直
共线	约束两个草图实体共线
相切	约束两个草图实体相切
平行	约束两个草图实体相互平行
相等	约束两个线段长度相等或圆弧直径相等
全等	约束两个圆或圆弧同心及半径相等
同心	约束两个圆或圆弧同心
对称	约束两个草图实体相对于中心线对称

11.4　UG NX 1847特征建模

11.4.1　UG NX 1847 特征建模概况

特征建模功能是三维绘图软件构建复杂三维结构的核心工具,是 UG 软件最优秀的功能之一。UG NX 1847 实体建模主要有三种方式,第一种是基本体素特征创建,软件可以直接生成形状比较简单的特征形状,包括长方体、圆柱体、圆锥体和球体;第二种是将二维截面轮廓的草图曲线进行拉伸、旋转或者扫描等操作产生实体特征,当修改草图中的二维曲线时,相应的实体特征也会更新;第三种是对实体模型进行各种编辑或操作,例如进行倒角、抽壳、阵列、布尔运算等,从而获得最终实体模型。UG NX 1847 的特征建模常用命令主要集中在"特征"命令组上,如图 11-8 所示。

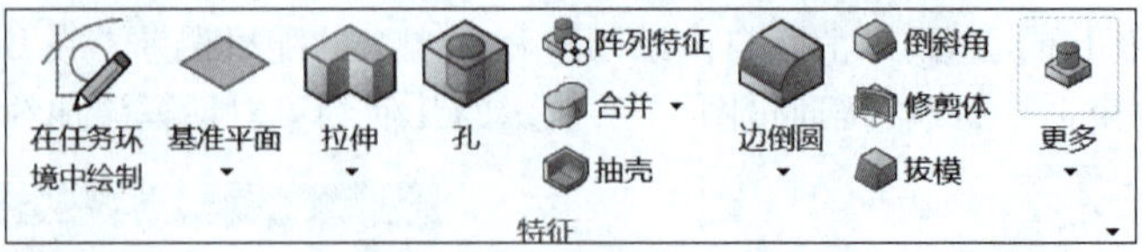

图 11-8　NX 1847 特征面板

11.4.2　基本体素特征

UG 软件基本体素特征创建主要针对四种基本体建模,即通过"特征"工具条上的长方体、圆柱、圆锥、球,在相应对话框中输入基本体素的相关参数(见图 11-9),即可直接创建相应的基本体素。

11.4.3　扫描特征

扫描特征是指以二维图形轮廓线作为截面轮廓,并沿着某一引导路径曲线运动进行扫掠,从而得到三维实体。扫描特征有拉伸、旋转、沿引导线扫掠等。

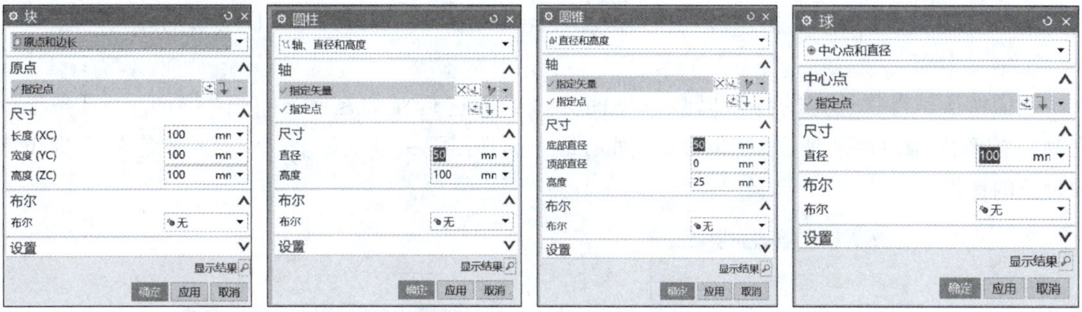

图 11-9　基本体素特征对话框

1. 拉伸

将由草图等确定的截面轮廓沿一定方向拉伸到指定位置而形成实体的过程,该命令是三维实体造型时最常用的命令之一,如图 11-10 所示。

2. 旋转

将由草图等确定的截面轮廓围绕旋转中心线旋转一定角度而形成实体模型的过程,旋转命令主要适用于构造旋转体类零件,如图 11-11 所示。

3. 沿引导线扫掠

将由草图等确定的截面轮廓沿指定的引导线扫掠进行扫描而形成实体模型的过程,如图 11-12 所示。

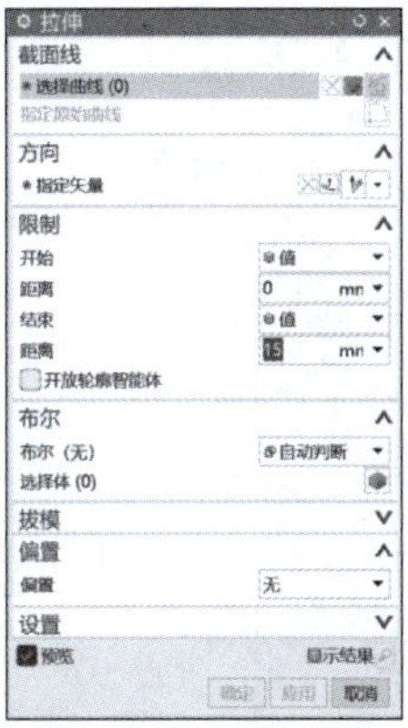

图 11-10　“拉伸”对话框

图 11-11　“旋转”对话框

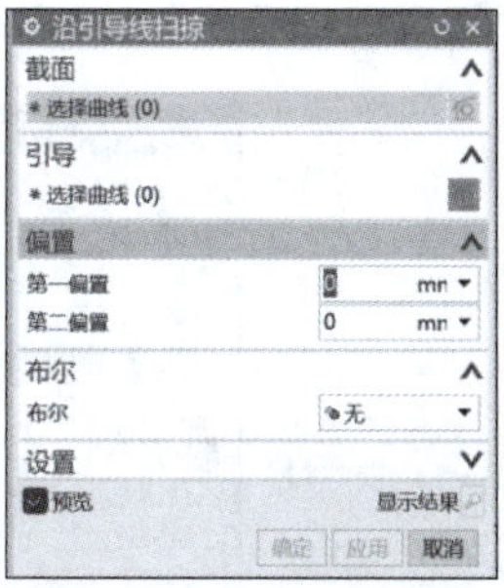

图 11-12　“沿引导线扫掠”对话框

11.4.4　附着特征

附着特征是指以现有模型为基础,在实体上添加或去除材料等方式来形成新的特征,例如在实体上创建孔、凸台、腔体、键槽、螺纹、倒角、抽壳等。孔特征是指在模型上生成圆柱孔、圆锥孔、沉头孔、螺纹孔等特征。凸台和垫块特征的成形原理都是通过在实体上增加材料形成的,它们和孔特征的成形原理正好相反。

11.4.5　关联复制

1. 阵列特征

阵列特征是将特征对象按照一定规律进行多重复制的方法,阵列的特征既可以是实体,也可以是实体的上几何造型，例如凸台、孔腔等。单击“特征”工具条上的阵列特征按钮，在图11-13所示“阵列特征”对话框中完成线性、圆形、多边形、螺旋式、沿、常规和参考阵列等不同类型的阵列特征。

2. 镜像特征

镜像特征是指将选定的特征以某一平面为镜像面进行对称复制。单击“特征”工具条上的镜像特征按钮，在图11-14所示“镜像特征”对话框中选择需要镜像的特征，然后设置镜像面，即可实现特征的镜像。

图11-13 “阵列特征”对话框

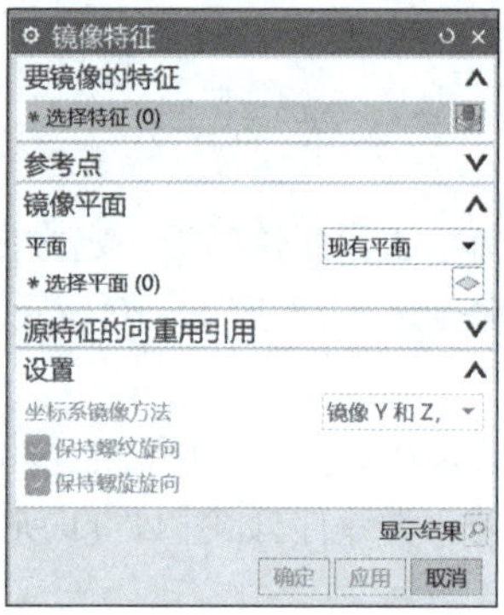

图11-14 “镜像特征”对话框

11.4.6 实例演示

1. 建模前用户默认设置

“用户默认设置”对话框如图11-15所示。

视频

建模前用户默认设置

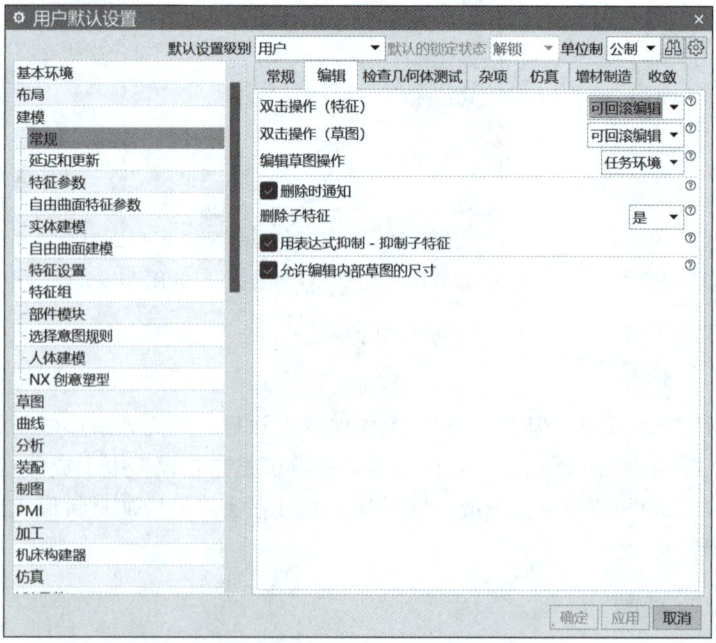

图11-15 “用户默认设置”对话框

2. 阀体的建模

阀体零件图如图 11-16 所示。

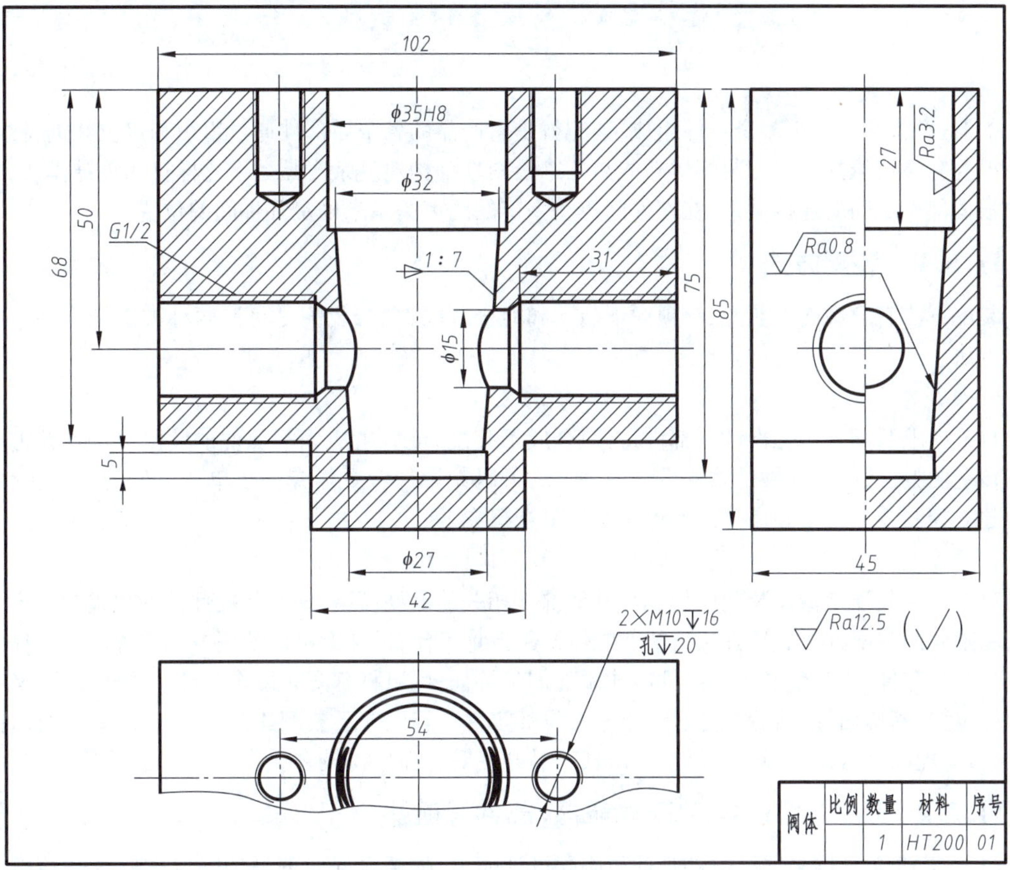

图 11-16 阀体零件图

3. 水杯的建模

水杯图如图 11-17 所示。

视频

阀体的建模
(拉伸和旋转)

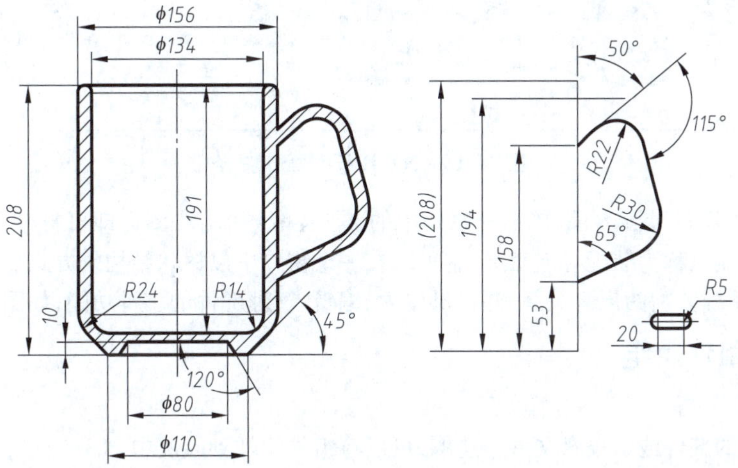

图 11-17 水杯

视频

水杯
(旋转和沿引导线扫掠)

11.5 UG NX 1847装配建模

机器、设备都是由很多个零件组成，装配就是将产品的各个零部件通过组织和定位并进行组装，从而得到完整机械的过程。装配体功能是三维绘图软件构建复杂产品数字化样机的关键模块，在装配中根据部件之间的连接关系，在部件间建立一定的约束关系来确定部件间的位置。

11.5.1 装配方法

装配方法有自底向上装配、自顶向下装配和混合装配，混合装配是将前两种方法结合在一起的装配方法。

1. 自下向上装配

自下向上装配是指先设计零部件，再组合成子装配，最后生成装配部件的装配方法。该方法是比较传统的方法，因为零件是独立设计的，所以，可以让设计者更加专注于单个零件的设计工作，而不用建立控制零件大小和尺寸的参考关系等复杂概念。

2. 自上向下装配

自上向下装配是指在装配中创建与其他部件相关的部件模型，即在装配部件的顶级向下产生子装配和零件的装配方法。该方法是从装配体开始设计工作，设计者可以使用一个零件的几何体来帮助定义一个零件，或者生成组装部件后才添加加工特征，可以将草图布局作为设计的开端，定义固定的零件位置、基准面等，然后参考这些定义来设计零件。自上向下装配建模的优点是基于边设计、边修改、边装配的并行设计模式，在纯设计、新产品开发等方面用得较多。

11.5.2 UG NX 1847 装配导航器、部件导航器

UG NX 1847 提供多层级组件管理与协同设计能力，强调自顶向下设计，依托 Wave 几何链接器实现跨部件参数传递，支持装配上下文中的实时编辑与关联更新，其同步建模技术可绕过历史树直接修改外来模型。装配建模过程中，主要利用“装配”工具条上的命令实现装配操作，如图 11-18 所示，该工具条包括“添加组件”“移动组件”“装配约束”等命令。

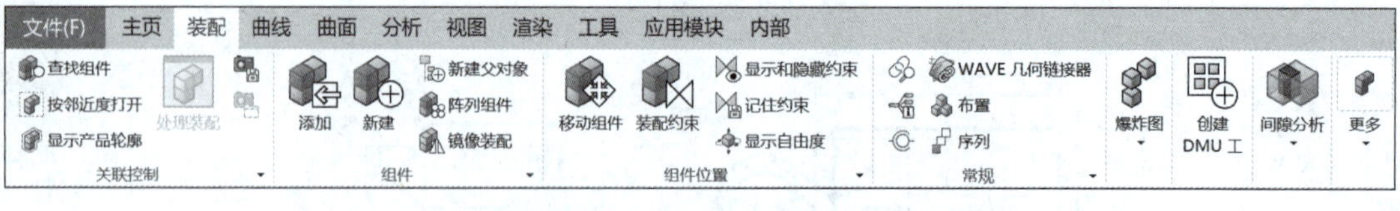

图 11-18 NX 1847 装配工具条

在 UG NX 1847 的装配界面，单击资源条中的“装配导航器”图标即可打开“装配导航器”选项组。装配导航器也称为装配导航工具，它可以在一个窗口中以树状结构的方式显示零件的装配关系，反映了整个系统装配的层次关系，并提供建立、编辑、管理部件的多种功能，如图 11-19 所示。

11.5.3 组件操作

1. 添加组件

选择已加载的部件或从硬盘文件中选取，可以将组件添加到装配中。

通过“装配”工具条上的按钮，在图 11-20 所示的“添加组件”对话框中，可以直接从“已加载的部件”中单选，也可以在“打开”文件夹选项中选择部件。

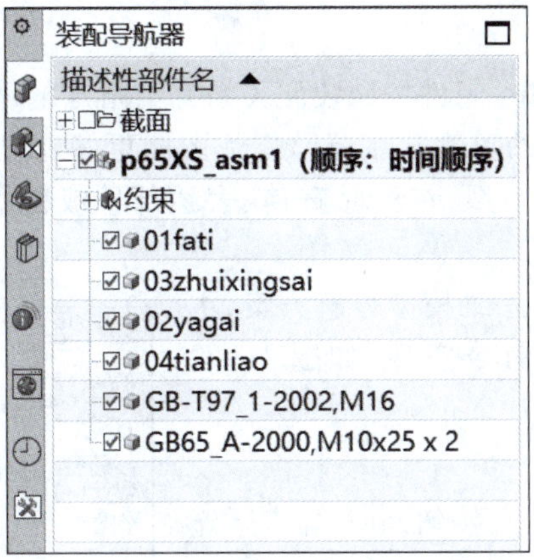

图 11-19 装配导航器

2. 组件装配约束

在装配建模过程中,需要确定每一个组件在装配部件中的位置,可以利用“装配约束”命令实现,即通过定义两个组件之间的约束条件来实现相对定位。

通过“装配”工具条上的按钮,在图 11-21 所示的“装配约束”对话框中,“类型”下拉菜单提供了“接触对齐”“同心”“距离”“平行”等 10 种类型可供选择,下面作简要介绍。

(1)接触对齐:可以约束两个组件的面接触或对齐。

(2)同心:可以约束两个组件的圆形边的圆心重合,并使边的平面共面。

(3)距离:可以约束两个组件之间的距离,距离可正可负,正负号决定相配组件在基础部件的哪一侧。

(4)固定:可以约束组件的当前位置,使其在装配过程中保持不动。

(5)平行、垂直:分别可以约束两个组件的方向矢量平行、垂直。

(6)拟合:可以约束半径相等的两个圆柱面,使其结合在一起。

(7)胶合:可以将组件焊接在一起。

(8)中心:可以约束两个组件的中心对齐。

(9)角度:可以约束两个组件之间的角度。

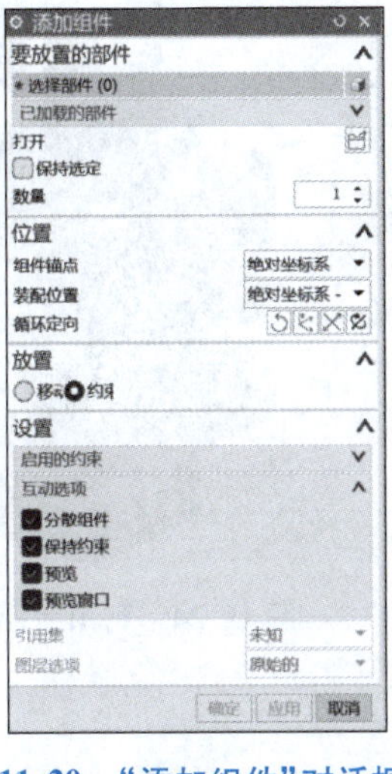

图 11-20 “添加组件”对话框图

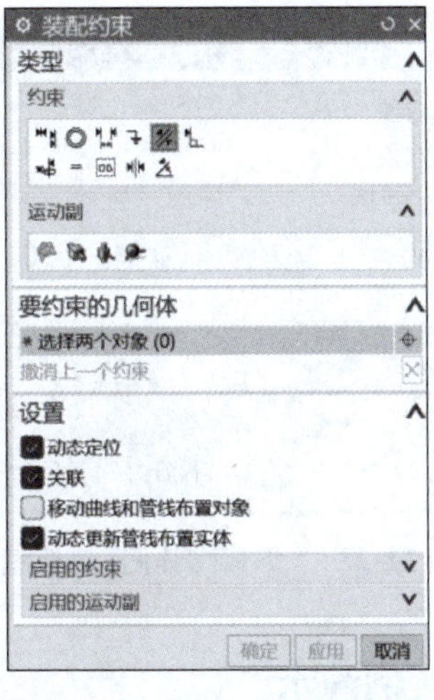

图 11-21 “装配约束”对话框

11.5.4 爆炸图

装配爆炸图是在装配模型中，组件按照装配关系并沿指定的路径拆分后形成的模型，是三维绘图软件展示装配体内部结构的可视化工具。爆炸图能更好地显示整个装配的组成情况，形象地分析各个零部件之间的相互关系，在产品宣传、表达部件或机器工作原理等方面有较直观的效果。

UG NX 1847 提供了高效的三维模型分解方案，主要利用“爆炸图”工具条上的命令实现，如图 11-22 所示。

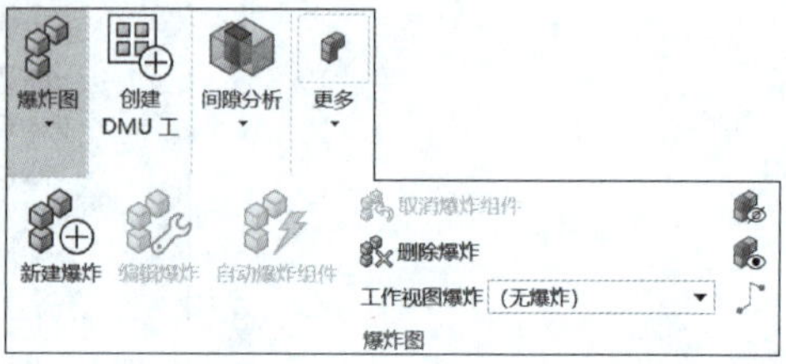

图 11-22 NX 1847 爆炸图工具条

1. 创建爆炸图

单击“爆炸图”工具条上的按钮，在“新建爆炸图”对话框中，输入爆炸图名称或接受默认名称，即可创建爆炸图。此时装配体模型并没有变化，为显示爆炸后的效果，单击“自动爆炸组件”或“编辑爆炸图”命令。

2. 自动爆炸组件

单击“爆炸图”工具条上的按钮，在“类选择”对话框中，点选需要爆炸的多个组件，或者单击对话框中的“全选”按钮，并在弹出的“自动爆炸组件”对话框中输入“距离”参数，最后单击“确定”按钮，即可自动生成爆炸图。采用自动爆炸有时不能取得理想的效果，通常还需要利用“编辑爆炸图”对爆炸图进一步编辑调整。

3. 编辑爆炸图

单击“爆炸图”工具条上的按钮，在图 11-23 所示的“编辑爆炸图”对话框中，首先在绘图区选择需要进行调整的组件，然后单击选中“编辑爆炸图”对话框的“移动对象”按钮，此时已经选择的组件上出现移动手柄（见图 11-24），用鼠标拖动坐标轴 X、Y、Z 的小圆锥，可以使组件向对应的坐标方向移动，拖动小圆球，则可以使组件进行旋转，重复以上“选择对象”与“移动对象”操作直至达到满意效果。

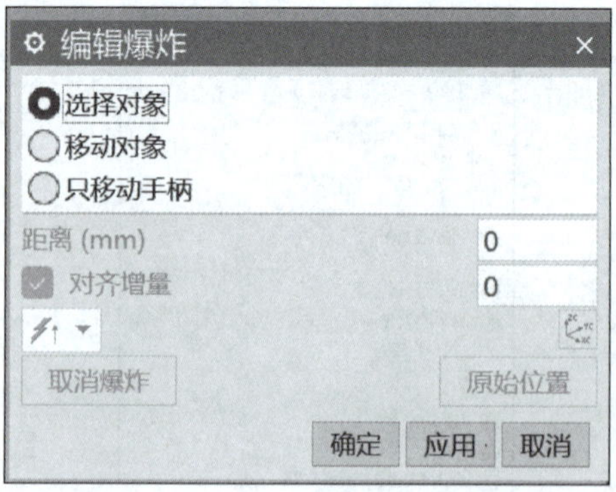

图 11-23 “编辑爆炸图”对话框

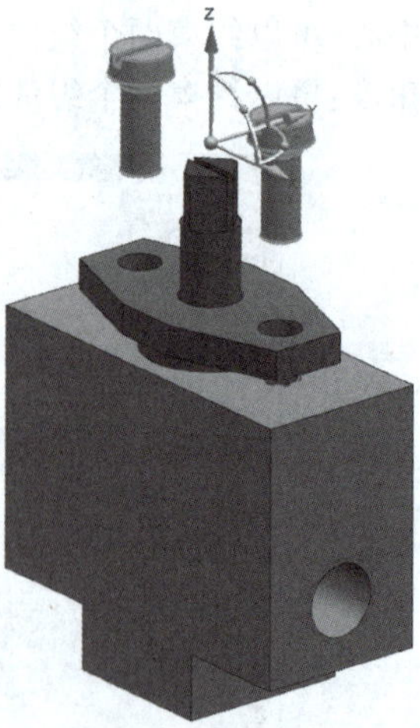

图 11-24 利用手柄移动组件

11.5.5 实例演示

下面以图 11-25 所示的旋塞为例，介绍装配体过程以及生成爆炸图。

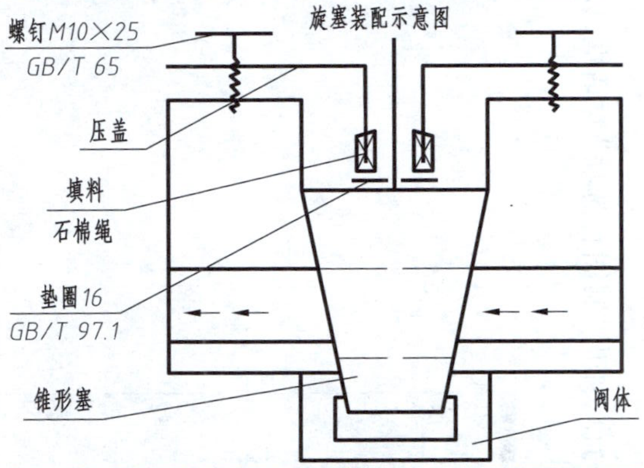

旋塞立体图和说明

左图是旋塞的立体图，它以螺纹连接于管道上，作为开关设备，其特点是开、关迅速。左图表明开的位置在锥形塞项部开有长槽作为标记。当旋塞旋转90度以后，长槽处于和管道垂直位置，表明已关闭。为了防止泄漏，在锥形塞与阀体间充填料(石棉绳)，并用压盖压紧(填料压紧后的高度约为12 mm)，压紧后要求达到密封可靠且锥形塞转动灵活。

作业要求：

参考旋塞的立体图和装配示意图，看懂给出的零件图，画出旋塞的装配图。

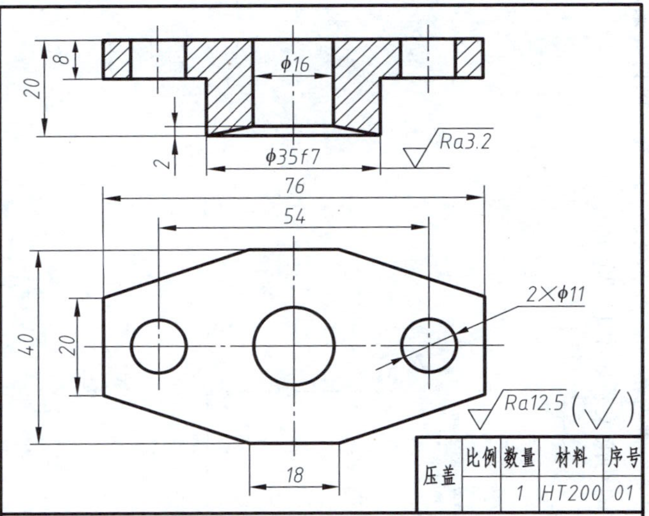

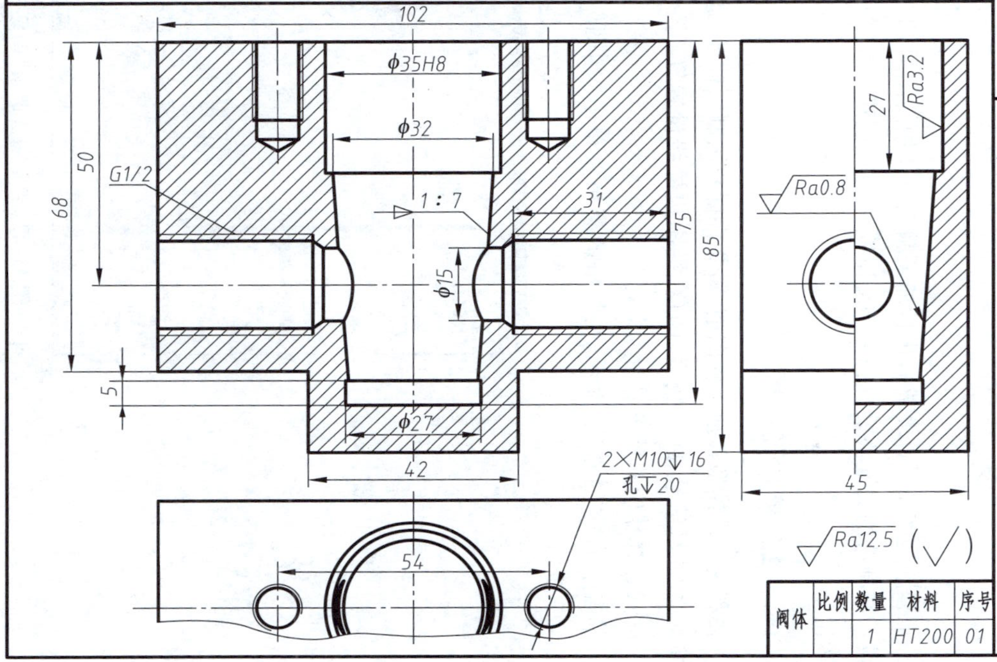

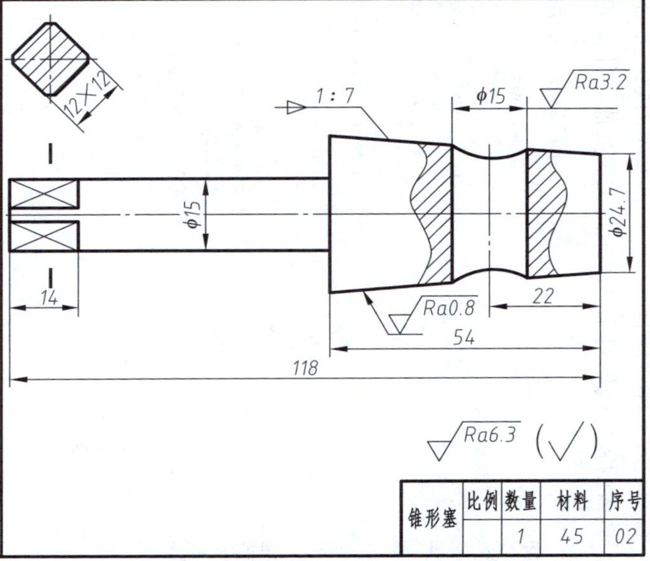

图 11-25　旋塞装配示意图及零件图

首新建装配体，再调入零件，零件安装的顺序是：阀体→锥型塞→垫圈→填料→压盖→螺钉。第一个调入的零件阀体要添加固定约束。其他零件安装的约束关系如图 11-26 所示。

视频

旋塞的装配及爆炸

视频

旋塞的拆装动画

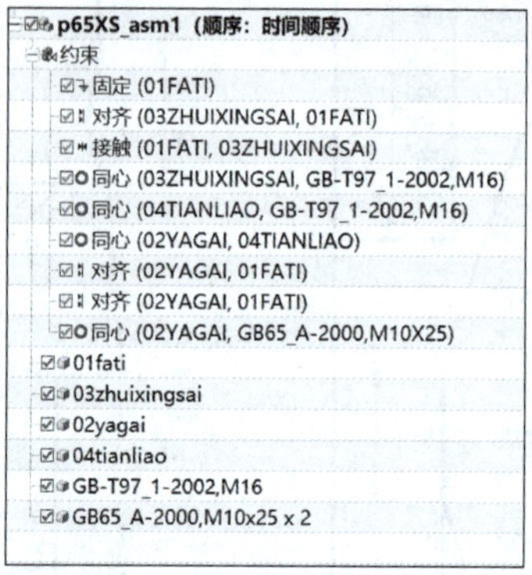

图 11-26　旋塞装配约束关系

11.6　UG NX 1847工程图

工程图是产品设计完成后进行加工制造时使用的图纸，工程图生成功能是三维绘图软件连接三维设计与制造的关键桥梁，在 UG NX 1847 中通过创建工程图可以实现从三维模型到二维图纸的高效转化。

11.6.1　参数预设置

在利用三维模型转换工程图前，需要根据我国制图标准，通过“首选项”菜单设置好工程图的基本参数，如图纸编号、线型线宽、颜色、视图边界线设置等。在制图模块中，通过单击菜单栏“首选项”命令，选择相应的预设置命令即可。

单击菜单栏“首选项”命令，在弹出的菜单中单击“制图”命令，弹出“制图首选项”对话框，如图 11-27 所示。

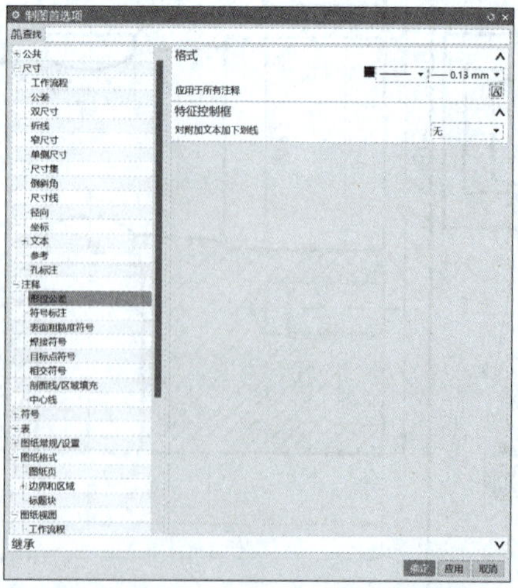

图 11-27　“制图首选项”对话框

在制图首选项中可以进行常规、视图、注释等方面的预设置，简要介绍如下：

(1)公共：设置图纸上文字的格式、大小等。

(2)尺寸：设置各种尺寸的样式。

(3)表：设置零件明细表、孔表等样式。

(4)图纸视图：设置视图隐藏线、切边是否显示、螺纹显示样式等内容。

(5)注释：设置形位公差、表面粗糙度、剖面线、中心线等的样式。

11.6.2 图纸操作

1. 创建图纸

在进行工程图绘制前，首先应创建图纸，以便进行投影视图等工作。在 UG NX 1847 中，对于一个模型，可以建立一张或多张图纸。

单击“主页”上的“新建图纸页”按钮，弹出“图纸页”对话框，如图 11-28 所示，通过“图纸页”对话框，可以点选“使用模板”选项，在列表框中选择所需的图纸模板，直接应用于当前的工程图中，也可以通过“标准尺寸”，设置图纸的“大小”和“比例”等参数。另外，通过“单位”“投影”选项，还可以对图纸的单位、视图的投影方式进行选择设置。

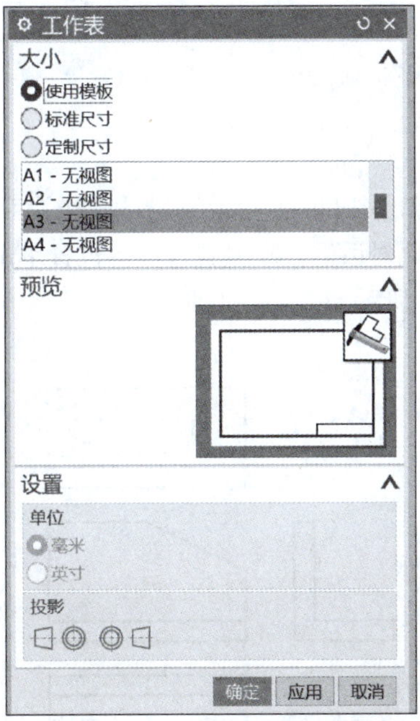

图 11-28 “图纸页”对话框

2. 删除图纸

在部件导航器中右击所要删除的图纸名称，在弹出的快捷菜单中选择“删除”命令，即可删除图纸。

3. 编辑图纸

单击“主页”上的“编辑图纸页”按钮，弹出“图纸页”对话框，可对图纸页的名称、大小、比例等进行编辑。

视频

视图操作

11.6.3 视图操作

图纸创建后，用户就可以在图纸上插入视图(图形)，本小节主要介绍基本视图、投影视图、全剖视图、半剖视图、旋转剖视图、局部剖视图、局部放大图几种视图的创建和操作。

1. 基本视图

通过单击菜单栏“插入”→“视图”→“基本视图”命令，或者单击“视图”命令组上的“基本视图”按钮，弹出图11-29所示的“基本视图”对话框，选择视图方向，设置绘图比例，移动鼠标在图纸区选择视图放置位置，即可完成基本视图的添加，如图11-30所示。

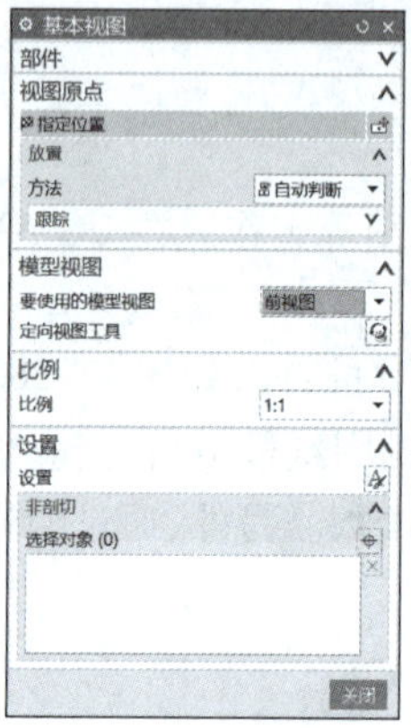

图11-29　“基本视图”对话框

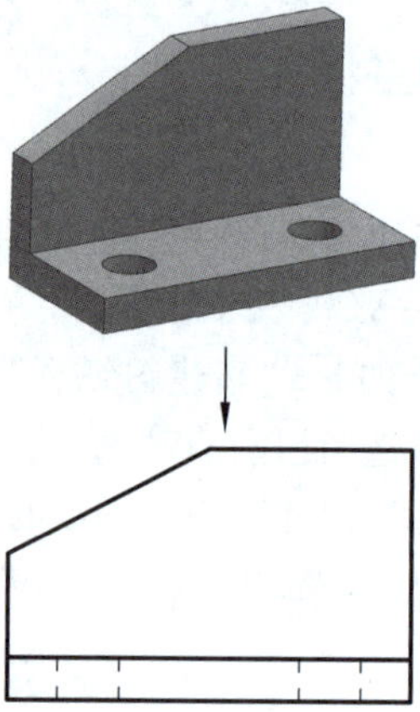

图11-30　实体特征创建“基本视图”

2. 投影视图

添加主视图后，系统会自动弹出图11-31所示的“投影视图”对话框，或者单击“视图”面板上的“投影视图”按钮，也可以打开此对话框。在放置视图的位置单击即可得到投影视图，可依次生成各个方向的投影视图，如图11-32所示。

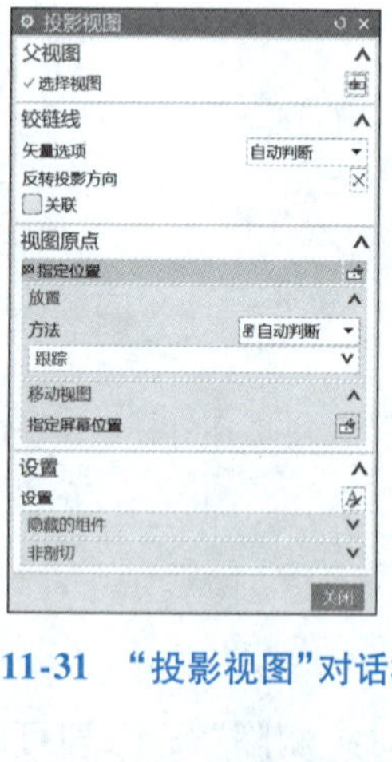

图11-31　“投影视图”对话框

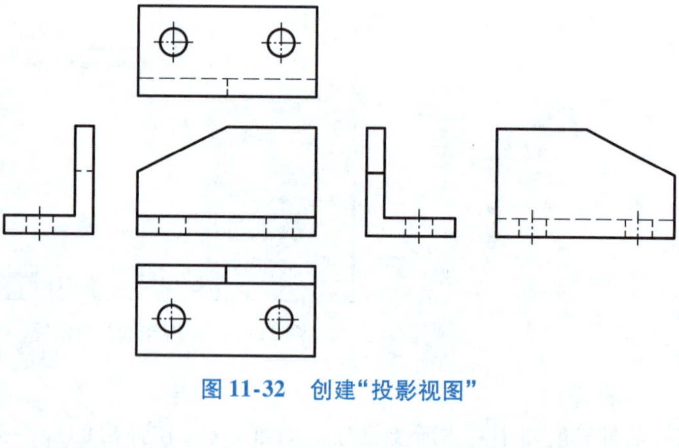

图11-32　创建“投影视图”

“投影视图”对话框中“父视图”是指视图形成过程中确定投影方向的参考视图，系统默认上一步添加的基本视图为“父视图”，如需要更改父视图，单击“选择视图”选项并在绘图区点选相应视图即可。

3. 全剖视图

单击“视图”命令组上的“剖视图”按钮，弹出图11-33所示的“剖视图”对话框，方法里选择“简单剖/阶梯剖”，再选择“父”视图并确定剖切面的位置，然后移动鼠标至合适的位置放置全剖视图即可，如图11-34所示。通过“剖视图”对话框中“铰链线”“截面线”选项，还可以进行阶梯剖视图的创建。

图 11-33　“剖视图”对话框

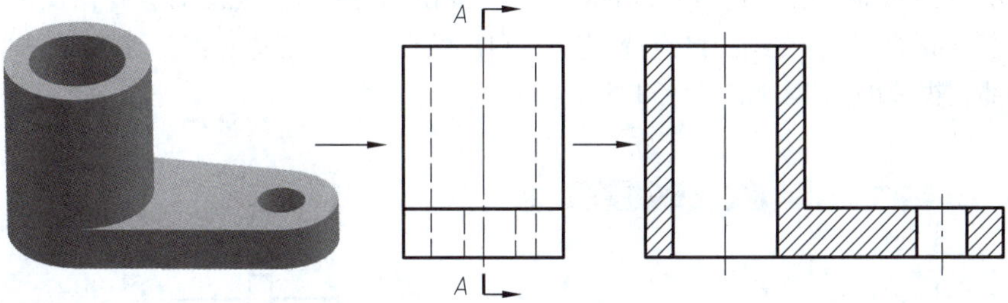

图 11-34　创建“剖视图”

4. 半剖视图

单击“视图”命令组上的“剖视图”按钮，弹出图 11-33 所示的“剖视图”对话框，方法里选择“半剖”，再选择“父”视图并确定剖切面的位置，然后移动鼠标至合适的位置放置全剖视图即可，如图 11-35 所示。

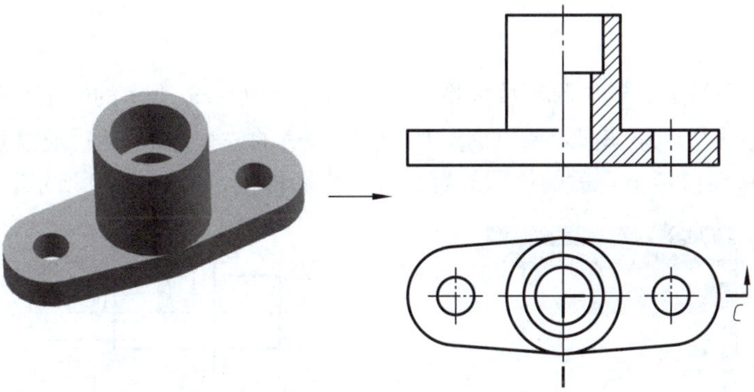

图 11-35　创建“半剖视图”

5. 旋转剖视图

单击“视图”命令组上的“剖视图”按钮，弹出图 11-33 所示的“剖视图”对话框，方法里选择“简单剖/阶梯剖”，再选择“父”视图，然后在父视图上合适位置点选确定剖切面的旋转中心，接着移动鼠标分别确定各相交剖切面的位置，最后移动鼠标至合适的位置放置旋转剖视图即可，如图 11-36 所示。

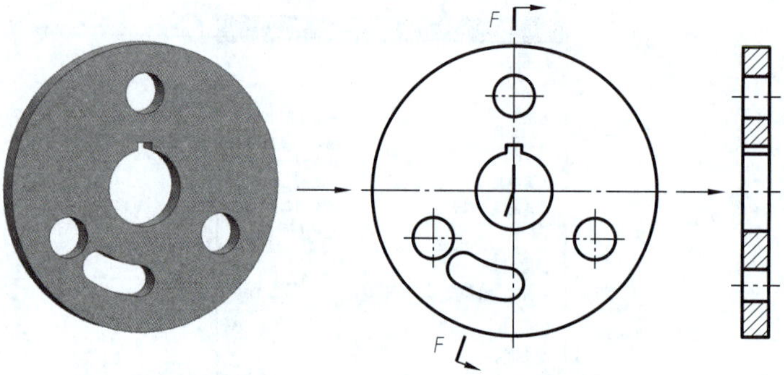

图 11-36　创建“旋转剖视图”

6. 局部剖视图

在创建局部剖视图前，需要在父视图上绘制局部剖的“剖切边界线”，可以利用“曲线”工具条完成。

然后单击“视图”命令组上的“局部剖视图”按钮，选择“父”视图后会弹出图 11-37 所示的“局部剖视图”对话框，然后在绘图区点选“基点”和已绘制的“剖切边界线”，最后单击“确定”按钮即可完成局部剖视图的创建，如图 11-38 所示。

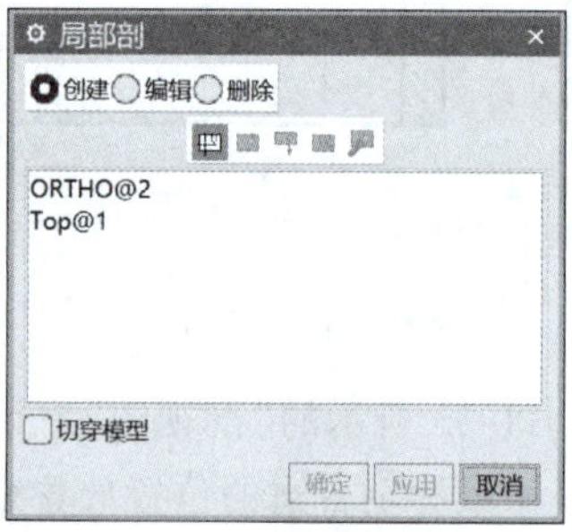

图 11-37　“局部剖视图”对话框

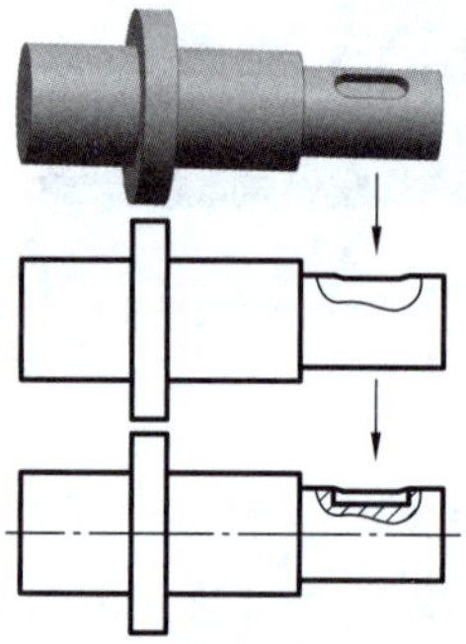

图 11-38　创建“局部剖视图”

7. 局部放大图

单击“视图”命令组上的“局部放大图”按钮，弹出图 11-39 所示的“局部放大图”对话框，首先根据需要选择视图边界为“矩形”或“圆形”，并设置合适的放大比例，然后通过点选和移动鼠标绘制边界图形，最后移动鼠标至合适的位置放置局部放大图即可，如图 11-40 所示。

图 11-39　“局部放大图”对话框

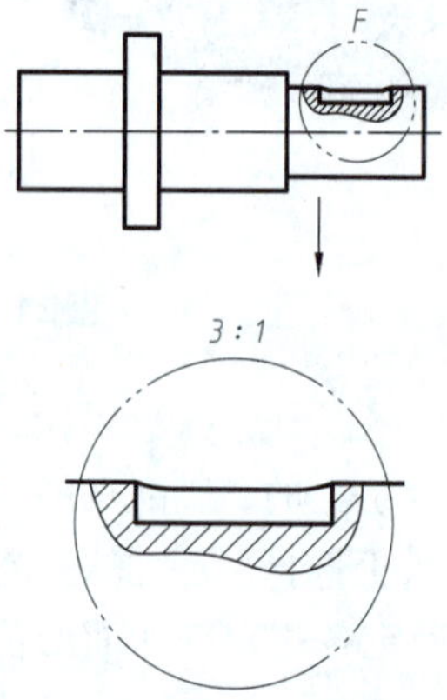

图 11-40　创建“局部放大图”

11.6.4 工程图标注

UG NX 1847 工程图的标注包括尺寸标注、中心线标注、粗糙度标注、形位公差标注、文本注释等内容。可通过图 11-41 所示“尺寸”命令组和“注释”命令组，完成各类尺寸及工程图的公差、表面粗糙度、剖面线等的标注。

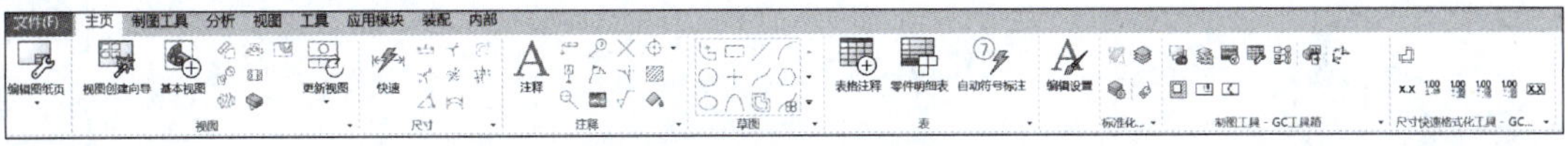

图 11-41 “尺寸”面板

1. 尺寸标注

单击菜单栏“插入”→“尺寸”命令，或者利用“尺寸”命令组（见图 11-42），可以选择合适的样式进行工程图的尺寸标注。尺寸测量方法包括“自动判断”“水平尺寸”“竖直尺寸”“平行尺寸”“垂直尺寸”“角度”“直径”“半径”等多种。

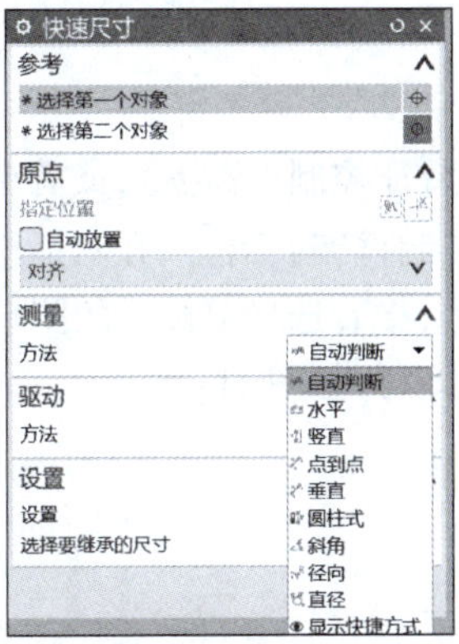

图 11-42 “快速尺寸”对话框

2. 中心线标注

单击菜单栏“插入”→“中心线”命令，或利用“注释”命令组上（见图 11-43）的“中心线”下拉菜单，创建圆、圆柱、长方体等图形的中心线，如图 11-44 所示。

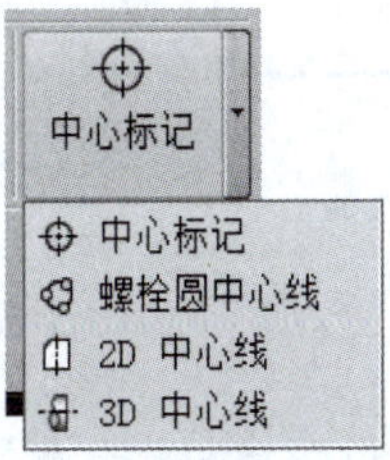

图 11-43 “中心线”下拉菜单

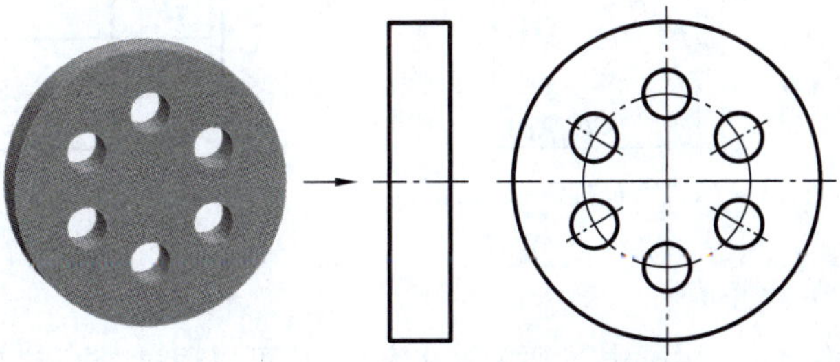

图 11-44 “中心标记”、“螺栓圆中心线”示例

3. 表面粗糙度标注

单击菜单栏“插入”→“注释”→“表面粗糙度符号”命令，或者单击“注释”面板上的 √ “表面粗糙度符号”按钮，弹出图 11-45 所示的“表面粗糙度”对话框，通过该对话框可以对表面粗糙度标注的

样式、属性等进行详细设置，其标注效果如图 11-46 所示。

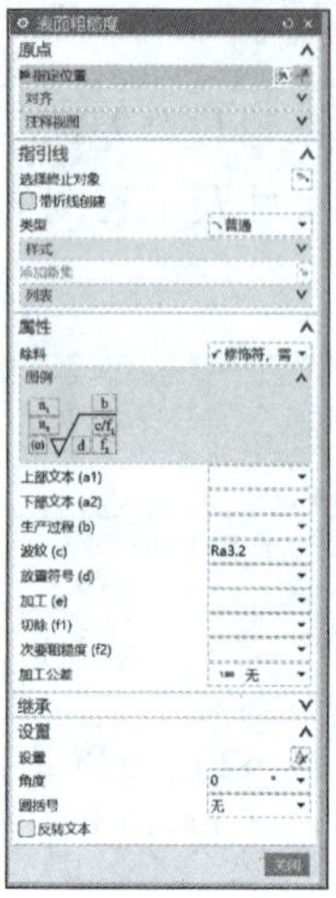

图 11-45 “表面粗糙度”对话框

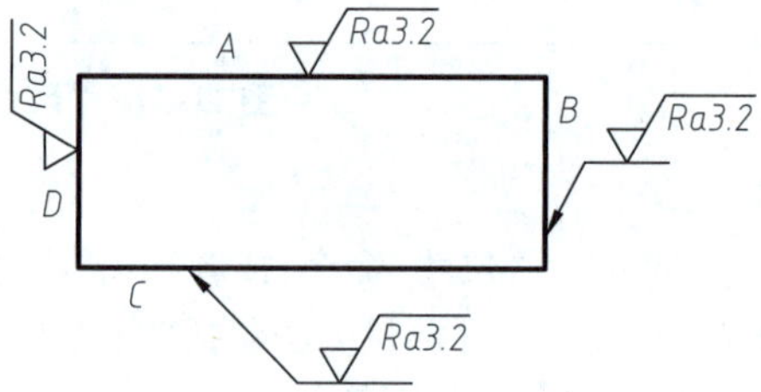

图 11-46 表面粗糙度标注示例

4. 形位公差标注

单击菜单栏“插入”→“注释”→“特征控制框”命令，或者单击“注释”命令组上的“特征控制框”按钮，弹出图 11-47 所示的“特征控制框”对话框。在对话框选项中通过选择符号、代号和公差值设置，便可形成所需要的形位公差符号，接着选择要标注的图形，按住鼠标左键拖动，拖出引导线，最后将形位公差符号放置在合适的位置即可，如图 11-48 所示。

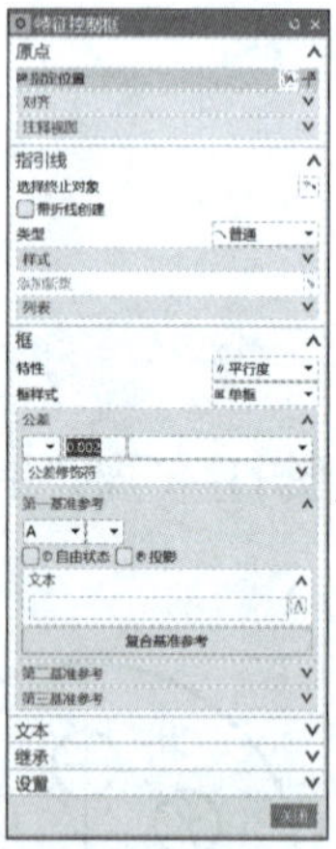

图 11-47 “特征控制框”对话框

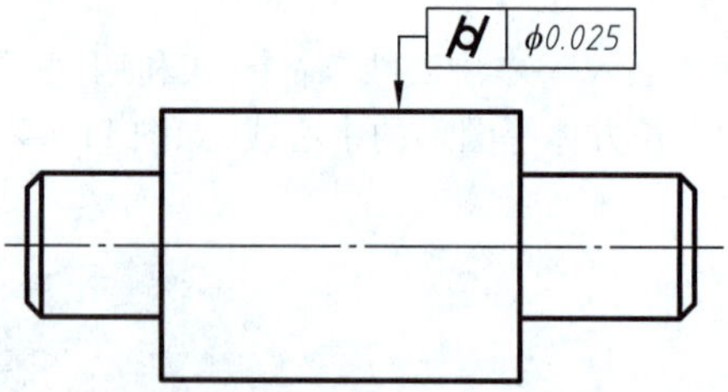

图 11-48 形位公差标注示例

5. 注释和表格

对于工程图中的技术要求等文字内容，可以通过“注释”功能实现。通过菜单栏“插入”→“注释”→“注释”命令，或者单击“注释”命令组（见图 11-41）上的“注释”按钮，弹出“注释”对话框。在该对话框中，可以直接创建和编辑文本。

对于工程图中的明细栏等表格，可以通过“表格注释”和“零件明细表”功能实现。单击菜单栏“插入”→“表格”→“表格注释”命令，弹出“表格注释”对话框。在该对话框中输入表格的行数、列数、列宽，然后移动鼠标在绘图区指定放置位置即可完成创建。

11.6.5　实例演示

1. 阀体零件工程图的建立

阀体零件图如图11-49所示。

视频

阀体的工程图

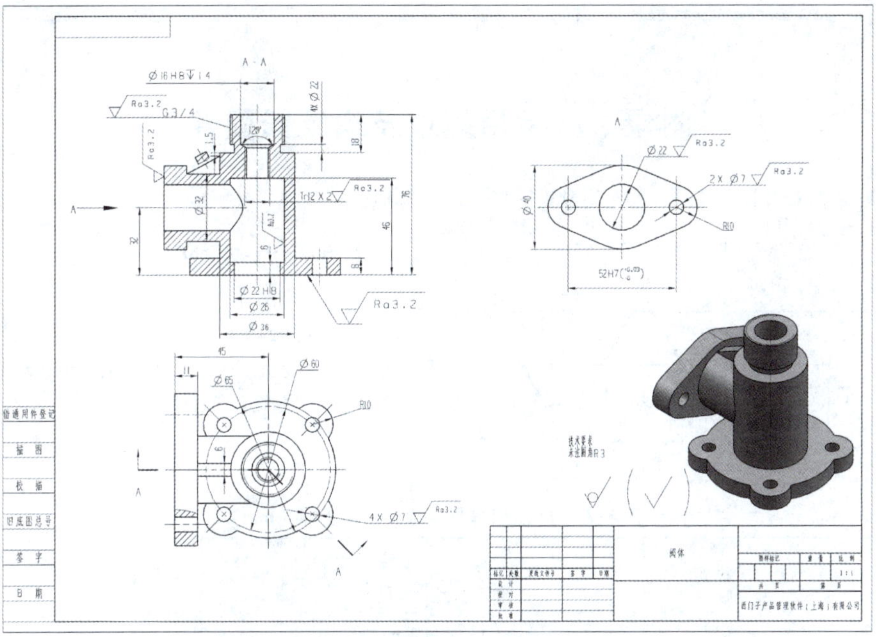

图11-49　阀体零件图

2. 旋塞工程图的建立

旋塞装配图如图11-50所示。

视频

旋塞的工程图

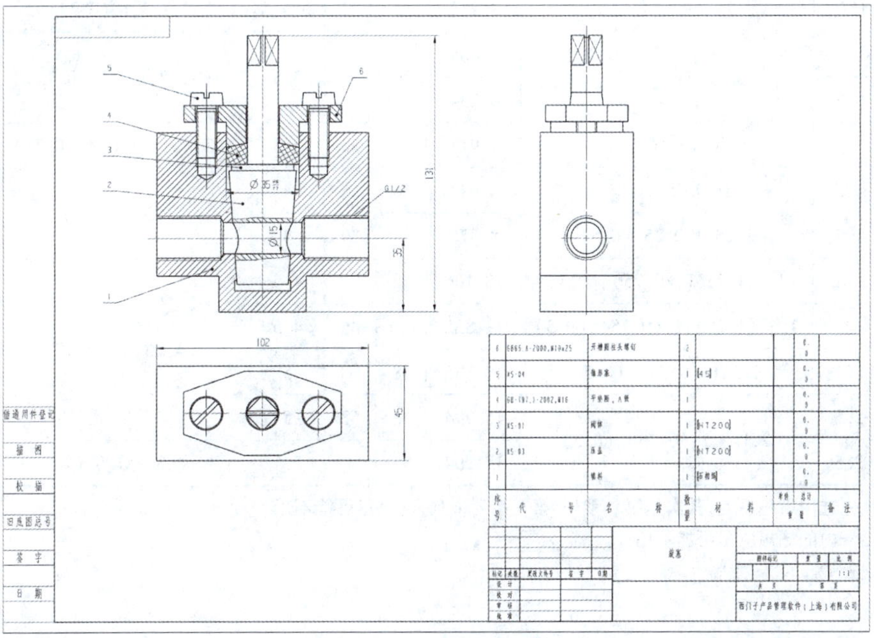

图11-50　旋塞装配图

附　录

附录 A　常用螺纹及螺纹紧固件

1. 普通螺纹(摘自 GB/T 193—2003、GB/T 196—2003)

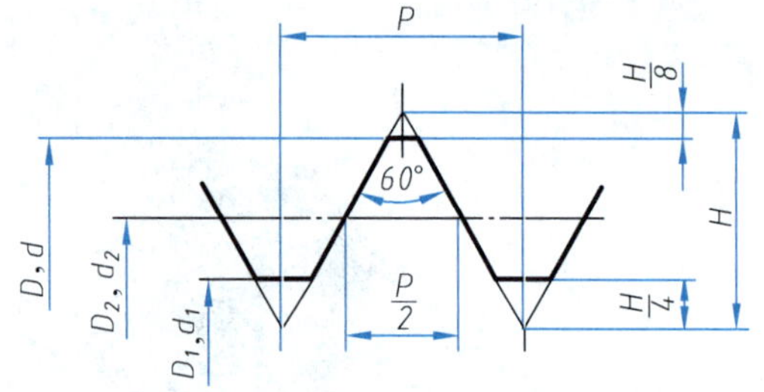

$H=\frac{\sqrt{3}}{2}P=0.866P$

标记示例:

M24×1.5 LH

表示公称直径 24 mm,螺距 1.5 mm 的左旋普通螺纹

表 A-1　直径与螺距系列、基本尺寸(mm)

公称直径 D,d 第一系列	公称直径 D,d 第二系列	螺距 P 粗牙	螺距 P 细牙	粗牙小径 D_1,d_1	公称直径 D,d 第一系列	公称直径 D,d 第二系列	螺距 P 粗牙	螺距 P 细牙	粗牙小径 D_1,d_1
3		0.5	0.35	2.459		22	2.5	2,1.5,1,(0.75),(0.5)	19.294
	3.5	(0.6)		2.850	24		3	2,1.5,1,(0.75)	20.752
4		0.7	0.5	3.242		27	3	2,1.5,1,(0.75)	23.752
	4.5	(0.75)		3.688	30		3.5	(3),2,1.5,1,(0.75)	26.211
5		0.8		4.134					
6		1	0.75,(0.5)	4.917		33	3.5	(3),2,1.5,(1),(0.75)	29.211
8		1.25	1, 0.75,(0.5)	6.647	36		4	3,2,1.5,(1)	31.670
10		1.5	1.25,1,0.75,(0.5)	8.376		39	4		34.670
12		1.75	1.5,1.25,1,(0.75),(0.5)	10.106	42		4.5	(4),3,2,1.5,(1)	37.129
	14	2	1.5,(1.25),1,(0.75),(0.5)	11.835		45	4.5		40.129
16		2	1.5,1,(0.75),(0.5)	13.835	48		5		42.587
	18	2.5	2,1.5,1,(0.75),(0.5)	15.294		52	5		46.587
20		2.5		17.294	56		5.5	4,3,2,1.5,(1)	50.046

注:[1]优先选用第一系列,其次是第二系列,第三系列未列入,也尽可能不用。

[2]括号内的螺矩应尽可能不用。

[3]中径 D_2,d_2 未列入。

2. 梯形螺纹的基本尺寸(摘录 GB/T 5796.2—2022、GB/T 5796.3—2022)

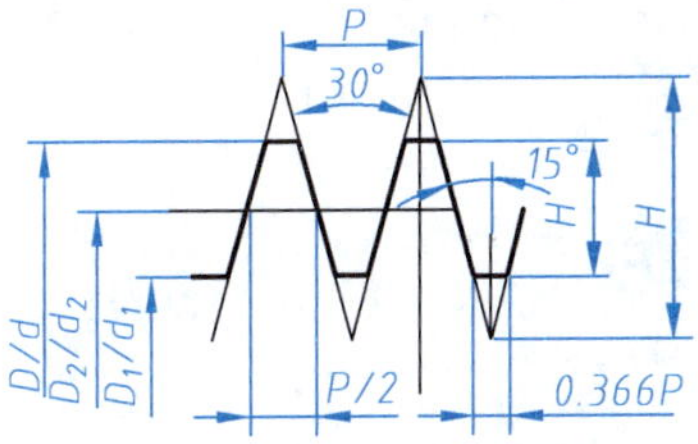

标记示例:

Tr40×14(P7)LH

表示公称直径 40 mm,导程 14 mm,螺距 7 mm 的双线左旋梯形螺纹

表 A-2 直径与螺距系列、基本尺寸(mm)

公称直径 d 第一系列	公称直径 d 第二系列	螺距 P	中径 $D_2=d_2$	大径 D_4	小径 d_3	小径 D_1
8		1.5	7.25	8.30	6.20	6.50
	9	1.5	8.25	9.30	7.20	7.50
		2	8.00	9.50	6.50	7.00
10		1.5	9.25	10.30	8.20	8.50
		2	9.00	10.50	7.50	8.00
	11	2	10.00	11.50	8.50	9.00
		3	9.50	11.50	7.50	8.00
12		2	11.00	12.50	9.50	10.00
		3	10.50	12.50	8.50	9.00
	14	2	13.00	14.50	11.50	12.00
		3	12.50	14.50	10.50	11.00
16		2	15.00	16.50	13.50	14.00
		4	14.00	16.50	11.50	12.00
	18	2	17.00	18.50	15.50	16.00
		4	16.00	18.50	13.50	14.00
20		2	19.00	20.50	17.50	18.00
		4	18.00	20.50	15.50	16.00
	22	3	20.00	22.50	18.50	19.00
		5	19.50	22.50	16.50	17.00
		8	18.00	23.00	13.00	14.00
24		3	22.50	24.50	20.50	21.00
		5	21.50	24.50	18.50	19.00
		8	20.00	25.00	15.00	16.00

公称直径 d 第一系列	公称直径 d 第二系列	螺距 P	中径 $D_2=d_2$	大径 D_4	小径 d_3	小径 D_1
	26	3	24.50	26.50	22.50	23.00
		5	23.50	26.50	20.50	21.00
		8	22.00	27.00	17.00	18.00
28		3	26.50	28.50	24.50	25.00
		5	25.50	28.50	22.50	23.00
		8	24.00	29.00	19.00	20.00
	30	3	28.50	30.50	26.50	29.00
		6	27.00	31.00	23.00	24.00
		10	25.00	31.00	19.00	20.00
32		3	30.50	32.50	28.50	29.00
		6	29.00	33.00	25.00	26.00
		10	27.00	33.00	21.00	22.00
	34	3	32.50	34.50	30.50	31.00
		6	31.00	35.00	27.00	28.00
		10	29.00	35.00	23.00	24.00
36		3	34.50	36.50	32.50	33.00
		6	33.00	37.00	29.00	30.00
		10	31.00	37.00	25.00	26.00
	38	3	36.50	38.50	34.50	35.00
		7	34.50	39.00	30.00	31.00
		10	33.00	39.00	27.00	28.00
40		3	38.50	40.50	36.50	37.00
		7	36.50	41.00	32.00	33.00
		10	35.00	41.00	29.00	30.00

3. 55°非密封管螺纹（摘录 GB/T 7307—2001）

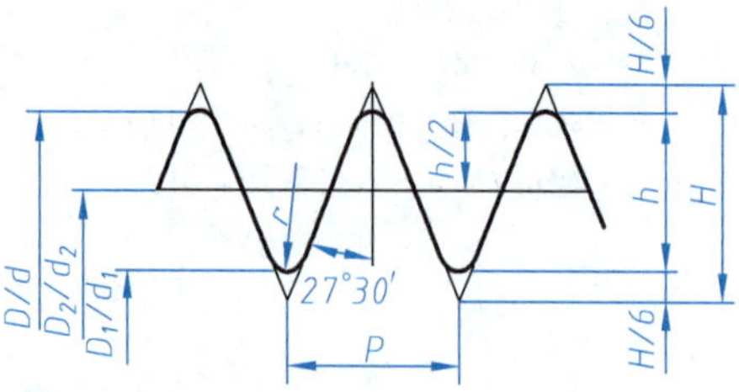

$P = 25.4/n$

$H = 0.960\,491\ P$

标记示例：

G 1½ A

表示尺寸代号为 1½，A 级右旋外螺纹

表 A-3　非螺纹密封的管螺纹（mm）

尺寸代号	每 25.4 mm 内的牙数 n	螺距 P	牙高 h	圆弧半径 $r\approx$	基本直径		
					大径 $d=D$	中径 $d_2=D_2$	小径 $d_1=D_1$
1/16	28	0.907	0.581	0.125	7.723	7.142	6.561
1/8	28	0.907	0.581	0.125	9.728	9.147	8.566
1/4	19	1.337	0.856	0.184	13.157	12.301	11.445
3/8	19	1.337	0.856	0.184	16.662	15.806	14.950
1/2	14	1.814	1.162	0.249	20.955	19.793	18.631
5/8	14	1.814	1.162	0.249	22.911	21.749	20.587
3/4	14	1.814	1.162	0.249	26.441	25.279	24.117
7/8	14	1.814	1.162	0.249	30.201	29.039	27.877
1	11	2.309	1.479	0.317	33.249	31.770	30.291
11/8	11	2.309	1.479	0.317	37.897	36.418	34.939
1¼	11	2.309	1.479	0.317	41.910	40.431	38.952
1½	11	2.309	1.479	0.317	47.803	46.324	44.845
1¾	11	2.309	1.479	0.317	53.746	52.267	50.788
2	11	2.309	1.479	0.317	59.614	58.135	56.656
2¼	11	2.309	1.479	0.317	65.710	64.231	62.752
2½	11	2.309	1.479	0.317	75.184	73.705	72.226
2¾	11	2.309	1.479	0.317	81.534	80.055	78.576
3	11	2.309	1.479	0.317	87.884	86.405	84.926
3½	11	2.309	1.479	0.317	100.330	98.851	97.372
4	11	2.309	1.479	0.317	113.030	111.551	110.072
4½	11	2.309	1.479	0.317	125.730	124.251	122.772
5	11	2.309	1.479	0.317	138.430	136.951	135.472
5½	11	2.309	1.479	0.317	151.130	149.651	148.172
6	11	2.309	1.479	0.317	163.830	162.351	160.872

4. 螺栓

六角头螺栓—C 级(GB/T 5780—2016)、六角头螺栓—A 和 B 级(GB/T 5782—2016)

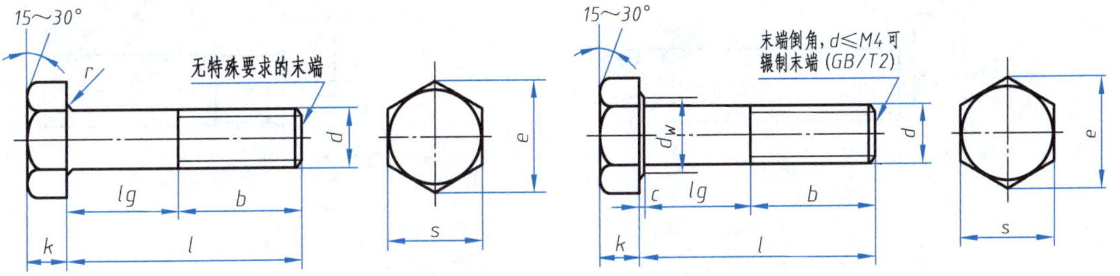

【标记示例】螺纹规格 d = M12，公称长度 l = 80，性能等级为 8.8 级，表面氧化、A 级的六角头螺栓。

螺栓 GB/T 5782 M12×80

表 A-4 螺栓(mm)

螺纹规格 d			M3	M4	M5	M6	M8	M10	M12	M16	M20	M24	M30	M36	M42
b 参考	l≤125		12	14	16	18	22	26	30	38	46	54	66	—	—
	125 < l≤200		18	20	22	24	28	32	36	44	52	60	72	84	96
	l > 200		31	33	35	37	41	45	49	57	65	73	85	97	109
c			0.4	0.4	0.5	0.5	0.6	0.6	0.6	0.8	0.8	0.8	0.8	0.8	1
d_w	产品等级	A	4.57	5.88	6.88	8.88	11.63	14.63	16.63	22.49	28.19	33.61	—	—	—
		B、C	4.45	5.74	6.74	8.74	11.47	14.47	16.47	22	27.7	33.25	42.75	51.11	59.95
e	产品等级	A	6.01	7.66	8.79	11.05	14.38	17.77	20.03	26.75	33.53	39.98	—	—	—
		B、C	5.88	7.50	8.63	10.89	14.20	17.59	19.85	26.17	32.95	39.55	50.85	60.79	72.02
k 公称			2	2.8	3.5	4	5.3	6.4	7.5	10	12.5	15	18.7	22.5	26
r			0.1	0.2	0.2	0.25	0.4	0.4	0.6	0.6	0.8	0.8	1	1	1.2
S 公称			5.5	7	8	10	13	16	18	24	30	36	46	55	65
l(商品规格范围)			20～30	25～40	25～50	30～60	40～80	45～100	50～120	65～160	80～200	90～240	110～300	140～360	160～440
l 系列			12,16,20,25,30,35,40,45,50,55,60,65,70,80,90,100,110,120,130,140,150,160,180,200,220,240,260,280,300,320,340,360,380,400,420,440,460,480,500												

注：[1] A 级用于 d≤24 和 l≤10d 或≤150 的螺栓；B 级用于 d > 24 和 l > 10d 或 > 150 的螺栓。

[2] 螺纹规格 d 范围：GB/T 5780 为 M5～M64；GB/T 5782 为 M1.6～M64。

[3] 公称长度范围：GB/T 5780 为 25～500；GB/T 5782 为 12～500。

5. 开槽圆柱头螺钉(GB/T 65—2016)开槽盘头螺钉(GB/T 67—2016)开槽沉头螺钉(GB/T 68—2016)开槽半沉头螺钉(GB/T 69—2016)

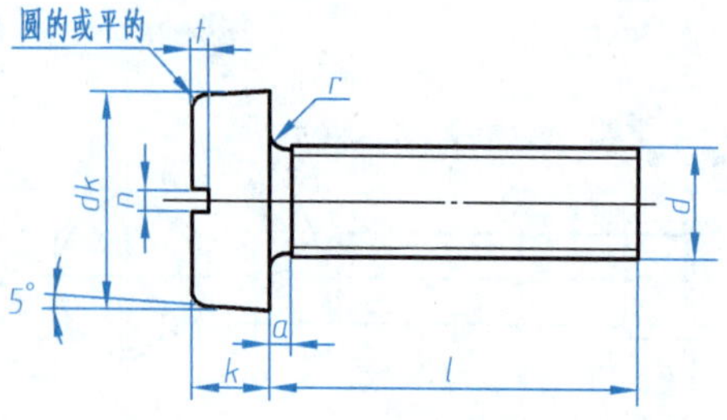

GB/T65—2016

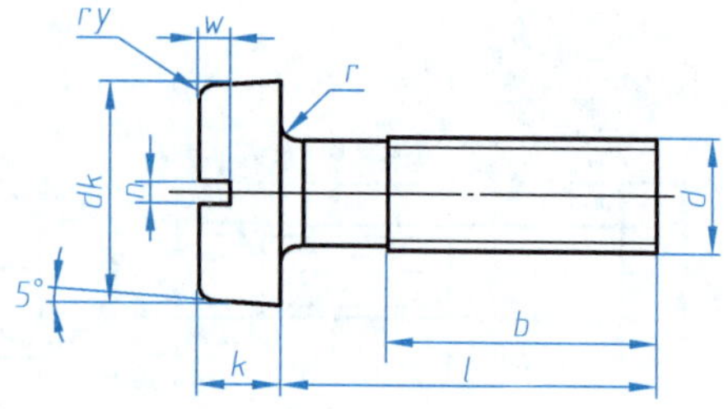

GB/T67—2016

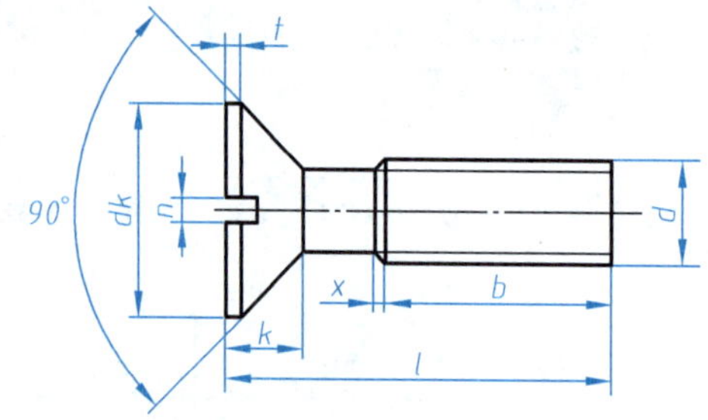

GB/T68—2016

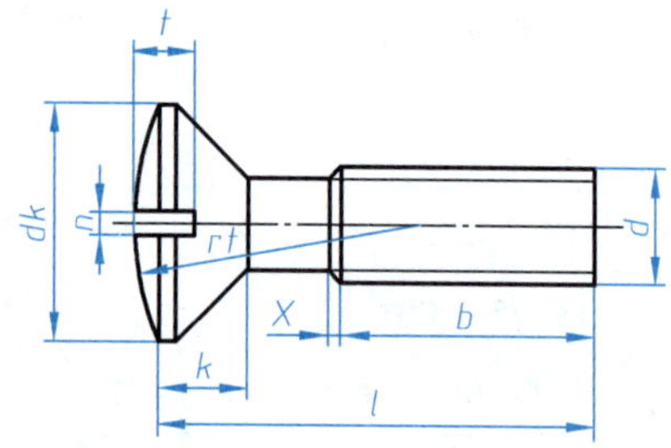

GB/T69—2016

标记示例:螺钉 GB/T 65—2016 M 10×30

表示螺纹规格 d=M10,公称长度 l=30 mm 的开槽圆柱头螺钉

表 A-5 螺钉(mm)

螺纹规格 d			M1.6	M2	M2.5	M3	M4	M5	M6	M8	M10
p			0.35	0.4	0.45	0.5	0.7	0.8	1	1.25	1.5
a		max	0.7	0.8	0.9	1	1.4	1.6	2	2.5	3
b		min	25				38				
n		公称	0.4	0.5	0.6	0.8	1.2		1.6	2	2.5
d_a		max	2.1	2.6	3.1	3.6	4.7	5.7	6.8	9.2	11.2
x		max	0.9	1	1.1	1.25	1.75	2	2.5	3.2	3.8
GB/T 65—2016	d_k	max	3	3.8	4.5	5.5	7	8.5	10	13	16
	k	max	1.1	1.4	1.8	2	2.6	3.3	3.9	5	6
	t	min	0.45	0.6	0.7	0.85	1.1	1.3	1.6	2	2.4
	r	min	0.1				0.2		0.25	0.4	
	l 范围公称		2~16	3~20	3~25	4~30	5~40	6~50	8~60	10~80	12~80
	全螺纹时最大长度		30				40				

续上表

螺纹规格 d			M1.6	M2	M2.5	M3	M4	M5	M6	M8	M10
GB/T 67—2016	d_k	max	3.2	4	5	5.6	8	9.5	12	16	20
	k	max	1	1.3	1.5	1.8	2.4	3	3.6	4.8	6
	l	min	0.35	0.5	0.6	0.7	1	1.2	1.4	1.9	2.4
	r	min	0.1				0.2		0.25	0.4	
	r_f	参考	0.5	0.6	0.8	0.9	1.2	1.5	1.8	2.4	3
	l 范围公称		2~16	2.5~20	3~25	4~30	5~40	6~50	8~60	10~80	12~80
	全螺纹时最大长度		30				40				
GB/T 68—2016 GB/T 69—2016	d_k	max	3	3.8	4.7	5.5	8.4	9.3	11.3	15.8	18.3
	k	max	1	1.2	1.5	1.65	2.7	2.7	3.3	4.65	5
	t min	GB/T68	0.32	0.4	0.5	0.6	1	1.1	1.2	1.8	2
		GB/T69	0.64	0.8	1	1.2	1.6	2	2.4	3.2	3.8
	r	max	0.4	0.5	0.6	0.8	1	1.3	1.5	2	2.5
	r_f	参考	3	4	5	6	9.5	9.5	12	16.5	19.5
	f		0.4	0.5	0.6	0.7	1	1.2	1.4	2	2.3
	l 范围公称		2.5~16	3~20	4~25	5~30	6~40	8~50	8~60	10~80	12~80
	全螺纹时最大长度		30				45				
l 系列			2、2.5、3、4、5、6、8、10、12、(14)、16、20、25、30、35、40、45、50、(55)、60、(65)、70、(75)、80								

注：b 不包括螺尾；括号内规格尽可能不采用。

6. 开槽锥端紧定螺钉(GB/T 71—2018)
开槽平端紧定螺钉(GB/T 73—2017)
开槽长圆柱端紧定螺钉(GB/T 75—2018)

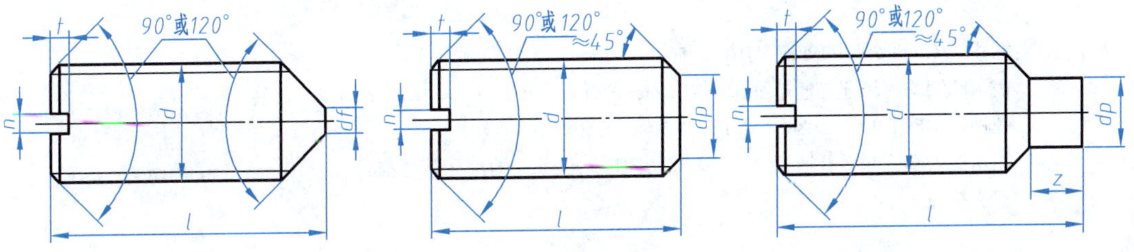

GB/T71—2018　　GB/T73—2017　　GB/T75—2018

标记示例：螺钉　GB/T 71　M 10 × 30

表示螺纹规格 d = M10，公称长度 l = 30 mm 的开槽锥端紧定螺钉

表 A-6 紧定螺钉(mm)

螺纹规格 *d*		M1.2	M1.6	M2	M2.5	M3	M4	M5	M6	M8	M10	M12
d_p max		0.6	0.8	1	1.5	2	2.5	3.5	4	5.5	7	8.5
n 公称		0.2	0.25	0.25	0.4	0.4	0.6	0.8	1	1.2	1.6	2
t max		0.52	0.74	0.84	0.95	1.05	1.42	1.63	2	2.5	3	3.6
d_t max		0.12	0.16	0.2	0.25	0.3	0.4	0.5	1.5	2	2.5	3
z max		—	1.05	1.25	1.5	1.75	2.25	2.75	3.25	4.3	5.3	6.3
l 范围	GB/T 71—1985	2~6	2~8	3~10	3~12	4~16	6~20	8~25	8~30	10~40	12~50	14~60
	GB/T 73—2017	2~6	2~8	2~10	2.5~12	3~16	4~20	5~25	6~30	8~40	10~50	12~60
	GB/T 75—1985	—	2.5~8	3~10	4~12	5~16	6~20	8~25	8~30	10~40	12~50	14~60
公称长度	GB/T 71—1985	2	2.5	2.5	3	3	4	5	6	8	10	12
	GB/T 73—2017	—	2	2.5	3	3	4	5	6	6	8	10
	GB/T 75—1985	—	2.5	3	4	5	6	8	10	14	16	20
l 系列		2、2.5、3、4、5、6、8、10、12、(14)、16、20、25、30、35、40、45、50、(55)、60										

备注:①公称长度 l≤表内值时顶端制成 120°,l>表内值时顶端制成 90°。
②尽可能不采用括号内规格。

7. 双头螺柱

双头螺柱——$b_m=1d$(GB/T 897—1988)　双头螺柱——$b_m=1.25d$(GB/T 898—1988)

双头螺柱——$b_m=1.5d$(GB/T 899—1988)　双头螺柱——$b_m=2d$(GB/T 900—1988)

A 型

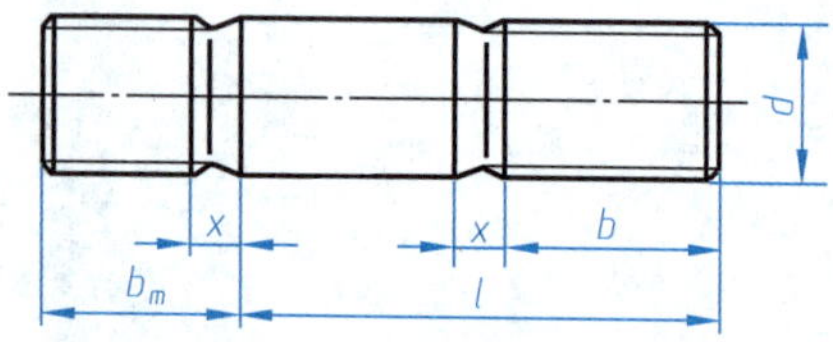

B 型

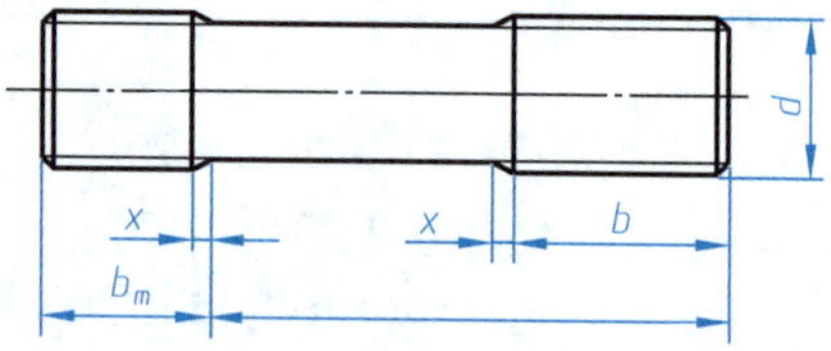

标记示例:螺柱　GB/T 898—1988　M10 × 50

表示两端均为粗牙普通螺纹,$d=10$ mm,$l=50$ mm,B 型,$b_m=1.25d$ 的双头螺柱。

螺柱　GB/T 900—1988　AM10—M10×1×50

表示旋入端为粗牙普通螺纹、紧固端为螺距 $P=1$ mm 的细牙普通螺纹,$d=10$ mm,$l=50$ mm,A 型,$b_m=2d$ 的双头螺柱。

表 A-7 双头螺柱(mm)

螺纹规格 *d*		M5	M6	M8	M10	M12	M16
b_m	GB/T 897—1988	5	6	8	10	12	16
	GB/T 898—1988	6	8	10	12	15	20
	GB/T 899—1988	8	10	12	15	18	24
	GB/T 900—1988	10	12	16	20	24	32
d		5	6	8	10	12	16
x		1.5*P*					
l/*b*		(16~22)/10 (25~50)/16	(20~22)/10 (25~30)/14 (32~75)/18	(20~22)/12 (25~30)/16 (32~90)/22	(25~28)/14 (30~38)/16 (40~120)/26 130/32	(25~30)/16 (32~40)/20 (45~120)/30 (130~180)/36	(30~38)/20 (40~55)/30 (60~120)/38 (130~200)/44

螺纹规格 *d*		M20	M24	M30	M36	M42	M48
b_m	GB/T 897—1988	20	24	30	36	42	48
	GB/T 898—1988	25	30	38	45	52	60
	GB/T 899—1988	30	36	45	54	65	72
	GB/T 900—1988	40	48	60	72	84	96
d		20	24	30	36	42	48
x		1.5*P*					
l/*b*		(35~40)/25 (45~65)/35 (70~120)/46 (130~200) /52	(45~50)/30 (55~75)/45 (80~120)/54 (130~200) /60	(60~65)/40 (70~90)/50 (95~120)/60 (130~200) /72 (210~250) /85	(60~75)/45 (80~110)/60 120/78 (130~200) /84 (210~300) /91	(60~80)/50 (85~110)/70 120/90 (130~200) /96 (210~300) /109	(80~90)/60 (95~110)/80 120/102 (130~200) /108 (210~300) /121
l 系列		16、(18)、20、(22)、25、(28)、30、(32)、35、(38)、40、45、50、(55)、60、(65)、70、(75)、80、(85)、90、(95)、100、110、120、130、140、150、160、170、180、190、200、210、220、230、240、250、260、280、300					

备注:①$b_m=d$ 一般用于钢对钢;$b_m=(1.25、1.5)d$ 一般用于钢对铸铁;$b_m=2d$ 一般用于钢对铝合金。

②*P* 表示螺距。

③尽可能不采用括号内的规格。

8. Ⅰ型六角螺母（GB/T 6170—2015）

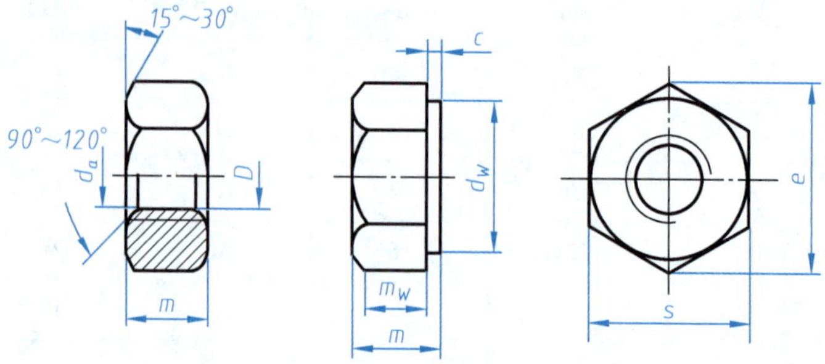

A 级和 B 级

标记示例：

螺母 GB/T 6170—2015 M 12

表示螺纹规格 D = M12，产品等级为 A 级的Ⅰ型六角螺母

表 A-8　螺母（mm）

螺纹规格 D	c max	d_a max	d_a min	d_w min	e min	m max	m min	m_w min	s max	s min
M1.6	0.2	1.84	1.6	2.4	3.41	1.3	1.05	0.8	3.2	3.02
M2	0.2	2.3	2	3.1	4.32	1.6	1.35	1.1	4	3.82
M2.5	0.3	2.9	2.5	4.1	5.45	2	1.75	1.4	5	4.82
M3	0.4	3.45	3	4.6	6.01	2.4	2.15	1.7	5.5	5.32
M4	0.4	4.6	4	5.9	7.66	3.2	2.9	2.3	7	6.78
M5	0.5	5.75	5	6.9	8.79	4.7	4.4	3.5	8	7.78
M6	0.5	6.75	6	8.9	11.05	9.2	4.9	3.9	10	9.78
M8	0.6	8.75	8	11.6	14.38	6.8	6.44	5.1	13	12.73
M10	0.6	10.8	10	14.6	17.77	8.4	8.04	6.4	16	15.73
M12	0.6	13	12	16.6	20.03	10.8	10.37	8.3	18	17.73
M16	0.8	17.3	16	22.5	26.75	14.8	14.1	11.3	24	23.67
M20	0.8	21.6	20	27.7	32.95	18	16.9	13.5	30	29.16
M24	0.8	25.9	24	33.2	39.55	21.5	20.2	16.2	36	35
M30	0.8	32.4	30	42.7	50.85	25.6	24.3	19.4	45	45
M36	0.8	38.9	36	51.1	60.79	31	29.4	23.5	55	53.8
M42	1	45.4	42	60.6	75.02	34	32.4	25.9	65	63.8
M48	1	51.8	48	69.4	62.6	38	36.4	29.1	75	74.1
M56	1	60.5	56	78.7	93.56	45	43.4	34.7	85	82.8
M64	1.2	69.1	64	88.2	104.86	51	49.1	39.3	95	92.8

备注：A 级用于 $D \leqslant 16$ 的螺母；B 级用于 $D > 16$ 的螺母。

9. 垫圈

(1)小垫圈 —A 级(GB/T 848—2002)　　平垫圈 —A 级(GB/T 97.1—2002)

平垫圈倒角型 —A 级(GB/T 97.2—2002)　　平垫圈 —C 级(GB/T 95—2002)

特大垫圈 —C 级(GB/T 5287—2002)　　大垫圈 —A 和 C 级(GB/T 96—2002)

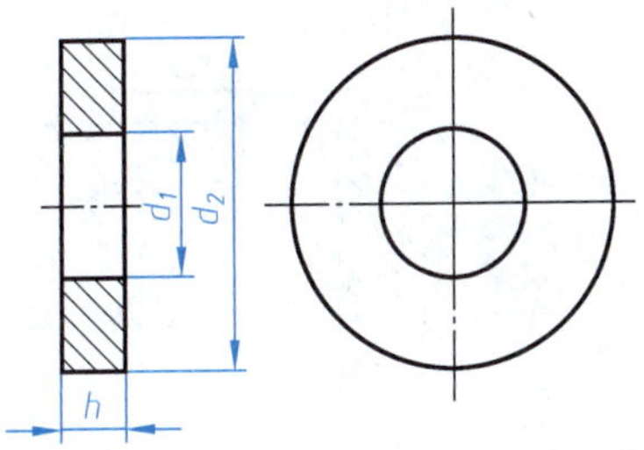

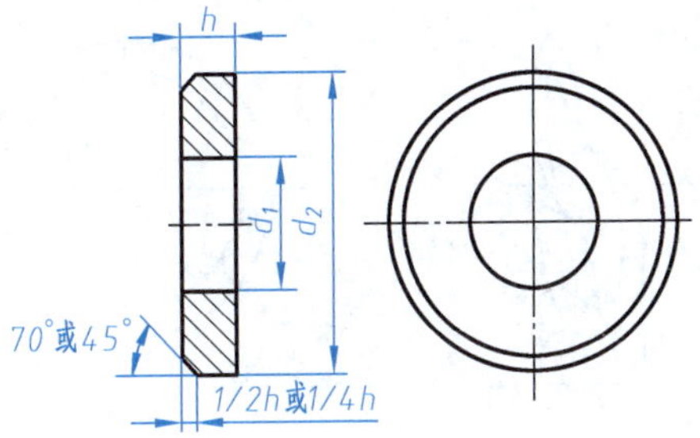

标记示例:垫圈　GB/T 95　8～100 HV　表示标准系列,公称尺寸 d=8 mm,性能等级 100 HV 的 C 级平垫圈

标记示例:垫圈　GB/T 97.2　8～140 HV　表示标准系列,公称尺寸 d=8 mm,性能等级 140 HV,倒角型 A 级平垫圈

表 A-9　垫圈(mm)

公称尺寸 d	GB/T 95—2002			GB/T 97.1—2002			GB/T 97.2—2002			GB/T 5287—2002			GB/T 96—2002			GB/T 848—2002		
	d_1	d_2	h	d_1	d_2	h	d_1	d_2	h	d_1	d_2	h	d_1	d_2	h	d_1	d_2	h
1.6	—	—	—	—	—	—	—	—	—	—	—	—	—	—	—	1.7	3.5	0.3
2	—	—	—	—	—	—	—	—	—	—	—	—	—	—	—	2.2	4.5	0.3
2.5	—	—	—	—	—	—	—	—	—	—	—	—	—	—	—	2.7	5	0.5
3	—	—	—	—	—	—	—	—	—	—	—	—	3.2	9	0.8	3.2	6	0.8
4	—	—	—	—	—	—	—	—	—	—	—	—	4.3	12	1	4.3	8	0.5
5	5.5	10	1	5.3	10	1	5.3	10	1	5.5	18	2	5.3	15	1.2	5.3	9	1
6	6.6	12	1.6	6.4	12	1.6	6.4	12	1.6	6.6	22	2	6.4	18	1.6	6.4	11	1.6
8	9	16	1.6	8.4	16	1.6	8.4	16	1.6	9	28	3	8.4	24	2	8.4	15	1.6
10	11	20	2	10.5	20	2	10.5	20	2	11	34	3	10.5	30	2.5	10.5	18	1.6
12	13.5	24	2.5	13	24	2.5	13	24	2.5	13.5	44	4	13	37	3	13	20	2
14	15.5	28	2.5	15	28	2.5	15	28	2.5	15.5	50	4	15	44	3	15	24	2.5
16	17.5	30	3	17	30	3	17	30	3	17.5	56	5	17	50	3	17	28	2.5
20	22	37	3	21	37	3	21	37	3	22	72	6	22	60	4	22	34	3
24	26	44	4	25	44	4	25	44	4	26	85	6	26	72	5	26	39	4
30	33	56	4	31	56	4	31	56	4	33	105	6	33	92	6	33	50	4
36	39	66	5	37	66	5	37	66	5	39	125	8	36	110	8	36	60	5

备注:①A 级、C 级为产品等级:A 级适用于精装配系列,C 级适用于中等装配系列,C 级垫圈没有 Ra3.2 和去毛刺的要求。

②GB/T 848—2002 主要用于带圆柱头螺钉,用于标准六角螺栓、螺钉和螺母。

（2）标准弹簧垫圈（GB/T 93—1987）、轻型弹簧垫圈（GB/T 859—1987）、重型弹簧垫圈（GB/T 7244—1987）

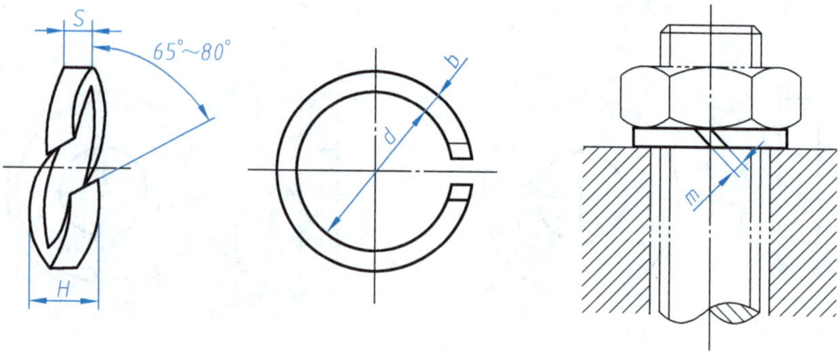

标记示例：垫圈 GB/T 93—1987 16

表示规格 16 mm，材料为 65Mn，表面氧化的标准型弹簧垫圈。

表 A-10 弹簧垫圈（mm）

规格（螺纹大径）	d min	GB/T 93—1987				GB/T 859—1987				GB/T 7244—1987			
		S 公称	b 公称	H max	m ≤	S 公称	b 公称	H max	m ≤	S 公称	b 公称	H max	m ≤
2	2.1	0.5	0.5	1.25	0.25	—	—	—	—	—	—	—	—
2.5	2.6	0.65	0.65	1.63	0.33	—	—	—	—	—	—	—	—
3	3.1	0.8	0.8	2	0.4	0.6	1	1.5	0.3	—	—	—	—
4	4.1	1.1	1.1	2.75	0.55	0.8	1.2	2	0.4	—	—	—	—
5	5.1	1.3	1.3	3.25	0.65	1.1	1.5	2.75	0.55	—	—	—	—
6	6.1	1.6	1.6	4	0.8	1.3	2	3.25	0.65	1.8	2.6	4.5	0.9
8	8.1	2.1	2.1	5.25	1.05	1.6	2.5	4	0.8	2.4	3.2	6	1.2
10	10.2	2.6	2.6	6.5	1.3	2	3	5	1	3	3.8	7.5	1.5
12	12.2	3.1	3.1	7.75	1.55	2.5	3.5	6.25	1.25	3.5	4.3	8.75	1.75
16	16.2	4.1	4.1	10.25	2.05	3.2	4.5	8	1.6	4.8	5.3	12	2.4
20	20.2	5	5	12.5	2.5	4	5.5	10	2	6	6.4	15	3
24	24.5	6	6	15	3	5	7	12.25	2.5	7.1	7.5	17.75	3.55
30	30.5	7.5	7.5	18.75	3.75	6	9	15	3	9	9.3	22.5	4.5
36	36.5	9	9	22.5	4.5	—	—	—	—	10.8	11.1	27	5.4
42	42.5	10.5	10.5	26.25	5.25	—	—	—	—	—	—	—	—
48	48.5	12	12	30	6	—	—	—	—	—	—	—	—

备注：m 应大于零。

附录 B 常用键与销

1. 普通型平键(GB/T 1096—2003)

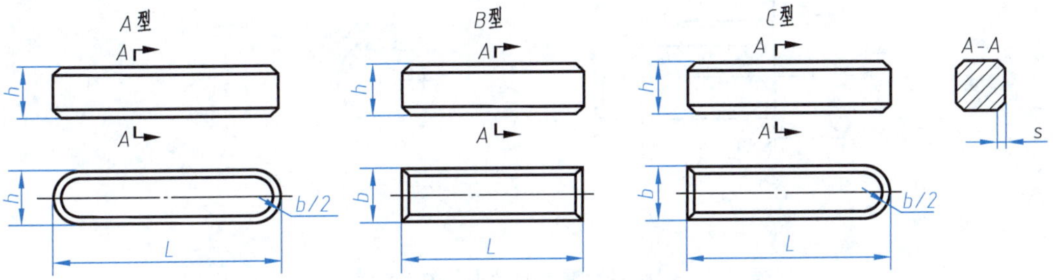

标记示例:

GB/T 1096—2003 键 16×10×100 表示圆头普通平键(A 型)$b=16$ mm,$h=10$ mm,$L=100$ mm

GB/T 1096—2003 键 B16×10×100 表示平头普通平键(B 型)$b=16$ mm,$h=10$ mm,$L=100$ mm

GB/T 1096—2003 键 C16×10×100 表示单圆头普通平键(C 型)$b=16$ mm,$h=10$ mm,$L=100$ mm

表 B-1 普通平键的型式尺寸与公差(mm)

b	公称尺寸	2	3	4	5	6	8	10	12	14	16
	偏差 h9	0 -0.025		0 -0.030			0 -0.036		0 -0.043		
h	公称尺寸	2	3	4	5	6	7	8	8	9	10
	偏差 h11	0 -0.06		0 -0.075			0 -0.090				
S		0.16~0.25			0.25~0.40			0.40~0.60			
L		6~20	6~36	8~45	10~56	14~70	18~90	22~110	28~140	36~160	45~180
b	公称尺寸	18	20	22	25	28	32	36	40	45	50
	偏差 h9	0 -0.043	0 -0.052				0 -0.062				
h	公称尺寸	11	12	14	14	16	18	20	22	25	28
	偏差 h9	0 -0.110						0 -0.130			
S		0.40~0.60	0.60~0.80					1.0~1.2			
L		50~200	56~220	63~250	70~280	80~320	90~360	100~400	100~400	110~450	125~500

L 系列:6、8、10、12、14、16、18、20、22、25、28、32、36、40、45、50、56、63、70、80、90、100、110、125 等

2. 平键和键槽的断面尺寸（GB/T 1095—2003）

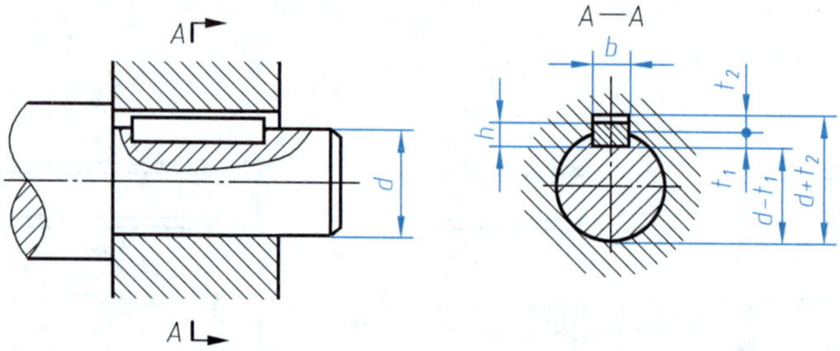

表 B-2 普通平键键槽的剖面尺寸与公差（mm）

轴	键	键槽											
		宽度 b						深度				半径 r	
			极限偏差					轴 t_1		毂 t_2			
公称直径 d	公称尺寸 $b\times h$	公称尺寸	较松键联结		一般键联结		较紧键联结						
			轴 H9	毂 D10	轴 N9	毂 JS9	轴和毂 P9	公称尺寸	极限偏差	公称尺寸	极限偏差	最小	最大
自 6～8	2×2	2	+0.025 0	+0.060 +0.020	-0.004 -0.029	±0.0125	-0.006 -0.031	1.2	+0.1 0	1	+0.1 0	0.08	0.16
＜8～10	3×3	3						1.8		1.4			
＜10～12	4×4	4	+0.030 0	+0.078 +0.030	0 -0.030	±0.015	-0.012 -0.042	2.5		1.8			
＜12～17	5×5	5						3.0		2.3		0.16	0.20
＜17～22	6×6	6						3.5		2.8			
＜22～30	8×7	8	+0.036 0	+0.098 +0.040	0 -0.036	±0.018	-0.015 -0.051	4.0	+0.2 0	3.3	+0.2 0		
＜30～38	10×8	10						5.0		3.3		0.25	0.40
＜38～44	12×8	12	+0.043 0	+0.120 +0.050	0 -0.043	±0.0115	-0.018 -0.061	5.5		3.3			
＜44～50	14×9	14						5.5		3.8			
＜50～58	16×10	16						6.0		4.3		0.40	0.60
＜58～65	18×11	18						7.0		4.4			
＜65～75	20×12	20	+0.052 0	+0.149 +0.065	0 -0.052	±0.026	-0.022 -0.074	7.5		4.9			
＜75～85	22×14	22						9.0		5.4			
＜85～95	25×14	25						9.0		5.4			
＜95～110	28×16	28						10.0		6.4		0.06	1.0
＜110～130	32×18	32	+0.062 0	+0.180 +0.080	0 -0.067	±0.031		11.0		7.4			
＜130～150	36×20	36						12.0	+0.3 0	8.4	+0.3 0		
＜150～170	40×22	40						13.0		9.4			
＜170～200	45×25	45						15.0		10.4			
＜200～230	50×28	50						17.0		11.4			

备注：①在工作图中，轴槽深用 t_1 或（$d-t_1$）标注，轮毂槽深用（$d+t_2$）标注。

②键的材料常用45钢。

③键槽的极限偏差按轴（t_1）和轮毂（t_2）的极限偏差选取，但轴槽深（$d-t_1$）的极限偏差值应取负号。

3. 圆柱销(GB/T 119.1—2000)

标记示例:销 GB/T 119.1—2000 8×30

表示公称直径 d=8mm,长度 l=30 mm,材料为钢,不经表面处理的圆柱销。

表 B-3 圆柱销(mm)

d(公称直径)	0.6	0.8	1	1.2	1.5	2	2.5	3	4	5
c	0.12	0.16	0.20	0.25	0.30	0.35	0.40	0.50	0.63	0.80
L(商品规格范围公称长度)	2~6	2~8	4~10	4~12	4~16	6~20	6~24	8~30	8~40	10~50
d(公称直径)	6	8	10	12	16	20	25	30	40	50
c	1.2	1.6	2.0	2.5	3.0	3.5	4.0	5.0	6.3	8.0
L(商品规格范围公称长度)	12~60	14~80	18~95	22~140	26~180	35~200	50~200	60~200	80~200	95~200
l 系列	2、3、4、5、6、8、10、12、14、16、18、20、22、24、26、28、30、32、35、40、45、50、55、60、65、70、75、80、85、90、95、100、120、140、160、180、200									

4. 圆锥销(GB/T 117—2000)

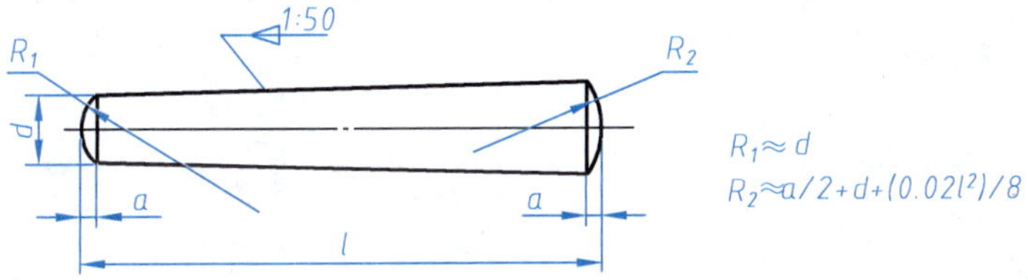

标记示例:销 GB/T 117—2000 10×70

表示公称直径 d=10 mm,长度 l=70 mm, 材料为 35 钢,热处理硬度 28~38HRC,表面氧化处理的圆锥销。

表 B-4 圆锥销(mm)

d(公称直径)	0.6	0.8	1	1.2	1.5	2	2.5	3	4	5
a	0.08	0.1	0.12	0.16	0.2	0.25	0.3	0.4	0.5	0.63
L(商品规格范围公称长度)	4~8	5~12	6~16	6~20	8~24	10~35	10~35	12~45	14~55	18~60
d(公称直径)	6	8	10	12	16	20	25	30	40	50
a	0.8	1	1.2	1.6	2	2.5	3	4	5	6.3
L(商品规格范围公称长度)	12~60	14~80	18~95	22~140	26~180	35~200	50~200	60~200	80~200	95~200
l 系列	2、3、4、5、6、8、10、12、14、16、18、20、22、24、26、28、30、32、35、40、45、50、55、60、65、70、75、80、85、90、95、100、120、140、160、180、200									

5. 开口销（GB/T 91—2000）

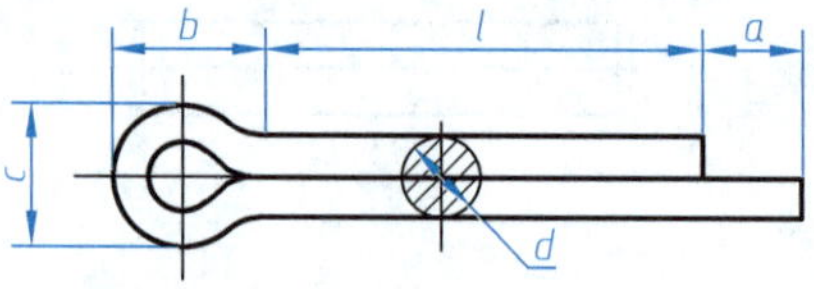

标记示例：销 GB/T 91—2000 8×30

表示公称直径 $d=8$ mm，长度 $l=30$ mm 的开口销

表 B-5 开口销（mm）

公称规格		0.6	0.8	1	1.2	1.6	2	2.5	3.2	4	5	6.3	8	10	12
d	min	0.4	0.6	0.8	0.9	1.3	1.7	2.1	2.7	3.5	4.4	5.7	7.3	9.3	11.1
	max	0.5	0.7	0.9	1	1.4	1.8	2.3	2.9	3.7	4.6	5.9	7.5	9.5	11.4
c	max	1	1.4	1.8	2	2.8	3.6	4.6	5.8	7.4	9.2	11.8	15	19	24.8
	min	0.9	1.2	1.6	1.7	2.4	3.2	4	5.1	6.5	8	10.3	13.1	16.6	21.7
b		2	2.4	3	3	3.2	4	5	6.4	8	10	12.6	16	20	26
a	max	1.6			2.5				3.2	4				6.3	

备注：①销孔的公称直径等于 *d* 公称。

②$a_{min}=1/2a_{max}$。

附录 C 常用滚动轴承

1. 深沟球轴承(GB/T 276—2013)

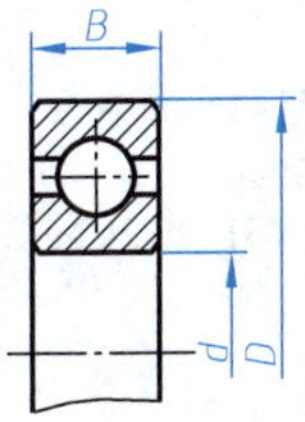

类型代号:6000型
标记示例:
滚动轴承 6208 GB/T 276—2013

表 C-1 深沟球轴承

轴承型号	尺寸/mm		
	d	*D*	*B*
尺寸系列代号 01			
606	6	17	6
607	7	19	6
608	8	22	7
609	9	24	7
6000	10	26	8
6001	12	28	8
6002	15	32	9
6003	17	35	10
6004	20	42	12
6005	25	47	12
6006	30	55	13
6007	35	62	14
6008	40	68	15
6009	45	75	16
6010	50	80	16
6011	55	90	18
6012	60	95	18
尺寸系列代号 02			
623	3	10	4
624	4	13	5
625	5	16	5
626	6	19	6
627	7	22	7
628	8	24	8
629	9	26	8
6200	10	30	9
6201	12	32	10
6202	15	35	11
6203	17	40	12
6204	20	47	14
6205	25	52	15
6206	30	62	16
6207	35	72	17

轴承型号	尺寸/mm		
	d	*D*	*B*
尺寸系列代号 03			
634	4	16	5
635	5	19	6
6300	10	35	11
6301	12	37	12
6302	15	42	13
6303	17	47	14
6304	20	52	15
6305	25	62	17
6306	30	72	19
6307	35	80	21
6308	40	90	23
6309	45	100	25
6310	50	110	27
6311	55	120	29
6312	60	130	31
尺寸系列代号 04			
6403	17	62	17
6404	20	72	19
6405	25	80	21
6406	30	90	23
6407	35	100	25
6408	40	110	27
6409	45	120	29
6410	50	130	31
6411	55	140	33
6412	60	150	35
6413	65	160	37
6414	70	180	42
6415	75	190	45
6416	80	200	48
6417	85	210	52
6418	90	225	54
6419	95	240	55

2. 圆锥滚子轴承（GB/T 297—2015）

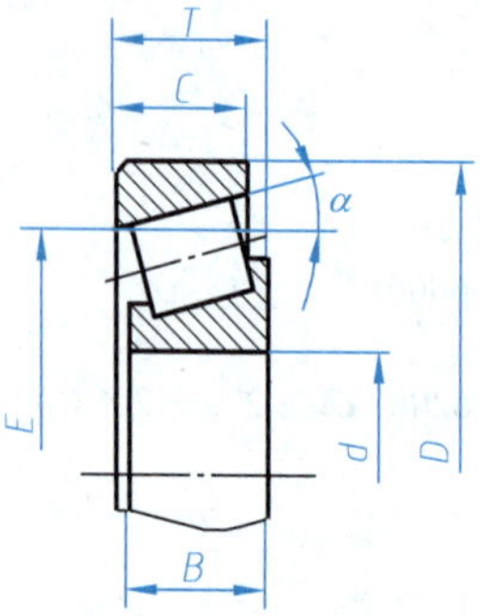

类型代号：30000型
标记示例：
滚动轴承 31208/297—2015

表 C-2　圆锥滚子轴承

轴承型号	尺寸/mm						
	d	*D*	*T*	*B*	*C*	*E*≈	*a*≈
尺寸系列代号 02							
30204	20	47	15.25	14	12	37.3	11.2
30205	25	52	16.25	15	13	41.1	12.6
30206	30	62	17.25	16	14	49.9	13.8
30207	35	72	18.25	17	15	58.8	15.3
30208	40	80	19.75	18	16	65.7	16.9
30209	45	85	20.75	19	16	70.4	18.6
30210	50	90	21.75	20	17	75	20
30211	55	100	22.75	21	18	84.1	21
30212	60	110	23.75	22	19	91.8	22.4
30213	65	120	24.75	23	20	101.9	24
30214	70	125	26.25	24	21	105.7	25.9
30215	75	130	27.25	25	22	110.4	27.4
30216	80	140	28.25	26	22	119.1	28
30217	85	150	30.5	28	24	126.6	29.9
30218	90	160	32.5	30	26	134.9	32.4
30219	95	170	34.5	32	27	143.3	35.1
30220	100	180	37	34	29	151.3	36.5
尺寸系列代号 03							
30307	35	80	22.75	21	18	65.7	17
30308	40	90	25.25	23	20	72.7	19.5
30309	45	100	27.75	25	22	81.7	21.5
30310	50	110	29.25	27	23	90.6	23
30311	55	120	31.5	29	25	99.1	25
30312	60	130	33.5	31	26	107.1	26.5
30313	65	140	36	33	28	116.8	29
30314	70	150	38	35	30	125.2	30.6
30315	75	160	40	37	31	134	32
30316	80	170	42.5	39	33	143.1	34
30317	85	180	44.5	41	34	150.4	36
30318	90	190	46.5	43	36	159	37.5
30319	95	200	49.5	45	38	165.8	40
30320	100	215	51.5	47	39	178.5	42

轴承型号	尺寸/mm						
	d	*D*	*T*	*B*	*C*	*E*≈	*a*≈
尺寸系列代号 22							
32206	30	62	21.5	20	17	48.9	15.4
32207	35	72	24.25	23	19	57	17.6
32208	40	80	24.75	23	19	64.7	19
32209	45	85	24.75	23	19	69.6	20
32210	50	90	24.75	23	19	74.2	21
32211	55	100	26.75	25	21	82.8	22.5
32212	60	110	29.75	28	24	90.2	24.9
32213	65	120	32.75	31	27	99.4	27.2
32214	70	125	33.25	31	27	103.7	28.6
32215	75	130	33.25	31	27	108.9	30.2
32216	80	140	35.25	33	28	117.4	31.3
32217	85	150	38.5	36	30	124.9	34
32218	90	160	42.5	40	34	132.6	36.7
32219	95	170	45.5	43	37	140.2	39
32220	100	180	49	46	39	148.1	41.8
尺寸系列代号 23							
32304	20	52	22.25	21	18	39.5	13.4
32305	25	62	25.25	24	20	48.6	15.5
32306	30	72	28.75	27	23	55.7	18.8
32307	35	80	32.75	31	25	62.8	20.5
32308	40	90	35.25	33	27	99.2	23.4
32309	45	100	38.25	36	30	78.3	25.6
32310	50	110	42.25	40	33	86.2	28
32311	55	120	45.5	43	35	94.3	30.6
32312	60	130	48.5	46	37	102.9	32
32313	65	140	51	48	39	111.7	34
32314	70	150	54	51	42	119.7	36.5
32315	75	160	58	55	45	127.8	39
32316	80	170	61.5	58	48	136.5	42
32317	85	180	63.5	60	49	144.2	43.6
32318	90	190	67.5	64	53	151.7	46
32319	95	200	71.5	67	55	160.3	49
32320	100	215	77.5	73	60	171.6	53

3. 推力球轴承(GB/T 301—2015)

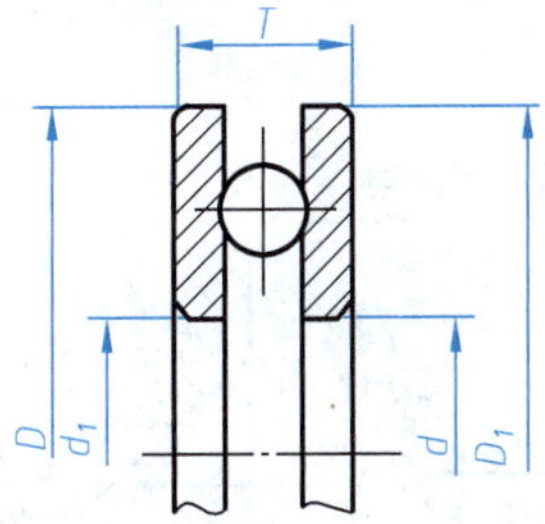

类型代号:50000型
标记示例:
滚动轴承51208 GB/T 301—2015

表 C-3 推力球轴承

轴承型号	尺寸/mm				
	d	D	T	d_1	D_1
	尺寸系列代号 11				
51100	10	24	9	11	24
51101	12	26	9	13	26
51102	15	28	9	16	28
51103	17	30	9	18	30
51104	20	35	10	21	35
51105	25	42	11	26	42
51106	30	47	11	32	47
51107	35	52	12	37	52
51108	40	60	13	42	60
51109	45	65	14	47	65
51110	50	70	14	52	70
51111	55	78	16	57	78
51112	60	85	17	62	85
51113	65	90	18	67	90
51114	70	95	18	72	95
51115	75	100	19	77	100
51116	80	105	19	82	105
51117	85	110	19	87	110
51118	90	120	22	92	120
51120	100	135	25	102	135
尺寸系列代号 12					
51200	10	26	11	12	26
51201	12	28	11	14	28
51202	15	32	12	17	32
51203	17	35	12	19	35
51204	20	40	14	22	40
51205	25	47	15	27	47
51206	30	52	16	32	52
51207	35	62	18	37	62
51208	40	68	19	42	68
51209	45	73	20	47	73
51210	50	78	22	52	78

轴承型号	尺寸/mm				
	d	D	T	d_1	D_1
	尺寸系列代号 12				
51211	55	90	25	57	90
51212	60	95	26	62	95
51213	65	100	27	67	100
51214	70	105	27	72	105
51215	75	110	27	77	110
51216	80	115	28	82	115
51217	85	125	31	88	125
51218	90	135	35	93	135
51220	100	150	38	103	150
尺寸系列代号 13					
51304	20	47	18	22	47
51305	25	52	18	27	52
51306	30	60	21	32	60
51307	35	68	24	37	68
51308	40	78	26	42	78
51309	45	85	28	47	85
51310	50	95	31	52	95
51311	55	105	35	57	105
51312	60	110	35	62	110
51313	65	115	36	67	115
51314	70	125	40	72	125
尺寸系列代号 14					
51407	35	80	32	37	80
51408	40	90	36	42	90
51409	45	100	39	47	100
51410	50	110	43	52	110
51411	55	120	48	57	120
51412	60	130	51	62	130
51413	65	140	56	68	140
51414	70	150	60	73	150
51415	75	160	65	78	160
51416	80	170	68	83	170

附录D　零件倒圆、倒角与砂轮越程槽

1. 零件倒圆与倒角（摘自GB/T 6403.4—2008）

表D-1　零件倒圆与倒角（mm）

型式	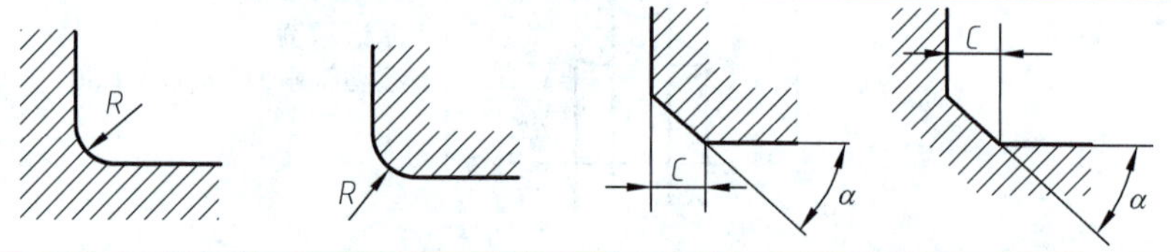												
R、C尺寸系列	0.1	0.2	0.3	0.4	0.5	0.6	0.8	1.0	1.2	1.6	2.0	2.5	3.0
	4.0	5.0	6.0	8.0	10	12	16	20	25	32	40	50	
装配型式	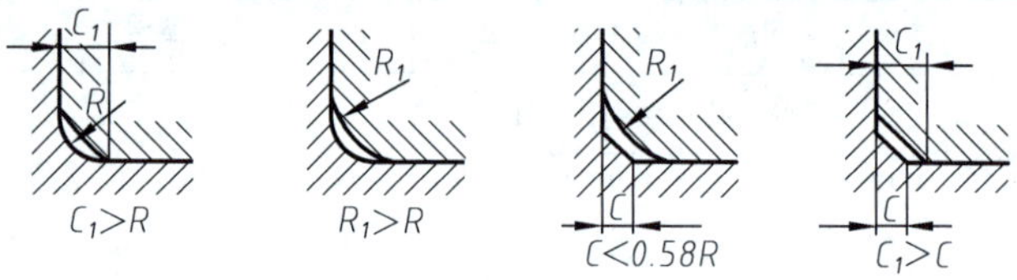												
C_{max}与R_1的关系（$C<0.58R_1$）	R_1	0.1	0.2	0.3	0.4	0.5	0.6	0.8	1.0	1.2	1.6	2.0	
	C_{max}	—	0.1	0.1	0.2	0.2	0.3	0.4	0.5	0.6	0.8	1.0	
	R_1	2.5	3.0	4.0	5.0	6.0	7.0	8.0	10	12	16	20	
25	C_{max}	1.2	1.6	2.0	2.5	3.0	4.0	5.0	6.0	8.0	10	12	

表D-2　与零件直径∅相应的倒角C、倒圆R的推荐值（mm）

∅	~3	>3~6	>6~10	>10~18	>18~30	>30~50	>50~80	>80~120	>120~180
C*或*R	0.2	0.4	0.6	0.8	1.0	1.6	2.0	2.5	3.0
∅	>180~250	>250~320	>320~400	>400~500	>500~630	>630~800	>800 1 000	>1 000~1 250	>1 250~1 600
C*或*R	4.0	5.0	6.0	8.0	10	12	16	20	25

注：[1] a一般采用45°，也可采用30°或60°。

[2] 内角外角分别为倒圆、倒角（倒角为45°）时，R_1、C_1为正偏差，R和C为负偏差。

2. 砂轮越程槽（摘自GB/T 6403.5—2008）

表D-3　砂轮越程槽（mm）

型式	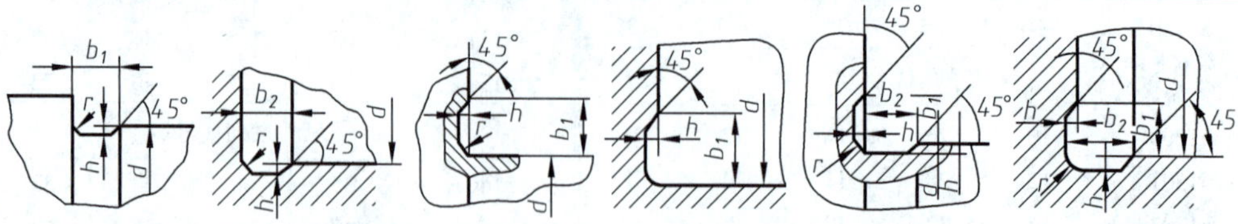a磨外圆珠笔　b磨内圆　c磨外端面　d磨内端面　e磨外圆及端面　f磨外圆及端面									
尺寸	b_1	0.6	1.0	1.6	2.0	3.0	4.0	5.0	8.0	10
	b_2	2.0	3.0		4.0		5.0		8.0	10
	h	0.1	0.2		0.3	0.4		0.6	0.8	1.2
	r	0.2	0.5		0.8	1.0		1.6	2.0	3.0
	d	~10			>10~50		>50~100		>100	

注：[1] 越程槽内二直线相交处，不允许产生尖角。

[2] 越程槽深度h与圆弧半径r，要满足$r \leqslant 3h$。

附录 E 紧固件通孔及沉孔尺寸

表 E-1 紧固件通孔及沉孔尺寸(mm)

螺栓或螺钉直径 d			3	3.5	4	5	6	8	10	12	14	16	20	24	30	36	42	48
通孔直径 d_a	精装配		3.2	3.7	4.3	5.3	6.4	8.4	10.5	13	15	17	21	25	31	37	43	50
	中等装配		3.4	3.9	4.5	5.5	6.6	9	11	13.5	15.5	17.5	22	26	33	39	45	52
	粗装配		3.6	4.2	4.8	5.8	7	10	12	14.5	16.5	18.5	24	28	35	42	48	56
六角头螺栓和六角螺母用沉孔(GB/T 152.4—2014)	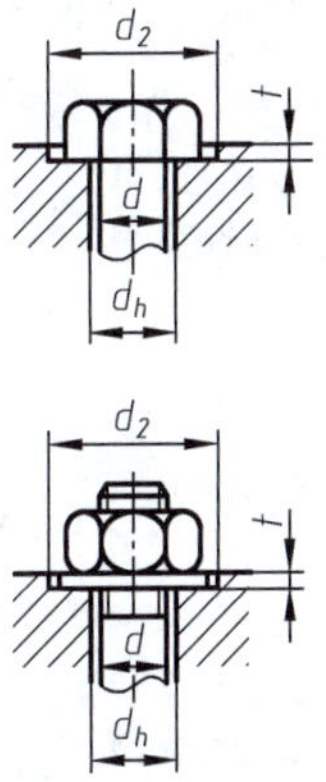	d_2	9	—	10	11	13	18	22	26	30	33	40	48	61	71	82	98
		t	只要能制出与通孔轴线垂直的圆平面即可															
沉头用沉孔(GB/T 152.2—2014)	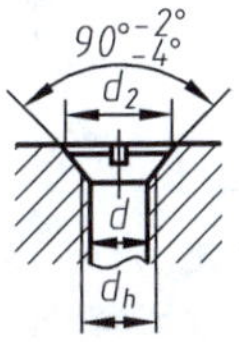	d_2	6.4	8.4	9.6	10.6	12.8	17.6	20.3	24.4	28.4	32.4	40.4	—	—	—	—	—
开槽圆柱头用的圆柱头沉孔(GB/T 152.3—1988)	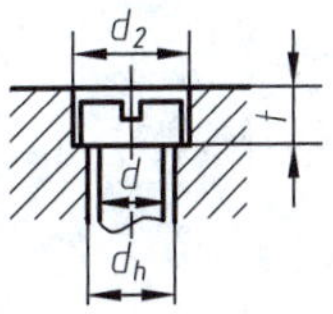	d_2	—	—	8	10	11	15	18	20	24	26	23	—	—	—	—	—
		t	—	—	3.2	4	4.7	6	7	8	9	10.5	12.5	—	—	—	—	—
内六角圆柱头用的圆柱头沉孔(GB/T 152.3—1988)	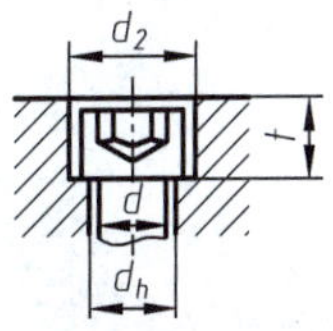	d_2	6	—	8	10	11	15	18	20	24	26	33	40	48	57	—	—
		t	3.4	—	4.6	5.7	6.8	9	11	13	15	17.5	21.5	25.5	32	38	—	—

附录F　常用材料及热处理

1. 常用的金属材料与非金属材料

（1）非金属材料

表 F-1

标准编号	名　称	牌号或代号	性能及应用举例	说　明
GB/T 5574—2008	普通橡胶板	1613	中等硬度，具有较好的耐磨性和弹性，适用于制作具有耐磨、耐冲击及缓冲性能好的垫圈、密封条和垫板等	
	耐油橡胶板	3707 3807	较高硬度，较好的耐溶剂膨胀性，可在 −30 ~ +100 ℃机油、汽油等介质中工作，可制作垫圈	
FZ/T 25001—2010	工业用毛毡	T112 T122 T132	用作密封、防漏油、防震、缓冲衬垫等	毛毡厚度 1.5 ~ 2.5 mm
GB/T 7134—2008	有机玻璃	PMMA	耐酸耐碱。制造具有一定透明度和强度的零件、油杯、标牌、管道、电气绝缘件等	分为有色和无色两种
QB/T 2200－1996	软钢纸板		供汽车、拖拉机的发动机及其他工业设备上制作密封垫片	纸板厚度 0.5 ~3 mm
JB/ZQ 4196—2011	尼龙棒材及管材	PA	有高抗拉强度和良好冲击韧性，可耐热达 100 ℃，耐弱酸、弱碱，耐油性好，灭音性好。可以制作齿轮等机械零件	
QB/T 5257—2018	聚四氟乙烯（板、棒）	PTFE	化学稳定性好，高耐热耐寒性，自润滑好，用于耐腐蚀耐高温密封件、密封圈、填料、衬垫等	

备注：QB—轻工行业标准；JB—机械行业标准；FZ—纺织行业标准。

（2）金属材料

表 F-2

标准编号	名　称	牌　号	使用举例	说　明
GB/T 700—2006	普通碳素结构钢	Q215	受力不大的螺钉、凸轮、轴、焊接件等	“Q”表示普通碳素钢，符号后的数字表示材料的抗拉强度
		Q235	螺栓、螺母、拉杆、轴、连杆、钩等	
		Q255	金属构造物中的一般机件、拉杆、轴等	
		Q275	重要的螺钉、销、齿轮、连杆、轴等	

续上表

标准编号	名称	牌号	使用举例	说明
GB/T 699—2015	优质碳素结构钢	30	曲轴、轴销、连杆、横梁等	数字表示平均含碳量的万分数，含锰在 0.7% ~ 1.2% 时需注出“Mn”
		35	螺栓、键、销、曲轴、摇杆、拉杆等	
		40	齿轮、齿条、链轮、凸轮、曲柄轴等	
		45	齿轮轴、联轴器、活塞销、衬套等	
		65Mn	大尺寸的各种扁、圆弹簧。如发条等	
GB/T 1299—2014	碳素工具钢	T8 T8A	用于制造能随震动工具。如简单的模子、冲头、钻中等硬度的钻头	用“T”后附以平均含碳量的千分数表示。有 T7 ~ T13
GB/T 3077—2015	合金结构钢	15Cr	船舶主机用螺栓、活塞销、凸轮等	
		35SiMn	齿轮、轴以及 430 ℃以下的重要紧固件	
		20Mn2	小齿轮、活塞销、气门推杆、钢套等	
GB/T 11352—2009	铸钢	ZG 310 – 570	齿轮、机架、汽缸、联轴器等	
GB/T 9439—2010	灰铸铁	HT150	端盖、泵体、阀壳、底座、工作台等	“HT”为灰铸铁代号，后面数字表示抗拉强度
		HT200 HT350	汽缸、机体、飞轮、齿轮、齿条、阀体	
GB/T 5231—2022	普通黄铜	H62	弹簧、垫圈、螺帽、销钉、导管	“H”表示黄铜，62 表示含铜量
GB/T 1176—2013	38 黄铜	ZCuZn38	弹簧、螺钉、垫圈、散热器	“ZCu”表示铸造铜合金
GB/T 1173—2013	铸造铝合金	ZL102	支架、泵体、汽缸体	ZL102 表示含硅 10% ~ 13%，其余为铝的铝硅合金
		ZL104	风机叶片、汽缸头	
GB/T 3190—2020	变形铝及铝合金	1060	储槽、热交换器、深冷设备	
		2A13	适用中等强度零件，焊接性能好	

2. 常用的热处理和表面处理名词解释

表 F-3

名词	说明	应用
退火	将钢件加热到临界温度以上（一般是 710 ~ 715 ℃，个别合金钢 800 ~ 900 ℃）30 ~ 50 ℃，保温一段时间，然后缓慢冷却（一般在炉中冷却）	用来消除铸、锻、焊零件的内应力，降低硬度，便于切削加工，细化金属晶粒，改善组织，增加韧性
正火	将钢件加热到临界温度以上，保温一段时间，然后在空气中冷却，冷却速度比退火快	用来处理低碳和中碳结构钢及渗碳零件，使其组织细化，增加强度与韧性，减少内应力，改善切削性能

续上表

名　词	说　明	应　用
淬　火	将钢件加热到临界温度以上，保温一段时间，然后在水、盐水或油中（个别材料在空气中）急速冷却，使其得到高硬度	用来提高钢的硬度和强度极限。但淬火会引起内应力使钢变脆，所以淬火必须回火
回　火	回火是将淬硬的钢件加热到临界点以下的温度，保温一段时间，然后在空气中或油中冷却下来	用来消除淬火后的脆性和内应力，提高钢的塑性和冲击韧性
调　质	淬火后在450～650 ℃进行高温回火，称为调质	用来使钢获得高的韧性和足够的强度。重要的齿轮、轴及丝杆等零件需调质处理
表面淬火 火焰淬火 高频淬火	用火焰或高频电流将零件表面迅速加热至临界温度以上，急速冷却	使零件表面获得高硬度，而心部保持一定的韧性，既耐磨又能承受冲击。表面淬火常用来处理齿轮等
渗碳淬火	在渗碳剂中将钢件加热到900～950 ℃，停留一定时间，将碳渗入钢表面，深度为0.5～2 mm，淬火后回火	增加钢件的耐磨性能、表面强度、抗拉强度及疲劳极限。适用于低碳、中碳（含碳量小于0.40%）结构钢的中小型零件
氮　化	氮化是在500～600 ℃通入氨的炉子内加热，向钢的表面渗入氮原子的过程。氮化层为0.025～0.8 mm，氮化时间需40～50 h	增加钢件的耐磨性能、表面硬度、疲劳极限和抗蚀能力。适用于合金钢、碳钢、铸铁件，如机床主轴、丝杆以及在潮湿碱水和燃烧气体介质的环境中工作的零件
碳氮共渗	在820～860 ℃炉内通入碳和氮，保温1～2 h，使钢件的表面同时渗入碳、氮原子，可得到0.2～0.5 mm氰化层	增加表面硬度、耐磨性、疲劳强度和耐蚀性。用于要求硬度高、耐磨的中小型及薄片零件和刀具等
固溶处理和时效	低温回火后，精加工之前，加热到100～160 ℃，保持10～40 h。对铸件也可以用天然时效（放在露天中一年以上）	使工件消除内应力和稳定形状，用于量具、精密丝杆、床身导轨、床身等
发　黑 发　蓝	将金属零件放在很浓的碱和氧化剂溶液中加热氧化，使金属表面形成一层氧化铁所组成的保护性薄膜	防腐蚀、美观。用于一般连接的标准件和其他电子类零件
硬　度	检测材料抵抗硬物压入其表面的状况。HB用于退火、正火、调质的零件；HRC用于淬火、回火及表面渗碳、渗氮等处理的零件；HV用于薄层硬化的零件	硬度代号：HB——布氏硬度 HRC——洛氏硬度 HV——维氏硬度

附录G 公差与配合

1. 轴的极限偏差(摘录 GB/T 1800.2—2020)

公称尺寸/mm		常用公差带/μm												
		a	b		c			d				e		
大于	至	11	11	12	9	10	11	8	9	10	11	7	8	9
—	3	-270 -330	-140 -200	-140 -240	-60 -85	-60 -100	-60 -120	-20 -34	-20 -45	-20 -60	-20 -80	-14 -24	-14 -28	-14 -39
3	6	-270 -345	-140 -215	-140 -260	-70 -100	-70 -118	-70 -145	-30 -48	-30 -60	-30 -78	-30 -105	-20 -32	-20 -38	-20 -50
6	10	-280 -370	-150 -240	-150 -300	-80 -116	-80 -138	-80 -170	-40 -62	-40 -76	-40 -98	-40 -130	-25 -40	-25 -47	-25 -61
10 14	14 18	-290 -400	-150 -260	-150 -330	-95 -165	-95 -165	-95 -205	-50 -77	-50 -93	-50 -120	-50 -160	-32 -50	-32 -59	-32 -75
18 24	24 30	-300 -430	-160 -290	-160 -370	-110 -162	-110 -194	-110 -240	-65 -98	-65 -117	-65 -149	-65 -195	-40 -61	-40 -73	-40 -92
30	40	-310 -470	-170 -330	-170 -420	-120 -182	-120 -220	-120 -280	-80 -119	-80 -142	-80 -180	-80 -240	-50 -75	-50 -89	-50 -112
40	50	-320 -480	-180 -340	-180 -430	-130 -192	-130 -230	-130 -290							
50	65	-340 -530	-190 -380	-190 -490	-140 -214	-140 -260	-140 -330	-100 -146	-100 -174	-100 -220	-100 -290	-60 -90	-60 -106	-60 -134
65	80	-360 -550	-200 -390	-200 -500	-150 -224	-150 -270	-150 -340							
80	100	-380 -600	-220 -440	-220 -570	-170 -257	-170 -310	-170 -399	-120 -174	-120 -207	-120 -260	-120 -340	-72 -107	-72 -126	-72 -159
100	120	-410 -630	-240 -460	-240 -590	-180 -267	-180 -320	-180 -400							
120	140	-520 -710	-260 -510	-260 -660	-200 -300	-200 -360	-200 -450	-145 -208	-145 -245	-145 -305	-145 -395	-85 -125	-85 -148	-85 -185
140	160	-460 -770	-280 -530	-280 -680	-210 -310	-210 -370	-210 -460							
160	180	-580 -830	-310 -560	-310 -710	-230 -330	-230 -390	-230 -480							
180	200	-660 -950	-340 -630	-340 -800	-240 -355	-240 -425	-240 -530	-170 -242	-170 -285	-170 -355	-170 -460	-100 -146	-100 -172	-100 -215
200	225	-740 -1 030	-380 -670	-380 -840	-260 -375	-260 -445	-260 -550							
225	250	-820 -1 110	-420 -710	-420 -880	-280 -395	-280 -465	-280 -570							
250	280	-920 -1 240	-480 -800	-480 -1000	-300 -430	-300 -510	-300 -620	-190 -271	-190 -320	-190 -400	-190 -510	-110 -162	-110 -191	-110 -240
280	315	-1 050 -1 370	-540 -860	-540 -1 060	-330 -460	-330 -540	-330 -650							
315	355	-1 200 -1 560	-600 -960	-800 -1 170	-360 -500	-360 -590	-360 -720	-210 -299	-210 -350	-210 -440	-210 -570	-125 -182	-125 -214	-125 -265
355	400	-1 350 -1 710	-680 -1 040	-680 -1 250	-400 -540	-400 -630	-400 -760							

备注:公称尺寸小于1 mm时,各级的 *a* 和 *b* 均不采用。

续上表

公称尺寸/mm		常用公差带/μm															
		f					g			h							
大于	至	5	6	7	8	9	5	6	7	5	6	7	8	9	10	11	12
—	3	-6 -10	-6 -12	-6 -16	-6 -20	-6 -31	-2 -6	-2 -8	-2 -12	0 -4	0 -6	0 -10	0 -14	0 -25	0 -40	0 -60	0 -100
3	6	-10 -15	-10 -18	-10 -22	-10 -28	-10 -40	-4 -9	-4 -12	-4 16	0 -5	0 -8	0 -12	0 -18	0 -30	0 -48	0 -75	0 -120
6	10	-13 -19	-13 -22	-13 -28	-13 -35	-13 -49	-5 -11	-5 -14	-5 -20	0 -6	0 -9	0 -15	0 -22	0 -36	0 -58	0 -90	0 -150
10	14	-16 -24	-16 -27	-16 -34	-16 -43	-16 -59	-6 -14	-6 -17	-6 -24	0 -8	0 -11	0 -18	0 -27	0 -43	0 -70	0 -110	0 -180
14	18																
18	24	-20 -29	-20 -33	-20 -41	-20 -53	-20 -72	-7 -16	-7 -20	-7 -28	0 -9	0 -13	0 -21	0 -33	0 -52	0 -84	0 -130	0 -210
24	30																
30	40	-25 -36	-25 -41	-25 -50	-25 -64	-25 -87	-9 -20	-9 -25	-9 -34	0 -11	0 -16	0 -25	0 -39	0 -62	0 -100	0 -160	0 -250
40	50																
50	65	-30 -43	-30 -49	-30 -60	-30 -76	-30 -104	-10 -23	-10 -29	-10 -40	0 -13	0 -19	0 -30	0 -46	0 -74	0 -120	0 -190	0 -300
65	80																
80	100	-36 -51	-36 -58	-36 -71	-36 -90	-36 -123	-12 -27	-12 -34	-12 -47	0 -15	0 -22	0 -35	0 -54	0 -87	0 -140	0 -220	0 -350
100	120																
120	140	-43 -61	-43 -68	-43 -83	-43 -106	-43 -143	-14 -32	-14 -39	-14 -54	0 -18	0 -25	0 -40	0 -63	0 -100	0 -160	0 -250	0 -400
140	160																
160	180																
180	200	-50 -70	-50 -79	-50 -96	-50 -122	-50 -165	-15 -35	-15 -44	-15 -61	0 -20	0 -29	0 -46	0 -72	0 -115	0 -185	0 -290	0 -460
200	225																
225	250																
250	280	-56 -79	-56 -88	-56 -108	-56 -137	-56 -186	-17 -40	-17 -49	-17 -69	0 -23	0 -32	0 -52	0 -81	0 -130	0 -210	0 -320	0 -520
280	315																
315	355	-62 -87	-62 -98	-62 -119	-62 -151	-62 -202	-18 -43	-18 -54	-18 -75	0 -25	0 -36	0 -57	0 -89	0 -140	0 -230	0 -360	0 -570
355	400																

续上表

公称尺寸/mm		常用公差带/μm														
		js			k			m			n			p		
大于	至	5	6	7	5	6	7	5	6	7	5	6	7	5	6	7
—	3	±2	±3	±5	+4 0	+6 0	+10 0	+6 +2	+8 +2	+12 +2	+8 +4	+10 +4	+14 +4	+10 +6	+12 +6	+16 +6
3	6	±2. 5	±4	±6	+6 +1	+9 +1	+13 +1	+9 +4	+12 +4	+16 +4	+13 +8	+16 +8	+20 +8	+17 +12	+20 +12	+24 +12
6	10	±3	±4. 5	±7	+7 +1	+10 +1	+16 +1	+12 +6	+15 +6	+21 +6	+16 +10	+19 +10	+25 +10	+21 +15	+24 +15	+30 +15
10	14	±4	±5. 5	±9	+9 +1	+12 +1	+19 +1	+15 +7	+18 +7	+25 +7	+20 +12	+23 +12	+30 +12	+26 +18	+29 +18	+38 +18
14	18															
18	24	±4. 5	±6. 5	±10	+11 +2	+15 +2	+23 +2	+17 +8	+21 +8	+29 +8	+24 +15	+28 +15	+36 +15	+31 +22	+35 +22	+43 +22
24	30															
30	40	±5. 5	±8	±12	+13 +2	+18 +2	+27 +2	+20 +9	+25 +9	+34 +9	+28 +17	+33 +17	+42 +17	+37 +26	+42 +26	+51 +26
40	50															
50	65	±6. 5	±9. 5	±15	+15 +2	+21 +2	+32 +2	+24 +11	+30 +11	+41 +11	+33 +20	+39 +20	+50 +20	+45 +32	+51 +32	+62 +32
65	80															
80	100	±7. 5	±11	±17	+18 +3	+25 +3	+38 +3	+28 +13	+35 +13	+48 +13	+38 +23	+45 +23	+58 +23	+52 +37	+59 +37	+72 +37
100	120															
120	140	±9	±12. 5	±20	+21 +3	+28 +3	+43 +3	+33 +15	+40 +15	+55 +15	+45 +27	+52 +27	+67 +27	+61 +43	+68 +43	+83 +43
140	160															
160	180															
180	200	±10	±14. 5	±23	+24 +4	+33 +4	+50 +4	+37 +17	+46 +17	+63 +17	+51 +31	+60 +31	+77 +31	+70 +50	+79 +50	+96 +50
200	225															
225	250															
250	280	±11. 5	±16	±26	+27 +4	+36 +4	+56 +4	+43 +20	+52 +20	+72 +20	+57 +34	+66 +34	+86 +34	+79 +56	+88 +56	+108 +56
280	315															
315	355	±12. 5	±18	±28	+29 +4	+40 +4	+61 +4	+46 +21	+57 +21	+78 +21	+62 +37	+73 +37	+94 +37	+87 +62	+98 +62	+119 +62
355	400															

续上表

公称尺寸/mm		常用公差带/μm														
		r			s			t			u		v	x	y	z
大于	至	5	6	7	5	6	7	5	6	7	6	7	6	6	6	6
—	3	+14 +10	+16 +10	+20 +10	+18 +14	+20 +14	+24 +14	—	—	—	+24 +18	+28 +18	—	+26 +20	—	+32 +26
3	6	+20 +15	+23 +15	+27 +15	+24 +19	+27 +19	+31 +19	—	—	—	+31 +23	+35 +23	-	+36 +28	—	+43 +35
6	10	+25 +19	+28 +19	+34 +19	+29 +23	+32 +23	+38 +23	—	—	—	+37 +28	+43 +28	-	+43 +34	—	+51 +42
10	14	+31 +23	+34 +23	+41 +23	+36 +28	+39 +28	+46 +28	—	—	—	+44 +33	+51 +33	—	+51 +40	—	+61 +50
14	18							—	—	—			+50 +39	+56 +45	—	+71 +60
18	24	+37 +28	+41 +28	+49 +28	+44 +35	+48 +35	+56 +35	—	—	—	+54 +41	+62 +41	+60 +47	+67 +54	+76 +63	+86 +73
24	30							+50 +41	+54 +41	+62 +41	+61 +48	+69 +48	+68 +55	+77 +64	+88 +75	+101 +88
30	40	+45 +34	+50 +34	+59 +34	+54 +43	+59 +43	+68 +43	+59 +48	+64 +48	+73 +48	+76 +60	+85 +60	+84 +68	+96 +80	+110 +94	+128 +112
40	50							+65 +54	+70 +54	+79 +54	+86 +70	+95 +70	+97 +81	+113 +97	+130 +114	+152 +136
50	65	+54 +41	+60 +41	+71 +41	+66 +53	+72 +53	+83 +53	+79 +66	+85 +66	+96 +66	+106 +87	+117 +87	+121 +102	+141 +122	+163 +144	+191 +172
65	80	+56 +80	+62 +43	+73 +43	+72 +59	+78 +59	+89 +59	+88 +75	+94 +75	+105 +75	+121 +102	+132 +102	+139 +120	+165 +146	+193 +174	+229 +210
80	100	+66 +51	+73 +51	+86 +51	+86 +71	+93 +71	+106 +71	+106 +91	+113 +91	+126 +91	+146 +124	+159 +124	+168 +146	+200 +178	+236 +214	+280 +258
100	120	+69 +54	+76 +54	+89 +54	+94 +79	+101 +79	+114 +79	+110 +104	+126 +104	+136 +104	+166 +144	+179 +144	+194 +172	+232 +210	+276 +254	+332 +310
120	140	+81 +63	+88 +63	+103 +63	+110 +92	+117 +92	+132 +92	+140 +122	+147 +122	+162 +122	+195 +170	+210 +170	+227 +202	+273 +248	+325 +300	+390 +365
140	160	+83 +65	+90 +65	+150 +65	+118 +100	+125 +100	+140 +100	+152 +134	+159 +134	+174 +134	+215 +190	+230 +190	+253 +228	+305 +280	+365 +340	+440 +415
160	180	+86 +68	+93 +68	+108 +68	+126 +108	+133 +108	+148 +108	+164 +146	+171 +146	+186 +146	+235 +210	+250 +210	+227 +252	+335 +310	+405 +380	+490 +465
180	200	+97 +77	+106 +77	+123 +77	+142 +122	+151 +122	+168 +122	+185 +166	+195 +166	+212 +166	+265 +236	+282 +236	+313 +284	+379 +350	+454 +425	+549 +520
200	225	+100 +80	+109 +80	+126 +80	+150 +130	+159 +130	+176 +130	+200 +180	+209 +180	+226 +180	+287 +258	+304 +258	+339 +310	+414 +385	+499 +470	+604 +575
225	250	+104 +84	+113 +84	+130 +84	+160 +140	+169 +140	+186 +140	+216 +196	+225 +196	+242 +196	+313 +284	+330 +284	+369 +340	+454 +425	+549 +520	+669 +640
250	280	+117 +94	+126 +94	+146 +94	+181 +158	+290 +158	+210 +158	+241 +218	+250 +218	+270 +218	+347 +315	+367 +315	+417 +385	+507 +475	+612 +580	+742 +710
280	315	+121 +98	+130 +98	+150 +98	+193 +170	+202 +170	+222 +170	+263 +240	+272 +240	+292 +240	+382 +350	+402 +350	+457 +425	+557 +525	+682 +650	+822 +790
315	355	+133 +108	+144 +108	+165 +108	+215 +190	+226 +190	+247 +190	+293 +268	+304 +268	+325 +268	+426 +390	+447 +290	+511 +475	+626 +590	+766 +730	+936 +900
355	400	+139 +114	+150 +114	+171 +114	+233 +208	+244 +208	+265 +208	+319 +294	+330 +294	+351 +294	+471 +435	+492 +435	+566 +530	+696 +660	+856 +820	+1 036 +1 000

2. 孔的极限偏差(摘录 GB/T 1800. 2—2020)

公称尺寸/mm		常用公差带/μm													
		A	B		C	D				E		F			
大于	至	11	11	12	11	8	9	10	11	8	9	6	7	8	9
—	3	+330 +270	+200 +140	+240 +140	+120 +60	+34 +20	+45 +20	+60 +20	+80 +20	+28 +14	+39 +14	+12 +6	+16 +6	+20 +6	+31 +6
3	6	+345 +270	+215 +140	+260 +140	+145 +70	+48 +30	+60 +30	+78 +30	+105 +30	+38 +20	+50 +20	+18 +10	+22 +10	+28 +10	+40 +10
6	10	+370 +280	+240 +150	+300 +150	+170 +80	+62 +40	+76 +40	+98 +40	+170 +40	+47 +25	+61 +25	+22 +13	+28 +13	+35 +13	+49 +13
10	14	+400 +290	+260 +150	+330 +150	+205 +95	+77 +50	+93 +50	+120 +50	+160 +50	+59 +32	+75 +32	+27 +16	+34 +16	+43 +16	+59 +16
14	18														
18	24	+430 +300	+290 +160	+370 +160	+240 +110	+98 +65	+117 +65	+149 +65	+195 +65	+73 +40	+92 +40	+33 +20	+41 +20	+53 +20	+72 +20
24	30														
30	40	+470 +310	+330 +170	+420 +170	+280 +120	+119 +80	+142 +80	+180 +80	+240 +80	+89 +50	+112 +50	+41 +25	+50 +25	+64 +25	+87 +25
40	50	+480 +320	+340 +180	+430 +180	+290 +130										
50	65	+530 +340	+389 +190	+490 +190	+330 +140	+146 +100	+170 +100	+220 +100	+290 +100	+106 +60	+134 +80	+49 +30	+60 +30	+76 +30	+104 +30
65	80	+550 +360	+330 +200	+500 +200	+340 +150										
80	100	+600 +380	+440 +220	+570 +220	+390 +170	+174 +120	+207 +120	+260 +120	+340 +120	+126 +72	+159 +72	+58 +36	+71 +36	+90 +36	+123 +36
100	120	+630 +410	+460 +240	+590 +240	+400 +180										
120	140	+710 +460	+510 +260	+660 +260	+450 +200	+208 +145	+245 +145	+305 +145	+395 +145	+148 +85	+185 +85	+68 +43	+83 +43	+106 +43	+143 +43
140	160	+770 +520	+530 +280	+680 +280	+460 +210										
160	180	+830 +580	+560 +310	+710 +310	+480 +230										
180	200	+950 +660	+630 +340	+800 +340	+530 +240	+240 +170	+285 +170	+355 +170	+460 +170	+172 +100	+215 +100	+79 +50	+96 +50	+122 +50	+165 +50
200	225	+1 030 +740	+670 +380	+840 +380	+550 +260										
225	250	+1 110 +820	+710 +420	+880 +420	+570 +280										
250	280	+1 240 +920	+800 +480	+1 000 +480	+620 +300	+271 +190	+320 190	+400 +190	+510 +190	+191 +110	+240 +110	+88 +56	+108 +56	+137 +56	+186 +56
280	315	+1 370 +1 050	+860 +540	+1 060 +540	+650 +330										
315	355	+1 560 +1 200	+960 +600	+1 170 +600	+720 +360	+299 +210	+350 +210	+440 +210	+570 +210	+214 +125	+265 +125	+98 +62	+119 +62	+151 +62	+202 +62
355	400	+1 710 +1 350	+1 040 +680	+1 250 +680	+760 +400										

备注：公称尺寸小于1 mm时，各级的A和B均不采用。

续上表

公称尺寸/mm		常用公差带/μm														
		G		H							JS			K		
大于	至	6	7	6	7	8	9	10	11	12	6	7	8	6	7	8
—	3	+8 +2	+12 +2	+6 0	+10 0	+14 0	+25 0	+40 0	+60 0	+100 0	±3	±5	±7	0 -6	0 -10	0 -11
3	6	+12 +4	+16 +4	+8 0	+12 0	+18 0	+30 0	+48 0	+75 0	+120 0	±4	±6	±9	+2 -6	+3 -9	+5 -13
6	10	+14 +5	+20 +5	+9 0	+15 0	+22 0	+36 0	+58 0	+90 0	+150 0	±4.5	±7	±11	+2 -7	+5 -10	+6 -16
10	14	+17 +6	+24 +6	+11 0	+18 0	+27 0	+43 0	+70 0	+110 0	+180 0	±5.5	±9	±13	+2 -9	+6 -12	+8 -19
14	18															
18	24	+20 +7	+28 +7	+13 0	+21 0	+33 0	+52 0	+84 0	+130 0	+210 0	±6.5	±10	±16	+2 -11	+6 -15	+10 -22
24	30															
30	40	+25 +9	+34 +9	+16 0	+25 0	+39 0	+62 0	+100 0	+160 0	+250 0	±8	±12	±19	+3 -13	+7 -18	+12 -27
40	50															
50	65	+29 +10	+40 +10	+19 0	+30 0	+46 0	+74 0	+120 0	+190 0	+300 0	±9.5	±15	±23	+4 -15	+9 -21	+14 -32
65	80															
80	100	+34 +12	+47 +12	+22 0	+35 0	+54 0	+87 0	+140 0	+220 0	+350 0	±11	±17	±27	+4 -18	+10 -25	+16 -33
100	120															
120	140	+39 +14	+54 +14	+25 0	+40 0	+63 0	+100 0	+160 0	+250 0	+400 0	±12.5	±20	±31	+4 -21	+12 -28	+20 -43
140	160															
160	180															
180	200	+44 +15	+61 +15	+29 0	+46 0	+72 0	+115 0	+185 0	+290 0	+460 0	±14.5	±23	±36	+5 -24	+13 -33	+22 -50
200	225															
225	250															
250	280	+49 +17	+69 +17	+32 0	+52 0	+81 0	+130 0	+210 0	+320 0	+520 0	±16	±26	±40	+5 -27	+16 -36	+25 -56
280	315															
315	355	+54 +18	+75 +18	+36 0	+57 0	+89 0	+140 0	+230 0	+360 0	+570 0	±18	±28	±44	+7 -29	+17 -40	+28 -61
355	400															

续上表

公称尺寸/mm		常用公差带/μm														
		M			N			P		R		S		T		U
大于	至	6	7	8	6	7	8	6	7	6	7	6	7	6	7	7
—	3	-2 -8	-2 -12	-2 -16	-4 -10	-4 -14	-4 -18	-6 -12	-6 -16	-10 -16	-10 -20	-14 -20	-14 -24	—	—	-18 -28
3	6	-1 -9	0 -12	+2 -16	-5 -13	-4 -16	-2 -20	-9 -17	-8 -20	-12 -20	-11 -23	-16 -24	-15 -27	— —	—	-19 -31
6	10	-3 -12	0 -15	+1 -21	-7 -16	-4 -19	-3 -25	-12 -21	-9 -24	-16 -25	-13 -28	-20 -29	-17 -32	—	—	-22 -37
10	14	-4 -15	0 -18	+2 -25	-9 -20	-5 -23	-3 -20	-15 -26	-11 -29	-20 -31	-16 -34	-25 -36	-21 -39	—	—	-26 -44
14	18															
18	24	-4 -17	0 -21	+4 -29	-11 -24	-7 -28	-3 -36	-18 -31	-14 -35	-24 -37	-20 -41	-31 -44	-27 -48	—	—	-33 -54
24	30													-37 -50	-33 -54	-40 -61
30	40	-4 -20	0 -25	+5 -34	-12 -28	-8 -33	-3 -42	-21 -37	-17 -42	-29 -45	-25 -50	-38 -54	-34 -59	-43 -59	-39 -64	-51 -76
40	50													-49 -65	-45 -70	-61 -76
50	65	-5 -24	0 -30	+5 -41	-14 -33	-9 -39	-4 -50	-26 -45	-21 -51	-35 -54	-30 -60	-47 -66	-42 -72	-60 -79	-55 -85	-86 -106
65	80									-37 -56	-32 -62	-53 -72	-48 -78	-69 -88	-64 -94	-91 -121
80	100	-6 -28	0 -35	+6 -43	-16 -38	-10 -45	-4 -58	-30 -52	-24 -59	-44 -66	-38 -73	-64 -86	-58 -93	-84 -106	-78 -113	-111 -146
100	120									-47 -69	-41 -76	-72 -94	-66 -101	-97 -119	-91 -126	-131 -166
120	140	-8 -33	0 -40	+8 -55	-20 -45	-12 -52	-4 -67	-36 -61	-28 -68	-56 -81	-48 -88	-85 -110	-77 -117	-115 -140	-107 -147	-155 -195
140	160									-58 -83	-50 -90	-93 -118	-85 -125	-137 -152	-110 -159	-175 -215
160	180									-61 -86	-53 -93	-101 -126	-93 -133	-139 -164	-131 -171	-195 -235
180	200	-8 -37	0 -46	+9 -63	-22 -51	-14 -60	-5 -77	-41 -70	-33 -79	-68 -97	-60 -106	-113 -142	-101 -155	-157 -186	-149 -195	-219 -265
200	225									-71 -100	-63 -109	-121 -150	-113 -159	-171 -200	-163 -209	-241 -287
225	250									-75 -104	-67 -113	-131 -160	-123 -169	-187 -216	-179 -225	-317 -263
250	280	-9 -41	0 -52	+9 -72	-25 -57	-14 -66	-5 -86	-47 -79	-36 -88	-85 -117	-74 -126	-149 -181	-138 -190	-209 -241	-198 -250	-295 -347
280	315									-89 -121	-78 -130	-161 -193	-150 -202	-231 -263	-220 -272	-330 -382
315	355	-10 -46	0 -57	+11 -78	-26 -62	-16 -73	-5 -94	-51 -87	-41 -98	-97 -133	-87 -144	-179 -215	-169 -226	-257 -293	-247 -304	-369 -426
355	400									-103 -139	-93 -150	-197 -233	-187 -244	-283 -319	-273 -330	-414 -471

参 考 文 献

[1] 王萍,王昶.机械制图[M].北京:电子工业出版社,2016.

[2] 刘红杰.机械制图[M].重庆:重庆大学出版社,2002.

[3] 大连理工大学工程图学教研室.现代工程制图[M].2 版.北京:高等教育出版社,2017.

[4] 郑镁.机械设计中的图样表达[M].西安:西安交通大学出版社,1999.

[5] 丁一,李奇敏.机械制图[M].2 版.北京:高等教育出版社,2020.

[6] 胡建生.机械制图[M].2 版.北京:机械工业出版社,2021.

[7] 杨裕根,褚世敏.现代工程图学[M].北京:北京邮电大学出版社,2009.

[8] 天工在线.AutoCAD2020 从入门到精通[M].北京:中国水利水电出版社,2019.

[9] 马蕾,丁宾.UG NX 三维建模实例教程[M].北京:机械工业出版社,2022.

[10] 徐进.工程制图与三维设计[M].北京:机械工业出版社,2021.